全空间智能MapGIS丛书

地理信息系统
应用与实践
（第2版）

吴信才 主编
吴亮 万波 郭明强 副主编

电子工业出版社
Publishing House of Electronics Industry
北京·BEIJING

内 容 简 介

本书以武汉中地数码科技有限公司自主研发的 MapGIS 10 为基础，详细介绍 MapGIS 10 的基本操作方法。主要内容包括导论、数据存储与管理、数据预处理、数据编辑与处理、地图数据可视化、制图成果输出、空间分析、栅格数据应用、三维景观建模与可视化、地图瓦片等。本书采用案例式教学模式，按照业务处理流程的顺序编排内容，全书穿插了大量的应用实例，内容全面、针对性强，为读者系统学习 MapGIS 10 提供了便捷的学习资料。

本书适合地理信息系统、遥感与制图、软件工程、测绘工程等相关领域的研究人员阅读，既可作为高等院校相关专业的"地理信息系统应用"课程配套教材，也可作为城市规划、国土管理、市政工程、环境科学及相关行业研发人员的工具书。

读者可登录司马云网站的开发世界，搜索"资源中心"下载配套教学视频及课件。

未经许可，不得以任何方式复制或抄袭本书之部分或全部内容。
版权所有，侵权必究。

图书在版编目（CIP）数据

地理信息系统应用与实践 / 吴信才主编. —2 版. —北京：电子工业出版社，2022.7
（全空间智能 MapGIS 丛书）
ISBN 978-7-121-44024-3

Ⅰ. ①地… Ⅱ. ①吴… Ⅲ. ①地理信息系统 Ⅳ. ①P208.2

中国版本图书馆 CIP 数据核字（2022）第 130232 号

责任编辑：田宏峰
印　　刷：北京天宇星印刷厂
装　　订：北京天宇星印刷厂
出版发行：电子工业出版社
　　　　　北京市海淀区万寿路 173 信箱　邮编：100036
开　　本：787×1 092　1/16　印张：21.25　字数：568 千字
版　　次：2020 年 9 月第 1 版
　　　　　2022 年 7 月第 2 版
印　　次：2023 年 4 月第 2 次印刷
定　　价：98.00 元

凡所购买电子工业出版社图书有缺损问题，请向购买书店调换。若书店售缺，请与本社发行部联系，联系及邮购电话：（010）88254888，88258888。

质量投诉请发邮件至 zlts@phei.com.cn，盗版侵权举报请发邮件至 dbqq@phei.com.cn。
本书咨询联系方式：tianhf@phei.com.cn。

前　言

　　MapGIS 是当前主流的具有完全自主知识产权的国产地理信息系统平台之一。武汉中地数码科技有限公司从 20 世纪 80 年代开始涉足 GIS 的研究，先后承担了"八五"科技攻关项目、"九五"国家重中之重科技攻关项目、"十五"国家"863"项目、"十一五"国家"863"重点项目，以及"十五""十一五""十二五""十三五"国家科技支撑计划。经过近 30 多年的不懈努力，武汉中地数码科技有限公司积累了丰富的科研与实践经验，创建了一套 GIS 技术方法及先进的 GIS 软件开发体系，研制了具有国际先进水平的地理信息系统基础平台 MapGIS。MapGIS 先后荣获了 5 项国家科学技术进步奖，在科学技术部组织的国产地理信息系统软件测评中连续 10 多年位居榜首，应用范围涉及地质、地理、石油、煤炭、有色、冶金、测绘、土地、城建、建材、旅游、交通、铁路、水利、林业、农业、矿山、出版、教育、公安、军事等 20 多个领域。

　　MapGIS 10 是一个融合了大数据、物联网、云计算、人工智能等先进技术的全空间智能 GIS 平台，将全空间的理念、大数据的洞察、人工智能的感知通过 GIS 的语言，形象化为能够轻松理解的表达方式，实现了超大规模地理数据的存储、管理、高效集成和分析挖掘，在地理空间信息领域为各行业及其应用提供了更强的技术支撑。

　　本书是以 MapGIS 10 桌面产品（MapGIS 10 for Desktop）高级版为例编写的，内容包括 MapGIS 10 for Desktop 高级版的主要功能、操作方法及技术流程。全书共分 10 章：第 1 章为导论，主要介绍 MapGIS 软件系统的新特性及产品的安装部署；第 2 章为数据存储与管理，主要介绍数据库的创建与管理、数据源的配置与使用、多源异构数据的管理，以及地图集的创建与应用；第 3 章为数据预处理，主要介绍投影变换、栅格校正以及误差校正；第 4 章为数据编辑与处理，主要介绍地图编辑、拓扑检查与处理、属性数据处理、地物自动提取及地图综合；第 5 章为地图数据可视化，主要介绍系统库与样式库、图例板的应用、地图显示控制与调节、图框的绘制及专题图的制作；第 6 章为制图成果输出，主要介绍制图成果转换和地图的排版与输出等；第 7 章为空间分析，主要介绍叠加分析、缓冲分析、网络分析及空间查询；第 8 章为栅格数据应用，主要介绍栅格信息查看与色彩调节、栅格地图编辑、栅格数据处理、影像分析，以及 DEM 的构建与分析；第 9 章为三维景观建模与可视化，主要介绍三维景观建模、三维场景显示与分析，以及三维地形分析；第 10 章为地图瓦片，主要介绍栅格瓦片和矢量瓦片。

　　本书图文并茂、实用性强，可帮助读者全面了解 MapGIS 10 的基本功能、操作方法和使用技巧。如果读者需要进一步了解 MapGIS 10 的其他功能或二次开发的内容，请致电技术热线 400-880-9970 或加入技术交流 QQ 群 83378469。

　　参与本书编写的人员有吴信才、吴亮、万波、郭明强、黄颖、陈小佩、黄胜辉、黄波、王小龙、李金华、郭有世、黄春迎、徐灶萍、李清清、饶光建、尹雨薇，这些人员均长期从事地理信息系统软件的研发工作及 MapGIS 的培训工作，具有丰富的实践经验。

　　由于时间仓促，书中难免存在错误和不当之处，敬请广大读者提出宝贵意见和建议，以利改进。

目 录

第 1 章 导论 (1)

1.1 系统简介 (1)
- 1.1.1 MapGIS 10.5 Pro 的产品体系简介 (1)
- 1.1.2 MapGIS 10 for Desktop 版本介绍 (2)
- 1.1.3 MapGIS 10 for Desktop 的功能简介 (5)
- 1.1.4 MapGIS 10 for Desktop 的软件界面简介 (5)
- 1.1.5 MapGIS 10 for Desktop 的新特性 (7)

1.2 MapGIS 10 for Desktop 的安装与部署 (8)
- 1.2.1 MapGIS 10 for Desktop 的授权方式简介 (9)
- 1.2.2 MapGIS 10 for Desktop 产品包的安装与部署 (10)
- 1.2.3 MapGIS 10 for Desktop 开发包的安装与部署 (17)

第 2 章 数据存储与管理 (22)

2.1 数据库的创建与管理 (22)
- 2.1.1 数据库基本概念 (22)
- 2.1.2 创建地理数据库 (22)
- 2.1.3 备份地理数据库 (25)
- 2.1.4 附加地理数据库 (26)
- 2.1.5 地理数据库的检查与压缩 (27)

2.2 数据源的配置与使用 (28)
- 2.2.1 管理数据源 (28)
- 2.2.2 配置 MySQL 数据源 (28)
- 2.2.3 ArcGIS 中间件的配置与使用 (30)

2.3 多源异构数据的管理 (30)
- 2.3.1 常见的数据格式 (30)
- 2.3.2 异构数据的转换 (32)

2.4 地图集的创建与应用 (47)
- 2.4.1 地图集的基本概念 (47)
- 2.4.2 地图集的创建 (49)
- 2.4.3 地图集的管理 (52)

第 3 章 数据预处理 (54)

3.1 投影变换 (54)
- 3.1.1 地图投影的基本概念 (54)
- 3.1.2 地图投影变换 (58)

3.2 栅格校正 ·· (62)
 3.2.1 地图分幅基本概念 ·· (62)
 3.2.2 标准图幅校正 ·· (63)
 3.2.3 非标准图幅校正 ·· (66)
3.3 误差校正 ·· (69)
 3.3.1 误差的来源 ·· (69)
 3.3.2 控制点误差校正 ·· (70)

第 4 章 数据编辑与处理 ··· (75)

4.1 地图编辑 ·· (75)
 4.1.1 GIS 环境参数设置 ·· (75)
 4.1.2 点编辑、线编辑、区编辑和注记编辑 ····················· (76)
 4.1.3 通用编辑 ·· (91)
 4.1.4 统改参数 ·· (95)
4.2 拓扑检查与处理 ··· (97)
 4.2.1 拓扑规则简介 ·· (97)
 4.2.2 拓扑检查 ·· (99)
 4.2.3 拓扑处理 ·· (102)
4.3 属性数据处理 ··· (107)
 4.3.1 属性结构设置 ·· (107)
 4.3.2 属性表编辑 ·· (107)
 4.3.3 属性工具 ·· (109)
4.4 地物自动提取 ··· (114)
 4.4.1 地物提取的方法 ·· (114)
 4.4.2 DRG 矢量化 ·· (115)
 4.4.3 道路提取 ·· (116)
 4.4.4 建筑物提取 ·· (118)
 4.4.5 自然地物提取 ·· (120)
 4.4.6 快速选择 ·· (121)
 4.4.7 边缘吸附 ·· (122)
4.5 地图综合 ·· (122)
 4.5.1 地图综合参数设置 ·· (123)
 4.5.2 图元化简 ·· (126)
 4.5.3 图元概括 ·· (128)
 4.5.4 图元降维 ·· (129)
 4.5.5 全自动综合 ·· (131)
 4.5.6 综合协调处理 ·· (135)
 4.5.7 综合质量评价 ·· (136)

第 5 章 地图数据可视化 ·· (137)

5.1 系统库与样式库 ··· (137)

- 5.1.1 系统库与样式库的基本概念 (137)
- 5.1.2 系统库的配置与使用 (139)
- 5.1.3 样式库的配置与使用 (156)

5.2 图例板的应用 (165)
- 5.2.1 图例板的基本概念 (165)
- 5.2.2 图例板的创建和使用 (165)
- 5.2.3 提取图例 (168)
- 5.2.4 根据图例生成简单要素类 (168)

5.3 地图显示控制与调节 (170)
- 5.3.1 图层管理 (170)
- 5.3.2 显示配置 (173)

5.4 图框的绘制 (179)
- 5.4.1 图幅处理 (179)
- 5.4.2 基本比例尺地形图图框 (180)
- 5.4.3 标准分幅图框 (181)
- 5.4.4 任意图框 (183)
- 5.4.5 格网工具 (184)

5.5 专题图的制作 (185)
- 5.5.1 专题图的基本概念 (185)
- 5.5.2 创建矢量专题图 (185)
- 5.5.3 创建栅格专题图 (189)
- 5.5.4 创建三维专题图 (190)
- 5.5.5 专题图的应用 (191)

第 6 章 制图成果输出 (194)

6.1 制图成果转换 (194)
- 6.1.1 制图成果转换的内容 (194)
- 6.1.2 制图成果转换的意义 (195)
- 6.1.3 制图成果转换工具的配置 (195)
- 6.1.4 地图文档的转换 (197)
- 6.1.5 样式库的转换 (199)

6.2 地图的排版与输出 (202)
- 6.2.1 版面布局与整饰 (203)
- 6.2.2 成果输出 (213)

第 7 章 空间分析 (217)

7.1 叠加分析 (217)
- 7.1.1 叠加分析的基本概念 (217)
- 7.1.2 点对线叠加分析 (219)
- 7.1.3 点对区叠加分析 (219)
- 7.1.4 线对区叠加分析 (220)

		7.1.5 区对线叠加分析	(223)
		7.1.6 区对区叠加分析	(223)
	7.2	缓冲分析	(226)
		7.2.1 缓冲分析的基本概念	(226)
		7.2.2 缓冲分析的操作方法	(226)
		7.2.3 多重缓冲的操作方法	(227)
	7.3	网络分析	(228)
		7.3.1 网络分析的基本概念	(228)
		7.3.2 网络分析的流程	(228)
		7.3.3 网络分析的操作方法	(229)
	7.4	空间查询	(237)
		7.4.1 交互式查询	(238)
		7.4.2 按条件查询	(238)

第8章 栅格数据应用 (242)

	8.1	栅格信息查看与色彩调节	(242)
		8.1.1 栅格信息的查看与统计	(242)
		8.1.2 栅格显示与调节	(245)
	8.2	栅格地图编辑	(251)
		8.2.1 查询编辑	(251)
		8.2.2 数据更新	(254)
		8.2.3 范围修改	(255)
		8.2.4 无效值转换	(255)
	8.3	栅格数据处理	(256)
		8.3.1 边界追踪	(256)
		8.3.2 栅格镶嵌	(257)
		8.3.3 栅格裁剪	(259)
		8.3.4 影像融合	(260)
		8.3.5 栅格计算	(261)
		8.3.6 栅格重采样	(262)
		8.3.7 矢栅互转	(263)
		8.3.8 镶嵌数据集	(265)
	8.4	影像分析	(270)
		8.4.1 影像分析的基本概念	(270)
		8.4.2 波段合成	(270)
		8.4.3 监督分类	(272)
		8.4.4 非监督分类	(274)
		8.4.5 变化检测	(275)
		8.4.6 分类后处理	(276)
	8.5	DEM 的构建与分析	(278)
		8.5.1 DEM 的基本概念	(278)

8.5.2　DEM 的构建 ………………………………………………………………………（279）
　　8.5.3　DEM 分析 …………………………………………………………………………（281）

第9章　三维景观建模与可视化 ……………………………………………………………（285）

9.1　三维景观建模 …………………………………………………………………………………（285）
　　9.1.1　常见三维模型数据 …………………………………………………………………（285）
　　9.1.2　三维模型的转换 ……………………………………………………………………（286）
　　9.1.3　三维景观建模的方法 ………………………………………………………………（293）
　　9.1.4　三维模型编辑 ………………………………………………………………………（299）
9.2　三维场景显示与分析 …………………………………………………………………………（301）
　　9.2.1　场景视窗选项设置 …………………………………………………………………（301）
　　9.2.2　二三维联动 …………………………………………………………………………（302）
　　9.2.3　三维标注 ……………………………………………………………………………（303）
　　9.2.4　粒子特效 ……………………………………………………………………………（304）
　　9.2.5　生成缓存 ……………………………………………………………………………（304）
　　9.2.6　动态剖切 ……………………………………………………………………………（307）
　　9.2.7　场景漫游 ……………………………………………………………………………（307）
　　9.2.8　三维分析 ……………………………………………………………………………（309）
9.3　三维地形分析 …………………………………………………………………………………（314）
　　9.3.1　洪水淹没分析 ………………………………………………………………………（314）
　　9.3.2　坡度分析 ……………………………………………………………………………（315）
　　9.3.3　坡向分析 ……………………………………………………………………………（315）
　　9.3.4　填挖方计算 …………………………………………………………………………（316）
　　9.3.5　轨迹点展示 …………………………………………………………………………（316）

第10章　地图瓦片 ……………………………………………………………………………（318）

10.1　栅格瓦片 ……………………………………………………………………………………（319）
　　10.1.1　瓦片裁剪 …………………………………………………………………………（319）
　　10.1.2　瓦片浏览 …………………………………………………………………………（321）
　　10.1.3　瓦片更新 …………………………………………………………………………（322）
　　10.1.4　瓦片升级与合并 …………………………………………………………………（324）
10.2　矢量瓦片 ……………………………………………………………………………………（325）
　　10.2.1　矢量瓦片简介 ……………………………………………………………………（325）
　　10.2.2　矢量瓦片裁剪 ……………………………………………………………………（326）
　　10.2.3　矢量瓦片更新 ……………………………………………………………………（328）

第 1 章 导论

1.1 系统简介

虽然地理信息系统的研制与应用在我国起步较晚，但发展势头迅猛。MapGIS 是从 1991 开始发展的。武汉中地数码科技有限公司（简称中地数码）于 1991 年成功地研制出了我国第一套彩色地图编辑出版系统 MapCAD，结束了千百年来传统手工制图的历史。1995 年，具有自主知识产权的 MapGIS 系列打破了国外 GIS 软件一统天下的局面。于 2009 年问世的 MapGIS K9，是一款全球领先的高度共享集成开发平台，开创了 GIS 的新纪元，与国外的 GIS 软件并驾齐驱。中地数码一直坚持自主创新，同时也在成长的道路上不断沉淀技术，于 2021 年 6 月隆重推出了 MapGIS 10.5 Pro，实现了跨平台支持、智能地图生成、时空大数据服务与智能 GIS 分析等一系列在业内保持领先的特性。

MapGIS 10.5 Pro 基于统一的跨平台内核，承载 MapGIS 10.5 Pro 九州全国产化 GIS 平台和 MapGIS 10.5 Pro 全空间智能 GIS 平台两大自主可控产品，实现了完全国产化的体系架构和 X86 系统架构的"双轮驱动"，全面提升国产化技术、全空间技术、地理大数据技术和智能 GIS 技术，并引入了敏捷开发的思想，可为用户提供持续、稳健、高效的技术支撑，为各行业应用赋能。

1.1.1 MapGIS 10.5 Pro 的产品体系简介

MapGIS 10.5 Pro 打造了云端一体化产品体系，如图 1-1 所示。云存储、云 GIS 服务器、云运维管理、云应用四个部分共同构建了 MapGIS 大数据与云平台，实现了时空大数据的一体化存储和高效管理，提供了高性能的各类地图服务和分析服务，支持服务的集群部署和运维管理，可满足各类 GIS 资源的在线共享和协同。

依托大数据与云平台强大的服务能力，MapGIS 10.5 Pro 构建了桌面端、WEB 端、移动端的产品和开发平台。通过云端深度融合，形成了自主可控的一云加多端的平台产品体系。

（1）MapGIS 10.5 Pro 的云产品。云产品统称为大数据与云平台，可提供不同层面的空间大数据存储、计算、运维及应用的一体化能力，提高数据获取、处理及分析响应的效率。

① 云存储：通过 MapGIS SDE（空间数据引擎）与 MapGIS DataStore（分布式存储引擎）的无缝融合，实现了各种类型、各种规模的全空间数据的安全稳定、方便易用的存储管理。

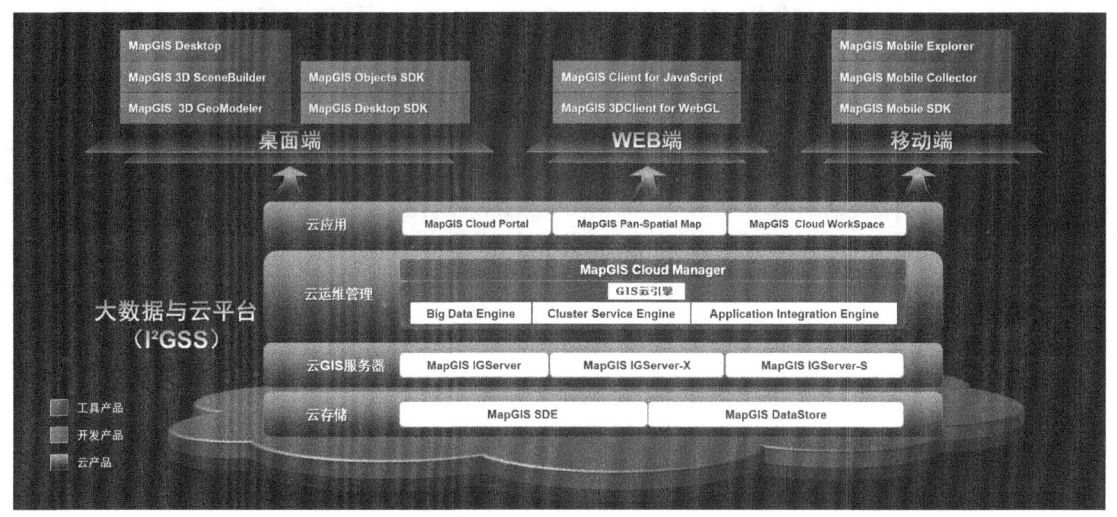

图 1-1 MapGIS 10.5 Pro 的云端一体化产品体系

② 云 GIS 服务器：包括 MapGIS IGServer（GIS 服务器产品）、MapGIS IGServer-X（大数据 GIS 服务器产品）、MapGIS IGServer-S（智能 GIS 服务器产品），为上层应用提供了高性能的 GIS 服务、大数据计算服务和智能 GIS 服务。

③ 云运维管理：依托 GIS 云引擎，构建了云运维管理产品 MapGIS Cloud Manager，从数据、服务和应用三个维度深度满足了高性能集群并发调度、大数据分析展示和应用集成部署的需求，可辅助一站式自动化运维管理。

④ 云应用：面向跨行业用户对地理信息服务资源的应用需求，推出了 MapGIS Cloud Portal（云门户）、MapGIS Pan-Spatial Map（全空间一张图）和 MapGIS Cloud WorkSpace（云工作空间）三个应用级产品，可满足多维展示及应用分析的需求。

（2）MapGIS 10.5 Pro 端产品：依托云平台强健的功能支撑，结合中地数码在各应用领域的多年积累，推出了 PC 端、WEB 端、移动端、组件端多个通用工具产品及系列开发 SDK，可全面满足用户即拿即用和个性化的扩展开发需求。

1.1.2 MapGIS 10 for Desktop 版本介绍

根据用户的伸缩性需求，MapGIS 10 for Desktop 可分为不同版本的软件产品，等级越高的版本，提供的功能就越丰富。

MapGIS 10 for Desktop 的功能是以插件的形式提供的，根据插件的多少分别组成了制图版、基础版、标准版、高级版。用户可根据应用需求选择相应版本的产品，减少购买成本。

1.1.2.1 MapGIS 10 for Desktop 制图版

MapGIS 10 for Desktop 制图版是为地图制图而定制的简版 MapGIS 产品，用户可基于此版本进行地图编辑、矢量化、符号化、投影及生成专题图等制图操作。MapGIS 10 for Desktop 制图版的插件如图 1-2 所示。

（1）工作空间插件：提供最基础的地图目录管理窗口、地图数据视图和视图的基础操作功能，是地图编辑、分析处理的基本框架，是 MapGIS 10 for Desktop 的必备插件之一。

（2）数据管理插件：提供各类空间数据的存储与管理，包括数据和数据库的创建、属性编辑、备份、域集/规则的管理等，是地图编辑、分析处理的基础，是 MapGIS 10 for Desktop 的必备插件之一。

（3）地图编辑插件：提供矢量数据提取、编辑、平移校正、地图投影、符号化、配图等矢量数据的制图编辑相关功能。

1.1.2.2　MapGIS 10 for Desktop 基础版

MapGIS 10 for Desktop 基础版是最基础的版本，主要用于地图数据的处理，在制图版的基础上增加了版面编辑插件、栅格编辑插件，如图 1-3 所示。

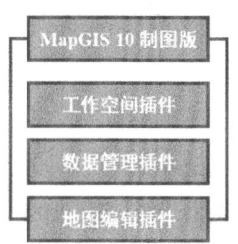

图 1-2　MapGIS 10 for Desktop 制图版的插件

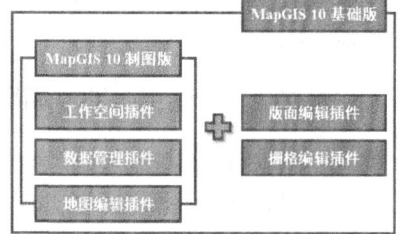

图 1-3　MapGIS 10 for Desktop 基础版的插件

（1）版面编辑插件：基于此插件，用户可对输出地图进行排版，并添加指北针、图例、比例尺等制图辅助要素。

（2）栅格编辑插件：提供了对栅格数据的查询、编辑功能。基于此插件，用户可实现如下需求：

- 对栅格的显示效果进行调节；
- 根据坐标点查询指定位置的栅格像元值；
- 提取部分栅格数据；
- 将多幅栅格合并为一幅栅格；
- 通过控制点将栅格平移到正确的坐标位置。

1.1.2.3　MapGIS 10 for Desktop 标准版

MapGIS 10 for Desktop 标准版是最适合地图制图和地图生成的版本，用于制作各类专业、精美的地图，既可以支持纸质地图的生成，也可以生成全套成熟的网络地图数据，并直接用于网络地图的发布。除了包含基础版的全部插件，MapGIS 10 for Desktop 标准版还包含三维编辑插件、地图瓦片插件、基础数据转换插件，如图 1-4 所示。

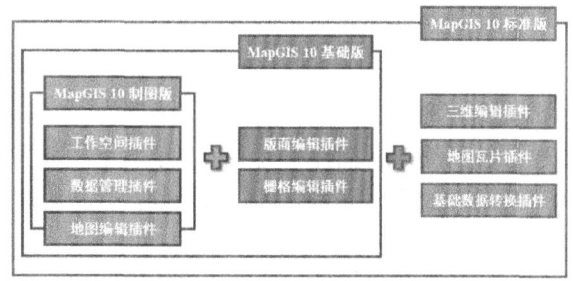

图 1-4　MapGIS 10 for Desktop 标准版的插件

（1）三维编辑插件：用户进行三维可视化等操作的必备插件，可满足如下需求：

- 多种类型数据的三维平面/球面显示；
- 根据矢量线/区进行三维面/体建模；
- 对地形数据进行三维计算，如计算坡度/坡向、计算两点间距离、判断两个点间是否可见、模拟日照阴影效果等；

- 对三维地质模型进行切割分析。

（2）地图瓦片插件：提供裁剪地图、制作瓦片的基础功能，包括瓦片裁剪、瓦片更新、瓦片升级、瓦片合并、瓦片浏览等。

（3）基础数据转换插件：用于实现矢量和栅格数据升级、数据迁移、数据交换等强大的数据操作功能。

根据支持的商用数据库，MapGIS 10 for Desktop 标准版又分为标准版 for Oracle 和标准版 for SQL。标准版 for Oracle 支持 Oracle、DM、PostgreSQL、DB2、MySQL、Gbase、KDB、博阳 DB、Sybase 等数据库；标准版 for SQL 支持 SQL Server、DB2、MySQL、Gbase、KDB、博阳 DB、Sybase 等数据库。

1.1.2.4　MapGIS 10 for Desktop 高级版

MapGIS 10 for Desktop 高级版是功能最强大的版本，包括所有功能插件，除了具有数据管理、地图制图、地图共享、数据转换等功能，还具有优秀的空间分析能力。MapGIS 10 for Desktop 高级版的插件如图 1-5 所示。

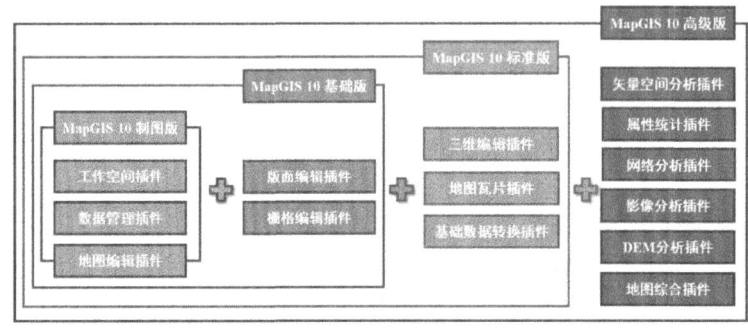

图 1-5　MapGIS 10 for Desktop 高级版的插件

（1）矢量空间分析插件：提供了缓冲区分析和叠加分析功能。缓冲区分析提供了一种可根据指定的距离在点、线和多边形实体周围自动建立一定宽度的区域范围的分析方法；叠加分析则可根据各种类型实体的空间关系进行求并、求交等运算。

（2）属性统计插件：根据矢量数据的属性信息，该插件提供了专业的统计分析方法，如聚类分析、回归分析、梯度分析、时间序列分析、趋势面分析、统计相关分析、主成分分析、马尔可夫预测等。

（3）网络分析插件：提供了基于网络类数据的基础编辑工具、拓扑编辑工具、基础网络分析（连通性分析、追踪分析、路径分析）和应用类分析（查找最近设施、查找服务范围、多车送货、定位分配）等功能。

（4）影像分析插件：提供了常用的影像分析处理功能，包括影像变换（波段合成、波段分解、小波变换、影像二值化等）、影像分析（纹理分析、FFT 编辑、数学形态学等）、影像分类（监督分类、非监督分类、决策树分类、混合像元分解等）等。

（5）DEM 分析插件：提供了丰富的地形分析处理功能，包括地形因子分析、表面分析、可视性分析、水文分析、TIN 转换、各类专题制图（日照晕渲图、密度制图、格网立体图）等。

（6）地图综合插件：提供了 30 多种地图综合处理操作，包括多边形合并、化简、小间距/瓶颈/弯曲探测、线要素的化简、光滑、提取、多边形转线、转点、综合质量评价等功能。

1.1.3　MapGIS 10 for Desktop 的功能简介

MapGIS 10 for Desktop 是一个专业的二三维一体化桌面 GIS 产品，具备强大的数据管理与编辑、数据制图与可视化、空间分析与影像处理、三维可视化与分析等能力，通过"框架+插件"的思想构建，支持按需定制。

MapGIS 10 for Desktop 可为用户提供数据存储与管理、数据预处理、数据编辑与处理、地图数据可视化、制图成果输出、空间分析、栅格数据应用、三维景观建模与可视化、地图瓦片等全流程的功能。

（1）数据存储与管理：包含数据库的创建与管理、数据源的配置与使用、多源异构数据的管理、地图集的创建与应用等，是整个 GIS 软件的基础。

（2）数据预处理：包含投影变换、栅格校正、误差校正三大部分，为地图制图提供了数据预处理功能。

（3）数据编辑与处理：包含地图编辑、拓扑检查预处理、属性数据处理、地物自动提取、地图综合等相关功能，是整个 GIS 软件的核心功能之一。

（4）地图数据可视化：包含系统库与样式库、图例板的应用、地图显示与调节、图框的绘制、专题图制作等功能，可调节地图数据的显示效果。

（5）制图成果输出：针对调试好的地图数据，可对其进行成果输出，包括异构数据的制图成果转换、地图排版与成果输出。

（6）空间分析：可向用户提供叠加分析、缓冲分析、网络分析、空间查询等分析功能，也是 GIS 软件的核心功能之一。

（7）栅格数据应用：针对栅格数据应用提供相关的操作，包括栅格信息查看与色彩调节、栅格地图编辑、栅格数据处理、影像分析、DEM 构建与分析等。

（8）三维景观建模与可视化：用于三维数据的建模与处理，包括三维景观建模、三维场景显示与分析、三维地形分析等。

（9）地图瓦片：生成可在 WEB 端浏览发布的数据，包括瓦片与矢量瓦片两类。

1.1.4　MapGIS 10 for Desktop 的软件界面简介

MapGIS 10 for Desktop 是 MapGIS 产品中最核心和最基础的部分，是 MapGIS 桌面工具的集合，包含 MapGIS 所有编辑制图、分析处理的操作。MapGIS 10 for Desktop 的主界面如图 1-6 所示，主要包括以下几个部分。

（1）功能面板：是 MapGIS 10 for Desktop 可支持功能列表，其具体内容与用户安装的版本有关。

（2）工作空间：以目录树的形式组织地图中的数据，提供地图的新建、保存及编辑等基本管理功能。用户可通过工作空间对地图中的各数据层进行管理，包括叠加显示顺序、数据层的显示状态等。

（3）GDB 数据管理：MapGIS 的目录，类似于 Windows 操作系统的资源管理器，可以使地理数据的访问和管理变得更加便捷。通过 MapGIS 的目录，可以连接网络及本地的地理数据库，并且能够访问本地磁盘上的文件。在 MapGIS 10 for Desktop 中，用户可以直接将数据从 MapGIS 的目录拖放到地图文档的编辑窗口中进行查看和编辑。

（4）编辑窗口：是用户进行数据显示、交互操作的窗口，主要由二维地图、三维场景两个视图组成。编辑窗口的最大特色是其可以采用多视图显示模式，用户可以同时构建并显示多个视图,可以通过编辑窗口左上角的标签进行视图切换,不会相互影响。

图 1-6　MapGIS 10 for Desktop 的主界面

① 二维地图是二维矢栅数据显示必备控件。在二维地图中可展示矢栅数据,并对矢栅数据进行交互编辑处理。MapGIS 10 for Desktop 二维地图显示效果如图 1-7 所示。

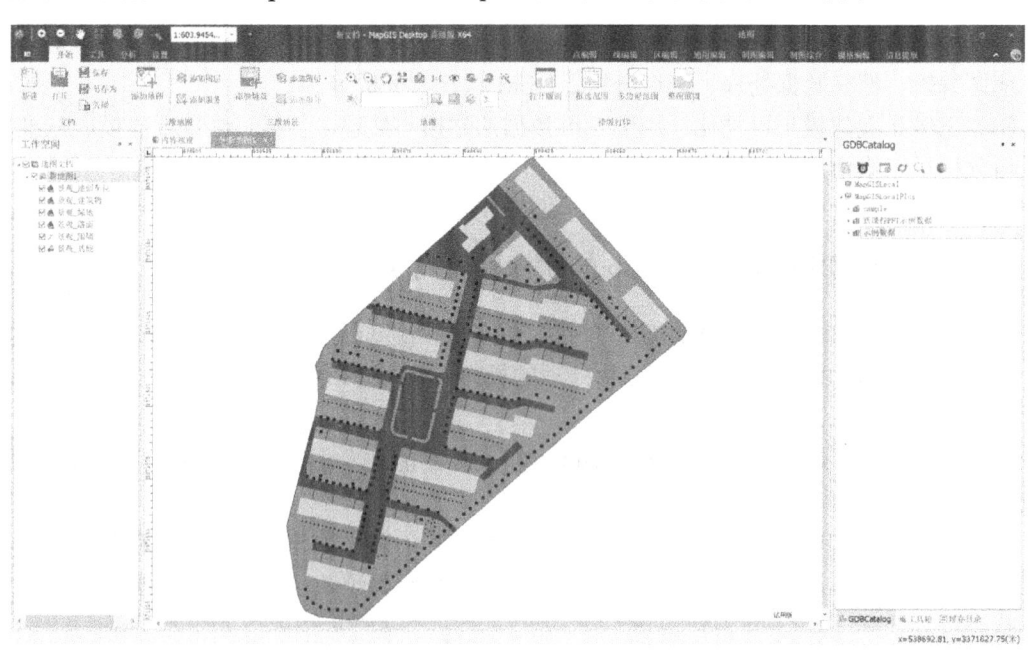

图 1-7　MapGIS 10 for Desktop 二维地图显示效果

② 三维场景是三维平面和球面显示的必备控件。MapGIS 的三维场景提供了球面和平面两种场景,用户可在两种场景中任意切换。三维场景支持三维矢量数据模型、地形的立体显示,并可支持二维影像和地图的叠加显示。MapGIS 10 for Desktop 三维场景平面显示效果如图 1-8 所示。

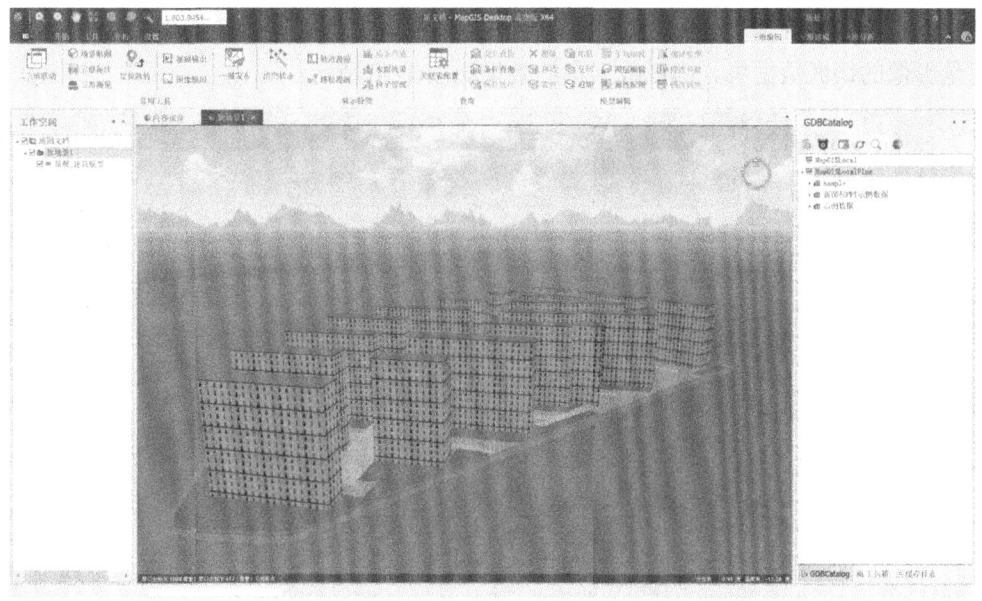

图 1-8　MapGIS 10 for Desktop 三维场景平面显示效果

1.1.5　MapGIS 10 for Desktop 的新特性

1.1.5.1　空间数据库引擎增强

空间数据库引擎可支持矢量、栅格、三维数据模型，MapGIS 10 for Desktop 在空间数据库引擎中增加了 HighGo 数据源、POLARDBGanos 数据源和 OSCAR 数据源，如图 1-9 所示，这三种数据源分别对应的是瀚高 HighGo 数据库、阿里 Polar 数据库、神州 OSCAR 数据库。新增的三种数据源，为后续 GIS 行业应用的国产化迁移做了数据存储方面的储备。

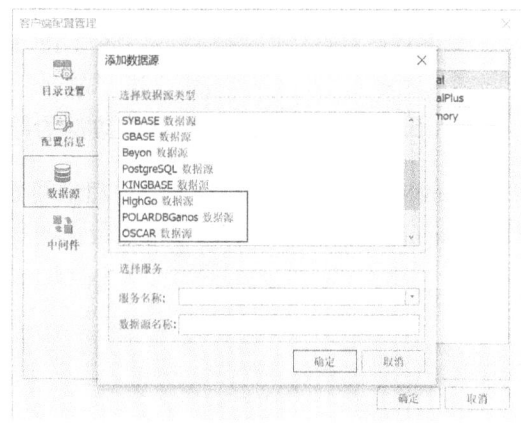

图 1-9　空间数据库引擎

1.1.5.2　ArcGIS 制图成果转换工具

MapGIS 推出了 ArcGIS 制图成果转换工具，可将 ArcGIS 配置好的地图文档（*.mxd）直接转换为 MapGIS 的地图文档（*.mapx），实现 ArcGIS 地图到 MapGIS 地图的快速转换，完成符号和可视化表达的完美对接。转换的内容主要包括：

（1）将 ArcGIS 的地图文档（*.mxd）中所有数据转换到 MapGIS 的 HDB 数据库中。
（2）将 ArcGIS 的样式库文件（*.style）转换为 MapGIS 的系统库，可保留点样式、线样式、填充样式、渐变条等。
（3）将 ArcGIS 的地图文档（*.mxd）转换为 MapGIS 的地图文档（*.mapx），可继承地图文档参照系、图层组织结构、各图层符号化信息、动态注记信息等。

1.1.5.3　PostgreSQL 数据引擎支持镶嵌数据集

PostgreSQL 数据库作为开源数据库中的优秀代表，其强大和高效的存储能力为 GIS 空间数据存储提供了更好的选择。MapGIS 实现了基于 PostgreSQL-XL 数据库的空间数据引擎,能够支持海量影像的镶嵌数据集。镶嵌数据集的效果如图 1-10 所示。

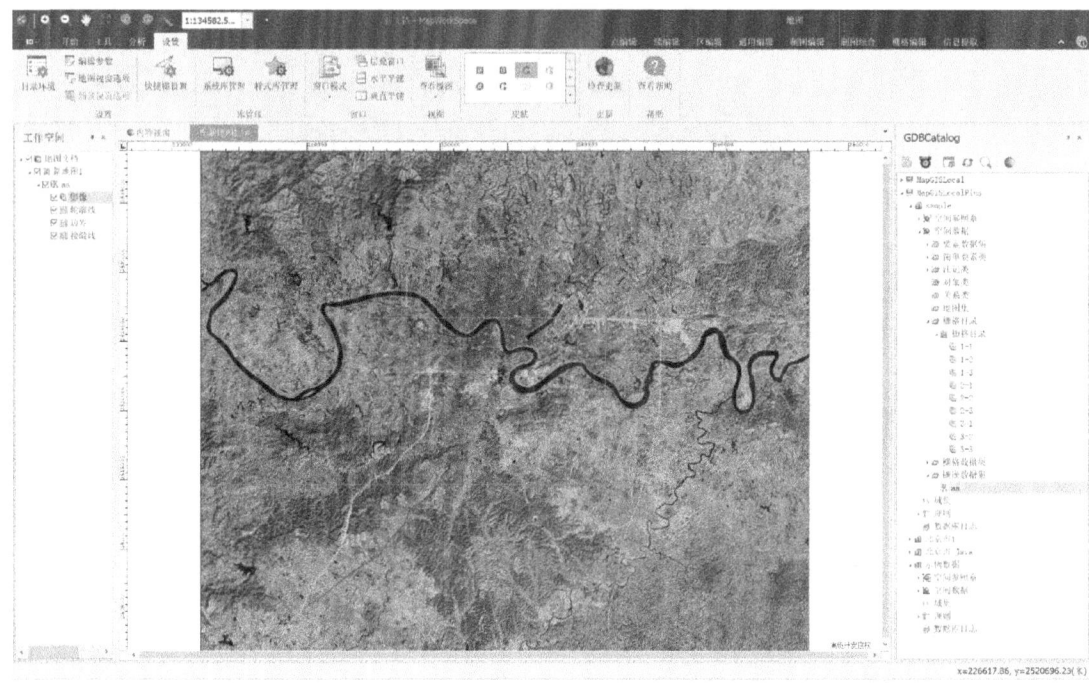

图 1-10　镶嵌数据集的效果

1.1.5.4　新增 GeoJSON 格式数据的导入

GeoJSON 是一种开放标准的地理空间数据交换格式,可表示简单的地理要素及其非空间属性。MapGIS 新增了 GeoJSON 格式数据的导入,如图 1-11 所示。

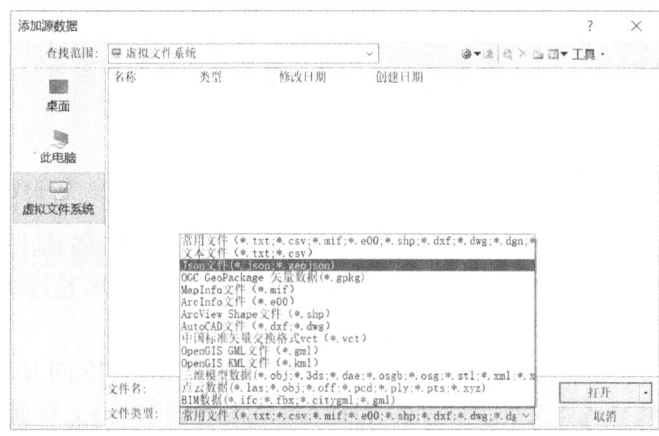

图 1-11　GeoJSON 格式数据的导入

1.2　MapGIS 10 for Desktop 的安装与部署

MapGIS 10 for Desktop 提供了云授权、硬 Key 授权、云开发授权和硬 Key 开发授权四种授权模式。本节以云授权和云开发授权为例，重点介绍这两种授权对应的产品包和开发包的安装与部署。

1.2.1 MapGIS 10 for Desktop 的授权方式简介

MapGIS 证书服务是指使用 MapGIS 相关软件的通行证，又称为"狗"服务或授权。用户想要使用 MapGIS 软件，必须先获得相关的授权信息。

1.2.1.1 云授权

云授权和产品包是配套使用的，且云授权只能用于在云交易中心中购买的 MapGIS 10 产品。云授权模式包括在线安装和离线安装两种方式：在线安装云授权安装包时，云授权会被一并安装，在安装完成后，即可使用 MapGIS 10 产品；离线安装云授权安装包时，通过离线扫码认证的方式安装云授权。无论在线安装还是离线安装云授权安装包，在卸载云授权产品包时，均会将云授权一并卸载。

云授权需要在云交易中心正式购买，且云授权和云授权安装包是捆绑购买的，即购买的云授权安装包中已经内置了云授权文件信息。云授权及其安装包既可由用户先申请司马云（Smaryun）账号再购买，也可通过销售部门代购的方式。建议用户采取先申请司马云账号再购买的方式。

在云交易中心购买产品（包含云授权）时，可购买一份或多份，即单个节点或多个节点。一个节点支持绑定一台计算机，如果该节点已经绑定某台计算机，则需要先在云交易中心解绑，然后在另一台计算机中安装使用。

1.2.1.2 硬 Key 授权

硬 Key 授权是在云授权基础上的新一代软件局域网授权模式，该授权模式实现了安装包与授权分离，解决了云授权模式下重复下载安装包，以及在更换计算机时需要解绑等问题。

硬 Key 授权与 MapGIS K9 的"硬狗"类似，是通过 USB 设备来管理 MapGIS 授权信息的。硬 Key 授权适用于中大型企业或组织，只需在服务器上安装硬 Key 授权设备（见图 1-12），在客户端安装 MapGIS 10 后即可直接通过 IP 地址连接服务器来进行授权。由于硬 Key 授权模式目前必须使用硬 Key 授权设备，因此只能在桌面端使用。

图 1-12 硬 Key 授权设备

1.2.1.3 云开发授权

云开发授权是和 MapGIS 10 产品开发包绑定使用的。基于云开发授权，用户可以直接使用 MapGIS 10 进行二次开发。注册司马云账号后，用户可在云开发世界中升级为开发者，升级为开发者后才可以下载获取云开发授权，且一个司马云开发者账号对应一份云开发授权。

云开发授权分为基础开发授权和高级开发授权。基础开发授权支持可视化、编辑、制图、输出、空间分析、矢量、影像、WebGIS，不支持 Oracle/SQL 空间数据库，加载的 HDF 文件大小不能超过 256 MB；高级开发授权除了支持基础开发授权的全部功能，还支持三维、市政、国土、地矿、通信等功能，以及 Oracle/SQL 数据库。

一般情况下，手机号码、普通邮箱注册的司马云开发者账号可以无偿使用基础开发授权，但如果要使用高级开发授权，则可直接申请，经确认后才能升级为高级开发授权。

需要特别指出的是，无论基础开发授权还是高级开发授权，在使用过程中，MapGIS 10 的地图视窗右下角会出现"**开发授权"的水印。

一份云开发授权只能同时提供给一台计算机使用，如果云开发授权已绑定了计算机 A，而又需要在计算机 B 上使用云开发授权，则可以先在云开发世界中对云开发授权进行解绑，然后将云开发授权安装在计算机 B 上，此时计算机 B 的云开发授权才可以正常使用。如果多台计算机需要同时使用云开发授权，则可申请多个司马云开发者账号，获取多份云开发授权，供多台计算机使用。

1.2.1.4 硬 Key 开发授权

硬 Key 开发授权是在云开发授权基础上的面向开发团队的开发授权模式。在服务器上插入硬 Key 开发授权 USB 设备并配置授权信息后，客户端可直接通过 IP 地址和端口号来使用服务器上的硬 Key 开发授权信息进行 MapGIS 的二次开发。

（1）硬 Key 开发授权由硬 Key 授权设备控制，初次购买时需支付 2000 元人民币的设备费用，且首次使用无须处于联网状态（可访问 http://www.smaryun.com/）。

（2）硬 Key 开发授权属于高级开发授权，具有高级开发授权的功能。

（3）在硬 Key 开发授权模式下，使用地图显示、制图输出、瓦片裁剪等功能时均会出现"高级开发授权"的水印。

（4）硬 Key 开发授权与开发包是独立的，开发包可以随意复制使用。

（5）硬 Key 开发授权的默认时间为一年，过期后可续期。

（6）由于硬 Key 开发授权和硬 Key 授权采用同一个认证服务器进行管理，因此不能在一台服务器上同时安装这两种授权。

1.2.2 MapGIS 10 for Desktop 产品包的安装与部署

产品包所对应的授权方式是云授权。

1.2.2.1 产品包下载安装

（1）产品选购。

① 在云交易中心首页（见图 1-13），单击"登录"。

图 1-13 云交易中心首页

如果用户没有云交易中心账号，则可先单击"注册"来注册一个司马云账号，注册页面如图 1-14 所示。

图 1-14　注册页面

② 选择产品版本。用户可根据自己的业务需求选择相应的产品版本，可选版本包括制图版、基础版、标准版 for Oracle、标准版 for SQL、高级版等。产品选择页面如图 1-15 所示。

图 1-15　产品选择页面

③ 购买产品或试用产品。试用产品：单击"试用"按钮，即可在"已购"中下载该产品。试用结束后，可购买产品继续使用。购买产品：单击"购买"按钮，即可进入确认订单支付页面（见图 1-16），可选择支付宝和银行汇款/转账两种方式（注意请注明订单号）。

（2）安装产品。

在已购页面，选择相应的订单，单击"下载安装包"按钮，如图 1-17 所示。

下载离线安装包如图 1-18 所示，包括运行时与产品包。运行时是用来控制软件功能的，产品包是用来控制软件授权的。在安装时，需要先安装运行时，再安装产品包。

图 1-16　确认订单支付页面

图 1-17　单击"下载安装包"按钮

图 1-18　下载离线安装包

下载离线安装包后，单击下载好的运行时即可安装 MapGIS 软件，用户根据向导进行操作即可。安装好运行时后，再安装产品包。在安装产品包时，如果计算机处于联网状态，则会自动联网进行在线授权；如果计算机处于断网状态，则会在安装好产品包后弹出二维码认证窗口，进行手动认证授权。用户可以扫码或者直接单击二维码认证页面［见图 1-19（a）］中的链接文字，可在弹出的窗口[见图 1-19（b）]中生成认证码（即授权 ID）进行认证操作。认证成功后，即可正常使用软件。离线认证如图 1-19 所示。

图 1-19　离线认证

1.2.2.2　产品包续期

在云授权到期后，用户将无法使用 MapGIS 10 for Desktop 的试用产品。如果需要继续使用，则可选择购买产品进行续期。产品续期的方式有两种。

（1）登录 http://www.smaryun.com/，在"已购"页面中选择"购买"即可，如图 1-20 所示。用户可自行选择购买期限，如图 1-21 所示。

图 1-20　购买产品页面

图 1-21　选择购买期限页面

（2）用户可关注微信公众号"云 GIS 生态圈"，将司马云账号和微信号绑定，在"个人中心"→"已购产品"中进行产品续期。移动端续期如图 1-22 所示。

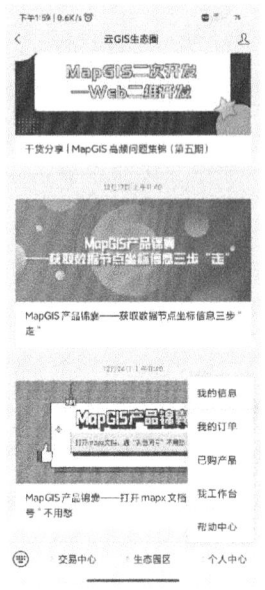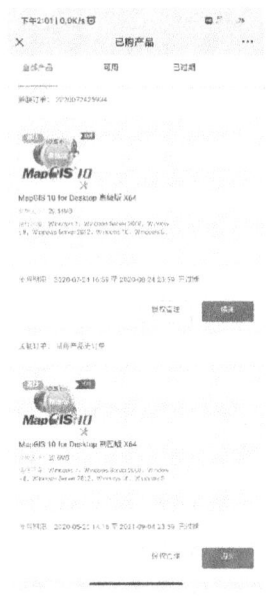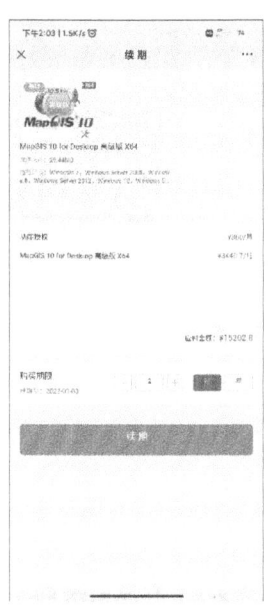

图 1-22 移动端续期

产品续期后，如果计算机处于联网状态，则在启动 MapGIS 后即可自动完成产品续期；如果计算机处于未联网状态，则需重新下载产品包进行续期认证。

1.2.2.3 产品包更新

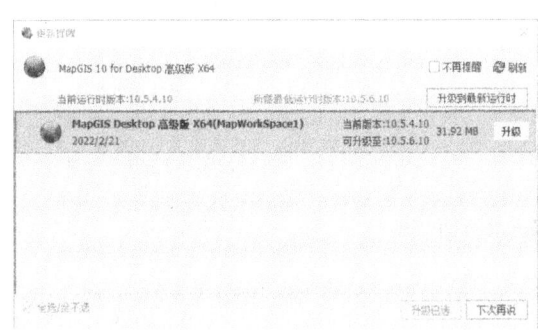

图 1-23 自动更新界面

MapGIS 10 for Desktop 已实现了系统智能升级，当用户的计算机处于联网状态时，如果有最新的安装包，则系统会在计算机屏幕右下角自动弹出更新提示，用户可以选择是否进行更新。当选择更新时，选择升级插件后即可自动完成所选插件的功能升级。自动更新界面如图 1-23 所示。

如果用户的计算机处于未联网状态，则可以单击"检查更新"工具，在弹出的二维码对话框中，通过扫码可获取更新信息，填写邮箱后，系统会将更新包的下载地址发送到邮箱中。需要注意的是，v10.3.1.6 及后续版本的运行时可直接更新产品，请用户卸载早期版本的运行时后再更新产品包。手动检查更新如图 1-24 所示。

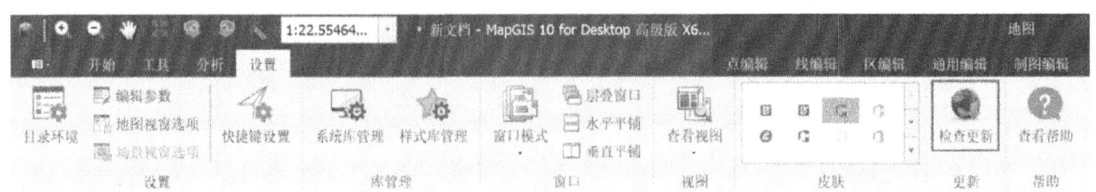

图 1-24 手动检查更新

1.2.2.4 产品包解绑

在云授权模式下，MapGIS 10 for Desktop 软件在安装后会与计算机绑定，生成的安装包无法在其他计算机上安装使用。如果需要更换计算机，则需要对产品包进行解绑。产品包解绑的方式有以下几种。

（1）启动 MapGIS 10，选择菜单"关于 MapGIS"，在弹出的"关于 MapGIS"对话框中单击"解除授权"，如图 1-25 所示。

（2）用户登录云交易中心，在"已购"页面中单击"绑定信息"按钮，输入验证码后单击"解绑"按钮即可。在"已购"页面进行产品包解绑如图 1-26 所示。

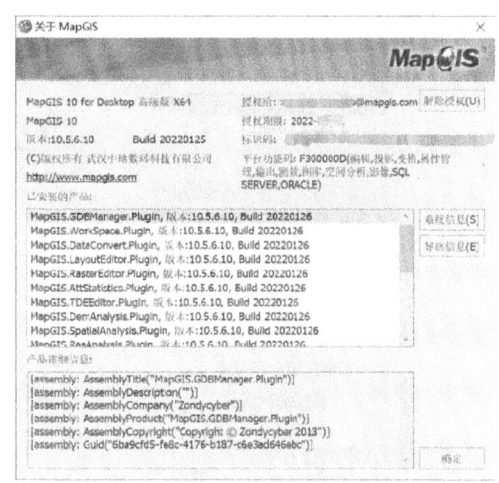

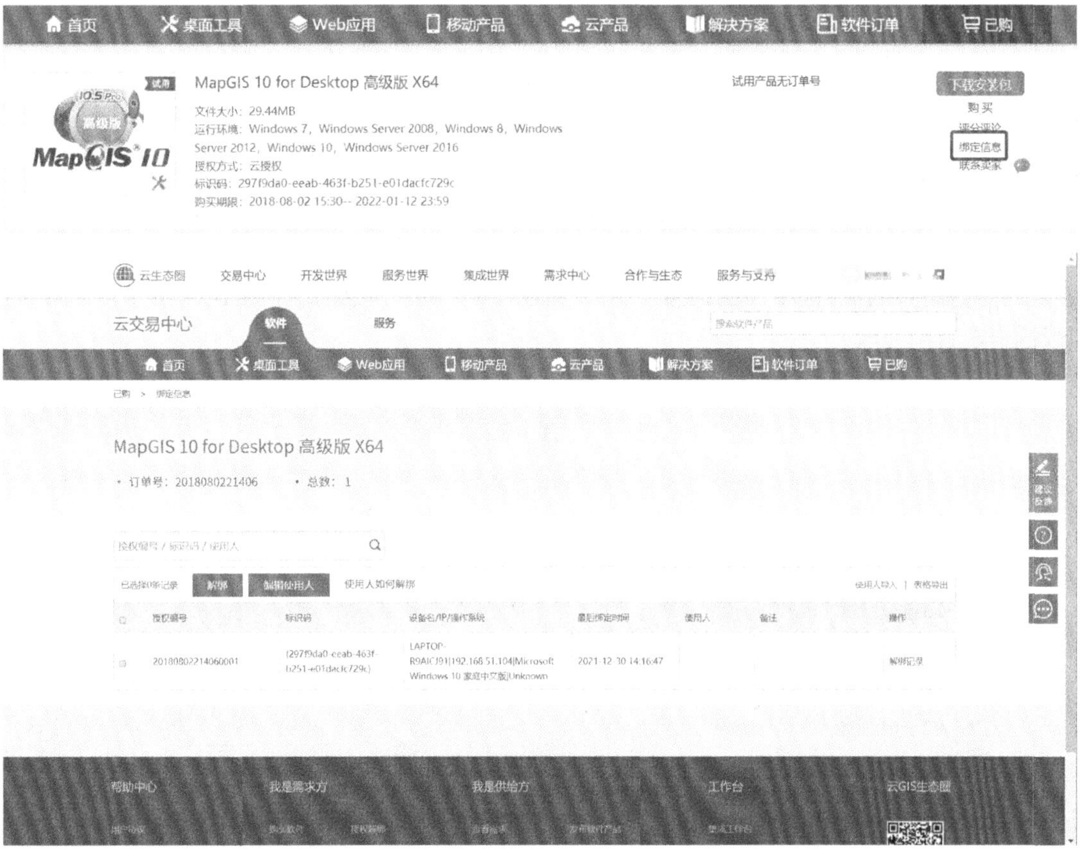

图 1-25 "关于 MapGIS"对话框

图 1-26 在"已购"页面进行产品包解绑

（3）关注微信公众号"云 GIS 生态圈"，将司马云账号和微信号绑定，选择"个人中心"→"我的订单"，选择产品后单击"授权管理"按钮可进入产品授权管理页面，在该页面单击"解绑"按钮即可。在移动端进行产品包解绑如图 1-27 所示。

图 1-27　在移动端进行产品包解绑

1.2.2.5　产品包卸载

在需要卸载产品包时，可按照如下步骤进行操作。

（1）在开始菜单中选择"卸载 MapGIS 10(x64)平台产品"，如图 1-28 所示，即可进入"MapGIS 卸载程序"对话框。

（2）选择待卸载的程序（默认为全选），单击"下一步"按钮，如图 1-29 所示，即可执行卸载操作，直至完成。

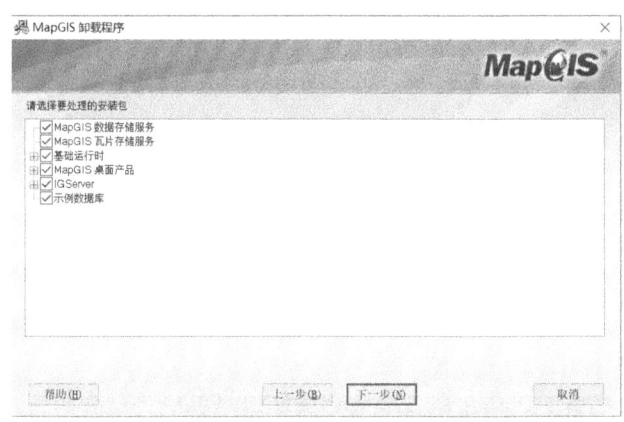

图 1-28　选择"卸载 MapGIS 10(x64)平台产品"　　　图 1-29　选择待卸载的程序

注意：在卸载程序前要备份数据库和系统库。彻底卸载软件的方式如下：

① 使用计算机自带的应用程序卸载。

② 使用 MapGIS 卸载工具后，手动删除对应的日志文件，日志路径为"系统盘:\Program Files(x86)\Common Files\MapGIS 10"（32 位系统）或"系统盘:\Program Files\Common Files\MapGIS 10"（64 位系统）。

③ 删除与 MapGIS 相关的注册表，即"HKEY_CURRENT_USER\SOFTWARE"和"HKEY_

LOCAL_MACHINE\SOFTWARE"中所有与 MapGIS 相关的文件夹。

④ 删除安装文件夹。

1.2.3　MapGIS 10 for Desktop 开发包的安装与部署

1.2.3.1　开发包下载安装

（1）登录司马云账号，在"开发世界"页面单击"升级成为开发者"图标，如图 1-30 所示。在弹出的页面选择"同意协议并升级为开发者"即可升级为开发者授权。

图 1-30　单击"升级成为开发者"图标

（2）在用户将权限升级成为开发者权限后，即可下载开发包试用。在"开发世界"页面中选择"资源中心"→"产品开发包"，即可进入"产品开发包"页面并下载开发包。产品开发包下载入口如图 1-31 所示。

图 1-31　产品开发包下载入口

（3）选择相应的产品开发包后，先单击"下载"按钮，再单击右侧的"获取开发授权"按钮。下载产品开发包如图 1-32 所示。

图 1-32　下载产品开发包

（4）在图 1-33 所示的开发权限认证页面中，按照相关的要求完成认证，即可下载开发授权。

图 1-33　开发授权认证页面

（5）产品开发包下载好之后即可进行安装，安装之后双击下载的安装授权进行解压缩，即可将授权信息写入注册表。

注意：在安装好 MapGIS 10 for Desktop 产品开发包后，计算机桌面上是没有快捷方式的，此时需要用户自己复制粘贴一个快捷方式，操作步骤为：在开始菜单中找到"MapGIS 10"→"MapGIS 桌面版"，单击鼠标右键，在弹出的右键菜单中选择"更多"→"打开文件位置"，将快捷方式复制到计算机桌面即可。

1.2.3.2　开发包续期

开发者授权的使用期限最长为 1 年，过期后需要用户在图 1-34 所示的开发授权页面中填写资料重新申请或者购买硬 Key 开发授权。

图 1-34　开发授权页面

1.2.3.3　开发包更新

开发包只提供手动更新方式，当发现司马云上的开发包可更新时，用户可以根据需要重新下载并安装开发包。

1.2.3.4　开发包解绑

开发包解绑只能在"开发世界"页面中进行操作。首先进入"开发世界"→"开发工作台"→"工作室总览"，如图 1-35 所示。

在"开发环境"中找到相应的授权信息，单击右侧的"解除绑定"，输入相应的验证码即可解除绑定。解除绑定操作如图 1-36 所示。

1.2.3.5　开发包卸载

开发包卸载的方法和步骤与产品包卸载相同，仅"MapGIS 卸载程序"对话框中的选项有所不同。开发包卸载时的"MapGIS 卸载程序"对话框如图 1-37 所示。

图 1-35 进入"开发世界"→"开发工作台"→"工作室总览"

图 1-36 解除绑定操作

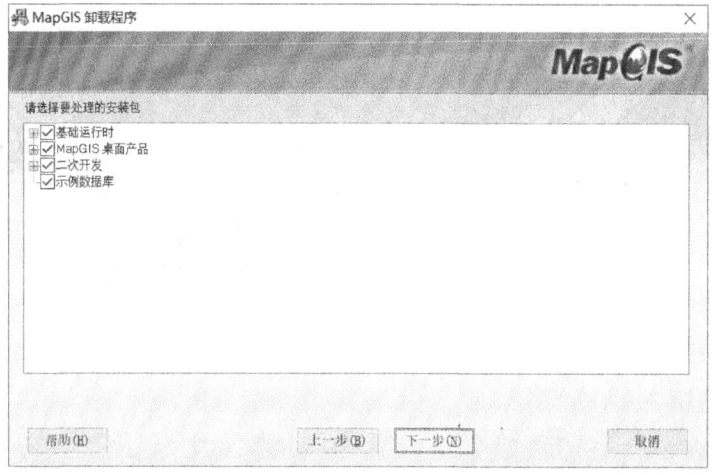

图 1-37 开发包卸载时的"MapGIS 卸载程序"对话框

第2章 数据存储与管理

2.1 数据库的创建与管理

2.1.1 数据库基本概念

2.1.1.1 MapGIS 的本地数据源

MapGIS 的本地数据源包括 MapGISLocal 和 MapGISLocalPlus，二者的对比如表 2-1 所示。

表 2-1 MapGISLocal 和 MapGISLocalPlus 的对比

本地数据源	格式	优　点
MapGISLocal	.hdf	可以灵活进行复制和移动，支持矢量、栅格、三维等数据模型
MapGISLocalPlus	.hdb	基于 SQLite 实现，不依赖存储服务，不仅具有 HDF 文件型地理数据库的所有功能特性，还包括以下优点： （1）支持本地数据的快速迁移，不依赖存储服务； （2）提升了数据的稳定性，在断电等极端情况下依然可保证数据的安全性； （3）支持数据有损压缩，数据大小可减少一半以上； （4）支持跨平台，可在移动端直接使用； （5）支持多国语言数据的存储； （6）增加了镶嵌数据集功能

2.1.1.2 MapGIS 数据库简介

MapGIS 10 for Desktop 采用文件型数据库存储，提供了空间数据库引擎 MapGIS SDE，可支持 Oracle、SQL Server、DM（达梦）等数据库的管理及应用。MapGIS 数据库如图 2-1 所示，可添加的数据源如图 2-2 所示。

2.1.2 创建地理数据库

在 MapGIS 10 for Desktop 中，可以采用两种方式创建空间地理数据库：创建基于 HDB 文件型的地理数据库、创建基于 SDE 的地理数据库。本节介绍创建基于 HDB 文件型的个人地理数据库，基于 SDE 的地理数据库的创建将在后面章节中详细介绍。

第 2 章 数据存储与管理

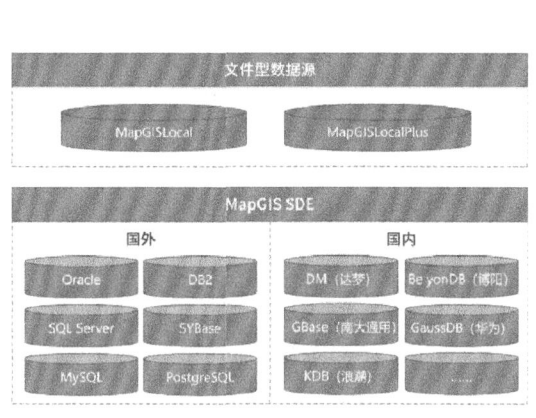

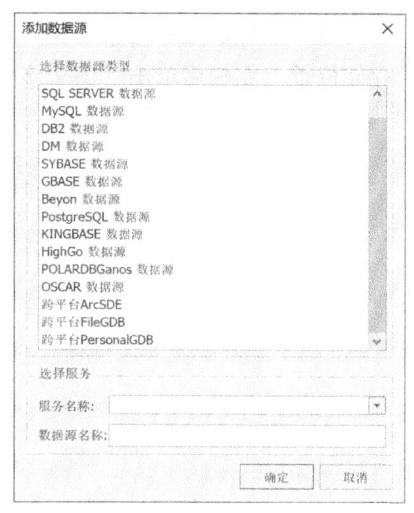

图 2-1　MapGIS 数据库　　　　　　　　　图 2-2　可添加的数据源

在创建基于 HDB 文件型的地理数据库时，将会在本地磁盘上创建一个.hdb 文件，该文件存储了各种类型的地理数据。创建步骤：

（1）找到 GDBCatalog 窗口，右键单击"MapGISLocalPlus"，在弹出的右键菜单中选择"创建数据库"，如图 2-3 所示，可弹出"地理数据库创建向导"对话框。

在首次运行 MapGIS 时，GDBCatalog 窗口在默认情况下位于界面的右侧，并且默认链接了 MapGISLocalPlus 数据源，数据源中默认附加了"\MapGIS 10\Sample"中的示例数据库。若在 MapGIS 界面中找不到 GDBCatalog 窗口，则可以通过菜单"视图"→"GDBCatalog"打开 GDBCatalog 窗口。

（2）在"地理数据库创建向导"对话框的"基本信息"界面（见图 2-4）中，输入要创建的地理数据库名称，完成后单击"下一步"按钮。

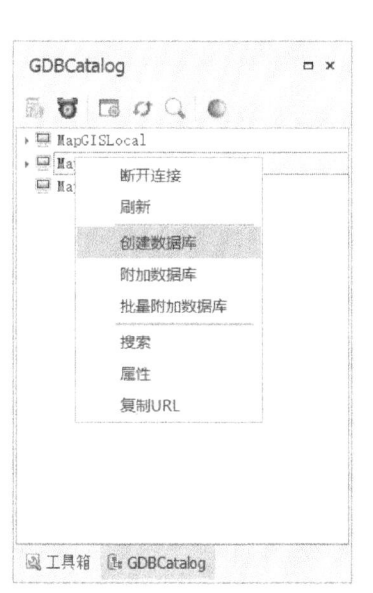

图 2-3　选择"创建数据库"　　　　　　　　图 2-4　"基本信息"界面

23

（3）在"地理数据库创建向导"对话框的"文件信息"界面（见图2-5）中，设置HDB文件的存储位置，完成后单击"下一步"按钮。

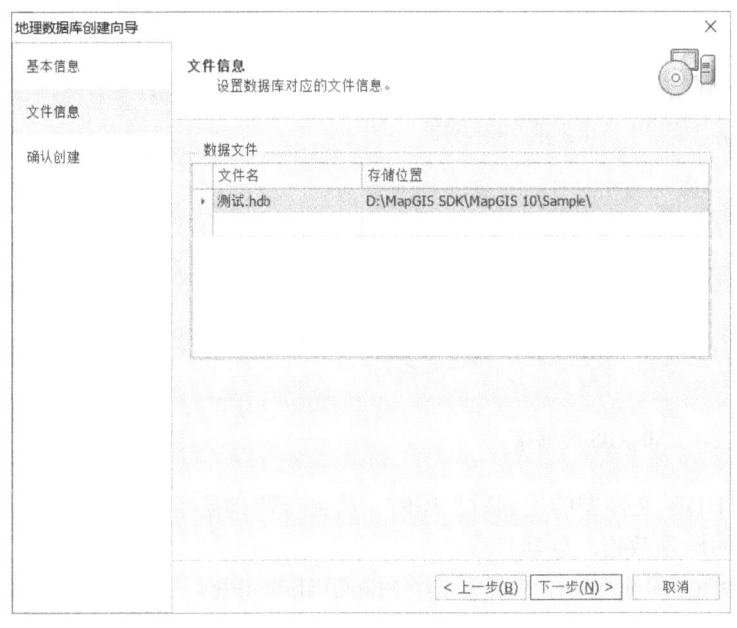

图2-5 "文件信息"界面

（4）在"地理数据库创建向导"对话框的"确认创建"界面（见图2-6）中，查看创建数据库的信息是否正确无误。若有误，则单击"上一步"按钮，并在相应的界面中进行修改；若无误，则单击"完成"按钮。

图2-6 "确认创建"界面

如果在图2-6中勾选"创建完成后显示创建日志（创建失败时强制显示）"，则会在数据库创建完成后弹出如图2-7所示的日志文件。

图 2-7 地理数据库创建完成后弹出的日志文件

2.1.3 备份地理数据库

备份地理数据库是指通过复制的方式将地理数据库备份到指定的位置。在备份地理数据库之前，如果未在 MapGIS 10 for Desktop 的 GDBCatalog 窗口中注销待备份的地理数据库，则会在备份地理数据库时提示文件被占用。在注销待备份的地理数据库后，即可对地理数据库进行备份操作。备份地理数据库的步骤如下：

（1）在 GDBCatalog 窗口，右键单击"MapGISLocalPlus"→"测试"，在弹出的右键菜单中选择"注销"。注销地理数据库的操作如图 2-8 所示。

（2）将需要备份的地理数据库通过复制的方式备份到指定的路径，如图 2-9 所示。

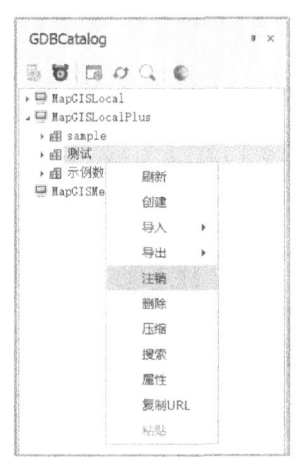

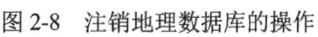

图 2-8 注销地理数据库的操作　　　图 2-9 将地理数据库备份到指定的路径

2.1.4 附加地理数据库

将本地的地理数据库的存储文件（HDB 文件）复制到其他安装了 MapGIS 10 for Desktop 的计算机后，相应的地理数据库并不会自动出现在 GDBCatalog 窗口中，不能直接使用地理数据库中的数据，需要用户先进行附加地理数据库的操作。附加是指将存储文件对应的地理数据库配置到 MapGISLocalPlus 数据源中。

（1）附加本地地理数据库的操作步骤如下：

① 右键单击 MapGISLocalPlus，在弹出的右键菜单中选择"附加数据库"，如图 2-10 所示，可弹出如图 2-11 所示的"附加地理数据库"对话框。

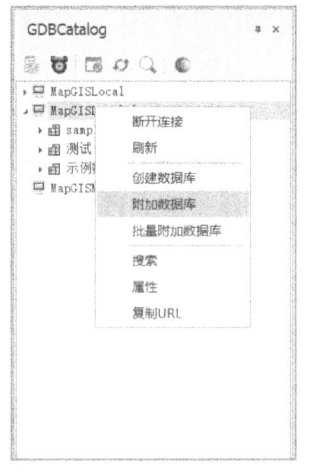
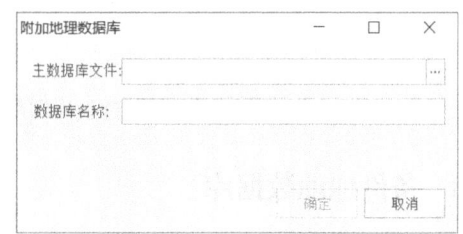

图 2-10　选择"附加数据库"　　　　　图 2-11　"附加地理数据库"对话框

② 在"附加地理数据库"对话框中选择地理数据库的存放路径，"数据库名称"显示在 GDBCatalog 窗口中，可作为别名来考虑。

（2）批量附加本地地理数据库的操作步骤如下：

① 右键单击 MapGISLocalPlus，在弹出的右键菜单中选择"批量附加数据库"，如图 2-12 所示，可弹出如图 2-13 所示的"批量附加地理数据库"对话框。

图 2-12　选择"批量附加数据库"　　　　图 2-13　"批量附加地理数据库"对话框

② 在"批量附加地理数据库"对话框中，单击"添加"按钮，添加要附加的地理数据库文件。可以通过单击"移除"按钮来移除不需要附加的地理数据库。

目前，批量地理数据库的附加功能适用于本地数据源（MapGISLocalPlus）。

如果需要将已经附加的地理数据库改名备份，则会在重新附加地理数据库后弹出"附加地理数据库提示"对话框，修改 GUID 并不会破坏地理数据库的文件，单击"确定"按钮即可成功附加地理数据库。

2.1.5 地理数据库的检查与压缩

为了减少突发事件（如断电等）对数据库的破坏，MapGIS 提供了地理数据库检查功能，对应的按钮如图 2-14 所示。单击" "（地理数据库检查）按钮，可弹出"数据存储工具"对话框，在该对话框的"常规"选项卡（见图 2-15）中，单击"文件"按钮可添加需要检查的地理数据库文件。

图 2-14 地理数据库检查功能对应的按钮　　　图 2-15 "常规"选项卡

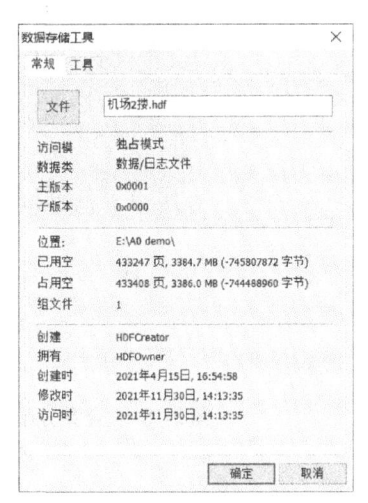

在"数据存储工具"对话框的"工具"选项卡（见图 2-16）中，可以对地理数据库进行检查校正，浏览地理数据库的内容，并压缩地理数据库的文件。对地理数据库进行检查校正的操作，可修复损坏的文件，该功能可以检查数据存储器，并校正其中的非致命错误，可得到如图 2-17 所示的错误报告。

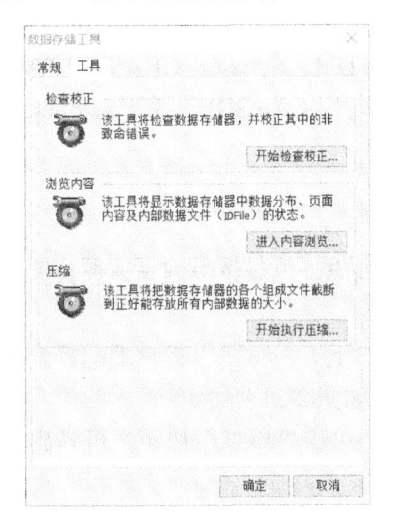

图 2-16 "工具"选项卡　　　图 2-17 错误报告

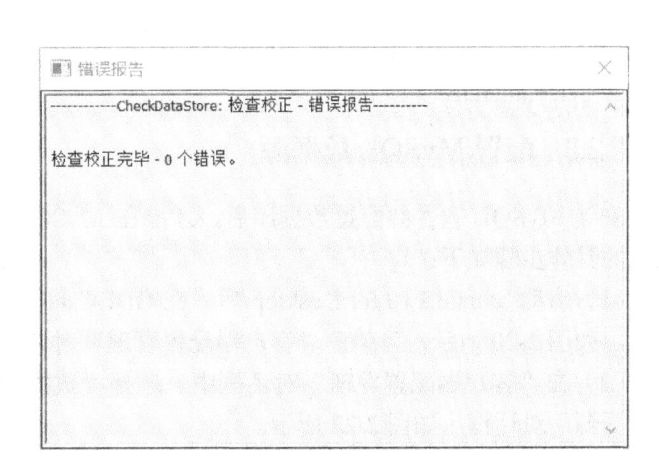

通过浏览地理数据库的内容，可以查看文件的分配状况，该功能可以在如图 2-18 所示的"查看分配状况"对话框中显示数据存储器中的数据分布、页面内容及内部数据文件（IDFile）的状态。

压缩地理数据库的文件后，在数据存储器中的各个组成文件将被截断成正好能存放所有内部数据的大小。压缩完成会弹出如图 2-19 所示的提示。

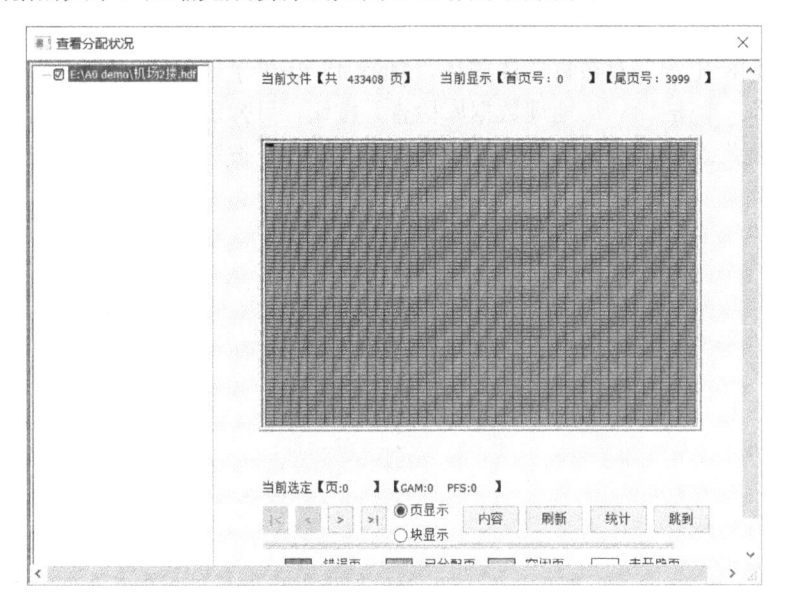

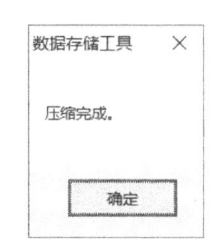

图 2-18 "查看分配状况"对话框　　　　图 2-19 压缩完成提示

2.2 数据源的配置与使用

2.2.1 管理数据源

在 MapGIS 10 for Desktop 中，可以创建基于 HDB 文件型的地理数据库，也可以创建基于 SDE 的地理数据库。该数据库适用于海量存储管理，并可多人共享使用。MapGIS 10 for Desktop 支持多种数据源，包括 Oracle、SQL Server、MySQL、DB2、DM、Sybase、GBASE、Beyon、PostgreSQL、Kingbase、HighGo、PolarDBGanos、OSCAR、跨平台 ArcSDE、跨平台 FileGDB、跨平台 PersonalGDB 等。

2.2.2 配置 MySQL 数据源

安装 MySQL 软件并配置数据库后，才能在 MySQL 数据库管理系统中创建地理数据库。配置的具体步骤如下：

（1）启动 MapGIS 10 for Desktop 后，在 GDBCatalog 窗口上方，单击"客户端配置管理"按钮，如图 2-20 所示，可弹出"客户端配置管理"对话框，如图 2-21 所示。

（2）在"客户端配置管理"对话框中，选择"数据源"，单击"添加"按钮，可弹出"添加数据源"对话框，如图 2-22 所示。

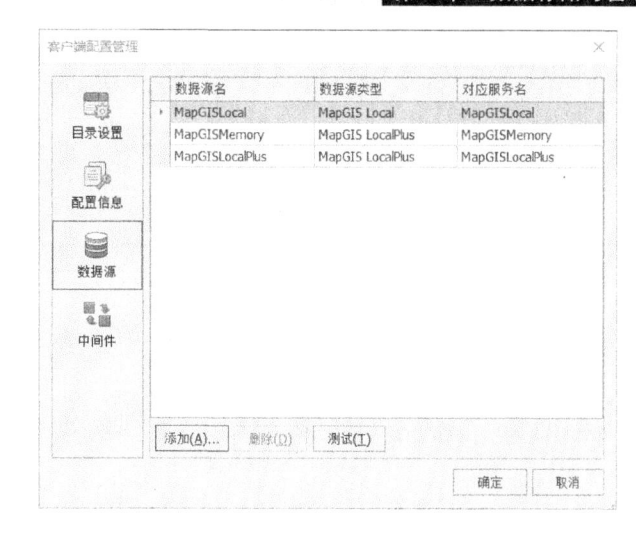

图 2-20 单击"客户端配置管理"按钮　　　　图 2-21 "客户端配置管理"对话框

（3）在"添加数据源"对话框中，选中"选择数据源类型"列表中的"MySQL 数据源"；在"选择服务"中，"服务名称"的下拉菜单中会列出 MapGIS 10 for Desktop 可以访问的本地 MySQL 服务器地址或网络上的 MySQL 服务器地址，用户也可手动输入 MySQL 的服务器地址；在"数据源名称"中填写数据源的名称（该数据源的名称是 GDBCatalog 窗口中的数据源名称），数据源名称既可以由服务名称自动生成，也可以由用户自定义修改。完成相关配置后，单击"确定"按钮即可完成数据源的添加。

（4）为确保数据源的正确性，需要对数据源进行连接测试。在"客户端配置管理"对话框中选择"数据源"，选中添加的数据源后单击"测试"按钮，可弹出如图 2-23 所示的"连接到 MySQL"对话框，在该对话框中输入数据源的用户名和密码（对应 MySQL 服务器进行身份验证的登录名和密码），单击"确定"按钮即可进行测试。

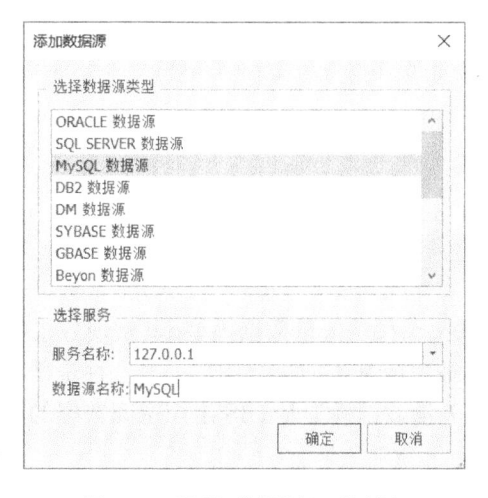

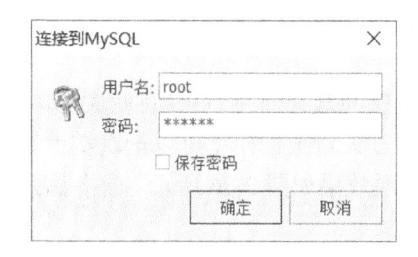

图 2-22 "添加数据源"对话框　　　　图 2-23 "连接到 MySQL"对话框

（5）连接测试成功后，在"客户端配置管理"对话框中单击"确定"按钮，MySQL 服务器的数据源就可以被添加到 GDBCatalog 窗口中，如图 2-24 所示。用户在使用该数据源时，需要进行数据源的连接，输入用户名和密码，单击"确定"按钮，在连接成功后即可在数据源下进行相应数据库的创建或附加等操作。

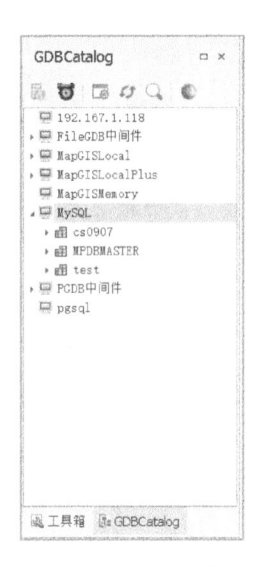

图 2-24　在 GDBCatalog 窗口中添加的数据源

2.2.3　ArcGIS 中间件的配置与使用

为了更好地集成异构数据，MapGIS 平台通过拓展功能实现了多源异构数据的共享。MapGIS 平台采用中间件的方式实现了对异构数据的浏览和更新，中间件就是 MapGIS 平台和异构数据之间的桥梁。目前实现的 ArcGIS 中间件有 ArcSDE 中间件、ArcGIS FileGDB 中间件、ArcGIS PersonalGDB 中间件。在使用 ArcGIS SDE 中间件时，需要先安装 ArcGIS 10 及以上版本，以及 Oracle 12C 客户端。

ArcGIS FileGDB 中间件是通过 ESRI FileGDB API 实现的，用户无须安装 ArcGIS 即可对 FileGDB 数据进行读取，从而实现了 ArcGIS 数据和 MapGIS 数据的叠加查看功能。

在使用中间件功能时，需要先把中间件注册成 MapGIS 的数据源，再添加数据源，并附加对应的数据库。

2.3　多源异构数据的管理

2.3.1　常见的数据格式

对于空间数据而言，GIS 有两大基本存储模型：一种是矢量数据模型，其实现效果如图 2-25 所示，通过矢量数据模型可以把真实世界的实体抽象成基本的集合图形；另一种是栅格数据模型，其实现效果如图 2-26 所示。栅格数据模型与矢量数据模型是 GIS 组织空间数据的两种最基本的方式。

2.3.1.1　矢量数据

矢量数据是代表地图图形中各离散点平面坐标（x, y）的有序集合，主要用于表示地图图形元素的几何数据之间，以及集合数据与属性数据之间的相互关系。在矢量数据模型中，我们往往看到的是清晰的点、线、面，分别用来表达河流、湖泊、地块等相关信息。常见的矢量数据格式如表 2-2 所示。

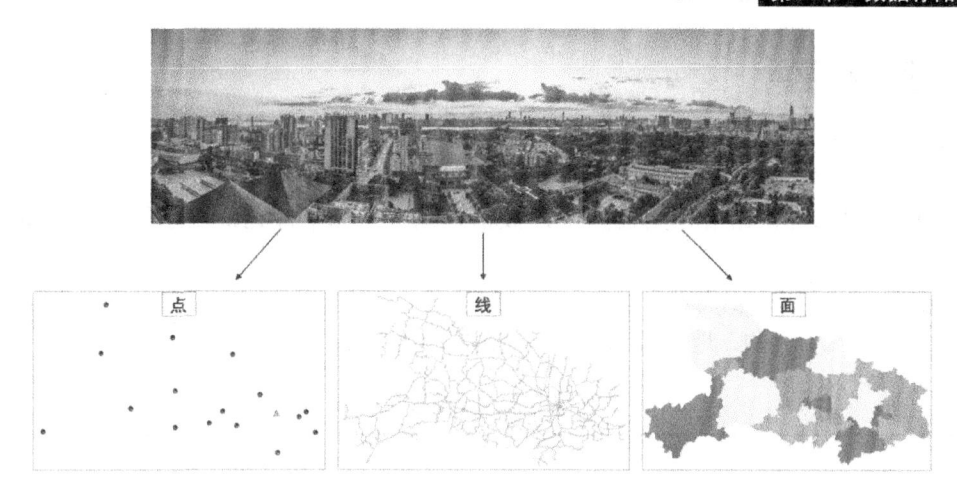

图 2-25　矢量数据模型的实现效果

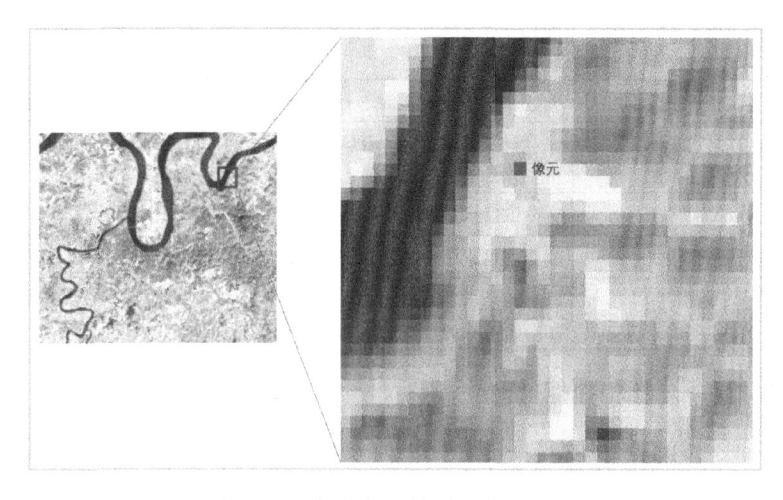

图 2-26　栅格数据模型的实现效果

表 2-2　常见的矢量数据格式

数据格式	说　明	简　介
.wt、.wl、*.wp	MapGIS 的数据格式	MapGIS 6.x、MapGIS 7.x、MapGIS K9 等系列产品的本地矢量文件格式
*.shp	shapefile	美国环境系统研究所公司（ESRI）开发的空间数据开放格式
.dxf、.dwg	DXF、DWG	AutoCAD 的绘图交换文件
*.mif	内存初始化文件	MapInfo 的通用数据交换格式
*.e00	e00	ArcInfo 的交换文件格式
*.vct	地球空间数据交换格式	我国国土部门广泛使用的国家标准数据交换格式
*.txt	文本格式	txt 是微软在操作系统上附带的一种文本格式
*.dgn	DGN	奔特力（Bentley）公司和鹰图（Intergraph）公司支持的文件格式
*.gml	地理标记语言（Geographic Markup Language）	由 OGC 定义的 XML（标准通用标记语言的子集）格式，用来表示地理信息要素
*.kml	Keyhole 标记语言（Keyhole Markup Language）	由 Google 旗下的 Keyhole 公司开发和维护的一种基于 XML 的标记语言格式

2.3.1.2 栅格数据

栅格数据是指将空间分割成有规律的网格，每一个网格称为一个单元，通过在各个单元上赋予相应的属性值来表示实体的一种数据。每一个单元（像元）的位置由行号和列号定义，所表示的实体位置隐含在栅格行列位置中，数据组织中的每个像元值表示地物或现象的非几何属性。

在栅格数据模型中，我们看到的是一个个的格子，相同的像元值在地图上展现相同的颜色，从而呈现出了河流、湖泊、地块等形态。常见的栅格数据格式如表 2-3 所示。

表 2-3 常见的栅格数据格式

数据格式	说明	简介
*.msi	MapGIS 栅格数据格式	MapGIS 6.x、MapGIS 7.x、MapGIS K9 等系列产品的本地栅格文件格式
*.tif	标签图像文件格式	标签图像文件是图像处理中常用的格式之一，图像格式很复杂。由于它对图像信息的存放灵活多变，可以支持很多色彩系统，而且独立于操作系统，因此得到了广泛应用
*.img	文件压缩格式	图像文件的一种格式，具有很高的压缩效率，该格式支持任意大小的图像
*.jpg	联合图像专家组	JPEG 标准的产物，JPEG 标准由国际标准化组织（ISO）制定，是面向连续色调静止图像的一种压缩标准，是最常用的图像文件格式之一
*.bmp	Bitmap（位图）	Windows 操作系统中的标准图像文件格式，能够被多种 Windows 应用程序支持
*.jp2	图像格式	图像格式（扩展名为.jp2），是 JPG 格式的升级版本
*.png	无损压缩算法的位图格式	一种采用无损压缩算法的位图格式，其设计的目的是试图替代 GIF 和 TIFF 文件格式，同时增加一些 GIF 文件格式所不具备的特性

2.3.1.3 矢量数据与栅格数据对比

矢量数据与栅格数据的对比如表 2-4 所示。

表 2-4 矢量数据与栅格数据的对比

格式	优点	缺点
矢量数据	（1）数据结构严密，冗余度小，数据量小； （2）空间数据的拓扑关系清晰，易于进行网络分析； （3）面向对象目标，不仅能表达属性编码，而且能方便地记录每个目标的具体属性描述信息； （4）能够实现图像数据的恢复、更新和综合； （5）图像显示质量好、精度高	（1）数据处理的算法复杂； （2）进行叠置分析与栅格图像组合的难度较大； （3）进行数学模拟的难度较大； （4）进行空间分析的技术比较复杂，需要复杂的软硬件条件； （5）显示与绘图的成本比较高
栅格数据	（1）数据结构简单，易于实现； （2）空间数据的叠置和组合比较容易，有利于与遥感数据的匹配应用和分析	图像的数据量大，在通过大像元减小数据量时，图像的精度和信息量会受到损失

2.3.2 异构数据的转换

在 MapGIS 10 for Desktop 中，通过数据转换不仅可以升级低版本的数据，还可以兼容其他 GIS 中的数据，从而在产品的迭代过程中实现数据的无缝迁移。

2.3.2.1 MapGIS 6x 数据的转换

MapGIS 6x 数据的转换操作说明如下：

（1）在 GDBCatalog 窗口中，右键单击需要导入数据的文件节点，在弹出的右键菜单中选择"导入"→"MapGIS 6x 数据"，如图 2-27 所示，可弹出如图 2-28 所示的"数据转换"对话框。注：数据库、空间数据、要素数据集、简单要素类、注记类、对象类、栅格目录、栅格数据集等文件节点的右键菜单都有"导入"选项。

图 2-27　选择"导入"→"MapGIS 6.x 数据"

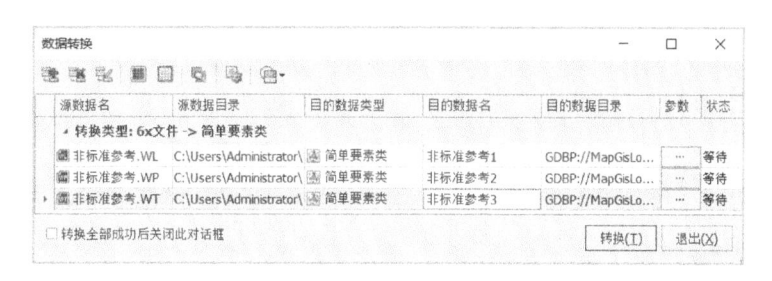

图 2-28　数据转换

（2）添加数据。在"数据转换"对话框中单击"🗐"（添加）按钮，选择待转换的 MapGIS 6x 数据。

（3）修改目的数据参数。在"数据转换"对话框中可以修改目的数据类型、目的数据名、目的数据目录、参数等。具体设置说明如下：

目的数据类型：在将 MapGIS 6x 数据导入 GDB 数据库时，系统默认的目的数据类型为简单要素类，单击相应数据的"目的数据类型"可选修改数据类型，可选类型包括简单要素类、对象类和注记类，如图 2-29 所示。

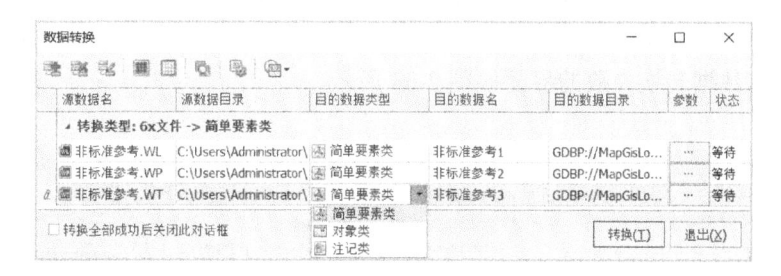

图 2-29　目的数据类型

目的数据名：单击数据的"目的数据名"，可以对目的数据的名称进行自定义修改。

目的数据目录：单击数据的"目的数据目录"，可弹出"浏览文件夹"对话框，在该对话框中可以选择 GDBCatalog 窗口中的数据库。

参数：单击数据的"参数"中的"…"按钮，可弹出如图 2-30 所示的"高级参数设置"对话框，通过该对话框可设置以下参数：
- 保持源空间参照系：勾选该选项后，可重新指定导入数据的空间参照系。
- MapGIS6 系统库设置：为数据配置 MapGIS 6 的符号库和矢量字库。
- 保留空数据：勾选该选项后，可以只导入数据的属性结构，不导入数据实体。

另外，在同时转换多条 MapGIS 6x 数据时，单击"📝"（修改）按钮，可弹出如图 2-31 所示的"修改数据"对话框，在该对话框中可以统改参数，如统改目的数据名称、统改目的数据类型、统改 MapGIS 目的数据目录、统改 Windows 目的数据目录等。

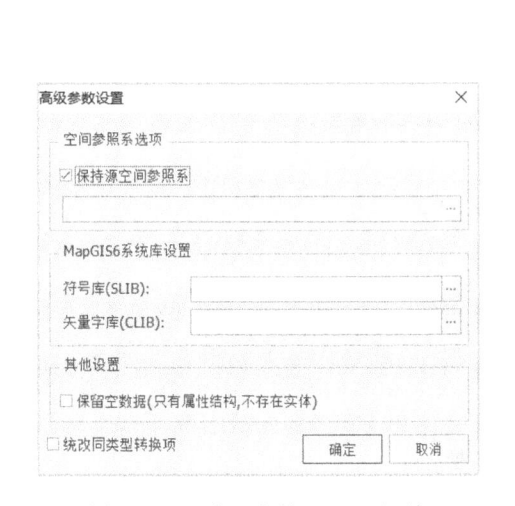

图 2-30　"高级参数设置"对话框　　　　图 2-31　"修改数据"对话框

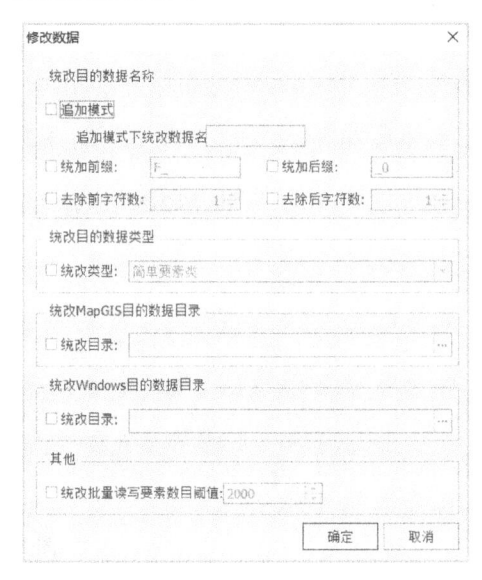

（4）其他操作。完成数据的添加和参数的修改后，用户可以进行以下操作：

① 查看日志。单击"数据转换"对话框中的"📋"按钮，选择"查看日志"项后可查看数据的日志文件。

② 设置参数。单击"数据转换"对话框中"📋"按钮，出现如图 2-32 所示的"参数设置"对话框，通过该对话框配置日志文件。

③ 检查错误。单击"数据转换"对话框中的"📋"按钮，在下拉列表中选择"检查错误"项，可以检查各项数据的转换参数是否合法。若出现不合法的数据，则会在对应数据的"状态"栏中显示"✗"。数据转换失败的界面如图 2-33 所示。

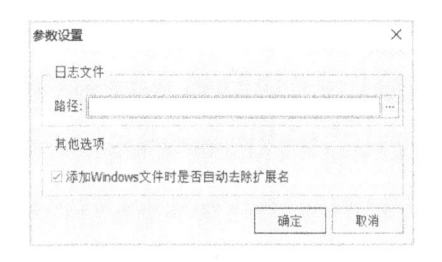

图 2-32　参数设置　　　　图 2-33　数据转换失败的界面

④ 自动改错。单击"数据转换"对话框中的"🗎▾"按钮，在下拉列表中选择"自动改错"项，会弹出如图 2-34 所示的"除错策略选择"对话框。除错策略主要是对目的数据名称进行一系列的调整和修改，以排除因目的数据名称非法而导致的错误。

在目的数据库名规则中，MapGIS 类名中不得包含的特殊字符有"\\""/"":""*""?""\""""""<"">""|"。在 Windows 文件命名规则中，不得包含"\""/"":""*""?"""""""<"">""|"。在表格数据命名规则中，Excel 表名不超过 255 个字符，由字母、数字、汉字、下画线、空格组成，首字符不能为空格；Access 表名不超过 64 个字符，表名中不能包含"."、"!"、"'"、"["、"]"；Foxpro 表名不超过 128 个字符，由字母、汉字、下画线组成。

（5）完成参数设置，单击"数据转换"对话框中的"转换"按钮，可弹出如图 2-35 所示的"转换进度"对话框，该对话框可以显示转换进度。

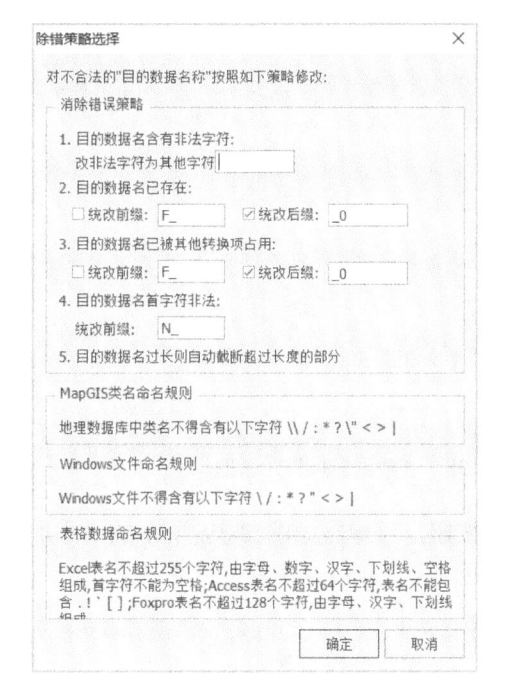

图 2-34 "除错策略选择"对话框　　　　图 2-35 "转换进度"对话框

如果"数据转换"对话框中的"状态"栏全部显示"✔"，则说明数据全部转换完成，如图 2-36 所示。

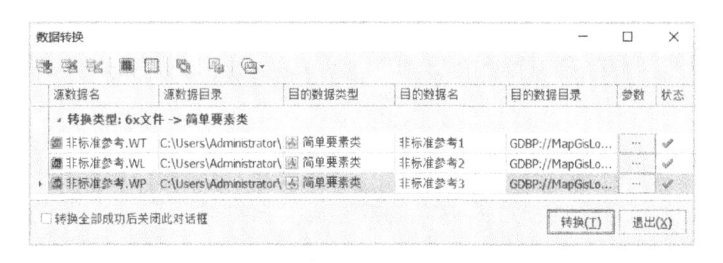

图 2-36 数据转换成功的界面

2.3.2.2　常见矢量数据的转换

常见的矢量数据格式有文本文件（*.txt）、MapInfo 文件（*.mif）、ArcInfo 文件（*.e00）、

ArcGIS Shape 文件（*.shp）、AutoCAD DXF（*.dxf）、AutoCAD DWG（*.dwg）、我国标准矢量交换格式 vct（*.vct）、MicroStation DGN 文件（*.dgn）、OpenGIS GML（*.gml）、OpenGIS KML（*.kml）等。MapGIS 10 可以将这项常见的矢量数据格式导入成 MapGIS 数据。

在导出数据时，不仅可以将 MapGIS 数据导出成上述格式的数据，还可以导出成表格数据，如 MapGIS 6x 表文件、Excel 表格、Access 表格、Foxpro 表格、TXT 表格等。

（1）导入矢量数据操作步骤如下：

① 在 GDBCatalog 窗口中，右键单击需要导入矢量数据的节点，在弹出的右键菜单中选择"导入"→"其他数据"，如图 2-37 所示，可弹出如图 2-38 所示的"数据转换"对话框。

图 2-37　选择"导入"→"其他数据"　　　　图 2-38　"数据转换"对话框

② 在"数据转换"对话框中单击"🖼"（添加）按钮，可弹出如图 2-39 所示的"添加数据源"对话框，在该对话框中可以添加本地的矢量数据。

图 2-39　"添加数据源"对话框

图 2-40 中添加了.dwg、.dxf、e00、mif 和 shape 等格式的矢量数据。

③ 修改目的数据参数。用户可以修改目的数据名称、目的数据目录和参数等，具体的修改方法可以参考 2.3.2.1 节的内容。

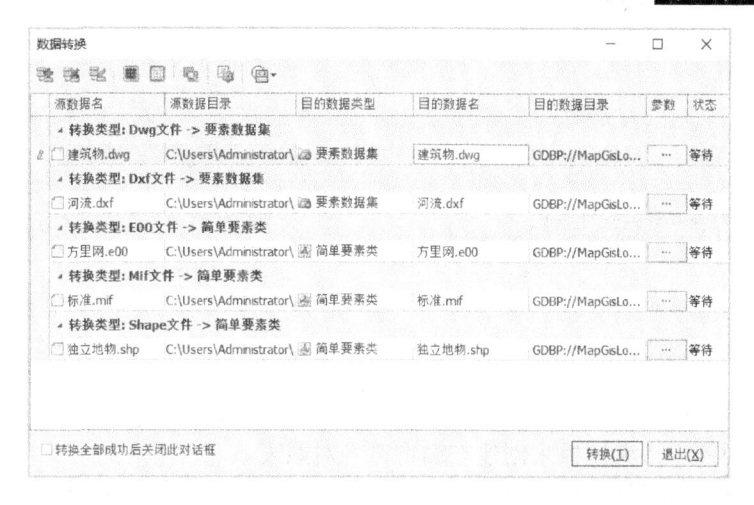

图 2-40 添加了 .dwg、.dxf、e00、mif 和 shape 等格式的矢量数据

④ 其他操作。为了使导入的矢量数据更加准确和完整，单击"🗔"（通用设置）按钮可以为导入的矢量数据配置日志，具体的操作方法也可以参考 2.3.2.1 节的内容。

⑤ 完成导入设置。单击"数据转换"对话框中的"转换"按钮，可弹出"转换进度"对话框，完成转换后，"数据转换"对话框中的"状态"显示"✓"，如图 2-41 所示。

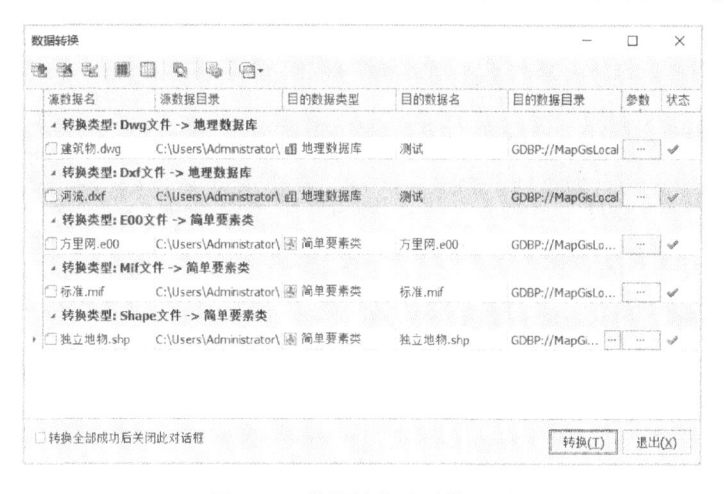

图 2-41 数据转换成功的界面

需要注意的是，在导入以下几种格式的矢量数据时，"高级参数设置"或"参数设置"对话框中的选项并不相同。

① 在导入 .dgn、.e00、.gml、.kml、.shp、.vct 等格式的矢量数据时，单击"参数"中的"…"按钮，可弹出如图 2-42 所示的"高级参数设置"对话框，在该对话框中可以设置是否保留空数据。

② 在导入 .mif 格式的矢量数据时，单击"参数"中的"…"按钮，可弹出如图 2-43 所示的"高级参数设置"对话框，该对话框已默认选择符号对照表，同样也可以设置是否勾选"保留空数据"。

③ 在导入 .dwg 和 .dxf 格式的数据时，单击"参数"中的"…"按钮，可弹出如图 2-44 所示的"高级参数设置"对话框，在该对话框中可以设置是否勾选"CAD 块映射为子图""要素分层输出"，并更改数据的符号对照表。

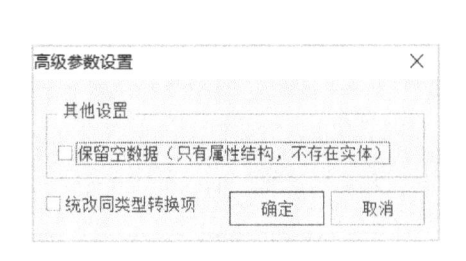

图 2-42 "高级参数设置"对话框（一） 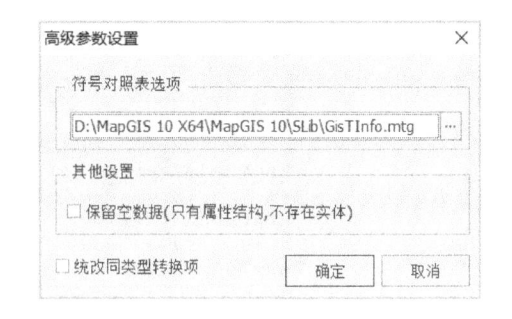　　图 2-43 "高级参数设置"对话框（二）

"符号对照表选项"用于设置当.dwg 和.dxf 格式的数据导入 MapGIS 10 中时所对应的符号库，可根据符号对照表参考模板来创建与编辑符号对照表。

④ 在导入.txt 格式的数据时，单击"参数"中的"…"按钮，可弹出如图 2-45 所示的"参数设置"对话框。

图 2-44 "高级参数设置"对话框（三） 　　图 2-45 "参数设置"对话框

在图 2-45 所示的"参数设置"对话框中，主要的选项说明如下：

在"数据预览"栏中，"起始行"用于设置从文本文件数据中的哪一行开始导入，即"横坐标""纵坐标"，才能取得正确的值。

在"生成参数"栏中，可以设置导入的文本文件是点数据还是线数据。需要注意的是，若文本文件是线数据，则选择"生成线"，默认两条线之间的分隔符为分号，其他分隔符可在文本框中输入。

在"坐标"栏中，可以设置读取文本文件时，X、Y 分别位于哪一列。

在"列分割符号"栏中，可以设置分割符号，可以选择文本文件中对应的分割符号，默认为逗号。若文本文件中有其他分隔符，则可选择其他分隔符。若勾选"连续分割符号每个都参与分割"，则所选的每个分隔符都会参与分隔。

在"图形参数及属性结构"栏中，可以设置导入后数据的图形参数和属性结构。单击"图形参数"按钮可进行图形参数的设置，例如"点参数"对话框如图 2-46 所示。单击"属性结构"按钮可弹出如图 2-47 所示的"设置属性结构"对话框。

图 2-46 "点参数"对话框

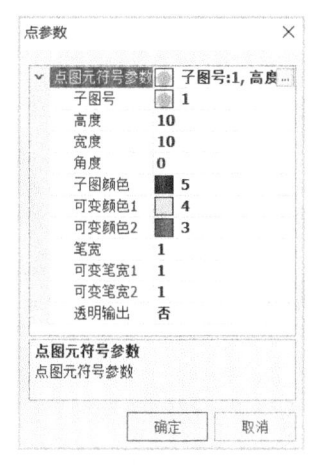

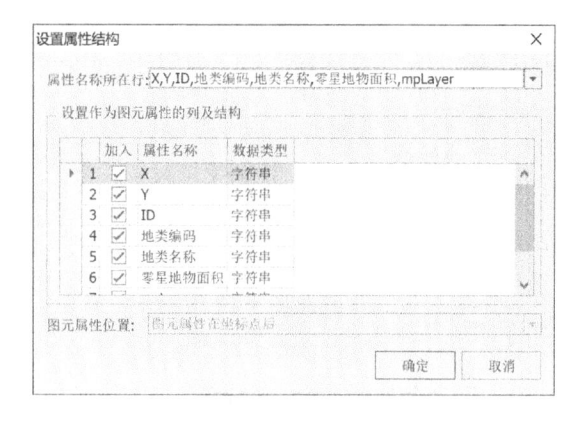

图 2-47 "设置属性结构"对话框

在"投影变换"栏中，可以设置用户参照系和目的参照系，具体的投影变换方法将在 3.1 节中讲解。若启用投影变换，则会在导入矢量数据时将数据投影到其他地理坐标系。

（2）导出矢量数据的操作步骤如下：

① 右键单击要导出 MapGIS 数据的节点，在弹出的右键菜单中选择"导出→其他数据"，如图 2-48 所示，可弹出如图 2-49 所示的"数据转换"对话框。

图 2-48 选择"导出→其他数据"

图 2-49 "数据转换"对话框

② "数据转换"对话框的转换列表会默认地列出 GDBCatalog 窗口中的简单要素类和注记类，将简单要素类转换为 Shape 文件（.shp 文件），将注记类转换为 Mif 文件（.mif 文件）。

③ 修改目的数据参数。用户可以修改目的数据类型、目的数据名称、目的数据目录、参数等信息。在修改单条数据参数时，只需要单击该数据的相应修改项，就可以进行修改了；在

修改多条数据时，单击"🖉"（修改）按钮，可在弹出的"修改数据"对话框中进行多条数据的统一修改，即统改参数。

（a）在导出为 6x 数据时，单击"…"按钮可弹出如图 2-50 所示的"高级参数设置"对话框，在该对话框中可以设置导出后的空间参照系选项，以及 INT64 字段类型处理选项。

（b）在导出为.dwg 和.dxf 格式的数据时，单击"…"按钮可弹出如图 2-51 所示的"高级参数设置"对话框，在该对话框中可以设置 AutoCAD 版本和符号对照表选项。

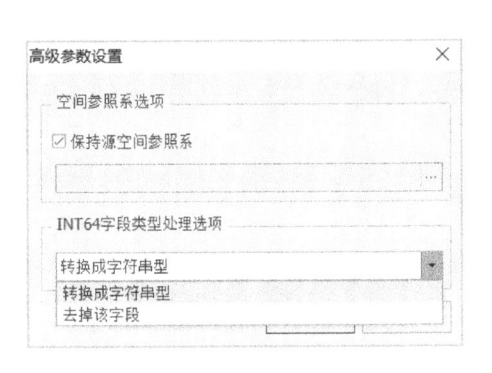

图 2-50 "高级参数设置"对话框（一） 　　图 2-51 "高级参数设置"对话框（二）

2.3.2.3 常见栅格数据的转换

栅格数据模型的基本单元是一个网格，每个网格称为一个栅格（像元），被赋予一个特定值。这种规则栅格通常采用三种基本形状：正方形、三角形、六边形，如图 2-52 所示。每种基本形状具有不同的几何特性：其一是方向性，栅格数据模型中的正方形和六边形栅格都具有相同的方向，三角形栅格具有不同的方向；其二是可再分性，正方形和三角形栅格都可以无限循环地再细分成相同形状的子栅格，六边形栅格不能进行相同形状的无限循环再分；其三是对称性，六边形栅格的每个邻居都与该六边形栅格等距，也就是说，六边形栅格中心点到其周围的邻居栅格中心点的距离相等，三角形栅格和正方形栅格就不具备这一特征。

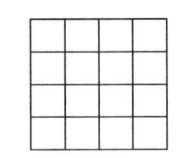

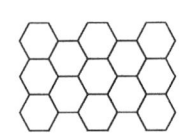

图 2-52 三种形状的栅格

栅格数据模型中最常用且最简单的是正方形栅格，除了因为它具有上述的方向性和可再分性，还因为大多数栅格地图和数字图像都采用了这种栅格数据模型。

栅格数据模型的缺点是它难以表示不同要素占据相同位置的情况，原因是一个栅格数据模型中的栅格被赋予了一个特定的值，因而一幅栅格地图仅适合表示一个主题（如土地地貌、土地利用等）。

在栅格数据模型中，栅格大小的确定是一个关键。根据抽样原理，当一个地物的面积小于 1/4 个栅格时就无法予以描述，而只有地物的面积大于一个栅格时才能确保被反映出来。很多栅格具有相同的值，数据冗余非常大，因此在地理数据库中，为了节约存储空间，通常不直接存储每个栅格的值，而是采用一定的数据压缩方法，常用的有行程编码法和四叉树法。

行程编码法是逐行将具有相同取值的栅格用两个数值（L,V）表示，L 表示栅格数，V 表示栅格的值。行程编码法也可以按列进行压缩，其压缩倍率与按行压缩一般不相等。行程编码法的数据在处理时需要还原，因此研究数据压缩还应考虑数据还原的可能性与方便性。

四叉树法是一个分层的多分辨率的栅格地图表示方法。它首先将整幅地图以 2×2 的方式进行四等分，如果其中任一栅格内属性不唯一，则将该栅格再以 2×2 的方式进行四等分，如此循环直至每个栅格内的值唯一，如图 2-53 所示，图中每个栅格的大小并不相等，各栅格根据其所处层次的编号逐层记录，图 2-53（a）左上角的栅格处于第一层，右上角的栅格处于第二层，左下角的栅格处于第三层，以此类推。就其本质而言，四叉树法不仅是一种数据压缩方法，还是一种数据结构，用四叉树表示的栅格地图一般无须还原即可进行数据分析。四叉树法曾经是一个相当活跃的研究领域，基于四叉树法的算法非常丰富。

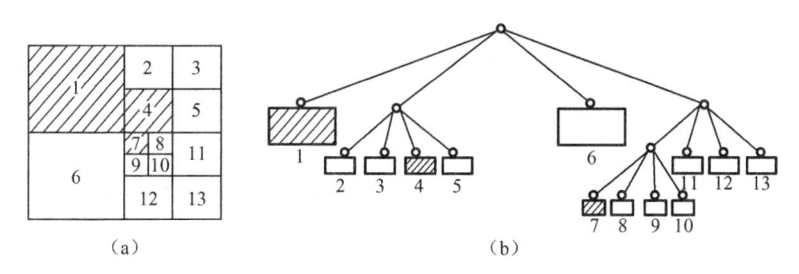

图 2-53 四叉树描述

栅格数据模型与矢量数据模型似乎是两种截然不同的空间数据结构。栅格数据模型具有属性明显、位置隐含的特性，而矢量数据模型具有位置明显、属性隐含的特性。栅格数据的操作总体来说比较容易实现，尤其是在表示斑块图件时，更易于为人们接受；而矢量数据的操作则比较复杂，许多分析操作（如两张地图的覆盖操作、点或线状地物的邻域搜索等），采用矢量数据时实现起来十分困难，但采用矢量数据表示线状地物是比较直观的，而面状地物则可以通过对边界的描述来表示。无论采用哪种数据结构，数据精度和数据量都是一对矛盾，要提高数据精度，栅格数据模型就需要更多的栅格单元，而矢量数据模型就需记录更多的线结点。一般来说，栅格数据模型只是矢量数据模型在某种程度上的一种近似，如果要使栅格数据模型描述的地物取得与矢量数据模型同样的精度，甚至仅仅在量值上接近，数据也要比后者大得多。

栅格数据模型在某些操作上比矢量数据模型更有效且更易于实现。例如，按空间坐标位置的搜索，对于栅格数据模型而言，是极为方便的；而对矢量数据模型而言，搜索时间要长得多。又如，在给定区域内进行统计指标运算时，如计算多边形形状、多边形面积、线密度、点密度，栅格数据模型可以很快得到结果，采用矢量数据模型则由于所在区域边界限制条件而难以提取且效率较低；对于给定范围的开窗、缩放，栅格数据模型也比矢量数据模型优越。矢量数据模型用于拓扑关系的搜索时则更为高效，如计算多边形形状搜索邻域、层次信息等；对于网络信息，只有矢量数据模型才能进行完全描述；矢量数据模型在计算精度与数据量方面的优势也是矢量数据模型比栅格数据模型更受欢迎的原因之一，矢量数据模型的数据量大大少于栅格数据模型的数据量。

栅格数据模型除了可以很容易地实现大量的空间分析，还具有以下两个特点：
- 易于与遥感相结合。遥感影像采用的是以栅格为单位的栅格数据模型，可以直接将原始数据或经过处理的影像数据纳入使用栅格数据模型的地理信息系统。
- 易于信息共享。目前还没有一种公认的矢量数据模型地图数据记录格式，而不经压缩编码的栅格格式（即整数型数据库阵列）则易于为大多数程序设计人员和用户理解与使用，因此以栅格数据为基础进行信息共享的数据交流较为实用。

许多实践证明，栅格数据模型和矢量数据模型在表示空间数据时可以达到同样的效果。对于一个地理信息系统软件，较为理想的方案是采用两种数据结构，即栅格数据模型与矢量数据模型并存，这对于提高地理信息系统的空间分辨率、数据压缩率，以及增强系统分析、输入/输出的灵活性是十分重要的。

在 MapGIS 10 中，栅格数据转换是在基础数据转换插件中实现的，能够支持*.msi、*.tif、*.img、*.jpg、*.gif、*.bmp、*.jp2、*.png 等 20 多种栅格数据格式，以及 bil、Arc/Info 明码 Grid、Surfer Grid 等多种 DEM 数据格式。MapGIS 10 提供了导入 MapGIS 6x DEM 库的功能，增强了对 DEM 数据的支持能力。

另外，MapGIS 10 将矢量数据和栅格数据的转换统一到了相同的界面，使得数据转换在界面和流程操作上都更加统一和便捷。

与矢量数据转换相同，基础数据转换插件也为栅格数据转换提供了错误检查和自动改错的功能，可自动消除不符合规范的命名错误，可设置日志文件、记录详细转换日志并提供出错提示。

栅格数据的导入步骤如下：

（1）在 GDBCatalog 窗口中，右键单击需要导入栅格数据的节点，在弹出的右键菜单中选择"导入→其他数据"，可弹出如图 2-54 所示的"数据转换"对话框。

图 2-54　"数据转换"对话框

（2）添加数据。单击"数据转换"对话框中的"▦"（添加）按钮，可添加需要导入的数据，如图 2-55 所示。

图 2-55　添加数据后的结果

（3）修改转换参数。添加完数据后，系统会采用默认的目的数据类型、目的数据名、目的数据目录，用户可根据需要修改这三个参数。"参数设置"对话框如图 2-56 所示。

栅格数据的导出步骤与导入步骤类似。在将 MapGIS 栅格数据导出为其他类型的栅格数据时，若要修改目的栅格文件类型，请单击"数据转换"对话框上对应的栅格数据项后的"…"按钮，可弹出如图 2-57 所示的"栅格文件"对话框，在该对话框中可进行目的栅格文件类型的选择。设置好目的栅格文件类型等信息后就可以导出栅格数据了。

图 2-56 "参数设置"对话框　　　　图 2-57 "栅格文件"对话框

常用的重采样方法有最邻近内插法、双线性内插法和三次卷积法内插。其中，最邻近内插法最为简单，计算速度快，但是视觉效应差；双线性插值会使图像轮廓模糊；三次卷积法产生的图像较平滑，有好的视觉效果，但计算量大，较费时。

2.3.2.4　表格数据的转换

MapGIS 10 for Desktop 可以将外部的表格数据导入 MapGIS GDB 对象类中，具体的表数据包括 Excel 文件、TXT 文件、Access 表格及 Foxpro 表格等数据。

在将 MapGIS 数据导出为表格数据时，MapGIS 10 for Desktop 可以将简单要素类和注记类的属性表、对象类导出为表格数据，这些数据既能够以 6x 表文件、Excel 表格、Access 表格、Foxpro 表格、TXT 表格的格式导出到本地磁盘，也能够以对象类的格式导出到 GDBCatalog 窗口中的地理数据库的"对象类"节点。

（1）将外部的表格数据导入到 MapGIS GDB 对象类的操作步骤如下：

① 在 GDBCatalog 窗口中，右键单击需要导入表格数据的节点，在弹出的右键菜单中选择"导入→表格数据"，如图 2-58 所示，可弹出"数据转换"对话框。

② 添加数据。单击"数据转换"对话框中的"▣"（添加）按钮，可添加需要导入的数据。

③ 修改转换参数。添加完数据后，系统会默认给出目的数据类型、目的数据名、目的数据目录，用户可根据需要修改这三个参数。修改的方式有以下两种：

（a）如果需要修改的是单个数据的参数，则只需要单击具体数据的相应参数来完成修改。

（b）如果需要批量修改数据的参数，则可以借助全选或反选功能，选择需要修改的数据，再单击"修改按钮"，可弹出如图 2-59 所示的"修改数据"对话框，勾选需要修改的选项，即可进行参数统改。

图 2-58　选择"导入→表格数据"　　　　图 2-59　"修改数据"对话框

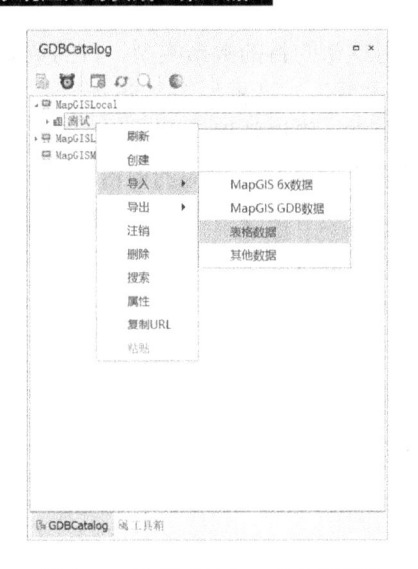

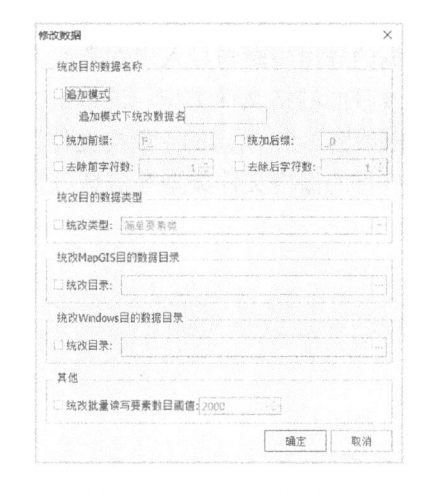

在"修改数据"对话框中，用户能够对数据进行统改的选项包括：

在"统改目的数据名称"栏中，先给目的数据加上统一的前缀或后缀，再去除相同的前字符数或后字符数，即可实现对目的数据名称的统改。这种方式可避免出现不合法名称。

在"统改目的数据类型"栏中，可通过"统改类型"下拉列表选择目的数据的转换类型。

在"统改 MapGIS 目的数据目录"栏中，可将目的数据目录统改为 GDBCatalog 窗口的数据库位置。

在"统改 Windows 目的数据目录"栏中，可将目的数据目录统改为本地磁盘文件夹位置。

完成参数的修改后即可进行数据有效性的检查和修改。

④高级参数设置。完成目的数据目录的设置后，单击数据列表中"参数"项的"…"按钮，MapGIS 10 可根据不同的源数据类型和目的数据类型弹出不同的"高级参数设置"对话框。用户可根据对数据的需求设置数据高级参数，以提高数据转换的质量。

以导出为 Excel 表格为例，单击"…"按钮后可弹出如图 2-60 所示的"字段设置"对话框，用户可以在该对话框中选择需要导入的字段、修改目的字段名和目的类型，以及使用的除错策略等。

⑤完成数据转换。确定添加的数据正确后，单击"数据转换"对话框中的"转换"按钮，可弹出"转换进度"对话框，用户可在该对话框中查看转换进度和转换日志，在完成转换后单击"完成"按钮可关闭"转换进度"对话框，完成表格数据的导入。

（2）将 MapGIS 数据导出为表格数据的操作步骤如下：

① 在 GDBCatalog 窗口中，右键单击需要导出 MapGIS 数据的节点，在弹出的右键菜单中选择"导出→表格数据"，如图 2-61 所示，可弹出如图 2-62 所示的"数据转换"对话框。

② "数据转换"对话框列出了对应数据库节点下所包含的全部对象类、简单要素类、注记类，默认的导出类型为 Excel 表格。

③ 转换参数设置。用户可以在"数据转换"对话框中设置目的数据类型、目的数据名、目的数据目录、参数等，具体的设置方法可参考 2.3.2.1 节的内容。

图 2-60 "字段设置"对话框　　　　图 2-61 选择"导出→表格数据"

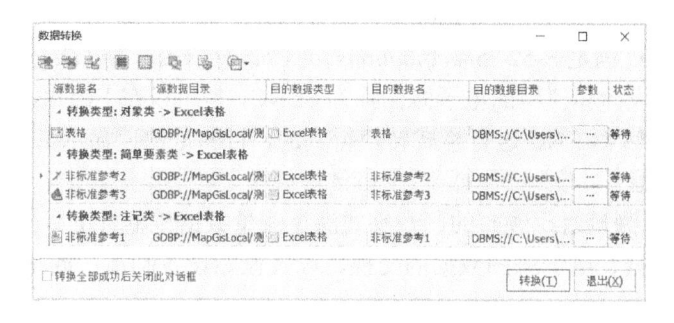

图 2-62 "数据转换"对话框

④ 其他设置。用户还可以进行配置日志文件、数据检查和自动改错等操作，具体操作也可以参考 2.3.2.1 节的内容。

⑤ 完成转换参数的设置后，单击"数据转换"对话框中的"转换"按钮即可将 MapGIS 数据导出为表格数据，结果如图 2-63 所示。

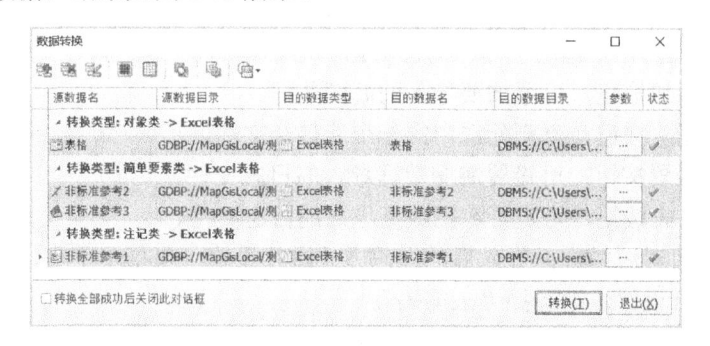

图 2-63 将 MapGIS 数据导出为表格数据后的结果

2.3.2.5 海图数据的转换

海图（航海专用地图）是一种用于表示海洋区域现象的地图，主要包括岸形、岛屿、礁石、水深、航标和无线电导航台等。

海图与普通地图的主要区别是二者描绘的范围和内容有所不同，海图的功能是传递地球表面的海洋水域及沿岸地物等航海所需的各种信息。海图不同于文字描述，而是精确直观的定位（如岸形、岛屿、礁石、助航标志、水深点、危险物等），尤其是水域部分的资料，详尽精密、图式明确清晰，在一幅平面的海图上传递了三维信息。

对航海工作者来说，海图是一件不可缺少的工具。例如，在航行前需要拟定航线、制订航行计划；在航行中需要进行航迹推算、定位、导航和避险等。熟悉海图图式，正确使用海图和保管海图，是航海工作者的主要职责之一。

电子海图（Electronic Chart，EC）是一种数字海图并且可以显示在基于计算机操作的助航系统上。ENC（Electronic Navigational Chart）是由国家海道测量机构按照国际海道测量组织（International Hydrographic Organization，IHO）颁布的《数字式海道测量数据传输标准》(*Transfer Standard for Digital Hydrographic Data*，编号为 S-57）制作的矢量电子海图，本书提到的海图均指 ENC。

SENC（System Electronic Navigational Charts）是为了交换电子海图数据而设计的。在显示电子海图时，《数字式海道测量数据传输标准》中的存储格式或数据结构并不是最有效的。为此，ECDIS（Electronic Chart Display and Information System）设计了适合电子海图的存储格式或数据结构，目的是使 ENC 满足 S-52（*Specifications for Chart Content and Display Aspects of ECDIS*）的性能要求。ECDIS 设计和使用的电子海图称为 SENC，是可以在 ECDIS 中直接读取和显示的电子海图，是由 ECDIS 对 ENC 进行格式转换得到的，目的是快速显示 ENC。SENC 包括 ENC 的所有信息和改正信息。

S-57 是国际海道测量组织颁布的《数字式海道测量数据传输标准》，该标准主要用于世界各国之间海道测量数据、电子海图数据的交换，以及原始设备制造厂商（OEM）、终端用户电子海图的分发。

S-52 是电子海图显示方面的标准，规定了电子海图的显示内容和显示规范。

将海图数据导入 MapGIS 的操作步骤如下：

（1）在 GDBCatalog 窗口中，右键单击要素数据集节点，在弹出的右键菜单中选择"导入海图数据"，可弹出如图 2-64 所示的"导入海图数据"对话框。

（2）单击"导入海图数据"对话框中的"▤"（添加）按钮，在弹出的"打开文件"对话框中选择要导入的文件，文件格式默认为 S-57 files（.000）格式，系统会自动进行筛选，单击"确定"按钮可导入选中的文件。"导入海图数据"对话框的说明如下：

"▤"按钮：添加按钮，可添加要导入的海图数据。

"▨"按钮：删除按钮，可删除选中的一个或多个文件。

"▥"按钮：设置按钮：可设置海图数据导入的日志文件。

"▣"按钮：日志按钮，可查看海图数据导入的日志文件。

"编码方式"：可对海图数据导入后的编码方式进行设置，包括单字节、双字节、三字节、四字节。若不想进行设置，则选择"未编码"。

"级联导入更新数据"：若导入的海图数据路径下有相应的更新数据，勾选该选项后则可以同步导入更新数据。海图数据的原始格式为.000，如 US2EC03M.000，目录下相同名称但后缀名为.001、.002 等的文件是更新文件，如图 2-65 所示。

"特征标识序列设置"：特征标识序列简称 FIDN，是特征物标识符组成的一部分。

单击"特征表示序列"右侧的"+"按钮，如图 2-66 所示，可弹出如图 2-67 所示的"创建序列"对话框，在该对话框中输入起始值和结束值后，单击"确定"按钮即可添加特征表示序列。

图 2-64 "导入海图数据"对话框

图 2-65 更新文件

图 2-66 单击"+"按钮

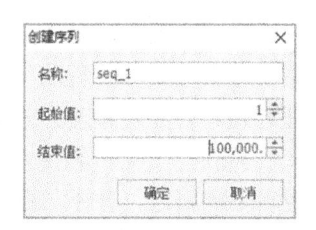

图 2-67 "创建序列"对话框

（3）在图 2-68 所示的"转换进度"对话框中，可以查看转换进度，该对话框可显示当前的总进度，以及数据转换的详情。

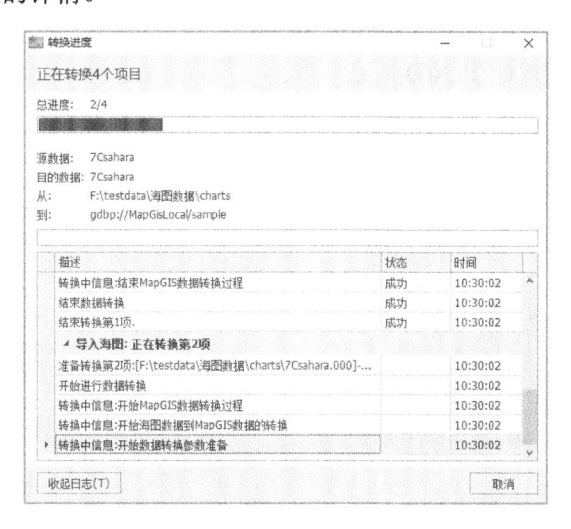

图 2-68 "转换进度"对话框

2.4 地图集的创建与应用

2.4.1 地图集的基本概念

一个区域的基础数据可能由若干幅相同比例尺的、标准图幅的地形图组成，那么如何管理成百上千幅复杂的地形图呢？MapGIS 10 for Desktop 提供了方便的工具，即通过地图集来进行有效的管理。

地图集管理模型是一种由图幅与图层组成的立方体模型。地图集管理模型是以图幅为单位来管理空间数据的。该模型在横向上构成网格，单个图幅在纵向上又由若干图层重叠组成，图层的划分可对应于在地图输入编辑时进行的层类划分，如行政界线图层、水系图层等。图层的横向划分使得图库管理更具条理性和层次感，不同类型的实体分布在不同图层里，如将河流、湖泊组成水系层，水系层又可进一步划分为水系点层、水系线层、水系面层。图层按预定的顺序叠加显示，每一层都通过显示比和显示开关来控制图层显示状态。为了保证图层在叠加显示时不会被上一图层覆盖，一般按照面、线、点的顺序组织图层。用户可以根据图幅与图层联合定位到唯一的要素类，从而实现对要素类的管理。

在实际数据采集业务流程中，数据采集多以图幅为单位来进行任务划分，即同一个制图人员需要将该图幅区域内所有空间数据按层来进行采集，然后对同一区域包含的所有图幅内的数据进行分析处理。因此，对于采集完成后的数据，需要进行分层处理，方可形成对应的图层。

根据上述数据采集流程的特点，图层管理数据的方式可分为两种：合并层管理方式与非合并层管理方式。合并层管理方式是指将分幅采集后的数据进行合并（追加）操作，使地图集中的一个图层关联一个唯一的要素类，同一图层上的数据是一个不可分割的整体，在此类图层中，图幅为逻辑上的概念，并不与独立的数据类对应。非合并层管理方式是指一个图层可以关联多个要素类，在图层与图幅定位的每个网格处关联一个要素类，同一图层上的数据在物理上是不连续的，它们只是从逻辑上构成一个图层整体。

地图集用于管理具有相同空间参考的多幅地图数据，每一个图幅由多个层类组成，每个层类数据在物理上是独立存储的。地图集可以将 MapGIS 低版本的地图库升迁到 MapGIS 10 中管理，同时也支持在 MapGIS 10 中直接创建地图集。

地图集管理模型的原理如图 2-69 所示。

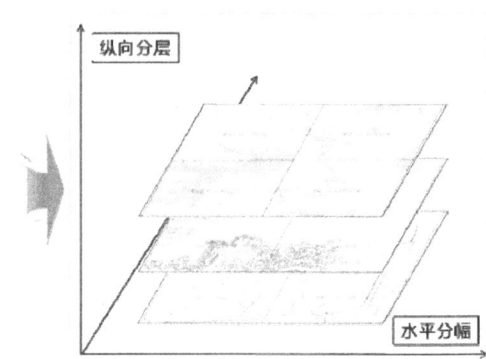

图 2-69 地图集管理模型的原理

在地图集管理中，还需要简单了解以下基本概念。

（1）图幅。图幅是地图集中的基本图形单元，按一定方式将地图划分为若干尺寸适宜的单幅地图，便于地图的制作和使用。地图集支持三种分幅方式：等高宽的矩形分幅、等经纬的梯形分幅、不定形的任意分幅（如可以用省界的区要素类对地图集进行不定形任意分幅）。

（2）图层。图层表示一个数据层，一个层类关联的是具有相同属性结构的要素类数据，层类控制着图层的显示信息、符号信息和属性结构，如等高线图层。

（3）要素类。要素类是相同类型的要素集合，是要素分类的概念性表示，包含了要素的属性信息和几何信息。地图集中的一个图层可以关联一个或多个要素类数据。

完整地应用、管理一个地图集的步骤是创建地图集→新建图幅→新建层类。

GDBCatalog 窗口中的地图集节点提供了地图集的创建功能，地图集创建成功后，才能进行管理操作。

2.4.2 地图集的创建

地图集的创建步骤如下：

（1）右键单击 GDBCatalog 窗口中的地图集节点，在弹出的右键菜单中选择"创建"，如图 2-70 所示，可弹出如图 2-71 所示的"地图集创建向导"对话框。

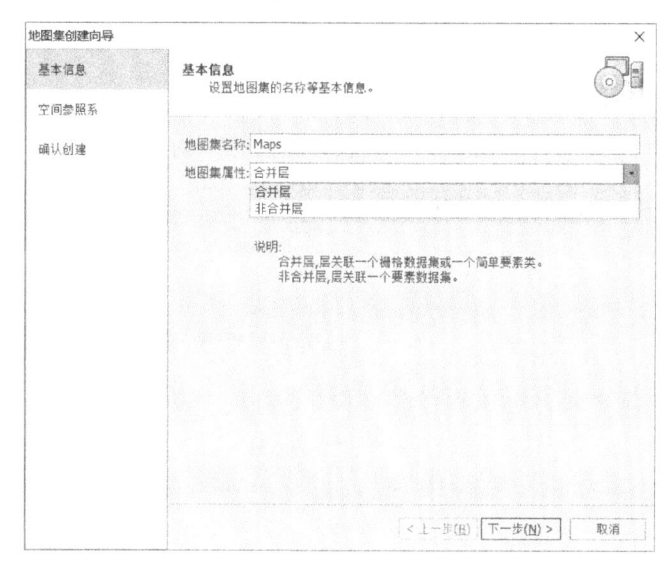

图 2-70　选择"创建"　　　　图 2-71　"地图集创建向导"对话框

（2）基本信息设置。在"地图集创建向导"对话框中输入地图集名称，选择地图集属性，地图集属性包括合并层和非合并层两种。

"合并层"：用于关联一个栅格数据集或一个简单要素类，适合管理数据量较大、不会进行频繁修改操作的数据。

"非合并层"：用于关联一个要素数据集，适合管理数据量较小或需要就经常修改、变更的数据。用户可以根据需要选择地图集属性。

（3）空间参照系设置。空间参照系的设置方式与创建简单要素类时设置参照系的界面相同。在"地图集创建向导"对话框的"空间参照系"界面（见图 2-72）下方列出了地图集所在位置数据库的所有空间参照系，可供用户选择。另外，用户还可以单击"新建"按钮来创建一个空间参照系，或单击"导入"按钮来导入其他数据库中的空间参照系。完成空间参照系的设置后，单击"下一步"按钮。

（4）确认创建。在"地图集创建向导"对话框的"确认创建"界面（见图 2-73）中，确认输入的地图集创建信息是否正确，若信息有误，则单击"上一步"按钮并在相应位置进行修改；若属性确认无误，则单击"完成"按钮，完成地图集的创建。

完成地图集的创建后，需要先进行图幅的创建，再进行要素和图层的关联。

MapGIS 10 for Desktop 提供了两种图幅创建方式：自定义创建图幅和自动生成图幅。

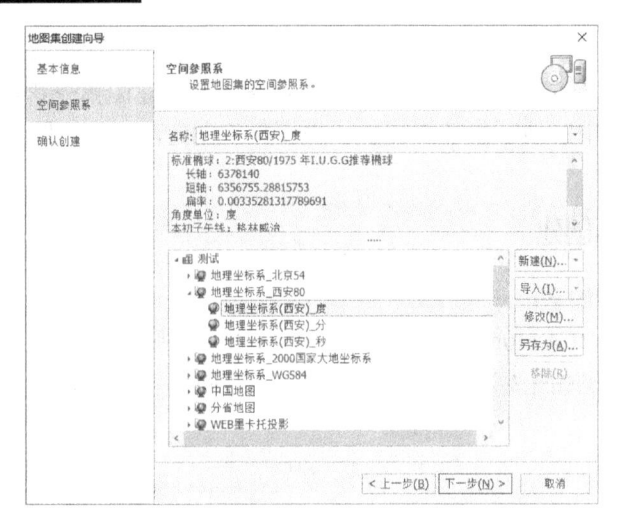

图 2-72 "地图集创建向导"对话框的"空间参照系"界面

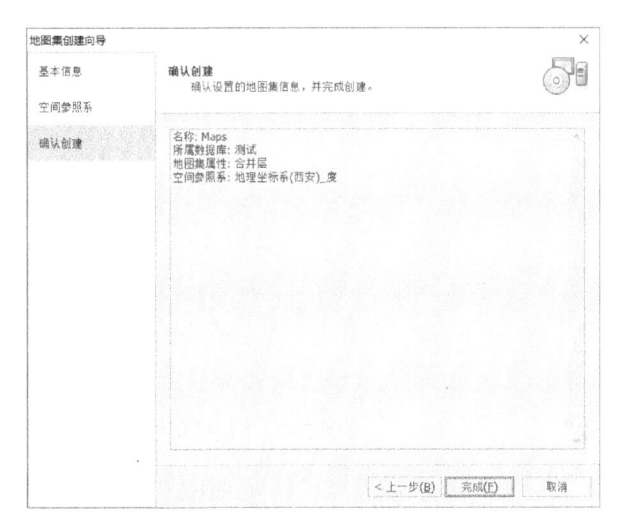

图 2-73 "地图集创建向导"对话框的"确认创建"界面

（1）自定义创建图幅可根据用户输入的图幅控制点参数信息生成单图幅，步骤如下：

① 右键单击 GDBCatalog 窗口中的地图集节点，在弹出的右键菜单中选择"新建图幅"，可弹出如图 2-74 所示的"新建图幅"对话框。

② 在"新建图幅"对话框中输入图幅名称；选择数据范围类型，对于自定义创建的图幅有两种数据范围类型，即矩形范围、梯形范围，若选择矩形范围，则只需要输入图框左下角和右上角的坐标；若选择梯形范围，则需要输入梯形框四个角的控制点坐标。输入完成，单击"确定"按钮即可完成图幅的创建。

自定义创建图幅属于手动创建图幅，在进行图幅设置时，注意图幅范围要包含待关联的要素的空间范围，否则可能会因为空间范围不一致导致数据入库不成功。

（2）自动生成图幅可根据用户设置参数，自动生成对应图幅。这种方式可生成多个图幅。右键单击 GDBCatalog 窗口中的地图集节点，在弹出的右键菜单中选择"自动生成图幅"，可弹出如图 2-75 所示的"自动生成图幅"对话框。分幅方式有三种：等高宽的矩形分幅、等经纬的梯形分幅、不定形的任意分幅。用户可以根据数据的格式和需要选择不同的分幅方式、比例尺、图幅编号方式。

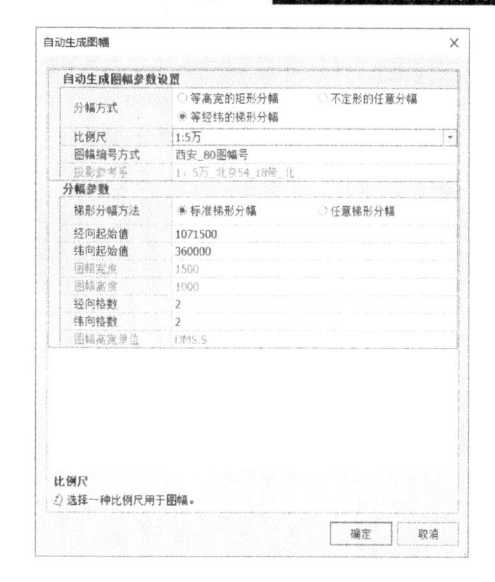

图 2-74 "新建图幅"对话框　　　图 2-75 "自动生成图幅"对话框

① 等高宽的矩形分幅。在比例尺较大（如 1:500、1:1000、1:2000）的情况下，每个图幅可近似看成矩形，因此可采取等高宽的矩形分幅，选择比例尺（MapGIS 10 for Desktop 提供了1:500、1:1000、1:2000 三种比例尺）和图幅编号方式。这种分幅方式的"横向起始公里值""纵向起始公里值"是必填项；"矩形分幅方法"左边两项为标准分幅，图幅高度和宽度不可修改，"任意矩形分幅"必须指定图幅的高度和宽度，即"横向格数""纵向格数"。

等高宽的矩形分幅的要求如下：
- 入库数据必须在同一投影地理坐标系下。
- 必须保证数据坐标值、比例尺、数据单位的一致。
- 地图集与分幅参数都必须与该地理坐标系、数据单位保持一致。

② 等经纬的梯形分幅。在较小比例尺（如 1:25000）的情况下，可采取等经纬的梯形分幅。在"自动生成图幅"对话框的"分幅方法"中选择"等经纬的梯形分幅"（见图 2-76），设置"比例尺""图幅编号方式""分幅参数"后，单击"确定"按钮即可。在设置"分幅参数"时，必须根据数据的起始经纬度，在分幅参数中输入经向起始值和纬向起始值，数据才能正确入库。"MapGIS 10 for Desktop 提供了多种比例尺，如 1:5000、1:10000、1:25000、1:50000、1:100000、1:200000、1:250000、1:500000、1:1000000，可供用户选择。注意，在确定比例尺后，图幅高度和图幅宽度不可修改。

MapGIS 10 for Desktop 还提供了多种图幅编号方式，用户可以根据需要选择相应的编号方式。等经纬的梯形分幅的要求如下：
- 分幅参数必须采用 DMS 格式的经纬坐标。
- 图幅与数据不在同一地理坐标系，且单位也可能不一致。
- 入库数据在相同的投影地理坐标系下，并保证数据的比例尺、数据单位一致。

③ 不定形的任意分幅（见图 2-77）。如果已知地图集的分幅区数据文件，则可以选择不定形的任意分幅。在不定形的任意分幅中，比例尺为自由模式，分幅也不生成图幅标志。

在设置分幅参数时，单击"请选择分幅区简单要素类"编辑框，可弹出"选择区简单要素类"对话框，在该对话框中选择事先做好的、用于分幅的区简单要素类，单击"确定"按钮就可以完成地图集图幅的创建。

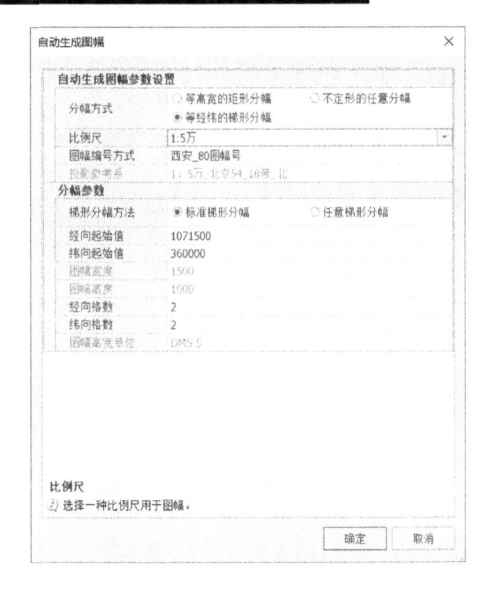

图 2-76　等经纬的梯形分幅　　　　　　　图 2-77　不定形的任意分幅

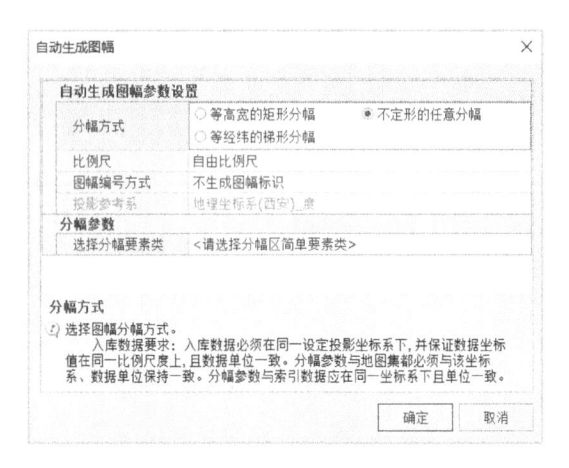

不定形的任意分幅的入库数据要求如下：
- 分幅参数与索引数据必须在同一地理坐标系下，且数据单位必须一致。
- 入库数据必须在同一投影地理坐标系下，并保证数据坐标值在同一比例尺度下，且数据单位一致。
- 分幅参数与地图集都必须与该地理坐标系、数据单位一致。

需要注意的是，在自动创建一个图幅时，MapGIS 10 for Desktop 会把已有的采用自动生成图幅方法创建的图幅覆盖删除掉，但是能够保留用户手动（自定义）创建的图幅。

2.4.3　地图集的管理

MapGIS 10 for Desktop 提供了地图集管理功能，主要功能如下：

（1）清空图幅，删除地图集下创建的图幅。右键单击 GDBCatalog 窗口中的地图集节点，在弹出的右键菜单中选择"清空图幅"，即可删除相应地图集下的所有图幅。使用清空图幅功能会删除当前地图集下的所有图幅。

（2）清空层类，删除不需要的层类。右键单击 GDBCatalog 窗口中的地图集节点，在弹出的右键菜单中选择"清空层类"，即可删除该地图集下的所有层类。

（3）设置空间参照系，可修改地图集的空间参照系。操作步骤如下：

① 在 GDBCatalog 窗口中，右键单击要编辑空间参照系的地图集，在弹出的右键菜单中选择"空间参照系"，可弹出如图 2-78 所示的"设置空间参照系-地图集"对话框。

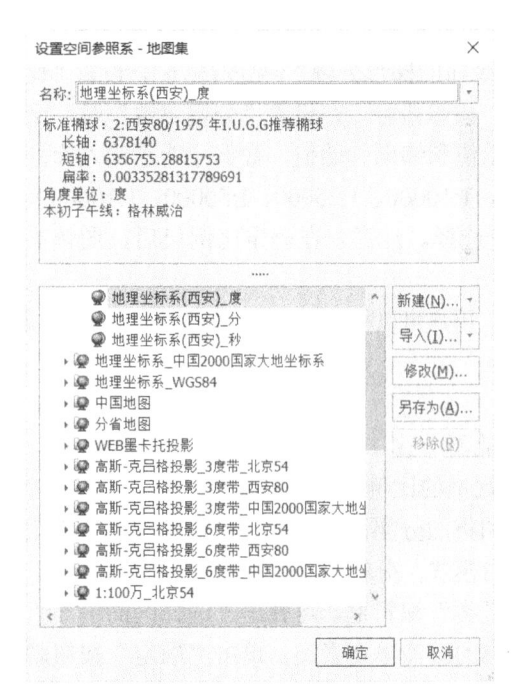

图 2-78　"设置空间参照系-地图集"对话框

② 在"设置空间参照系-地图集"对话框中，可查看当前对象的空间参照系类别，以及系统提供的所有空间参照系。如果需要修改空间参照系，则可以在列表中选择要切换的空间参照系，或通过"新建"按钮或"导入"按钮设置新的空间参照系。

③ 单击"确定"按钮可完成简单要素空间参照系的设置。

（4）地图集的复制。MapGIS 10 for Desktop 可进行地图集的迁移或将地图集位置 URL 复制到目标位置。在 GDBCatalog 窗口中，右键单击需要复制的地图集节点，在弹出的右键菜单中选择"复制"或"复制 URL"，在目标位置进行粘贴，即可完成数据集的迁移或地图集位置 URL 的复制。

（5）删除地图集。MapGIS 10 for Desktop 可删除已经作废或不需要的地图集。在 GDBCatalog 窗口中，右键单击需要删除的地图集节点，在弹出的右键菜单中选择"删除"，即可删除选中的地图集。

第3章 数据预处理

3.1 投影变换

3.1.1 地图投影的基本概念

地图投影是利用一定数学法则把地球表面转换成平面的理论和方法。由于地球表面不可二维展开,所以在利用任何数学方法进行这种转换时都会产生误差和变形,按照不同的需求缩小误差,就产生了各种投影方法。

投影变换是指将一种地图投影点的坐标变换为另一种地图投影点的坐标的过程,是研究投影点坐标变换的理论和方法。

GIS 的地理坐标系是由基准面和地图投影两组参数确定的,基准面的定义是由特定椭球体及其对应的转换参数确定的,因此要正确定义 GIS 的地理坐标系,首先要厘清地球椭球体、大地水准面和地图投影的基本概念及相互之间的关系。地球椭球体、大地水准面如图 3-1 所示。

地球椭球体是一个扁率极小的椭圆绕大地球体短轴旋转所形成的规则椭球体。

大地水准面是一个假想的由地球自由静止的海水平面扩展延伸而形成的闭合曲面。

打个形象的比方,把地球比做马铃薯,表面凸凹不平,而地球椭球体就好比一个鸭蛋。按照前面的定义,基准面就定义了怎样拿这个鸭蛋去逼近马铃薯某一个区域的表面。通过将 x 轴、y 轴、z 轴进行一定的偏移并各自旋转一定的角度,在大小不适当的时候就缩放一下鸭蛋,地球椭球体必定可以很好地逼近地球某一区域的表面。

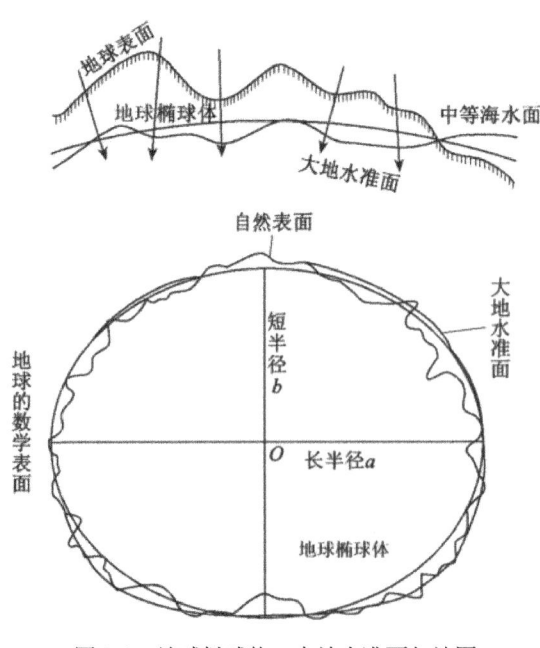

图 3-1 地球椭球体、大地水准面与地图投影的相互之间的关系

3.1.1.1 地理坐标系

地理坐标系是使用三维球面来定义地球表面位置的，是通过经纬度来引用地球表面点位的坐标系。地理坐标系如图3-2所示，包括椭球体、角度单位和本初子午线（也称为格林子午线、格林威治子午线）三部分。

（1）地理坐标系是基于经纬度的坐标系统；
（2）描述地球上某一点所处的位置；
（3）某一个地理坐标系是基于一个基准面来定义的。

MapGIS 10 for Desktop 提供了116种标准椭球，可供用户选择，如图3-3所示。

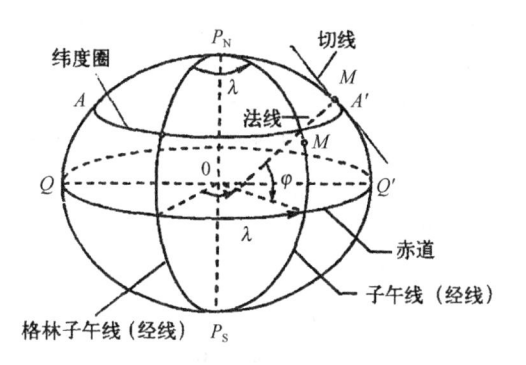

图 3-2 地理坐标系

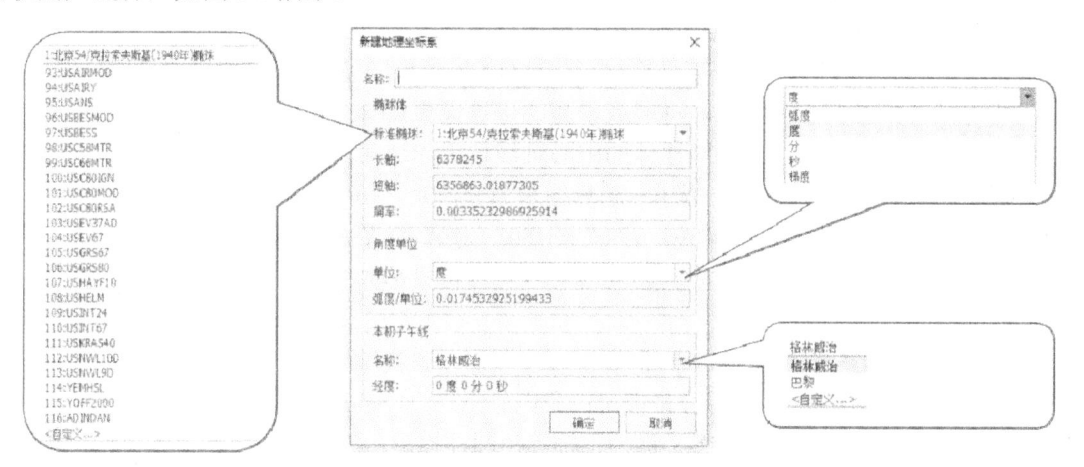

图 3-3 MapGIS 10 for Desktop 提供的标准椭球

我国常用的地理坐标系及其参数如表3-1所示。

表 3-1 我国常用的地理坐标系及其参数

地理坐标系 地球椭球	1954 北京坐标系	1980 西安坐标系	WGS-84 坐标系	2000 国家大地坐标系
椭球名称	克拉索夫斯基椭球	IAG1975 椭球	WGS-84 椭球	CGCS2000 椭球
建成时间	20 世纪 50 年代	1982 年	1984 年	2008 年
椭球类型	参考椭球	参考椭球	总地球椭球	总地球椭球
椭球长轴 a/m	6378245	6378140	6378137	6378137
椭球扁率 f	1:298.3	1:298.257	1:298.257223563	1:298.257222101

3.1.1.2 投影坐标系

与地理坐标系不同，在二维空间范围内，投影坐标系的长度、角度和面积恒定。不过，将地球表面表示为平面地图的所有地图投影都会在某些方面（如角度、面积、长度）产生变形，按投影变形性质可将投影分为等角投影、等面积投影、任意投影。用户可根据地图用途、地理位置和投影范围等因素选择合适的地图投影类型。例如，等角投影用于保持角度不变，多用于航海图、航空图、气象图与军用地图等；等面积投影用于保持面积不变，多用于经济地图和政区地图等。GIS 软件支持在地理坐标系之间进行信息转换，从而可以整合具有不同地理坐标系的数据集。

投影坐标系是基于 x 轴和 y 轴的坐标系统来描述地球上某个点所处的位置，从地球的近似椭球体投影得到它对应于某个地理坐标系。投影坐标系由以下参数确定：

- 地理坐标系；
- 投影方式（如高斯-克吕格投影、兰伯特等积方位投影、墨卡托投影等）。

MapGIS 10 for Desktop 提供了常用的 28 种投影方式，如图 3-4 所示。

下面介绍几种常用的投影方式。

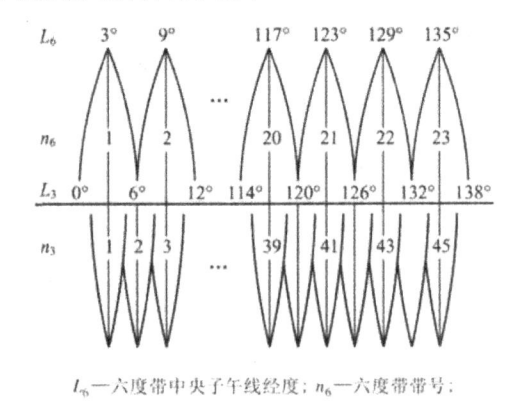

（1）高斯-克吕格投影。高斯-克吕格投影简称高斯投影，又称为等角横切椭圆柱投影。高斯-克吕格投影将地球划分为若干条带，先将每条带投影到圆柱面上，再展成平面。可以设想将一个空心的椭圆柱体横套地球，使椭圆柱体的中心轴线位于赤道面内并通过球心。将地球按 6°分带，从 0°起算往东划分，0°～6°为第 1 带，6°～12°为第 2 带，…，174°～180°为第 30 带，东西半球共分 60 个投影，按带进行投影。高斯-克吕格投影如图 3-5 所示。

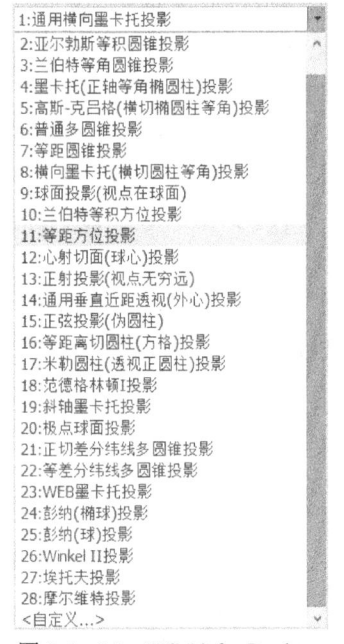

图 3-4　MapGIS 10 for Desktop 提供的 28 种投影方式

上半部为六度带分带情况：东半球共分 30 个投影带，我国领土在 13～23 带。下半部为三度带分带情况：我国领土在 24～46 带。

（2）墨卡托投影。墨卡托投影又称为正轴等角圆柱投影，如图 3-6 所示。先假设地球被围在一个中空的圆柱体里，其基准纬线与圆柱体相切（赤道）接触；再假想地球中心有一盏灯，把球面上的图形投影到圆柱体上；最后把圆柱体展开，即可得到一幅在选定基准纬线上的由墨卡托投影绘制出的地图。

L_6—六度带中央子午线经度；n_6—六度带带号；
L_3—三度带中央子午线经度；n_3—三度带带号

图 3-5　高斯-克吕格投影

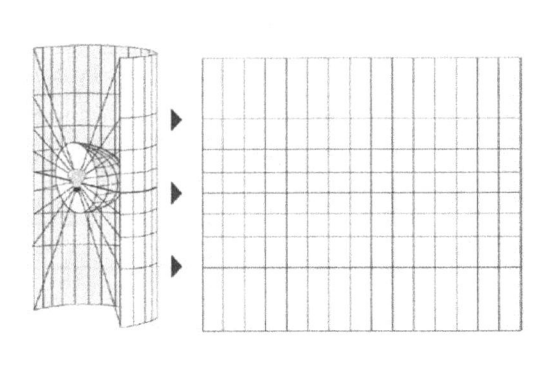

图 3-6　墨卡托投影

墨卡托投影的特点如下：

- 没有角度变形；
- 经/纬线都是平行直线，且相交成直角，经线间隔相等，纬线间隔从基准纬线处向两极逐渐增大；
- 在基准纬线处无变形，从基准纬线处向两极变形逐渐增大；
- 具有各个方向均等扩大的特性，保持了方向和相互位置关系的正确，因此墨卡托投影地图常作为航海图和航空图。

（3）兰伯特投影。兰伯特投影包括兰伯特等角圆锥投影和兰伯特等积方位投影。

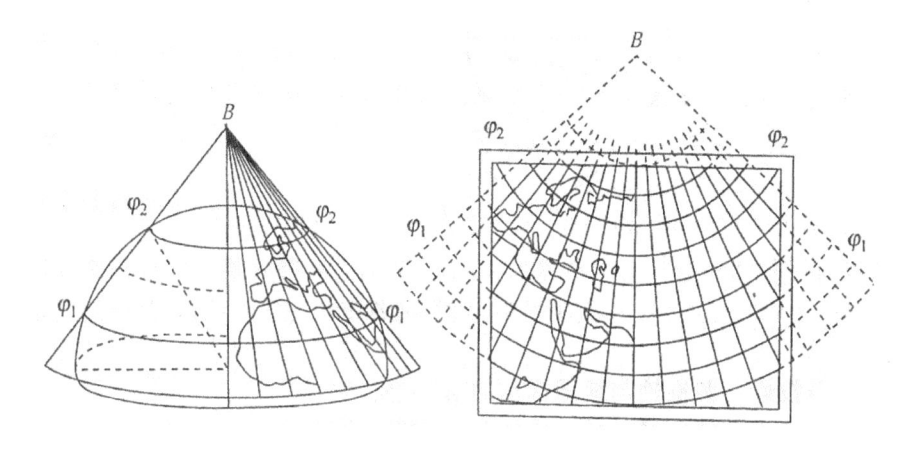

① 兰伯特等角圆锥投影。兰伯特等角圆锥投影如图 3-7 所示，其优点如下：

- 投影后的纬线为同心圆圆弧，经线为同心圆半径，没有角度变形；
- 适合制作沿纬线分布的中纬度地区的中、小比例尺地图；
- 国际上常用此投影编制 1:1000000 的地形图和航空图；
- 中国地图和分省地图采用的是兰伯特等角圆锥投影。

图 3-7 兰伯特等角圆锥投影

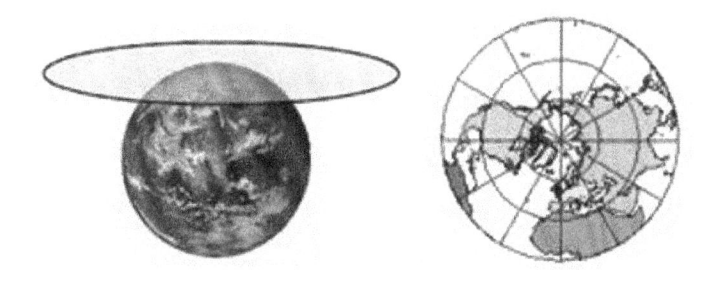

② 兰伯特等积方位投影。兰伯特等积方位投影假设地球球面与平面切于一点，按等积条件将经纬线投影到平面上，如图 3-8 所示。

图 3-8 兰伯特等积方位投影

（4）基本比例尺投影。基本比例尺投影是指我国基本比例尺地图（1:5000、1:10000、1:25000、1:50000、1:100000、1:250000、1:500000、1:1000000）采用的投影方式。

① 大于或等于 1:500000 的比例尺地图均采用高斯-克吕格投影，其中 1:25000 到 1:500000 的比例尺地图均采用六度带，1:1000000 及更大的比例尺地图采用三度带。

② 小于 1:500000 的比例尺地图采用的是正轴等角割圆锥投影，又称为兰伯特等角圆锥投影。

③ 海上的小于 1:500000 比例尺地图多采用正轴等角圆柱投影，又称为墨卡托投影。

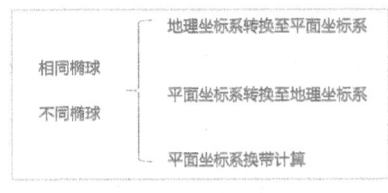

MapGIS 10 for Desktop 采用与我国基本比例尺地图一致的投影方式，使用时可任意选择投影方式。

3.1.1.3 投影变换

投影变换是将一种地图投影点的坐标变换为另一种地图投影点的坐标的过程，如图 3-9 所示。

图 3-9　投影变换

3.1.2　地图投影变换

MapGIS 10 for Desktop 提供了单点投影、批量投影和地理转换参数设置。其中单点投影适用于单个点的投影变换；批量投影适用于单个或多个数据的投影变换；在地理转换参数设置中可以设置、求解不同椭球间的转换参数（如三参数法和七参数法）。

3.1.2.1 地理转换参数设置

真实的地球是一个凹凸不平的不规则椭球体，但在 GIS 应用中，通常会将其假设为一个规则的椭球体，用这个椭球体来描述地球表面。目前常用的椭球体有 WGS-84、西安 80、北京 54、中国 2000 国家大地坐标系等。不同椭球体的长短轴有所不同，导致同一个点在不同椭球体上的坐标略有差异，因此不同椭球体间的转换需要设置地理转换参数。

（1）选择菜单"工具"→"投影变换"→"地理转换参数设置"，可弹出如图 3-10 所示的"地理转换参数设置"对话框。

若"地理转换参数设置"对话框的"转换项"列表中已有转换项，则单击"修改"按钮即可对选中的转换项进行修改，修改结束后单击"应用"按钮可保存修改；也可单击"删除"按钮来删除选中的转换项。

若"地理转换参数设置"对话框的"转换项"列表中没有转换项，或者用户需添加新的转换项，则可以单击"添加"按钮来添加转换项，此时系统会弹出如图 3-11 所示的"添加地理转换项"对话框。在"添加地理转换项"对话框中完成相关设置后，单击"确定"按钮即可完成转换项的设置，新的转换项将添加到"地理转换参数设置"对话框的"转换项"列表中。

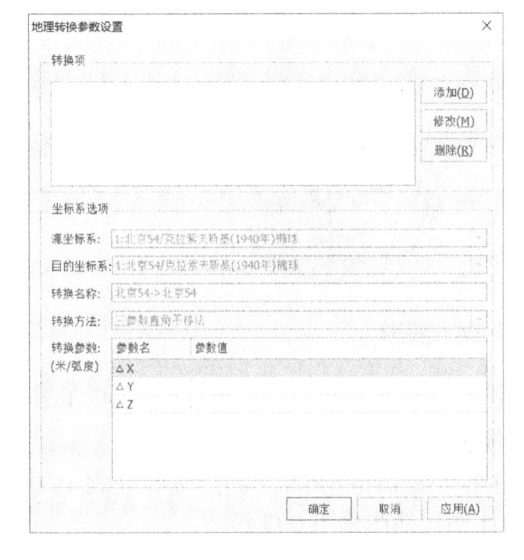

图 3-10　"地理转换参数设置"对话框 　　　　图 3-11　"添加地理转换项"对话框

目前版本的 MapGIS 提供了三种添加地理转换项的方式：

① 根据控制点文件计算：选择该方式后，用户可以首先单击“…”按钮来加载已有的.cpt 格式的控制点文件（此时可单击“查看”按钮查看文件的内容）；然后设置坐标系和转换方法，单击“计算”按钮即可在“转换参数”列表中看到相应的参数值。

控制点文件记录了用于计算转换参数的控制点信息，如图 3-12 所示。注：图 3-12 所示的控制点文件只是示例数据，与实际控制点坐标有偏差。

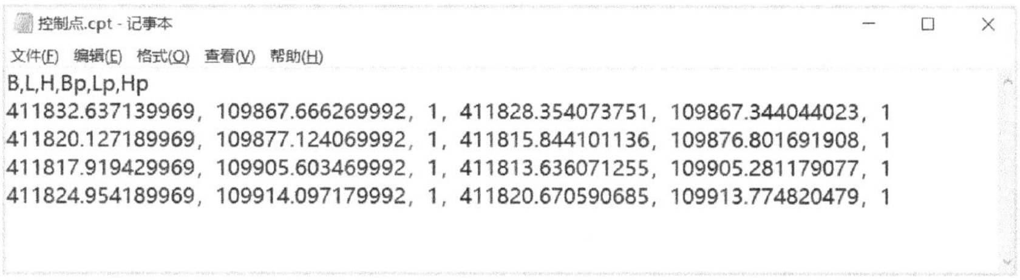
控制点.cpt - 记事本
文件(F) 编辑(E) 格式(O) 查看(V) 帮助(H)
B,L,H,Bp,Lp,Hp
411832.637139969，109867.666269992，1，411828.354073751，109867.344044023，1
411820.127189969，109877.124069992，1，411815.844101136，109876.801691908，1
411817.919429969，109905.603469992，1，411813.636071255，109905.281179077，1
411824.954189969，109914.097179992，1，411820.670590685，109913.774820479，1

图 3-12　控制点文件示例

上述文本的第一行为标题栏，格式统一为“B，L，H，Bp，Lp，Hp”，分别表示原控制点经度、原控制点纬度、原控制点高程、参考控制点经度、参考控制点纬度、参考控制点高程六个值。下面的每一行都表示一组控制点文件信息，其值分别为原控制点经度、原控制点纬度、原控制点高程、参考控制点经度、参考控制点纬度、参考控制点高程。

② 手动输入：选择该方式后，用户可以在设置坐标系和转换方法后，手动在“转换参数”列表中输入参数值。

③ 导入转换项：选择此方式后，用户可以直接加载保存了转换项的文件（文件格式为.dat，默认的存放路径为“MapGIS 10\Program\Config\Projection”），并在“转换信息”栏中修改转换项。

源坐标系和目的坐标系：用户可根据投影变换的数据来设置源坐标系和目的坐标系对应的椭球体，MapGIS 10 提供了 116 种椭球体。

转换名称：用户可以填写转换的椭球体名称，是一个标识，可以任意填写。

转换方法：用户可以选择不同的转换方法，系统提供了 5 种转换方法：三参数直角平移法、七参数 bursawol 法、小区域微分平展法、三参数经纬平移法、二维平面坐标转换法。对于不同的转换方法，需要在“转换参数”列表中设置相应的参数。

△X、△Y、△Z 为平移值，单位为米；Wx、Wy、Wz 为旋转角，单位为弧度；Dm 为尺度比例因子，无单位。

（2）完成相关参数的设置后，单击“确定”按钮即可保存转换参数。在进行投影变换时，可根据不同椭球体的转换要求，选择对应的转换参数。

3.1.2.2　单点投影

对单个坐标点的投影，MapGIS 10 支持在不同椭球体内的投影。单点投影需要具备三个基本条件：源数据具有空间参照系、已知目的投影坐标系、已知源数据中的点坐标。例如，将西安 80 坐标系高斯-克吕格投影三度带第 38 带中坐标为（563000，3374000）的点投影到西安 80 坐标系高斯-克吕格投影三度带地 39 带中，具体操作步骤如下：

（1）选择菜单“工具”→“投影变换”→“单点投影”，可弹出如图 3-13 所示的“单点投影”对话框。

（2）在“单点投影”对话框的“输入源投影数据点”栏中输入数据，这里在“经度/X 坐标”

中输入"563000",在"维度/Y 坐标"中输入"3374000"。

(3)单击"源坐标系"后的"…"按钮,设置输入数据的空间参照系,这里选择"高斯大地坐标系_西安 80_38 带 3_北"。

(4)单击"目的坐标系"后的"…"按钮,设置结果数据的空间参照系,这里选择"高斯大地坐标系_西安 80_39 带 3_北"。

(5)单击"投影"按钮,在"投影结果输出"中可查看输入数据的投影结果,如图 3-14 所示。

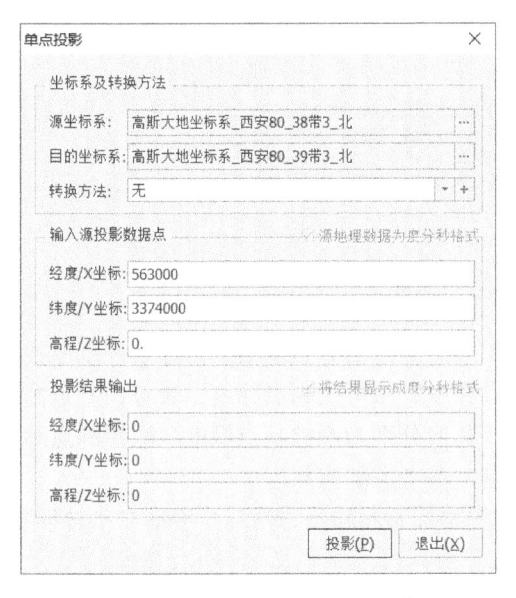

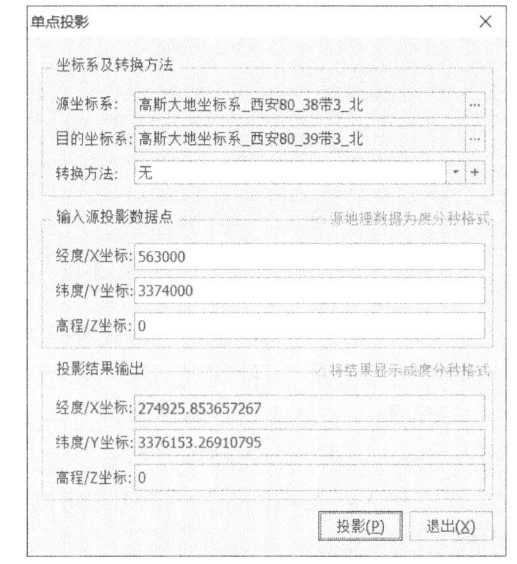

图 3-13 "单点投影"对话框　　　　　图 3-14 单点投影的输出结果

3.1.2.3 批量投影

批量投影用于对批量数据进行投影变换,步骤如下。

(1)选择菜单"工具"→"投影变换"→"批量投影",可弹出如图 3-15 所示的"批量投影"对话框,用户在该对话框中可以对简单要素类、注记类和栅格数据进行投影变换。

图 3-15 "批量投影"对话框

(2)单击"　"(添加)按钮,即可添加需要进行投影变换的数据,用户可选择多个数据,选择的数据将显示在"批量投影"对话框中,如图 3-16 所示。

（3）设置投影参数：设置目的参照系、目的数据名、目的数据目录。单击" "按钮，可弹出如图 3-17 所示的"修改数据"对话框。

图 3-16　添加数据

图 3-17　"修改数据"对话框

"统改目的数据名称"：用于修改目的数据名，可在数据名称前或后添加前缀或后缀。

"统改目的参照系"：勾选"统改参照系"选项后，可统一设置目的参照系。

"统改 MapGIS 目的数据目录"：用于设置数据库结果保存路径。

"统改 Windows 目的数据目录"：用于设置本地文件结果保存路径。

（4）完成设置后，在"批量投影"对话框中单击"投影"按钮即可开始投影，如图 3-18 所示，批量投影的结果预览如图 3-19 所示。

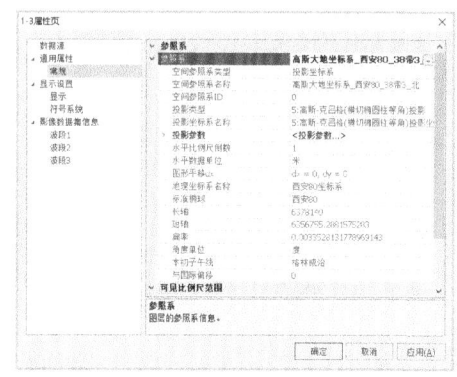

图 3-18　开始投影

图 3-19　批量投影的结果预览

若进行投影的数据为栅格数据，操作可参考以上步骤进行，不同之处是"参数"栏的设置，单击"参数"下的"…"按钮，可弹出如图 3-20 所示的"影像投影参数"对话框。

"投影方式"：MapGIS 10 提供了两种投影方式，用户可根据实际情况选择相应的投影方式，近似投影的耗时少，但投影结果没有严格投影精确。

"重采样方式"：MapGIS 10 提供了三种重采样方式，用户可针对不同的数据选择最合适的重采样方式。

"结果影像类型"：用于选择投影结果的保存格式，默认为"GDB 数据（ras）"，即默认保存为数据库中的栅格数据集；

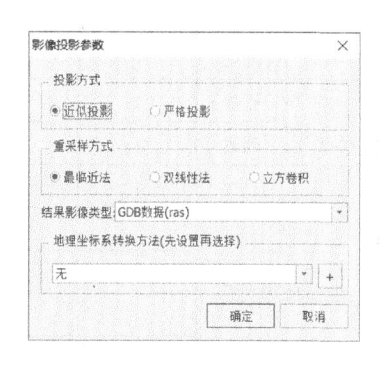

图 3-20　"影像投影参数"对话框

若要保存为*.msi、*.tif、*.img、*.pix、*.evi 格式，则需要修改该类型。

3.2 栅格校正

3.2.1 地图分幅基本概念

我国基本比例尺的地形图包括 1:5000、1:10000、1:25000、1:50000、1:100000、1:250000、1:500000、1:1000000 共 8 种不同比例尺的图框。基本比例尺地图以经纬线分幅制作，它们以 1:1000000 地图为基础，按规定的经差和纬差采用逐次加密划分方法划分图幅。这样不同比例尺的图幅将 1:1000000 的图幅划分成若干行和列，使相邻比例尺地图的经纬差、行列数和图幅数成简单的倍数。

我国的 1:1000000 地形图的分幅按照国际 1:1000000 的地图分幅标准进行。每幅 1:1000000 地图包括的范围为纬差 4°、经差 6°。从地球赤道起，向两极每纬度 4°为一行，依次以拉丁字母 A，B，C，…，V 表示；从经度 180°起，自西向东每经度 6°为一列，依次以阿拉伯数字 1，2，3，…，60 表示。每幅 1:1000000 地图的编号由该图幅所在的行号（字符码）和列号（数字码）组成，如北京所在的 1:1000000 地图的图幅编号为 J50。

1:500000～1:5000 地图的编号以 1:1000000 地形图编号为基础，采用行列编号方法，即将 1:1000000 地形图按所含各比例尺地形图的经差和纬差划分成若干行和列，横行从上到下、纵列从左到右按顺序分别用阿拉伯数字（数字码）编号，这样便于计算机运算处理。表示图幅编号的行、列代码均采用 3 位数字表示，不足 3 位时前面补 0，取行号在前、列号在后的排列形式标记，加在 1:1000000 图幅的图号之后。为了使各种比例尺不会混淆，分别采用不同的字符作为各种比例尺的代码，如表 3-2 所示。每幅图的编号是由该图幅所在的 1:1000000 地图编号、比例尺代码以及各自图幅所在的行号和列号的数字码组成，如图 3-21 所示。

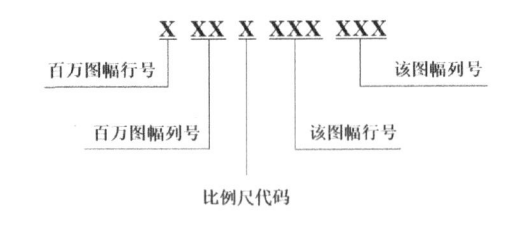

```
X XX X XXX XXX
```
百万图幅行号　　　　　该图幅列号
　百万图幅列号　　该图幅行号
　　　比例尺代码

图 3-21　图幅编号规则

表 3-2　我国基本比例尺地图分幅

比例尺		1:1000000	1:500000	1:250000	1:100000	1:50000	1:25000	1:10000	1:5000
图幅范围	经差	6°	3°	1°30′	30′	15′	7′30″	3′45″	1′52.5″
	纬差	4°	2°	1°	20′	10′	5′	2′30″	1′15″
行列关系	行数	1	2	4	12	24	48	96	192
	列数	1	2	4	12	24	48	96	192
图幅间数量关系		1	4	16	144	576	2304	9216	36864
			1	4	36	144	576	2304	9216
				1	9	36	144	576	2304
					1	4	16	64	256
						1	4	16	64
							1	4	16

续表

比例尺	1:1000000	1:500000	1:250000	1:100000	1:50000	1:25000	1:10000	1:5000
图幅间数量关系							1	4
比例尺代码	A	B	C	D	E	F	G	H

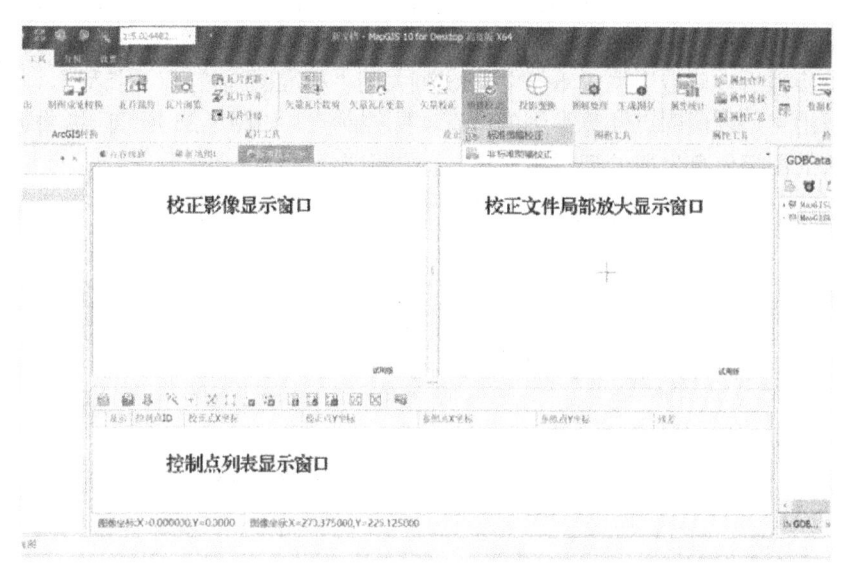

3.2.2 标准图幅校正

标准图幅校正主要是对国家绘制的标准地形图进行操作。由于早期标准地形图是以纸质档的形式保存的，为便于统一管理和分析应用，将其扫描为电子地图后，可利用标准图幅校正，将图幅校正为正确的地理坐标的电子图幅。在标准图幅校正的过程中，不仅可以为标准地形图赋上正确的地理坐标，也可对扫描时造成的形变误差进行修正。标准图幅校正的操作步骤如下：

（1）单击菜单"工具"→"栅格校正"→"标准图幅校正"，此时的工作界面会变为三个窗口，左侧为校正影像显示窗口，右侧为校正文件局部放大显示窗口，下边为控制点列表显示窗口，如图 3-22 所示，并可弹出如图 3-23 所示的"标准图幅校正"对话框。

图 3-22 标准图幅校正界面

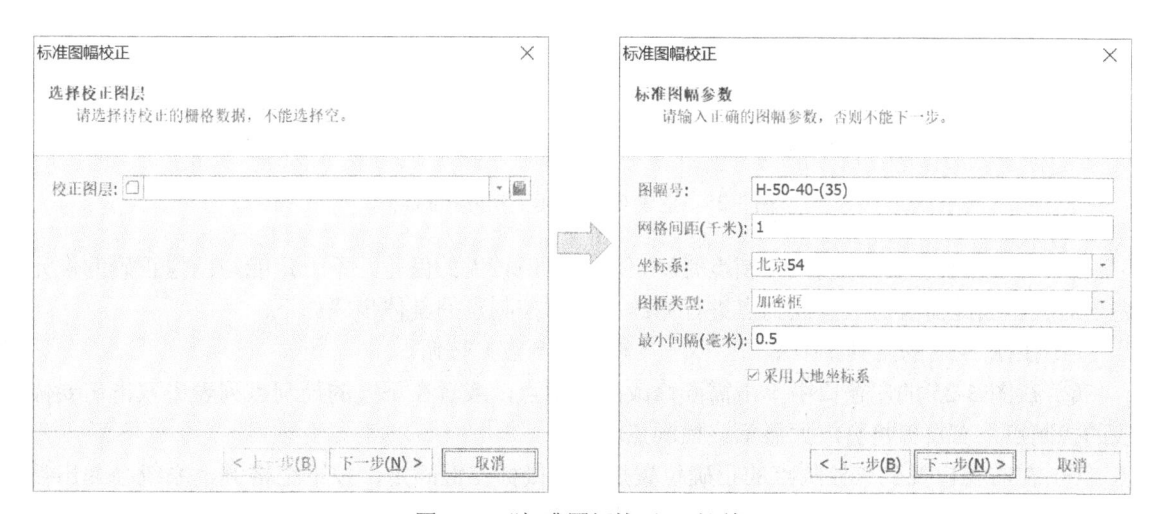

图 3-23 "标准图幅校正"对话框

（2）在"标准图幅校正"对话框中添加待校正的图层（标准栅格数据），单击"下一步"按钮后，在"标准图幅参数"中输入图幅号等相应的参数。

（3）设置完图幅信息后单击"下一步"按钮，MapGIS 10 会根据图幅号自动计算 4 个内图廓点的实际坐标位置，如图 3-24 所示，用户需手动在图形上定位内图廓点，建立理论坐标和实际坐标的对应关系。

利用放大（F5）、缩小（F7）、移动（F6）等基本操作，可在图像上确定四个内图廓点的位置。这里以定位左上角的内图廓点为例进行介绍：单击对话框中的"左上角"按钮，利用放大、缩小、移动等基本操作在校正文件局部放大显示窗口（见图 3-22）中找到图像左上角内图廓点的精确位置，用鼠标左键单击该点，该点会出现一个红色的十字点（颜色由"视图设置"中的"中心点颜色"确定），此时就完成了左上角坐标的设置。按照相同的方法依次完成右上角、左下角、右下角的左边设置。

图 3-24 内图廓点的实际坐标

完成以上步骤后，单击"生成 GCP"按钮可关闭"标准图幅校正"对话框，此时需要校正的图层会出现由 4 个内图廓点计算得到的所有实际控制点，如图 3-25 所示。图中显示的 4 个坐标是根据输入的图幅信息生成的理论坐标值，此坐标为平面直角坐标。

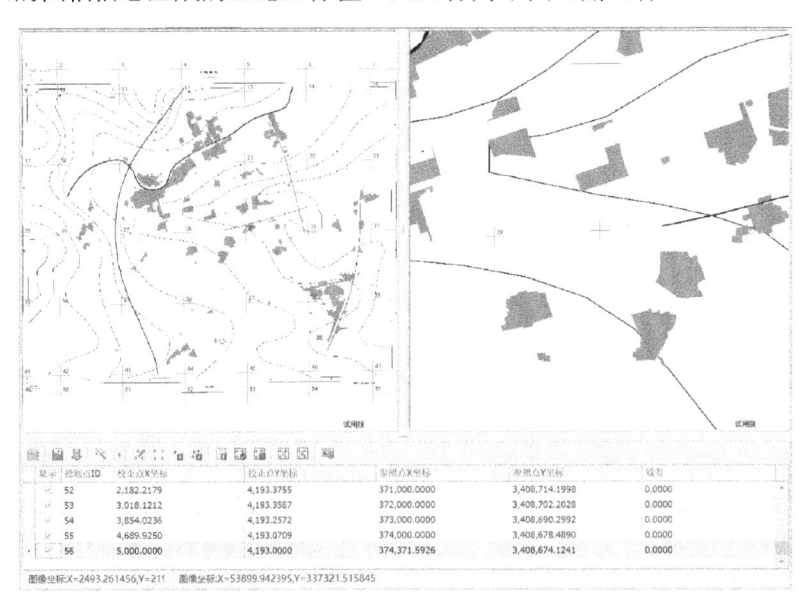

图 3-25 生成 GCP 后得到实际控制点

（4）修改控制点。在输入控制点时，可能会出现较大的偏差，不一定能与图像正确的像元完全对应，因此需要对一些控制点进行修改。修改控制点的具体步骤如下。

① 在图 3-25 的工具条中单击"✎"（修改控制点）按钮。

② 在图 3-25 的左窗口中单击需要修改的控制点，或者在下方的控制点列表中双击需要修改的控制点，右窗口将会放大显示该控制点。

③ 在右窗口找到该控制点的正确位置后单击鼠标左键确定，按下空格键，系统会弹出参照点坐标对话框，单击"确定"按钮即完成该控制点的修改。

若需要按顺序修改控制点，用户可以单击图 3-25 中工具条上的"🖼"按钮，在弹出的对话框中勾选"修改控制点后自动跳转到下个控制点"，则修改完当前的控制点后，右侧窗口会自动跳转到下一个控制点并放大显示。若在修改过程中遇到控制点的位置正确，则可直接按空格键来确认该控制点。

校正控制点的过程如图 3-26 所示。

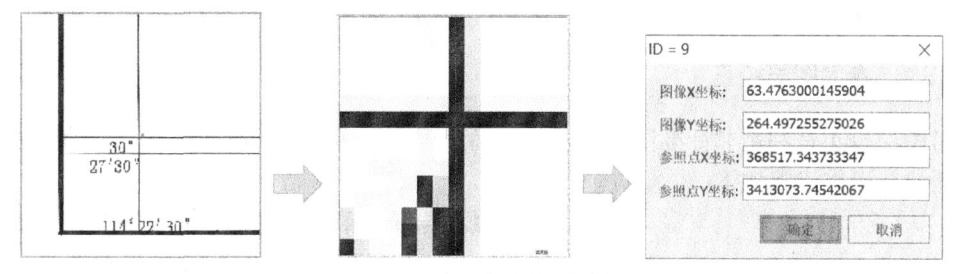

图 3-26 校正控制点的过程

（5）修改完所有的控制点后，用户可以单击"🖼"（计算残差）按钮来计算残差。若结果满足控制点的校正精度，则单击工具条上"🖼"（校正）按钮，可弹出如图 3-27 所示的"校正参数"对话框，在该对话框中设置校正参数后，单击"确定"按钮系统即可自动开始校正。校正前后的效果对比如图 3-28 所示。

图 3-27 "校正参数"对话框

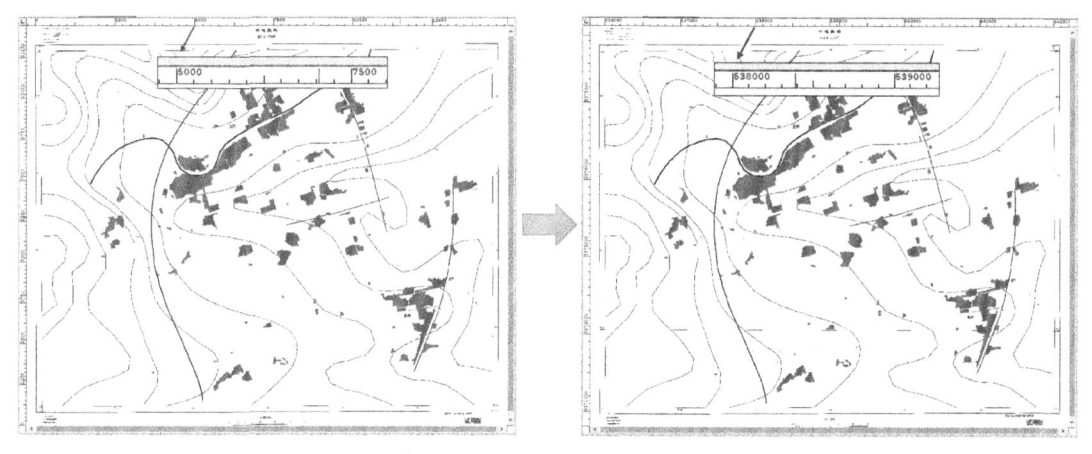

图 3-28 校正前后的效果对比

3.2.3 非标准图幅校正

非标准图幅是相对标准图幅数据而言的，通常将没有严格按照国家统一分幅标准制定的数据统称为非标准分幅数据。在实际应用中，存在很多非标准分幅的栅格数据需要进行校正操作，但它不像标准分幅数据那样具有符合国家标准的控制点，需用户进行手动设置校正位置。

MapGIS 10 针对这种数据提供了参考图层校正和手动添加控制点校正两种方法。

3.2.3.1 参考图层校正

参考图层校正是利用非标准图幅与已知正确地理范围图层间的对应关系，手动添加控制点进行校正的。操作步骤如下：

（1）选择菜单"工具"→"栅格校正"→"非标准图幅校正"，可弹出如图 3-29 所示的"参考图层管理"对话框。在该对话框中，单击"校正图层"右侧的"📁"可选择需校正的栅格文件，单击"添加"按钮可完成参考图层的添加。

注意：在"参考图层管理"对话框中，用户可选择矢量数据、栅格数据、栅格目录，也可添加单个或多个参考图层。在添加多个参考图层时，显示顺序与工作空间中显示顺序一致，即位于"参考图层管理"列表下方的数据，显示时位于上层。

添加完图层后，单击"确定"按钮，系统界面会变成如图 3-30 所示的样子，其中左上角为校正影像显示窗口，左下角为校正文件局部放大显示窗口，右上角为参考文件显示窗口，右下角为参考文件局部放大显示窗口，最下方为控制点列表显示窗口。

图 3-29 "参考图层管理"对话框

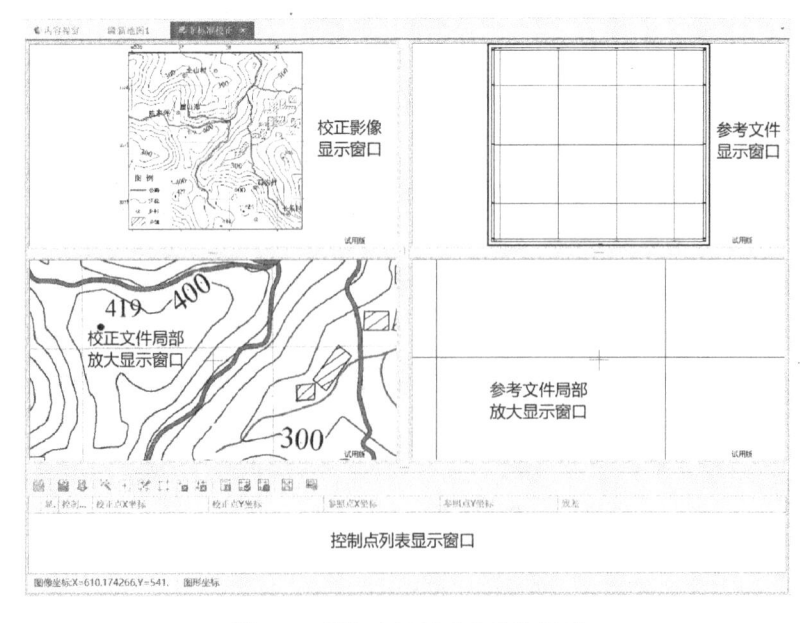

图 3-30 添加完图层后的系统界面

（2）添加控制点。在控制点列表显示窗口上方的工具栏中，单击添加控制点按钮，分别在待校正图层和参考图层上选择对应的控制点，按空格键可弹出如图3-31所示的"参照点坐标"对话框，在该对话框中输入相应的坐标后，单击"确定"按钮即可成功添加控制点。

（3）按照上述方法依次添加至少4个控制点，添加完毕后，单击"▦"按钮即可计算残差。检查残差值是否过大，若一切正常，则单击"▦"（校正）按钮，可弹出如图3-32所示的"校正参数"对话框，在该对话框中设置校正参数后（参数信息可参考标准图幅校正），单击"确定"按钮即可开始校正。校正前后的效果对比如图3-33所示。

图3-31 "参照点坐标"对话框　　　　图3-32 "校正参数"对话框

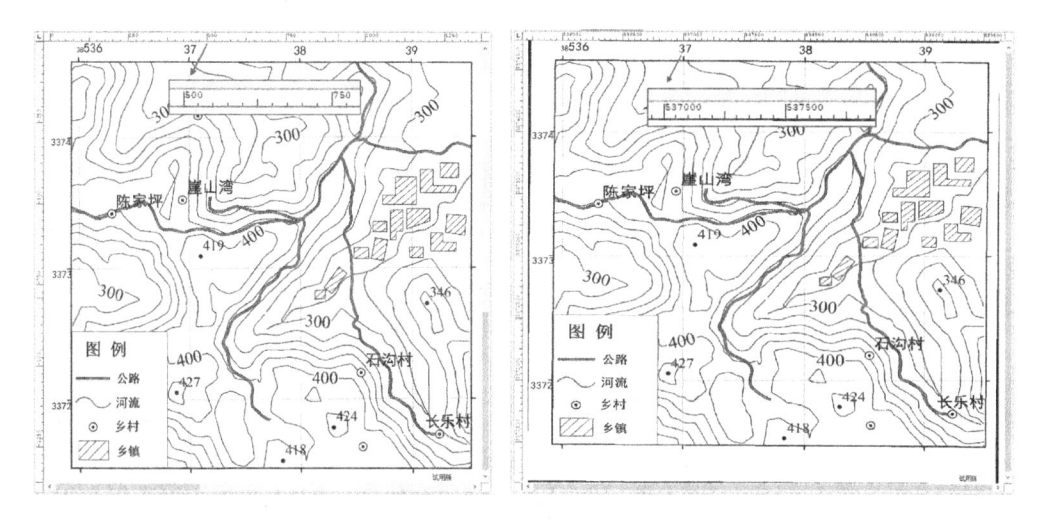

图3-33 校正前后的效果对比

3.2.3.2 手动添加控制点校正

手动添加控制点是用户在已知图幅上某些标志点的地理信息，手动输入控制点信息来进行校正的。手动添加控制点校正与参考图层进行校正的不同之处是，前者没有矢量的参考图层可对应，所以在添加图层时与后者有所不同。操作步骤如下：

（1）选择菜单"工具"→"栅格校正"→"非标准图幅校正"，可弹出如图3-34所示的"参考图层管理"对话框。用户只需要在该对话框中添加需要校正的栅格文件，无须添加参考图层。

图3-34　"参考图层管理"对话框

添加完图层后，单击"确定"按钮，系统界面变成如图3-35所示的样子，其中左侧为校正影像显示窗口，右侧为校正文件局部放大显示窗口，最下方为控制点列表显示窗口。

图3-35　添加完图层后的系统界面

图3-36　"参照点坐标"对话框

（2）添加控制点。在控制点列表显示窗口上方的工具栏中，单击添加控制点按钮，在待校正图层选择对应的控制点，按空格键可弹出如图3-36所示的"参照点坐标"对话框，在该对话框中输入相应的坐标后，单击"确定"按钮即可成功添加控制点。成功添加的控制点如图3-37所示。

（3）按照上述方法依次添加至少4个控制点，添加完毕后，单击"　"按钮即可计算残差。检查残差值是否过大，若一切正常，则单击"　"（校正）按钮，可弹出如图3-38所示的"校正参数"对话框，在该对话框中设置校正参数后（参数信息可参考标准图幅校正），单击"确定"按钮即可开始校正。校正前后的效果对比如图 3-39 所示。

图 3-37 成功添加的控制点

图 3-38 "校正参数"对话框

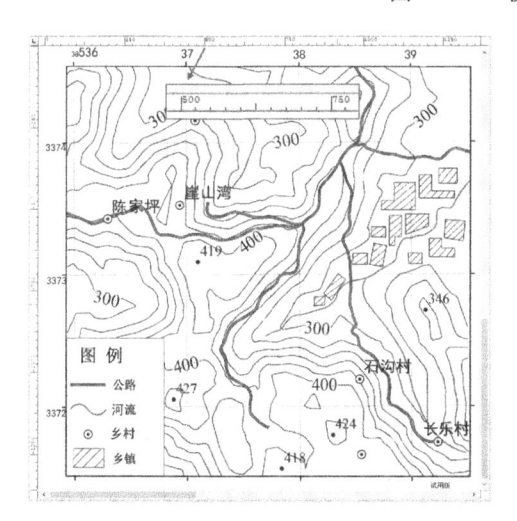

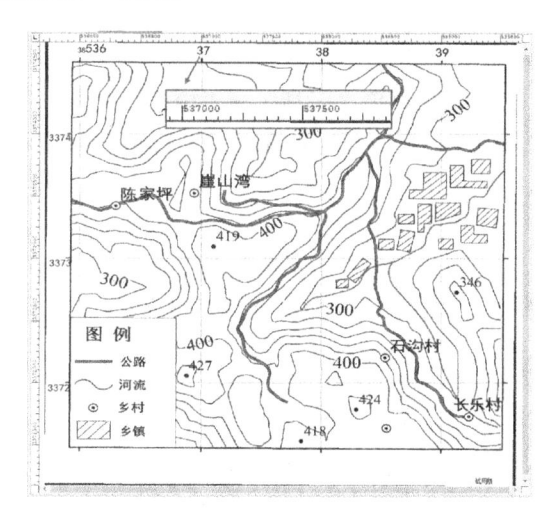

图 3-39 校正前后的效果对比

3.3 误差校正

3.3.1 误差的来源

机助制图是指用计算机制图，将普通图纸上的图件转化为计算机可识别处理的图形。机助制图主要可分为编辑准备阶段、数字化阶段、计算机编辑处理和分析实用阶段、图形输出阶段等。在各个阶段中,图形数据始终是机助制图数据处理的对象。图形数据用来描述来自现实世界的目标,具有定位、定性、时间和空间关系(包含、联结、邻接)的特征。其中定位是指在一个已知的坐标系里,空间实体都具有唯一的空间位置。但在数字化阶段,由于操作误差、数字化设备精度、图纸变形等因素,往往会使输入后的图形与实际图形所在的位置存在偏差,即存在误差。个别图形经编辑、修改后,虽然可以满足精度的要求,但有些图形由于位置发生偏移,即使经过编辑也很难达到实际要求的精度。这说明图形经扫描输入或数字化输入后,存在着变形或畸变。对于出现变形的图形,必须经过误差校正,只有清除输入图形的变形,才能使之满足实际的要求。

在一般情况下,数据编辑处理只能消除或减少在数字化过程中因操作产生的局部误差或明显误差,但因图纸变形和数字化过程的随机误差所产生的影响,故必须经过几何校正才能消除。由于造成数据变形的原因很多,对于不同的因素引起的误差,其校正方法也不同,具体采用何种方法应根据实际情况而定,因此在设计系统时,应针对不同的情况,采用不同的方法来进行校正。

MapGIS 10 提供了手动误差校正、自动误差校正、批量误差校正等方法,用户可以针对不同的数据情况和需求选择不同的方法。

3.3.2 控制点误差校正

3.3.2.1 手动误差校正

手动误差校正是指用户通过交互的方式,人为地选择多组实际控制点和理论控制点进行误差校正。其操作方法如下:

(1)选择菜单"工具"→"校正工具"→"矢量校正",可弹出如图 3-40 所示的"误差校正"对话框,该对话框的左侧为实际值图层显示窗口,右侧为理论值图层显示窗口,下方为控制点列表显示窗口。

(2)在控制点列表显示窗口上方的工具条中,单击" "(图层管理)按钮可弹出如图 3-41 所示的"数据设置"对话框。在该对话框中可添加原始图层(实际值图层)及参考图层(理论值图层),并将图层状态设置为"采集"。

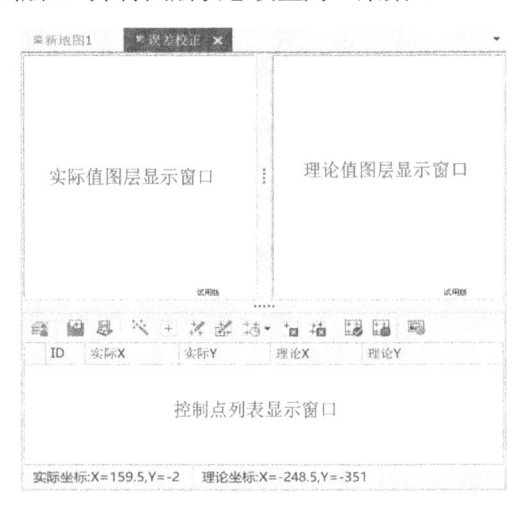

图 3-40 "误差校正"对话框   图 3-41 "数据设置"对话框

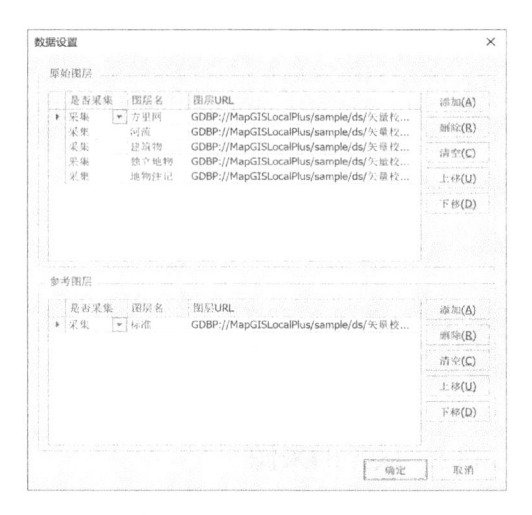

（3）在图层添加完毕后，开始添加控制点。采集控制点包括采集实际控制点和采集理论控制点。

① 采集实际控制点（在左侧实际值图层显示窗口中采集）：单击所选的控制点位置，可弹出如图 3-42 所示的"添加控制点"对话框，参数设置完毕后单击"确定"按钮即可采集该控制点。实际值图层中需要至少选择 3 个控制点。

"实际 X 坐标"和"实际 Y 坐标"：用户在实际值图层上通过鼠标采集的控制点的坐标值。

"直接输入"：选中该选项后，用户可以在"理论 X 坐标""理论 Y 坐标"中直接输入理论坐标值。

"输偏移值"：选中该选项后，用户可以在"理论 X 坐标""理论 Y 坐标"中输入实际值与理论值的偏移量。若有理论控制点坐标，则可以在"理论 X 坐标""理论 Y 坐标"中直接输入实际控制点对应的理论控制点坐标；若没有理论控制点坐标，则可以先不做改动（MapGIS 10 默认的理论值等于实际值），用户可以在理论控制点采集中得到理论控制点坐标。

② 采集理论控制点（在右侧的理论值图层显示窗口中采集）：单击理论值图层上对应于实际控制点的位置，可弹出如图 3-43 所示的"理论控制点"对话框，输入该理论点对应的实际点 ID（表示将此实际点校正为该理论值），单击"确定"按钮即可完成实际点与理论点的匹配。按照相同的方法依次完成其他控制点的匹配。

图 3-42 "添加控制点"对话框　　　　图 3-43 "理论控制点"对话框

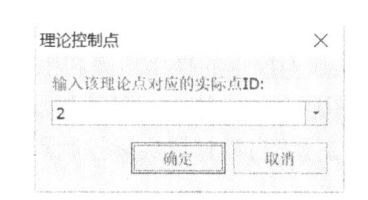

采集控制点的结果如图 3-44 所示。

图 3-44 采集控制点的结果

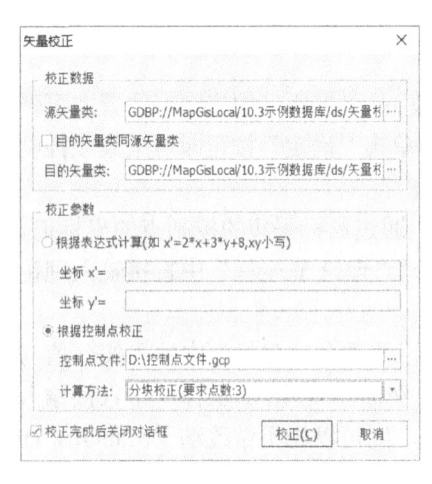

（4）控制点采集完毕，单击" "（保存）按钮即可保存控制点文件。

（5）单击" "（开始校正）按钮，可弹出如图3-45所示的"矢量校正"对话框，完成各项参数的设置后，单击"校正"按钮即可自动完成校正。

"源矢量类"：用于加载待校正文件，即实际值图层。

"目的矢量类"：用于设置校正结果的保存路径及名字（若勾选"目的矢量类同源矢量类"，则结果将直接覆盖实际值图层）。

"根据表达式计算"：选中该选项后，可通过输入的数学表达式进行校正。

"根据控制点校正"：选中该选项后，可通过"控制点文件"加载控制点文件［如在步骤（4）中保存的控制点文件］，通过"计算方法"选择相应的校正方法。

图3-45 "矢量校正"对话框

"校正完成后关闭对话框"：勾选该选项后，校正完成后将自动关闭"矢量校正"对话框。

3.3.2.2 自动误差校正

MapGIS 10可以自动采集实际控制点和理论控制点，从而完成误差校正。自动误差校正要求要进行实际控制点和理论控制点采集的图层文件简单、控制点分布均匀清晰，便于计算机自动搜索。自动误差校正的操作步骤和手动误差校正的操作步骤类似，下面就不同之处进行讲解。

（1）在图层添加完毕后，开始添加控制点。单击" "（自动提取控制点）下拉按钮，在下拉菜单中选择"自动提取实际控制点"，若采集成功则可弹出采集实际控制点成功的提示框，如图3-46所示。

（2）单击" "（自动提取控制点）下拉按钮，在下拉菜单中选择"自动提取理论控制点"，若采集成功则可弹出采集理论控制点成功的提示框，如图3-47所示。

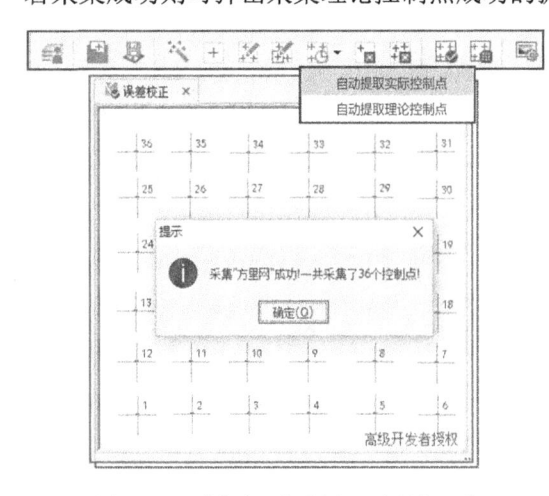

图3-46 采集实际控制点成功的提示框    图3-47 采集理论控制点成功的提示框

单击"自动提取控制点"的下拉按钮，在下拉菜单中选择"自动提取理论控制点"，若采集成功则弹出对话框。

（3）采集的控制点如图3-48所示，保存为控制点文件。

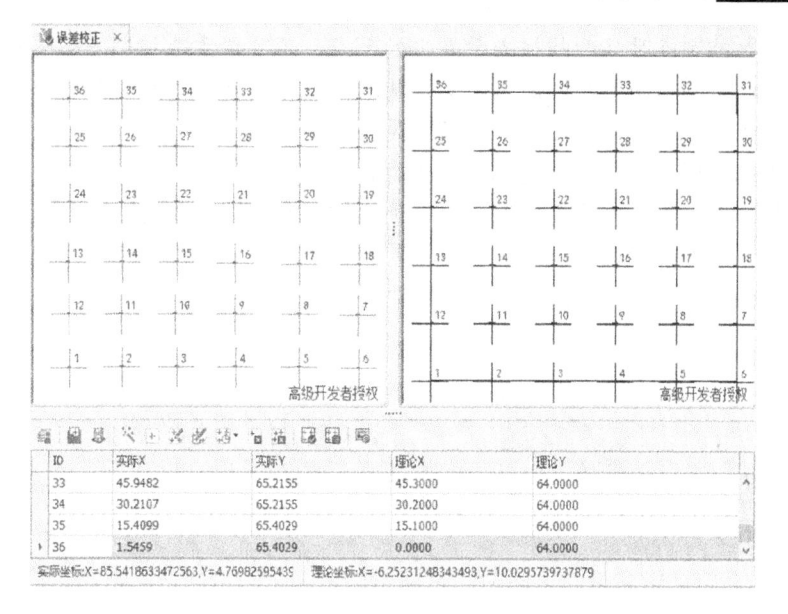

图 3-48 采集的控制点

（4）添加需要校正的图层，选择"根据控制点校正"，添加控制点文件后选择计算方法，单击"校正"按钮即可开始校正。

3.3.2.3 批量误差校正

批量误差校正适合一次进行多个文件的误差校正，其操作步骤类似于手动误差校正，具体如下：

（1）选择菜单"工具"→"校正工具"→"矢量校正"，可弹出"误差校正"对话框（见图 3-40）。

（2）在控制点列表显示窗口上方的工具条中，单击" "（图层管理）按钮可弹出如图 3-49 所示的"数据设置"对话框。在该对话框中可添加原始图层及参考图层。

图 3-49 "数据设置"对话框

注意：在选取控制点时只能捕捉矢量数据的节点,不可任意选控制点位置。在进行误差校正时，有时会添加一些辅助图层以便用户更快捷地定位控制点。因此需要将添加控制点的图层设置为"采集"状态，将辅助图层设置为"可见"状态。

（3）图层添加完毕后，添加控制点，并保存控制点文件。

（4）选择批量校正功能，可弹出如图 3-50 所示的"批量矢量校正"对话框。在该对话框中，单击"添加"按钮添加校正源数据，设置各图层校正后文件的存储路径（可以选择统改，统一修改校正后保存路径），选择校正方式后，单击"校正"按钮，即可将所有添加的图层进行校正。

图 3-50　"批量矢量校正"对话框

批量误差校正结果如图 3-51 所示。

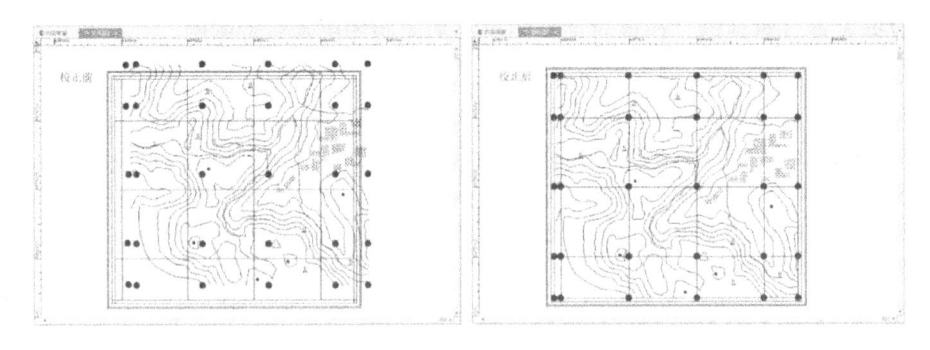

图 3-51　批量误差校正结果

第4章 数据编辑与处理

空间数据又称为图形数据，是土地信息系统中地理实体的空间定义手段，也是专题数据的载体。空间数据可分为几何数据和关系数据。几何数据是描述地理实体本身位置和形状大小的量度信息，其表达手段是坐标串。关系数据是描述各个不同地理实体之间的空间关系（如接近度、邻接、关联、包含、连通等）的信息，其表达手段是建立地理实体之间的连接信息。

数据可以分为矢量数据和栅格数据两大类。矢量数据使用带有相关属性的有序坐标集来表现这些物理实体的形状。根据要素的尺寸，矢量数据可以分成以下类别：

- 点：描述的是零维形状的、很小而且不能描述为线或面的地理要素，点存储为单个的带有属性值的(x,y)坐标对。
- 线：是一维形状的，描述狭窄而且不能描述为多边形的地理要素，线存储为一系列有序的带有属性值的(x,y)坐标对。线的形状可以是直的、圆的、椭圆的。
- 区：是二维形状的，描述由一系列线段围绕而成的一个封闭的、具有一定面积的地理要素，这样的地理要素是封闭的，并且具有面积。
- 注记：属于和要素相关联的有描述信息的标注，可以显示要素的名称或者其他属性。可以将注记理解为特殊的标注。

4.1 地图编辑

4.1.1 GIS 环境参数设置

编辑参数功能可以为点、线、区和注记设置默认的输入符号，可以将一些参数设置为系统默认的处理方式，从而避免频繁地选择和设置这些参数。

4.1.1.1 操作说明

选择菜单"设置"→"编辑参数"，可弹出如图 4-1 所示的"GIS 环境参数设置"对话框，通过"编辑参数设置"和"编辑工具快捷键设置"，达到快速制图的效果。

图 4-1 "GIS 环境参数设置"对话框

4.1.1.2 功能介绍

编辑参数设置：用于设置在分析处理过程中常用的阈值，"编辑参数设置"的下级菜单可设置点、线、区及注记默认的编辑参数。当用户在绘制图元时使用了参数默认的绘制项，则系统将读取该选项卡上对应类型的绘制参数来绘制图元。"线参数编辑"界面如图 4-2 所示。

编辑工具快捷键设置：用于设置激活各功能的快捷键。单击"编辑工具快捷键设置"下的"通用编辑""输入编辑""捕捉编辑""移动编辑"可分别设置相关命令的快捷键（部分快捷键只可查看不可修改）。"输入编辑"界面如图 4-3 所示。

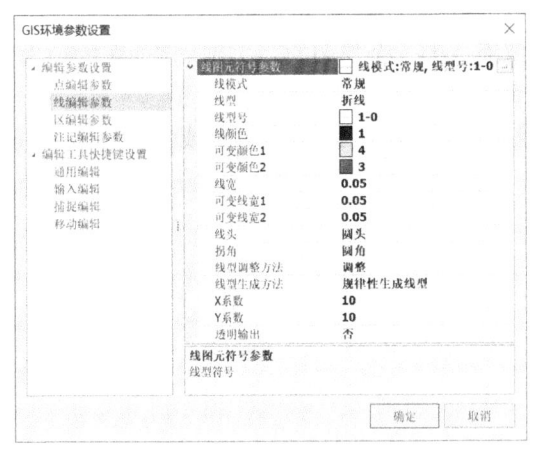

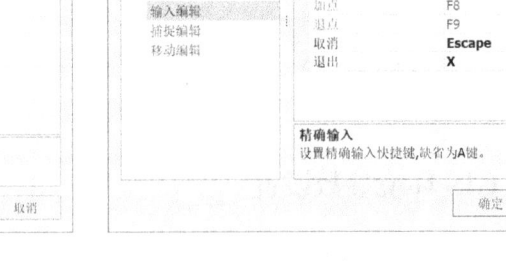

图 4-2 "线参数编辑"界面　　　　图 4-3 "输入编辑"界面

4.1.2 点编辑、线编辑、区编辑和注记编辑

4.1.2.1 点编辑

"点编辑"的功能菜单如图 4-4 所示，用户将鼠标置于图标上可了解各按钮功能。

第4章 数据编辑与处理

图 4-4 "点编辑"的功能菜单

（1）造子图：用于向点图层添加新的点图元。操作方法如下：

① 将点图层设置为"当前编辑"状态，单击"点编辑"→"造子图"，然后选择输入方式。MapGIS 10 提供了三种方式（"造子图"有两种方式），这里以"造子图（参数缺省）"为例进行说明，如图 4-5 所示。

② 当鼠标光标变为"+"时，在适当的位置单击鼠标左键即可进行输入点图元的操作。如果需要输入坐标来精确添加点图元，在英文输入状态下按下"A"键，可弹出如图 4-6 所示的"地图坐标"对话框，在该对话框中输入坐标，单击"确定"按钮即可完成加点图元。

③ 输入点图元的结果如图 4-7 所示。

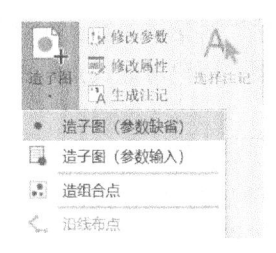

图 4-5 "造子图（参数缺省）"方式　　图 4-6 "地图坐标"对话框　　图 4-7 输入点图元的结果

其他输入点图元方式如下：

- 造子图（参数输入）：在输入点图元的同时会弹出"修改图元参数"对话框，用于设置点图元参数。
- 造组合点（子图）：将多个点组合为一个要素，共享图形参数和属性，可以通过菜单"通用编辑"→"高级工具"→"组合要素"或"分解要素"来组合或分解多个点。
- 沿线布点（子图）：沿选中的线（线图层应设为"编辑"状态）布点，布点方式有按线上各点位置加点（线上各节点）和按间隔距离布点（每隔相应距离布点）两种，生成的点可以选择组合为一个点要素或各自为一个点。

（2）修改点参数：用于修改点图层中点图元的显示参数，包括符号类型、颜色、高度等。操作方法如下：

① 将图层设为"编辑"或者"当前编辑"状态。

② 选择菜单"点编辑"→"修改参数"，在地图视图中选择点图元后可弹出"修改图元参数"对话框。在此对话框中可以修改点图元参数，修改完成后关闭该对话框即可看到修改后的效果。用户可通过点选的方式或者框选的方式选中需修改的点图元。

如果选择的是点选方式，则在"修改图元参数"对话框中只有一个点图元参数信息，如图 4-8 所示，用户修改完点图元参数后关闭该对话框，即可查看修改后的显示效果。

如果选择框选的方式，则在"修改图元要素"对话框中会有多个点图元参数信息，如图 4-9 所示，用户既可以统改点图元参数，也可修改某个点图元参数。修改完成后关闭"修改图元参数"对话框，即可查看修改后的显示效果。

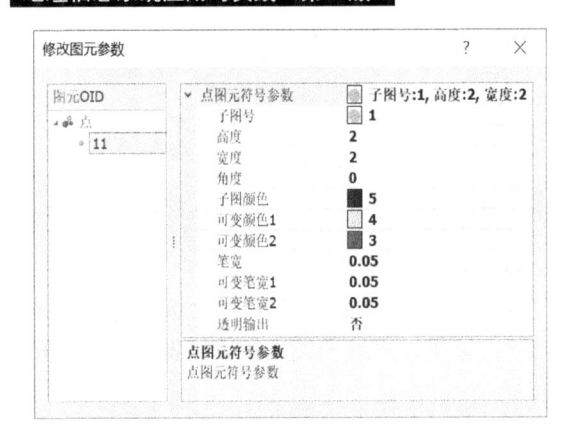

图 4-8　采用点选方式修改点图元参数 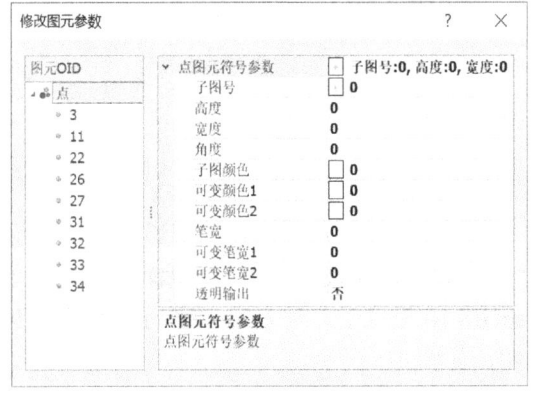　　　　图 4-9　采用框选方式修改点图元参数

（3）修改点属性：用于修改线图层中点图元的属性字段值。操作方法如下：
① 将图层设为"编辑"或者"当前编辑"状态。
② 选择菜单"点编辑"→"修改属性"，可弹出"修改图元属性"对话框。在此对话框可以修改点图元属性，修改完成后关闭该对话框即可看到修改后的效果。用户可通过点选的方式或者框选的方式选中需修改的点图元。

如果选择的是点选方式，则在"修改图元属性"对话框中只有一个点图元属性信息，如图 4-10 所示，用户修改完点图元属性后关闭该对话框，即可查看修改后的显示效果。

如果选择框选的方式，则在"修改图元属性"对话框中会有多个点图元属性信息，如图 4-11 所示，用户既可以统改点图元属性，也可修改某个点图元属性。修改完成后关闭"修改图元属性"对话框，即可查看修改后的显示效果。

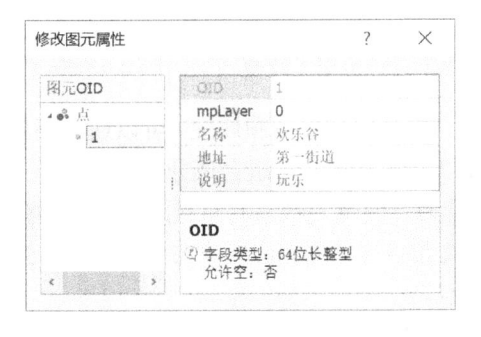

图 4-10　采用点选方式修改点图元属性 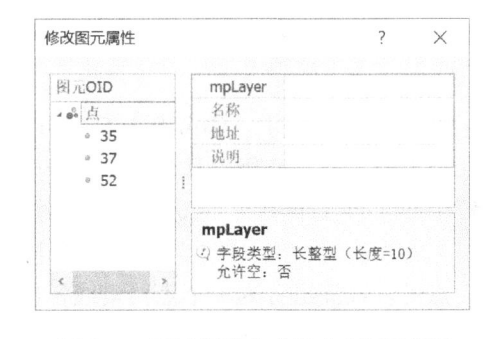　　　　图 4-11　采用框选方式修改点图元属性

（4）复制点：用于复制选中的点图元。操作方法如下：
① 在工作空间中将待修改的点图层设置为"编辑"或"当前编辑"状态。
② 选择菜单"点编辑"→"复制"。
③ 在地图视图区框选或点选需要复制的点图元（也可先选择点图元，然后选择功能）。
④ 拖动鼠标，将红色方框移动到目的位置，单击鼠标左键即可完成复制。
⑤ 重复步骤④，可将多个点图元复制到不同的位置，单击鼠标右键可结束复制点的操作。

辅助复制点的快捷键：选中点图元后，按下 Ctrl 键，拖动鼠标只沿 X 方向移动点图元；按下 Shift 键，拖动鼠标只沿 Y 方向移动点图元；按下 A 键可弹出"移动距离设置"对话框，在该对话框中可以精确定位目标位置，单击"确定"按钮即可完成复制点的操作。

（5）移动点：用于将选中的点图元或注记图元移动到指定位置。操作方法如下：

① 在工作空间中将待修改的点图层设置为"编辑"或"当前编辑"状态。

② 单击菜单"点编辑"→"移动点"。

③ 在地图视图区框选或点选需要移动的点图元（也可先选择点图元，然后选择功能）。

④ 待鼠标光标变为╋状态后，拖动鼠标将点图元移动到指定位置，单击鼠标左键，即可完成点图元的移动。

⑤ 重复步骤④，可将多个点图元移动到其他位置，单击鼠标右键可结束移动点的操作。

（6）删除点：用于删除选中的点图元或注记图元。操作方法如下：

① 在工作空间中将待修改的点图层设置为"编辑"或"当前编辑"状态。

② 单击菜单"点编辑"→"删除点"。

③ 在地图视图中点选或框选需要删除的点图元，点图元即可被删除。

4.1.2.2 线编辑

"线编辑"的功能菜单如图 4-12 所示，用户将鼠标置于图标上可了解各按钮的功能。

图 4-12 "线编辑"的功能菜单

（1）输入线：当工作空间中有一个处于"当前编辑"状态的线图层时，可在该激活图层下输入线图元。MapGIS 10 提供了多种输入线图元的方式，如图 4-13 所示。下面以"造折线"为例进行说明。

① 将线图层设置为"当前编辑"状态，选择菜单"线编辑"→"╱"（造折线）。

② 当地图视图中的鼠标光标变为"＋"时，按下 A 键可以依次在弹出的对话框中输入线上的结点坐标，也可以通过单击鼠标左键直接在地图视图中加点，线图元输入完毕单击鼠标右键即可结束输入操作。

输入线的其他方式如下：

图 4-13 MapGIS 10 输入线图元的方式

造光滑曲线：在输入过程中根据输入点来拟合线，最终的线是按照曲线方式在原有点的基础上通过插点来生成的。

造正交线：确定初始线段的方向，此后的线只能在已有线段的垂直方向上延伸。

造双线：设置初始双线的间距，然后由鼠标加点，在点两侧同时生成两条线。

键盘输入线：按顺序输入一条线上的所有点的坐标，从而生成线。

造解析组合线：在输入线的过程中，单击鼠标右键可以在指定线长、方向输入下一个点。

需要注意的是，线的输入方式是指生成线的过程，默认情况下生成的是都是折线。在修改线参数时可以看到线型，线型分为折线和光滑线两种，选择光滑线时线会通过原有的点拟合曲线，但是实际存储的点并没有增加。

（2）修改线参数：用于修改线图层中线图元的显示参数，包括符号类型、颜色、线宽等。操作方法如下：

① 在工作空间中将线图层设置为"编辑"或"当前编辑"状态。

② 选择菜单"线编辑"→"修改线参数",在地图视图中选择线图元后可弹出"修改图元参数"对话框。在此对话框中可以修改线图元参数,修改完成后关闭该对话框即可看到修改后的效果。用户可通过点选的方式或者框选的方式选中需修改的线图元。

如果选择的是一个线图元,则在"修改图元参数"对话框中只有一个线图元的 ID 和参数信息,用户可以在对话框右侧修改线图元参数,如图 4-14 所示。

如果选择的是多个线图元,则会"修改图元要素"对话框左侧的窗口显示每个线图元的 ID,用户可以统改线图元参数;选中某个 ID 后,用户可以查看并修改对应的线图元参数,如图 4-15 所示。

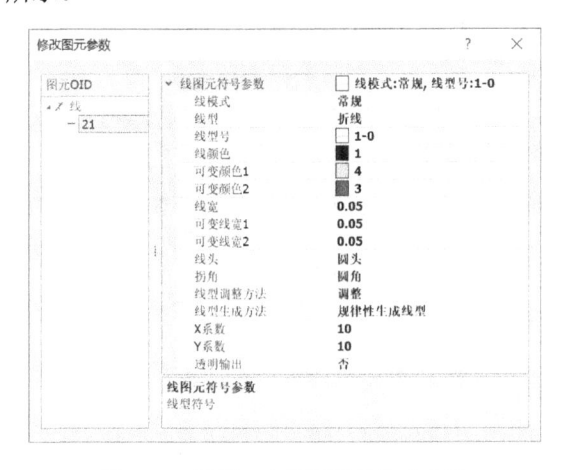

图 4-14　选择一个线图元并修改参数 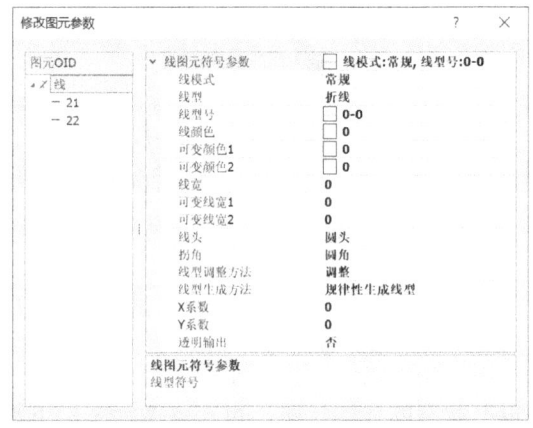　　　　图 4-15　选择多个线图元并修改参数

(3) 修改线属性:用于修改线图层中线图元的属性。操作方法如下:

① 在工作空间中将线图层设置为"编辑"或"当前编辑"状态。

② 选在菜单"线编辑"→"修改线参数",在地图视图中选择线图元,可弹出"修改图元属性"对话框。在此对话框中可以修改线图元属性,修改完成后关闭该对话框即可看到修改后的效果。用户可通过点选的方式或者框选的方式选中需修改的线图元。

如果选择的是一个线图元,则在"修改图元属性"对话框中只有一个线图元的 ID 和参数信息,用户可以在对话框右侧修改线图元属性,如图 4-16 所示。

如果选择的是多个线图元,则会"修改图元属性"对话框左侧的窗口显示每个线图元的 ID,用户可以统改线图元属性;选中某个 ID 后,用户可以查看并修改对应的线图元属性,如图 4-17 所示。

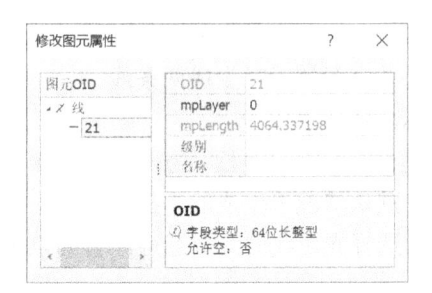

图 4-16　选择一个线图元并修改属性 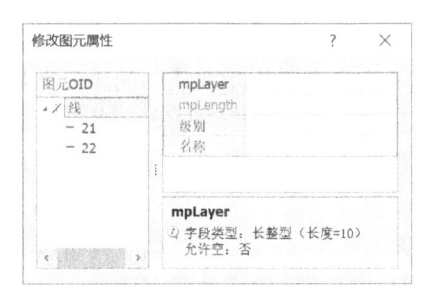　　　　图 4-17　选择多个线图元并修改属性

(4) 线上点编辑。线上点编辑包括线上加点、线上删点和线上移点。
① 线上加点的操作方法如下：
（a）在工作空间中将待操作的线图层设置为"编辑"或"当前编辑"状态。
（b）选择菜单"线编辑"→"线上点编辑"→"线上加点"。
（c）在地图视图上用鼠标点选或框选一个线图元，该线图元开始闪烁且线图元上的所有节点都将高亮显示。
（d）在线图元单击鼠标左键可添加节点，成功添加的节点也会高亮显示在线图元上。若还需要在线图元上加点，则可单击鼠标左键继续加点。
（e）若完成了线上加点的操作，则可单击鼠标右键结束查找，此时可选择其他线图元继续进行线上加点操作。
② 线上删点的操作方法如下：
（a）在工作空间中将待操作的线图层设置为"编辑"或"当前编辑"状态。
（b）选择菜单"线编辑"→"线上点编辑"→"线上删点"。
（c）在地图视图上用鼠标点选或框选一个线图元，该线图元开始闪烁且线图元上的所有节点都将高亮显示。
（d）在线图元上单击鼠标左键选中要删除的节点，该节点即可被删除。
（e）可重复上一步骤，直到该线图元剩下两个（端点）为止。若完成了线上删点的操作，则可单击鼠标右键结束操作，此时可继续选择其他线图元进行线上删点操作。
③ 线上移点的操作方法如下：
（a）在工作空间中将待操作的线图层设置为"编辑"或"当前编辑"状态。
（b）选择菜单"线编辑"→"线上点编辑" →"线上移点"。
（c）在地图视图上用鼠标点选或框选一个线图元，该线图元开始闪烁且线图元上的所有节点都将高亮显示。
（d）把鼠标光标移动到线图元的某节点处，按下鼠标左键（不松开）拖动该节点，松开鼠标后，节点位置即可被确定。
（e）重复上述操作，可移动其他节点的位置。若完成了线上移点的操作，则可单击鼠标右键结束操作，此时可继续选择其他线图元进行线上移点操作。

选中线图元后，按下键"A"，可弹出"输入地图坐标"对话框，当前待移动的节点会用蓝色标记，输入需要移动到的位置坐标；单击下一个节点，可逐点进行准确定位。单击"完成"按钮后，节点将被自动移动到相应的位置。

(5) 抽稀线：可以根据设置的抽稀参数去除线上的坐标点，以达到减少线上节点的目的。操作方法如下：
① 在工作空间中将待操作的线图层设置为"编辑"或"当前编辑"状态。
② 选择菜单"线编辑"→"抽稀线"，可弹出如图4-18所示的"抽稀参数"对话框。
③ 在"抽稀参数"对话框中输入抽稀值后，单击"确定"按钮，可在地图视图中点选或框选需要抽稀的线图元（可同时选择多个线图元），系统将自动完成抽稀操作。本操作可执行多次。

在设置抽稀参数时，抽稀参数的值越大，线图元就被抽稀得越厉害，即线图元上的节点被删除得越多。需要注意，不能对只有两个端点的线图元进行抽稀操作；当抽稀参数的值大于线图元上节点的最小距离时，不会进行抽稀操作。

光滑线：光滑线可以看成抽稀线的一个逆操作，它根据一定的插值和选择的插值算法在线图元上加点并光滑线图元。操作方法如下：

① 在工作空间中将待操作的线图层设置为"编辑"或"当前编辑"状态。

② 选择菜单"线编辑"→"光滑线",可弹出如图 4-19 所示的"光滑参数"对话框。

③ 首先在"光滑参数"中,根据需要设置光滑类型并输入插值密度后,单击"确定"按钮;然后在地图视图中点选或框选需要光滑的线图元(可同时选择多个线图元),系统将自动完成光滑操作。本操作可执行多次。

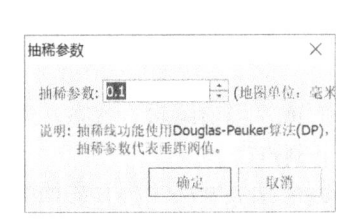

图 4-18 "抽稀参数"对话框　　　　图 4-19 "光滑参数"对话框

（6）增密线：可按照一定距离增加线结点,对线图元进行增密操作后,不会改变线图元的形状。操作方法如下：

① 在地图视图中添加并激活线图层。

② 选择菜单"线编辑"→"增密线",可弹出如图 4-20 所示的"增密参数"对话框。

③ 在"增密参数"对话框中设置增密距离,单位同地图单位。

④ 在地图视图中交互选择一个线图元,系统会自动进行增密线操作。

（7）剪断线的操作方法如下：在工作空间中将待操作的线图层设置为"编辑"或"当前编辑"状态,选择菜单"线编辑→剪断线",可弹出如图 4-21 所示的"剪断线"对话框。剪断线分为以下几种：

① 剪断一条线（有剪断点）：交互选择一个线图元后指定剪断点,即可从剪断点处将所选择的线图元分割成多个线图元。

图 4-20 "增密参数"对话框　　　　图 4-21 "剪断线"对话框

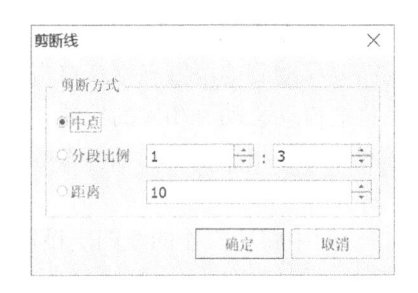

② 剪断一条线（无剪断点）：交互选择一个线图元后指定剪断点,即可从剪断点处将所选择的线图元分成两个线图元,剪断点所在的弧段将消除。

③ 剪断相交线（剪断母线）：依次选择两个相交的线图元,先选的为母线,后选的为子线,系统将在交点处剪断两个相交的线图元（两个线图元都会被剪断）。

④ 剪断相交线（不剪断母线）：依次选择两个相交的线图元,先选的为母线,后选的为子

线，系统将在交点处剪断子线，母线不会被剪断。

⑤ 剪断所有相交线（剪断母线）：系统将剪断线图层内所有相交的线图元。

⑥ 按规则剪断一条线（有剪断点）：指定剪断线图元的规则后，交互选择一个线图元，可根据指定规则将线图元分为两个线图元。

（8）延长线、缩短线和靠近线。

延长线和缩短线（按 F9 可缩短线）能够实现对线延长（加点）或缩短（退点）的操作。选择的被延长的线必须保证该线在延长后可以与母线相交，否则对该线不做任何处理。

靠近线：在进行靠近线操作时，如果母线不加点，则在交点处进行无级放大时有可能出现不套合情况。

靠近线（母线加点）：在母线的相交位置增加了一个点，使得母线发生改变，在这种情况下，对交点处进行无级放大时将始终套合。

4.1.2.3 区编辑

"区编辑"的功能菜单如图 4-22 所示，用户将鼠标置于图标上可了解各按钮的功能。

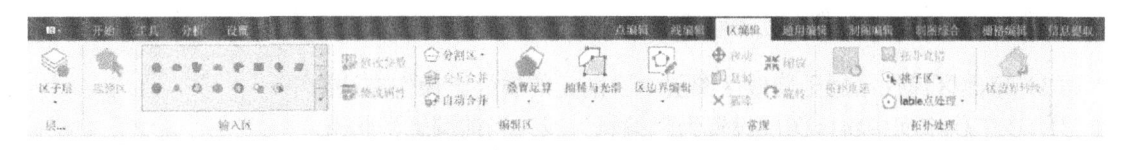

图 4-22 "区编辑"的功能菜单

（1）输入区：当工作空间中有一个处于"当前编辑"状态的区图层时，可在该激活图层下输入子图。MapGIS 10 提供了多种输入区的方式，如图 4-23 所示，下面以"造折线区"为例进行说明。

① 将区图层设为"当前编辑"状态，选择菜单"区编辑"→"输入区"→"造折线区"。

② 当地图视图中的鼠标光标为"+"时，既可以直接单击地图视图加点，也可以按下 A 键设置点的准确坐标，点输入完毕后单击鼠标右键，边界会自动闭合形成区。

图 4-23 MapGIS 10 提供的输入区的方式

输入区的其他方式与 4.1.2.2 节中输入线的方式基本相同，只是在单击鼠标右键时生成的是区要素，详细操作可参考 4.1.2.2 节。

造带洞区：先绘制一个外围区，再绘制区中洞。第二次绘制的区只能在第一次绘制的区内部。在绘制过程中，用户可单击鼠标右键来选择造区的方式。

画线造拓扑区：使用现有区的几何来创建互不重叠且没有间隙的相邻区。该功能所造的相邻区具有公共边界，可以避免两次数字化边界或使区之间出现重叠或间隙。

（2）修改区参数：用于修改区图层中区图元的显示参数，包括填充模式、填充色、图案等。操作方法如下：

① 在工作空间中将区图层设置为"编辑"或"当前编辑"状态。

② 选择菜单"区编辑"→"修改区参数"，选择区图元后可弹出"修改图元参数"对话框。

③ 在地图视图中，若选择的是单个区图元，则"修改图元参数"对话框中显示的是当前

区图元的 ID 及参数信息，如图 4-24 所示，用户可在该对话框右侧的窗口中修改相关参数。

④ 若选择的是多个区图元，则"修改图元参数"对话框中将显示所有选中区的 ID，用户可在该对话框右侧的窗口中统改区图元的参数，如图 4-25 所示。若用户需要查看或修改某个区图元的参数，则可在该对话框左侧的窗口中单击该区图元的 ID，在右侧的窗口中查看并修改该区图元的参数。

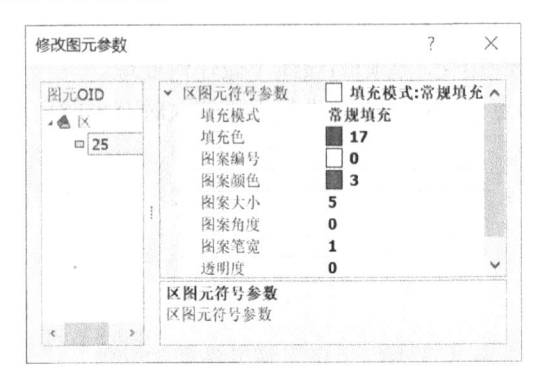

图 4-24　选择一个区图元并修改参数　　　　图 4-25　选择多个区图元并修改参数

（3）修改区属性：用于修改区图层中区图元的属性。操作方法如下：
① 在工作空间中将区图层设置为"编辑"或"当前编辑"状态。
② 选择菜单"区编辑"→"修改区属性"，选择区图元后可弹出"修改图元属性"对话框。
③ 在地图视图中，若选择的是单个区图元，则"修改图元属性"对话框中显示的是当前区图元的 ID 及参数信息，如图 4-26 所示，用户可在该对话框右侧的窗口中修改相关属性。

④ 若选择的是多个区图元，则"修改图元参数"对话框中将显示所有选中区的 ID，用户可在该对话框右侧的窗口中统改区图元的属性，如图 4-27 所示。若用户需要查看或修改某个区图元的属性，则可在该对话框左侧的窗口中单击该区图元的 ID，在右侧的窗口查看并修改该区图元的属性。

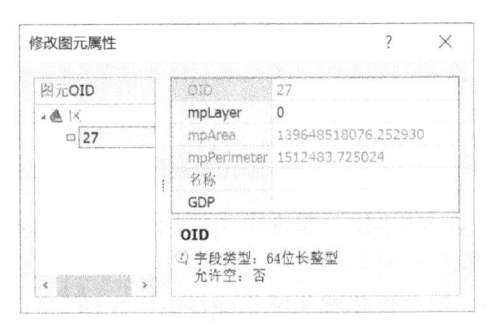

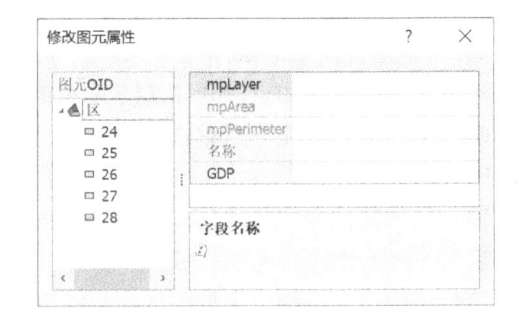

图 4-26　选择一个区图元并修改属性　　　　图 4-27　选择多个区图元并修改属性

（4）分割区。分割区包括用线分割区和画线分割区。
① 用线分割区的操作方法如下：
（a）在工作空间中将待操作的区图层设置为"当前编辑"状态，同时还需要有一个同样处于"当前编辑"状态的线图层，并保证线图层贯穿区图层。
（b）选择菜单"区编辑"→"分割区"→"用线分割区"，点选或框选线图层中的线图元（只能选择一个线图元，若选择多个线图元则会弹出对话框提示用户确定选择其中的一个线图元），区图层将被选中的线图元分割，如图 4-28 所示。

② 画线分割区的操作方法如下：

（a）在工作空间中将待操作的区图层设置为"当前编辑"状态。

（b）选择菜单"区编辑"→"分割区"→"画线分割区"，在地图视图区中用画折线的方式进行画线分割区操作（所画线图层必须贯穿该区图层），单击鼠标右键结束画线后，区图层将被自动所画的线分割，如图4-29所示。

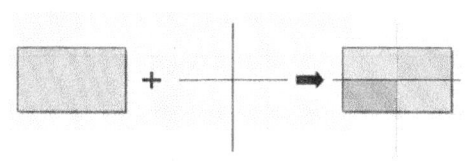

图 4-28　用线分割区的示意图 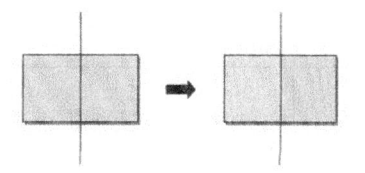　　　　　图 4-29　画线分割区的示意图

（5）合并区。合并区包括交互合并和自动合并。

① 交互合并用于合并相邻的区（仅对相邻区，不包括重叠区和相交区）。操作方法如下：

（a）在工作空间中将待操作的区图层设置为"当前编辑"状态。

（b）选择菜单"区编辑"→"交互合并"，在地图视图中框选需要合并的相邻区，系统会自动将框选到的相邻区合并为一个区。用户也可分别点选每一个需要进行合并的相邻区进行操作。

注意：当用户分别点选待合并的相邻区时，结果区的参数和属性将以第一个点选的区为准；当用户采用框选的方式合并区时，结果区的参数和属性将以框选过程中第一个被选中的区为准。

② 自动合并：可按照空间关系或属性对区图元进行合并。操作方法如下：

（a）选择菜单"区编辑"→"交互合并"，可弹出如图4-30所示的"融合区"对话框。

（b）选择源数据，设置融合方式、融合参数，以及数据保存方式。

按属性字段合并：在容差范围内且属性值相同的多个区图元合并为一个区图元；可选择一个或多个属性。

按空间邻接关系融合（相邻的全部融合）：在容差范围内合并相邻的全部区图元。

设置容差：用于设置容差范围，当区图元与区图元之间的距离在容差范围内时才能被合并。

设置颜色：设置结果区的颜色。

处理复合要素：当源数据中存在多个区图元时，可对多个区图元进行处理。

图 4-30　"融合区"对话框

（c）单击"确定"按钮即可完成操作。

（6）叠置运算：区叠加是指对多个区图元按照运算法则进行叠加运算，分析得出最终结果。MapGIS 10提供了五种区叠加操作，分别是求并、求交、交集求反、擦除、擦除外部。叠置运算的操作方法如下：

① 在工作空间中将待操作的区图层设置为"当前编辑"状态。

② 在地图视图中至少选择两个区图元，选择菜单"区编辑"→"叠置运算"中的某一命令项，即可在弹出的对话框中进行处理。

③ 单击"确定"按钮，系统将自动执行相应操作。

叠置运算的原理及效果图如表 4-1 所示。

表 4-1　叠置运算的原理及效果图

叠置运算	原　理	效　果　图
求并	将同一个区图层中的多个区图元合并成一个区图元	
求交	求出同一个区图层中两个区图元的相交部分	
交集求反	除去同一个区图层中两个区图元的相交部分	
擦除	设 A 为被擦除区图元，B 为擦除区图元，擦除操作的结果区为 A 减去相交部分后剩余的部分加上 B	
擦除外部	设 A 为被擦除区图元，B 为擦除区图元，擦除外部操作的结果区为 A 与 B 的相交部分加上 B	

（7）抽稀与光滑。

① 区边界抽稀的操作方法如下：

（a）在工作空间中将待操作的区图层设置为"当前编辑"状态。

（b）选择菜单"区编辑"→"区边界抽稀"，单选或框选某个区图元的边界，被选中的边界以及其上的各节点将加亮显示，同时弹出如图 4-31 所示的"区边界抽稀"对话框。

（c）输入"抽稀半径"后单击"确定"按，即可对选中区图元边界（弧段）进行抽稀操作。若输入的"抽稀半径"过大，则会弹出如图 4-32 所示的提示框。

图 4-31　"区边界抽稀"对话框　　　图 4-32　抽稀半径过大时的提示框

② 区边界光滑的操作方法如下：

（a）在工作空间中将待操作的区图层设置为"当前编辑"状态。

（b）选择菜单"区编辑"→"区边界光滑"，单选或框选某个区图元的边界，被选中的边界以及其上的各节点将加亮显示，同时弹出如图 4-33 所示的"光滑参数"对话框。在该对话框中选择光滑类型并输入插值密度后单击"确定"按钮，即可对选中区图元进行光滑操作。

③ 整区抽稀：用于对一个区图层中多个区图元同时进行操作。操作方法请参考区边界抽稀。

（8）缩放区：用于对区图元进行缩放。操作方法如下：

① 在工作空间中将待操作的区图层设置为"当前编辑"或"编辑"状态。

② 选择菜单"区编辑"→"缩放"。

③ 点选或框选需要缩放的区图元，被选中区图元将显示其外包矩形和缩放手柄，且默认

所选区图元的外包矩形中心为变换缩放参考点（图中"+"标注）。

④ 更改旋转参考点，将鼠标光标移到当前参考点，待鼠标光标变为 ✥ 时，按下鼠标左键不放，将参考点拖动到目标位置，移动鼠标光标到缩放手柄处，待鼠标变为可缩放形状后，按下鼠标左键（不松开）并拖动鼠标即可开始缩放，松开鼠标则停止缩放。

⑤ 当鼠标光标在区图元的外包矩形内部时，按下鼠标左键也可以进行缩放操作。

⑥ 单击鼠标右键结束缩放操作。

选中区图元后，按方向键可以整数倍缩放（如0，1，2…），上、右方向键为放大，下、左方向键为缩小；在变换区图元时，按下 A 键可弹出如图 4-34 所示的"缩放参数"对话框，用户可手动设置"缩放"和"中心点坐标"等参数。

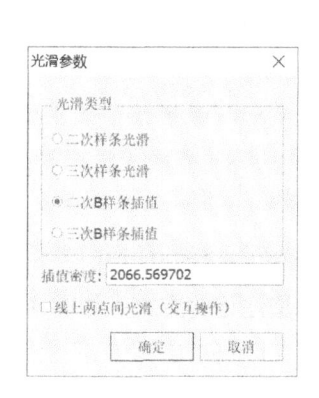

图 4-33 "光滑参数"对话框　　　　图 4-34 "缩放参数"对话框

（9）拓扑重建：用于处理处于"当前编辑"状态的区图层内的所有区图元的拓扑关系，如相交区的分割、组合区的打散。操作方法如下：

① 在工作空间中将待操作的区图层设置为"当前编辑"状态。

② 选择菜单"区编辑"→"拓扑重建"，在弹出的对话框中单击"是"按钮，即可自动完成拓扑重建的操作。

注意：拓扑重建在 MapGIS 6.7 与 MapGIS 10 中有所不同，MapGIS 6.7 可对封闭弧段进行拓扑造区，MapGIS 10 可对相交区进行切割以生成新区。

（10）拓扑查错：用于查找区图层的拓扑错误。操作方法如下：

① 将需要进行拓扑查错的图层设置为"当前编辑状态"。

② 选择菜单"区编辑"→"拓扑查错"，可弹出如图 4-35 所示的"拓扑错误管理"对话框，在该对话框中可显示查错结果。

图 4-35 "拓扑错误管理"对话框

（11）挑子区。挑子区包括交互挑子区和自动挑子区两种形式。

交互挑子区与自动挑子区的意义相同，区别在于：交互挑子区是对选择的区图元挑子区，自动挑子区是对区图层的所有区图元挑子区。下面对交互挑子区的操作进行简要介绍。

① 在工作空间中将待操作的区图层设置为"当前编辑"状态。

② 选择菜单"区编辑"→"挑子区"→"自动挑子区"，在地图视图中选择母区，系统将自动对母区挑子区，即将母区上与子区重叠的部分删除。

4.1.2.4 注记编辑

注记编辑的相关命令在菜单"点编辑"下，将鼠标置于图标上可了解各按钮的功能，如图 4-36 所示。

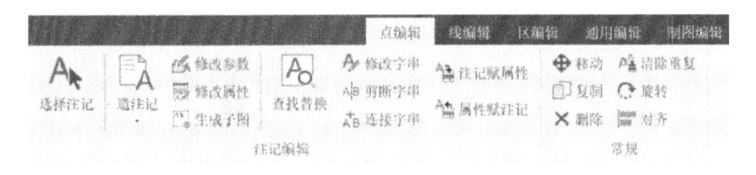

图 4-36 "注记编辑"的功能菜单

（1）输入注记：当工作空间中有一个处于"当前编辑"状态的注记图层时，可通过"造注记"的功能向该注记图层添加图元。MapGIS 10 提供了三种造注记的方式，如图 4-37 所示。

① 造文本注记的操作方法如下：

（a）在工作空间中将待注记的图层设置为"当前编辑"状态。

（b）选择菜单"点编辑"→"造注记"→"造文本注记"。

（c）用户既可以直接在地图视图中选择添加文本注记的位置，也可以按下 A 键，在弹出的"地图坐标"对话框（见图 4-38）中输入确定点来输入注记。

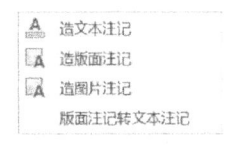

图 4-37 MapGIS 10 提供的造注记的方式   图 4-38 "地图坐标"对话框

（d）在图 4-39 所示的"输入注记"对话框中不仅可输入注记内容，还可以修改注记坐标。

② 造版面注记的方法为：选择菜单"点编辑"→"造注记"→"造版面注记"，按住鼠标左键在地图视图中拉框（该框即版面框），松开鼠标后系统会弹出如图 4-40 所示的"版面注记编辑"对话框，在该对话框中可输入注记内容、设置版面大小，单击"确定"按钮即可完成造版面注记的操作。

注意：若注记内容过长，大于版面宽度，则系统会自动将注记内容换行显示；若注记内容总高度大于版面高度，则不显示超出版面高度的部分。

③ 造图片注记的方法为：在地图视图中单击鼠标左键，确定坐标点位置，在弹出的对话中导入图片即可。

通过点选或框选的方式选择注记字段，可弹出如图 4-41 所示的"图元属性"对话框，在该对话框中可以看到所选图元的坐标点、范围等信息。

图 4-39 "输入注记"对话框 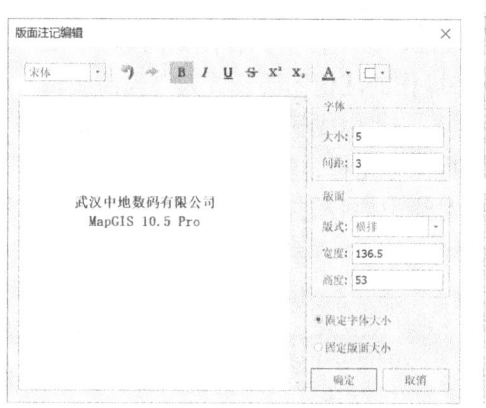　　图 4-40 "版面注记编辑"对话框 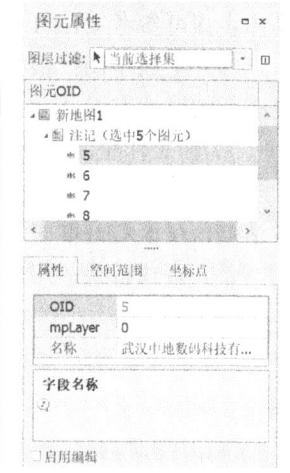　　图 4-41 "图元属性"对话框

（2）修改注记参数：用于修改注记的显示参数，包括注记内容、显示效果、高宽、角度等。操作方法如下：

① 在工作空间中将需要修改注记的图层设置为"编辑"或"当前编辑"状态。

② 选择菜单"点编辑"→"修改注记参数"，在地图视图中选择注记，可弹出"修改图元参数"对话框。

③ 若选择的是单个注记，则在"修改图元参数"对话框中只有当前注记的 ID 及参数，如图 4-42 所示，用户可在该对话框右侧的窗口中修改相关参数。

④ 若选择多个注记，则会在"修改图元参数"对话框左侧的窗口中显示所有选择的注记的 ID，用户可在右侧的窗口中统改注记的参数，如图 4-43 所示。若用户需要查看或修改其中的某个注记参数，则可在左侧的窗口中单击该注记的 ID，在右侧的窗口查看或修改该注记的参数。

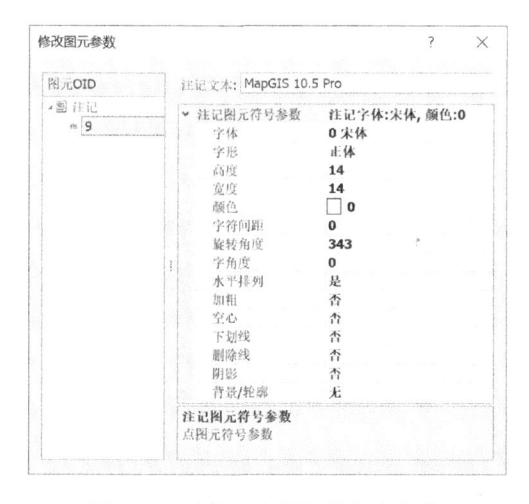

图 4-42　选择一个注记并修改参数 　　　　图 4-43　选择多个注记并修改参数

注意：在统改注记的参数时，若将字符间距设置为 0，则系统将保持注记字符间的原始距离不变，并非将字符间距统改为 0。

（3）修改注记属性：用于修改注记的属性。修改注记属性的方法和修改点属性的方法类似，具体步骤可参考 4.1.2.1 节的"修改点属性"。

（4）生成子图：根据注记的坐标点生成子图，生成的子图将保留注记图层的所有属性，并生成新的属性字段 Ann_Name，该字段值为各注记内容。

① 在工作空间中将待操作的注记图层设置为"当前编辑"状态。

② 选择菜单"点编辑"→"生成子图"→"根据注记生成点图层"，可弹出"保存文件"对话框，在该对话框中选择保存路径、输入名称即可。

（5）查找替换：用于对注记内容进行查找和替换。操作方法如下：

① 在工作空间中将待操作图层设置为"编辑"或"当前编辑"状态。若只进行"查找"操作，则可将图层设置为"可见"状态。

② 选择"点编辑"→"替换查找"，可弹出如图 4-44 所示的"查找/替换字串"对话框，在该对话框中可进行查找和替换的操作。

（6）剪断字串和连接字串。

剪断字串：将一个注记图元的字串进行剪断，即将原始注记内容拆分为两个注记。

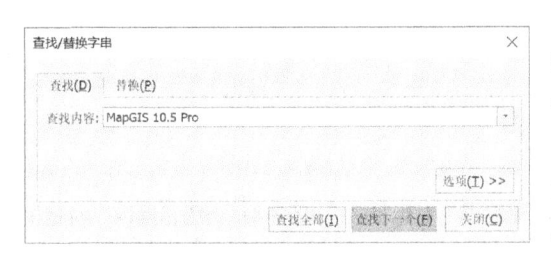

图 4-44 "查找/替换字串"对话框

① 在工作空间中将待修改图层设置为"编辑"或"当前编辑"状态。

② 选择菜单"点编辑"→"剪断字串"，在地图视图中选择一个需要剪断的注记，可弹出如图 4-45 所示的"剪断字串"对话框，单击" "或" "可以改变"字串 1"与"字串 2"的内容。注意，该功能只针对文本注记有效。

连接字串是剪断字串的逆操作。

（7）注记赋为属性的操作方法如下：

① 选择菜单"点编辑"→"注记赋为属性"，可弹出如图 4-46 所示的"注记赋为属性"对话框。

图 4-45 "剪断字串"对话框

图 4-46 "注记赋为属性"对话框

② 在"注记赋为属性"对话框中选择属性字段，注记将赋值到属性字段中。注记赋为属性前后分别如图 4-47 和图 4-48 所示。

图 4-47 注记赋为属性前

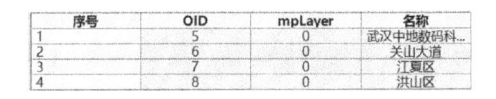

图 4-48 注记赋为属性后

注意：在进行注记赋为属性操作时，需要保证存在字符串类型的字段，否则弹出如图 4-49 所示的提示框。

（8）常规功能。注记编辑的常规功能包括注记图层的移动、复制、删除等，如图 4-50 所示，其操作与点编辑的操作类似，可参考 4.1.2.1 节。

4.1.3 通用编辑

与点编辑、线编辑、区编辑的功能不同，通用编辑的功能对于点、线、区和注记等图层都有效。通用编辑下的常用功能项，如修改参数、修改属性、移动、复制、删除等操作，与点编辑、线编辑、区编辑的同名功能项一致，具体可参考 4.1.2 节。本节主要介绍通用编辑的其他功能项。

4.1.3.1 选择图元

选择菜单"通用编辑"→"选择图元"，可以看到 MapGIS 提供的选择图元的方式，如图 4-51 所示，这些选择图元的方式也适用于点图层、线图层、区图层和注记图层。

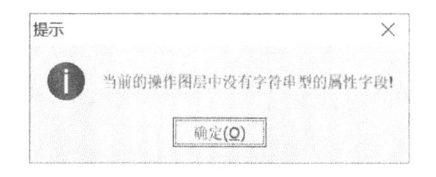

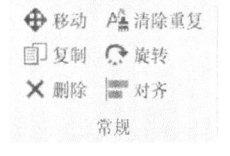

图 4-49　无字符串类型的字段时的提示框　　　图 4-50　常规功能　　　图 4-51　选择图元的方式

使用图 4-51 所示的选择图元方式前，需要将图层添加到工作空间，并将图层设置为"编辑"或者"当前编辑"状态。

（1）拉框选择：简称框选，按住鼠标左键，在地图视图中以矩形的形式选中图元。

（2）多边形选择：以点选（单击鼠标左键）的方式，通过在地图视图中画不规则的多边形来选择图元。

（3）圆选择：按住鼠标左键，已向周围拉框，以圆的方式选择图元。

（4）按属性选择：使用按属性选择时，会弹出如图 4-52 所示的"输入查询条件"对话框，用户只需要在该对话框中输入查询条件，系统就会自动检索符合查询条件的图元。

图 4-52　"输入查询条件"对话框

4.1.3.2 属参互转

属参互转包括参数赋属性和属性赋参数。

（1）参数赋属性：可将简单要素类、注记类和 MapGIS 6.x 文件数据的图元参数（如线型、线颜色、线宽等）自动赋值给指定属性，将图元参数记录到属性中。操作方法如下：

① 选择菜单"通用编辑"→"参数赋属性"，可弹出如图 4-53 所示的"参数赋为属性"对话框。

② 在"参数赋为属性"对话框中选择需要进行操作的数据后，在列表的左侧会列出被赋值的字段名，在右侧会列出对应的参数名。

③ 选择某一个字段（如笔宽）后，在右侧的下拉列表中选择对应的参数名后，单击"确定"按钮即可将参数值赋给指定的属性，如图 4-54 所示。

图 4-53 "参数赋为属性"对话框 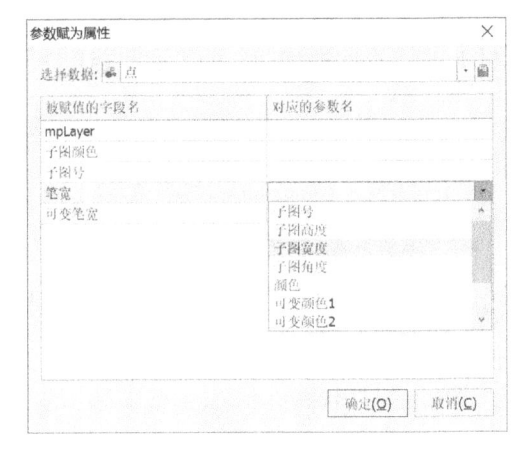　　　　图 4-54 将参数赋给指定的属性

（2）属性赋参数：用于将简单要素类、注记类和 MapGIS 6.x 文件数据的某一属性值赋给指定的参数项（如线型、线颜色、线宽等）。操作方法如下：

① 选择菜单"通用编辑"→"属性赋参数"，可弹出如图 4-55 所示的"属性赋为参数"对话框。

② 在"属性赋为参数"对话框中选择需要进行操作的数据后，在列表的左侧会列出被赋值的参数名，在右侧会列出对应的字段名。

③ 选择某一个参数（如子图角度）后，在右侧的下拉列表中选择对应的字段名后，单击"确定"按钮即可将属性值赋给指定的参数，如图 4-56 所示。

图 4-55 "属性赋为参数"对话框 　　　　图 4-56 将属性值赋给指定的参数

4.1.3.3 整图变换

整图变换用于对当前被激活的地图文档中的处于"编辑"状态的图层进行平移、旋转等操作。MapGIS 10 提供了两种整图变换的方式：交互式和键盘定义。

（1）交互式：通过鼠标绘制来读取变换的参数，对当前图层进行平移、旋转等操作。操作方法如下：

① 在工作空间中将待操作图层设置为"编辑"或"当前编辑"状态。

② 选择菜单"通用编辑"→"整图变换"→"交互式"，在地图视图中使用鼠标拖出一条橡皮线，可弹出如图 4-57 所示的"图形变换"对话框。

③ 通过鼠标所定义的参数会被置入"图形变换"对话框中，在该对话框中修改相关的参数后，单击"确定"按钮即可对图层进行变换操作。此时，需在地图视图的更新窗口中查看结果。

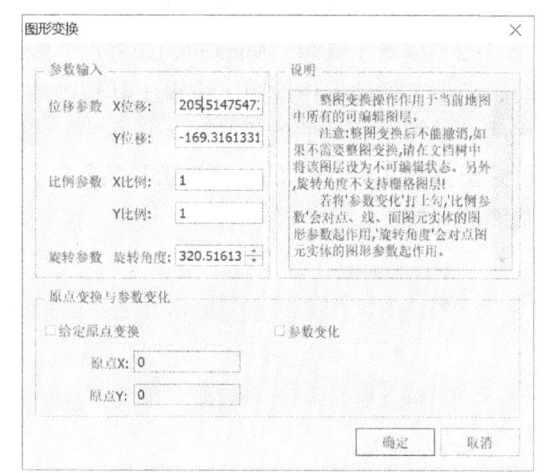

图 4-57 "图形变换"对话框

（2）键盘定义：通过键盘输入相应参数，对当前图层进行平移、旋转等操作。操作方法如下：

① 将当前地图下需要进行变换的图层"编辑"状态更改为"可编辑"状态。

② 选择菜单"通用编辑"→"整图变换"→"键盘定义"，可弹出"图形变换"对话框，与交互式的参数设置一致。

③ 修改相关参数后，单击"确定"按钮即可对图层进行变换操作。此时，需在地图视图的更新窗口中查看结果。

4.1.3.4 格式刷

格式刷可以使用某个图元的属性或参数快速地设置同一图层下其他图元的属性或参数。操作方法如下：

（1）将图层状态设置为"当前编辑"。

（2）使用选择工具在地图视图中选择一个图元，被选择图元将开始闪烁。

（3）选择菜单"通用编辑"→"格式刷"。

（4）当鼠标光标变为刷子状时，在地图视图中选择图元，被选择的图元属性或参数将依据第（2）步中所选图元的属性或参数来改变，具体改变的是参数还是属性，可以通过菜单"格式刷"→"格式刷选项"来设置。

格式刷可配合图例板使用，先在图例板上选择图例，再选择格式刷和目标对象，图例的属性或参数就会赋给目标对象。需要注意的是，如果目标对象的属性或参数的结构与图例不一致，则目标对象的属性或参数不会被修改。

4.1.3.5 辅助工具

"通用编辑"菜单中的辅助工具包括图层显示控制、编辑工具箱、超链接等。

（1）图层显示控制：用于快速修改当前图层中的数据显示样式，包括符号化显示、显示坐标点、符号随图缩放等。方法为：单击"通用编辑"工具条上的" "（矢量图层显示控制）

按钮,可弹出如图 4-58 所示的"矢量图层显示控制"对话框;在该对话框中可以查看所有的图层,通过选项卡可查看不同状态的图层;勾选各图层对应的参数(如符号化、显示坐标点、符号随图缩放),可设置图层的数据显示样式。

(2)编辑工具箱:MapGIS 10 将点、线、区、注记等常用编辑工具放在该工具箱中,可协助用户更方便地操作地图。编辑工具箱中的工具使用方法与对应的菜单、工具条上的按钮用法相同。编辑工具箱的使用方法为:单击"通用编辑"工具条上的" "(编辑工具箱)按钮,可弹出如图 4-59 所示的"编辑工具箱"对话框;单击该对话框中的任一图标,均可激活相应的功能。

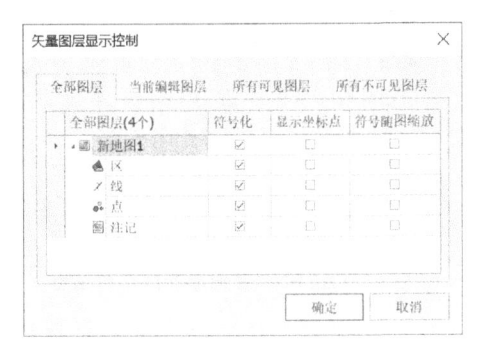

图 4-58 "矢量图层显示控制"对话框

图 4-59 "编辑工具箱"对话框

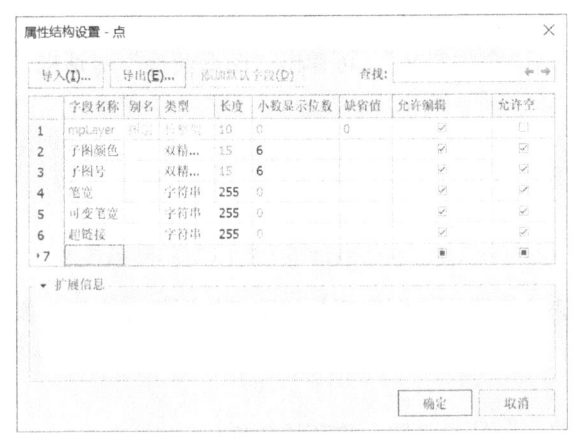

图 4-60 "属性结构设置"对话框

(3)超链接:当矢量数据的属性中记录了文件的超链接地址时,通过本功能,在选择图元时即可打开超链接对应的本地文件。目前,通过超链接可直接打开的文件格式有 *.pdf、*.chm、*.txt、*.doc、*.docx、*.xls、*.xlsx、*.mp4 等。超链接的使用方法如下:

① 在图 4-60 所示的"属性结构设置"对话框中设置矢量数据属性字段,需要一个类型为"字符串"的字串,该字串中记录了文档地址信息。

② 在图 4-61 所示的"属性视图"对话框中勾选"图属联动"。

图 4-61 "图性视图"对话框

③ 右键单击图层,在弹出的右键菜单中选择"属性",可弹出如图 4-62 所示的"点属性页"对话框,在该对话框的"显示"功能界面下,开启超链接,并设置超链接字段。

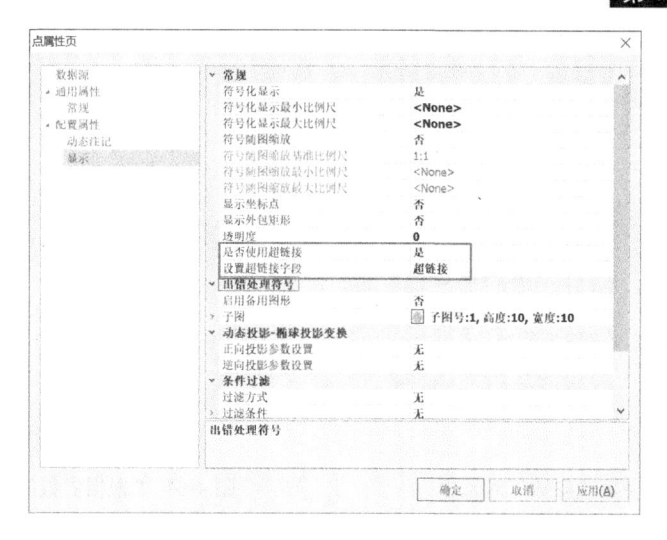

图 4-62 "点属性页"对话框

④ 启动超链接功能,在地图视图中选择矢量图元,即可自动打开该图元属性字段中对应的超链接文件。

4.1.4 统改参数

统改参数包括根据参数改参数、根据参数改属性、根据属性改参数和根据属性改属性。

4.1.4.1 根据参数改参数

根据参数改参数是指用户可以对符合某参数条件的图元参数进行统改。由于线图元、区图元、注记类的根据参数改参数方法与点图元类似,因此这里以点图元为例介绍操作方法。

(1) 在工作空间中右键单击图层,在弹出的右键菜单中选择"统改参数/属性"→"根据参数改参数",可弹出如图 4-63 所示的"根据参数改参数"对话框。

(2) 在"根据参数改参数"对话框左侧的"统改条件"栏中勾选用于统改的条件参数项并输入相应参数值。

(3) 在"根据参数改参数"对话框右侧的"统改结果"栏中勾选对应的替换参数项并输入相应参数值。

(4) 单击"确定"按钮。满足统改条件的图元参数将被统一替换为"统改结果"中指定的参数值。如果勾选"修改当前地图的所有点图层",则当前地图中所有符合统改条件的点图层都将参与统改。

4.1.4.2 根据参数改属性

根据参数改属性是指用户可以对参数符合一定条件的图元属性进行统改。由于点图元、线图元、注记类的根据参数改属性的方法与区图元类似,因此这里以区图元为例介绍操作方法。

(1) 在工作空间中右键单击图层,在弹出的右键菜单中选择"统改参数/属性" → "根据参数改属性",可弹出如图 4-64 所示的"根据参数改属性"对话框。

(2) 在"根据参数改属性"对话框左侧的"统改条件"栏中输入相应的参数条件。

(3) 在"根据参数改属性"对话框右侧的"统改结果"栏中添加或统改属性。

(4) 单击"确定"按钮即可完成统改操作。

图 4-63 "根据参数改参数"对话框 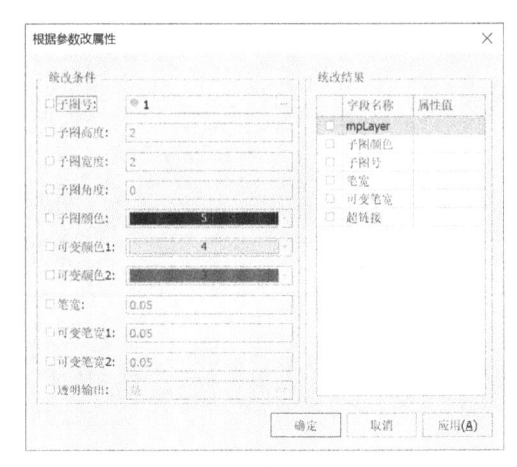　　　　图 4-64 "根据参数改属性"对话框

4.1.4.3 根据属性改参数

根据属性改参数是指用户可以对属性符合一定条件的图元参数进行统改。由于点图元、区图元、注记类的根据属性改参数的方法与线图元类似，因此这里以线图元为例介绍操作方法。

（1）在工作空间中右键单击图层，在弹出的右键菜单中选择"统改参数/属性"→"根据属性改参数"，可弹出如图 4-65 所示的"根据属性改参数"对话框。

（2）在"根据属性改参数"对话框左侧的"统改条件"栏中勾选"属性值筛选"并输入属性值。

（3）在"根据属性改参数"对话框右侧的"统改结果"栏中勾选需要统改的线图元参数，并选择相应的参数值。

（4）单击"确定"按钮完成统改操作。

4.1.4.4 根据属性改属性

根据属性改属性是指用户可以对属性符合一定条件的图元属性进行统改。由于点图元、线图元、区图元的属性改属性的方法与注记类类似，因此这里以注记类为例介绍操作方法。

（1）在工作空间中右键单击图层，在弹出的右键菜单中选择"统改参数/属性"→"根据属性改属性"，可弹出如图 4-66 所示的"根据属性改属性"对话框。

图 4-65 "根据属性改参数"对话框 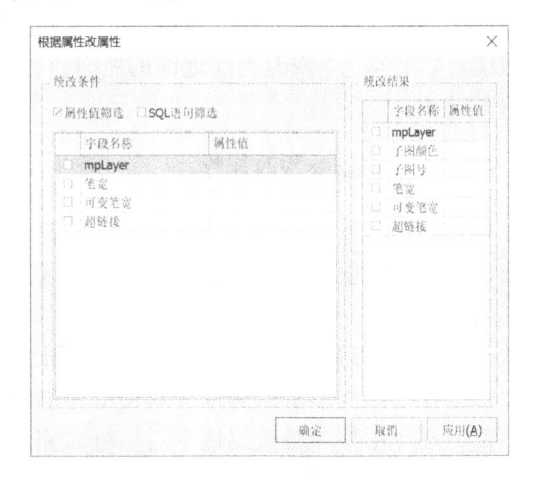　　　　图 4-66 "根据属性改属性"对话框

(2) 在"根据属性改属性"对话框左侧的"统改条件"栏中勾选"属性值筛选"并输入属性值。

(3) 在"根据属性改属性"对话框右侧的"统改结果"栏中添加或统改属性值。

(4) 单击"确定"按钮即可完成统改操作。

4.2 拓扑检查与处理

4.2.1 拓扑规则简介

拓扑将 GIS 行为应用到空间数据上。拓扑使得 GIS 软件能够回答这样的问题，如邻接、连通、邻近和重叠。拓扑为用户提供了一个有力、灵活的方式来确定和维护空间数据的质量与完整性。拓扑的实现依赖于一组完整性规则，定义了空间相关的地理要素和要素类的行为。

拓扑规则包括三种：点拓扑规则、线拓扑规则、区拓扑规则。

空间数据在采集和编辑过程中，会不可避免地出现一些错误。例如，同一个节点或同一条线被数字化了两次，相邻面对象在采集过程中出现裂缝或者相交、不封闭等。这些错误往往会产生假节点、冗余节点、悬线、重复线等拓扑错误，导致采集的空间数据之间的拓扑关系和实际地物的拓扑关系不符合，会影响后续的数据处理、分析工作，并影响数据的质量和可用性。此外，这些拓扑错误通常量很大，也很隐蔽，不容易被识别出来，通过手工方法难以去除，因此，需要统改拓扑处理来修复这些冗余和错误。

应用拓扑规则的流程如图 4-67 所示。

(1) 应用拓扑规则的第一步是创建拓扑规则。与其他类型的规则创建相比，拓扑规则的创建条件相对比较简单，只需要数据库中包含至少可用的线或者区要素即可。

图 4-67 应用拓扑规则的流程

(2) 完成了拓扑规则的创建后，即可进行拓扑规则检查，检查出不符合拓扑规则的几何要素。

4.2.1.1 点拓扑规则

MapGIS 10 提供了 8 种点拓扑规则，部分点拓扑规则如表 4-2 所示。

表 4-2 部分点拓扑规则

作用数据	规则名称	形态结果	规则描述	拓扑处理	原始数据图示	拓扑错误图示
点	不能有多个点	点	点不能为多个点	拆分：拆分成多个点分别存储		
点	不能有重复点	点	不能有重复点	移动点或者删除点		
点点	必须与图层 B 的点重合	点	图层 A 中的点必须与图层 B 中的点重合	确认哪个图层的点位置不正确，移动对应的点		

续表

作用数据	规则名称	形态结果	规则描述	拓扑处理	原始数据图示	拓扑错误图示
点线	必须被线覆盖	点	图层A中的点必须被图层B中的线覆盖	（1）判难点位置是否正确，移动位置不正确的点。（2）判断点是否多余，删除多余的点		
点线	必须被线端点覆盖	点	图层A中的点必须被图层B中的线端点覆盖	删除：删除拓扑错误的点		

4.2.1.2 线拓扑规则

MapGIS 10 提供了 16 种线拓扑规则，部分线拓扑规则如表 4-3 所示。

表 4-3 部分线拓扑规则

作用数据	规则名称	形态结果	规则描述	拓扑处理	原始数据图示	拓扑错误图示
线	不能相交	点	线不能与其他线的任何部分相交或重叠	剪断线：在交点处将线剪断		
线	不能有悬挂点	点	线端点必须与其他线端点相连	无		
线	不能有伪节点	点	伪节点：节点所关联的折线有且仅有两条	无		
线线	不能与图层B的线重叠	线	图层A中的线不能与图层B中的任何部分重叠	剪除：选择线并进行剪除		
线线	不能与图层B的线相交	线	图层A中的线不能与图层B中的线的任何部分相交或重叠	剪断线：在交点处将线剪断		
线区	线必须位于区内部	线	图层A中的线必须位于图层B区的内部或边界	无		

4.2.1.3 区拓扑规则

MapGIS 10 提供了 20 种区拓扑规则，部分区拓扑规则如表 4-4 所示。

表 4-4 部分区拓扑规则

作用数据	规则名称	形态结果	规则描述	拓扑处理	原始数据图示	拓扑错误图示
区	圈必须封闭	线	区的每一圈都必须首尾点相同	封闭圈：将首点坐标赋给尾点，可能会导致区发生形变		
区	不能有空隙	区	不能有空隙	创建：在原来的空白地方（拓扑错误的位置）生成一个新的区		
区点	只包含一个点	区	图层 A 中的每个区中必须只包含图层 B 中的一个点	无		
区线	区边界必须被线覆盖	线	图层 A 中的区边界线必须被图层 B 的线覆盖	创建：在线图层创建线		
区区	不能与图层 B 的区重叠	区	图层 A 中的区不能与图层 B 中的区重叠	（1）合并：将重叠部分合并，并在另一个图元中删除该部分。（2）剪除：删除两个图层之间的重叠的部分		
区区	区边界必须被图层 B 的区边界覆盖	线	图层 A 中的区边界线必须被图层 B 的线覆盖	创建：在线图层创建线		
区区	必须被图层 B 的单个区覆盖	区	图层 A 中的区必须被图层 B 中的单个区覆盖	创建：在参考图层中创建新的图元以覆盖目标图层拓扑错误的图元		

4.2.2 拓扑检查

拓扑检查是为了检查出点、线、区数据集本身及不同类型数据集相互之间不符合拓扑规则的对象，主要用于数据编辑和拓扑分析预处理。拓扑检查的流程如图 4-68 所示。

图 4-68 拓扑检查的流程

4.2.2.1 检查方案配置

通过数据分析可检查方案配置,表 4-5 给出了检查方案配置的项目示例。

表 4-5 检查方案配置的项目示例

编 号	检 查 项	数据说明	规 则 选 取
1	房屋不能落水检查	房屋面图层与水系面图层	(区区)不能与图层 B 的区重叠
2	等高线相交检查	等高线线图层	(线)不能相交
3	房屋压盖检查	房屋面图层	(区区)不能相互重叠
4	检修井未压盖污水管道检查	点状设施和管线线图层	(点线)必须被线覆盖
5	道路自相交检查	道路(线图层)	(线)不能相交
6	检修井重叠检查	点状设施(点图层)	(点)不能有重复点
7	房屋不能相互重叠	房屋面图层	区不能相互重叠

4.2.2.2 进行拓扑检查

(1) 添加待检查数据,如图 4-69 所示。

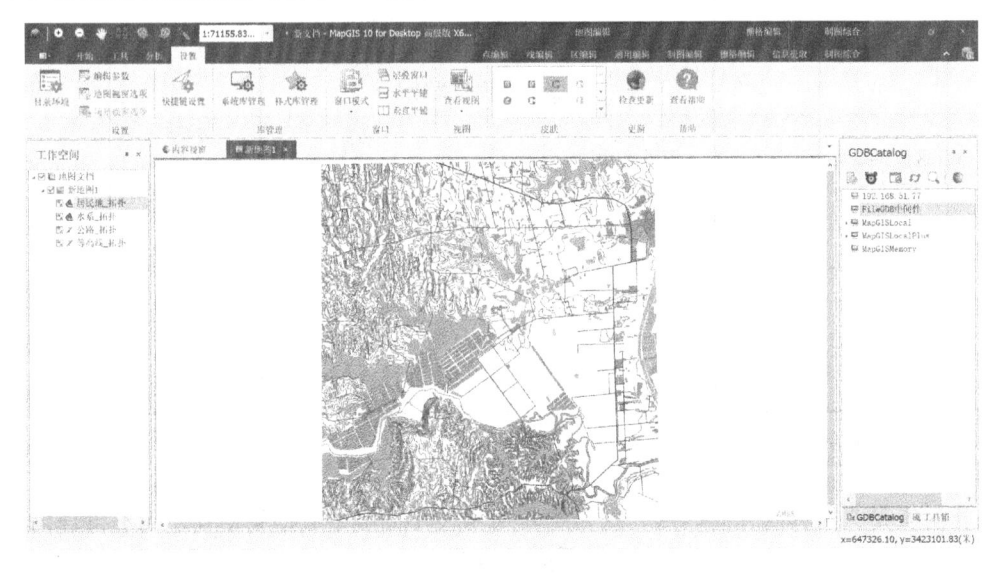

图 4-69 添加待检查数据

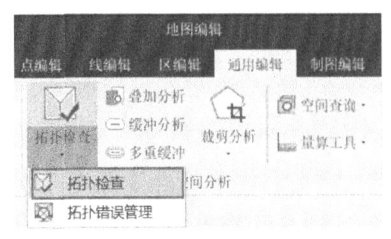

图 4-70 选择菜单"通用编辑"→"拓扑检查"→"拓扑检查"

(2) 选择菜单"通用编辑"→"拓扑检查"→"拓扑检查",如图 4-70 所示,可弹出如图 4-71 所示的"拓扑检查"对话框。

(3) 在"拓扑检查"对话框中设置相关参数。

图层 A:单击图层 A 的下拉按钮,可选择待检查的图层。

图层 B:单击图层 B 的下拉按钮,选择参考图层;如果在图层内检查,可以为空。

拓扑规则:选择合适的检查规则。

"添加"按钮:可在列表框中增加一条记录,添加的数据显示在图层 A 中。

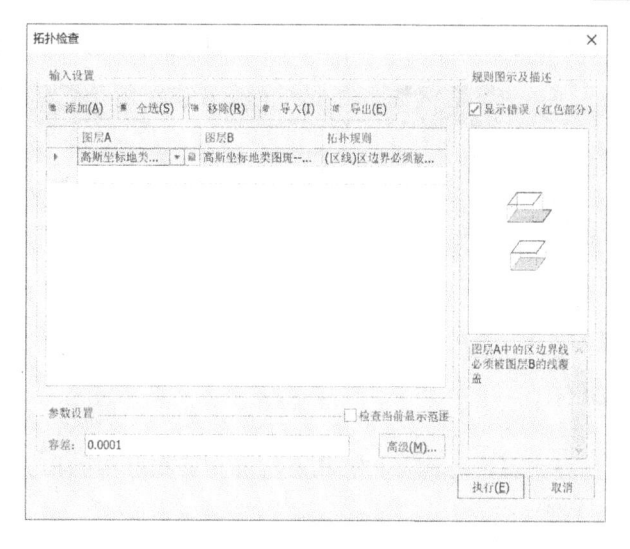

图 4-71 "拓扑检查"对话框

"全选"按钮：可选择列表框中的所有检查规则项。

"移除"按钮：移除列表框中选择的检查规则项。

"导入"按钮和"导出"按钮：导入和导出配置好的检查规则项。

检查当前显示范围：勾选该选项后，只会检查当前显示范围内的数据拓扑错误，不检查在当前显示范围外的数据拓扑错误。

容差：表示拓扑的容差，是一个距离值，表示处于这一距离范围内的所有节点是重合的。

"高级"按钮：主要对部分检查规则的值域进行设置。

显示错误（红色部分）：勾选该选项后，可对检查规则进行说明。

"执行"按钮：单击该按钮可弹出"拓扑错误管理"对话框，检查出来的拓扑错误将显示在该对话框的列表中。

（4）依据检查项设置拓扑规则，单击"执行"按钮，可弹出如图 4-72 所示的"拓扑检查"对话框。

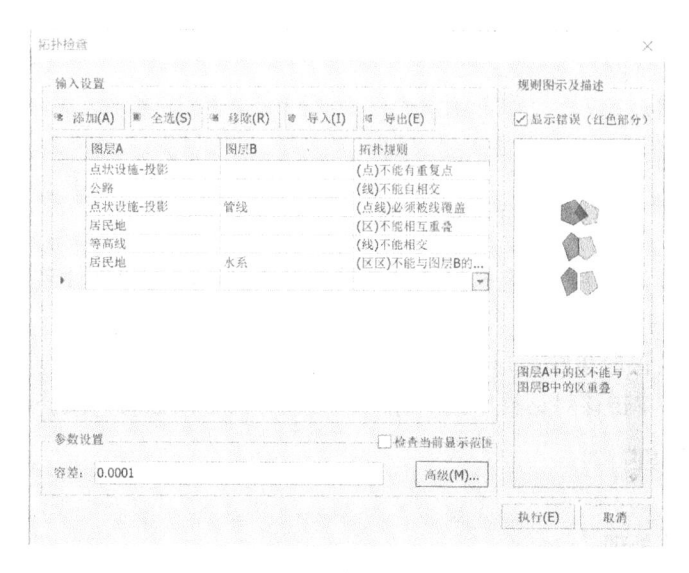

图 4-72 "拓扑检查"对话框

（5）在"拓扑错误管理"对话框中可以看到检查出来的拓扑错误，如图 4-73 所示。

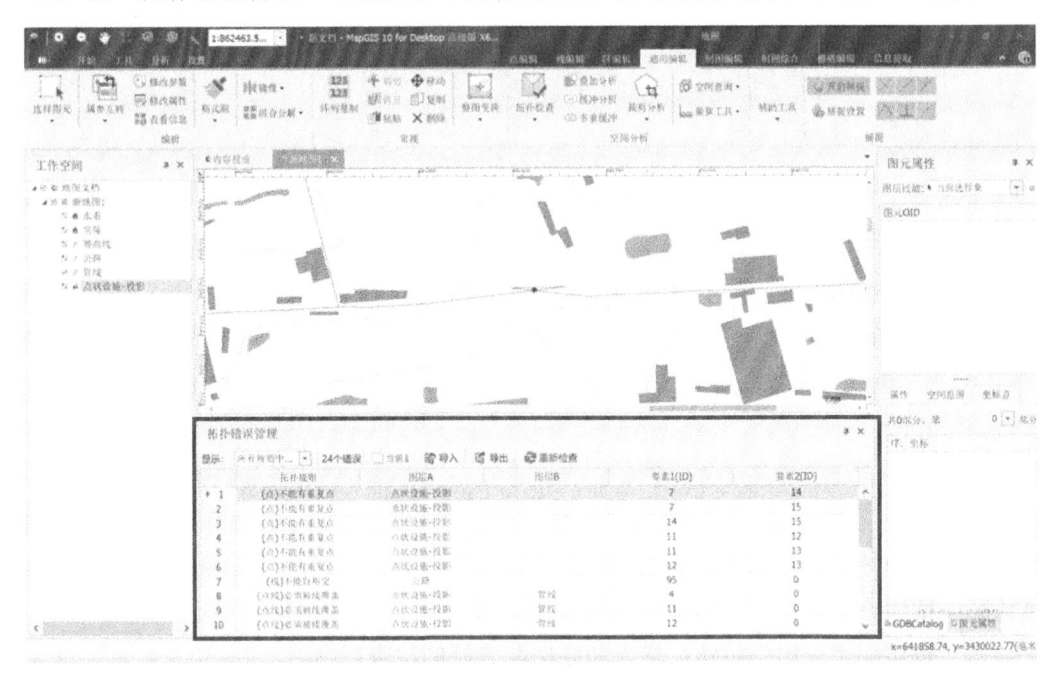

图 4-73　检查出来的拓扑错误

4.2.2.3　管理拓扑错误

（1）单击"拓扑错误管理"对话框中的"导出"按钮（见图 4-74），可弹出如图 4-75 所示的"另存为"对话框。

图 4-74　导出检查出来的拓扑错误

（2）在"另存为"对话框中选择导出结果的保存类型、路径和文件名后，单击"保存"按钮即可保存导出的拓扑错误。

若已有拓扑错误管理文件，则选择菜单"通用编辑"→"拓扑错误管理"，可弹出"拓扑错误管理"对话框，单击该对话框中的"导入"按钮即可导入已有的拓扑错误管理文件。

4.2.3　拓扑处理

4.2.3.1　线拓扑处理

线拓扑处理的功能菜单如图 4-76 所示。

图 4-75 "另存为"对话框

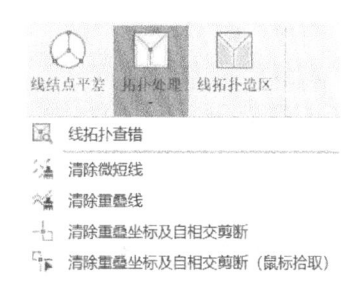

图 4-76 线拓扑处理的功能菜单

线拓扑查错：按照默认的检查方案对线图层进行检查，适用于暂无标准检查方案的情况，默认检查规则如表 4-6 所示。

表 4-6 线拓扑查错的默认检查规则

序 号	拓 扑 规 则	序 号	拓 扑 规 则
1	不能为多线	6	不能有重复点
2	不能相交	7	不能重复
3	不能有微短线	8	不能自相交
4	不能有伪节点	9	不能自重叠
5	不能有悬挂点	—	—

清除微短线：清除线图层中较短的线图元。

清除重叠线：检查线图层中是否有重叠的线图元，有之则将其删除。

清除重叠坐标及自相交剪断：处理线图层中线图元上的重复坐标点，以及线图元自相交的拓扑错误。

清除重叠坐标及自相交剪断（鼠标拾取）：功能同上，但仅对用户选择的线图元进行处理。

（1）清除微短线：设置最短线长的数值，可自动检查出小于该值的图元。操作方法如下：

① 选择菜单"线编辑"→"拓扑处理"→"清除微短线"（见图 4-77），可弹出如图 4-78 所示的"最短线长"对话框。

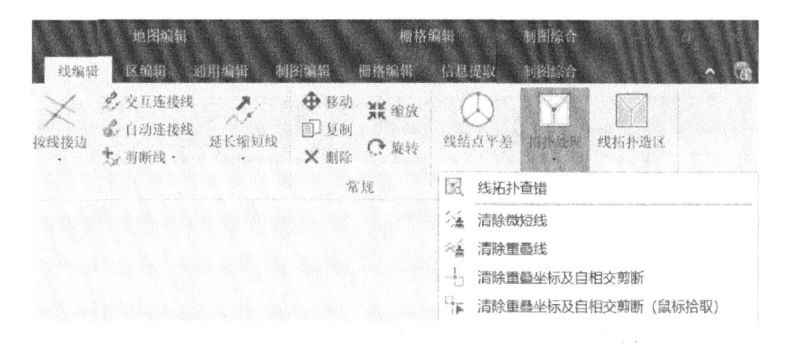

图 4-77 选择菜单"线编辑"→"拓扑处理"→"清除微短线"

② 在"最短线长"对话框中设置最短线长，单位为图面长度单位。

③ 单击"最短线长"对话框中的"确定"按钮，可弹出如图 4-79 所示的"拓扑错误信息"对话框，该对话框显示了错误信息。

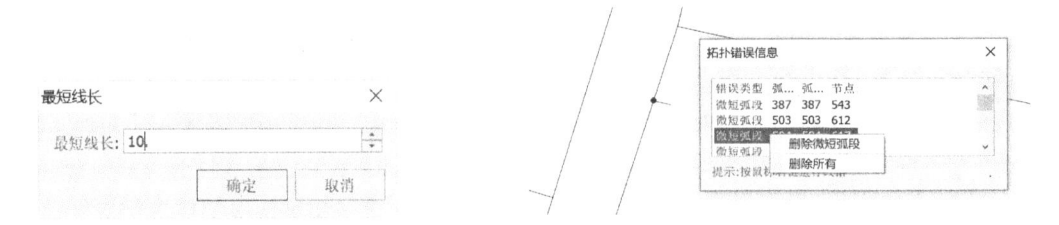

图 4-78 "最短线长"对话框

图 4-79 "拓扑错误信息"对话框

（2）清除重叠线：用于检查线图层中是否有重叠的线图元，有之则删除。操作方法如下：
① 选择菜单"线编辑"→"拓扑处理"→"清除重叠线"，如图 4-80 所示。

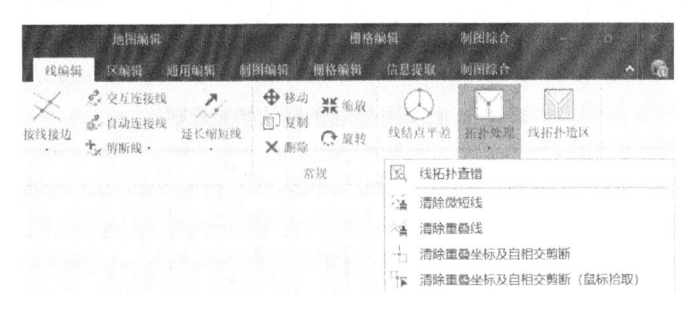

图 4-80 选择菜单"线编辑"→"拓扑处理"→"清除重叠线"

② 系统将自动进行重叠线的检查，并弹出如图 4-81 所示的"拓扑错误信息"对话框，该对话框显示了重叠的线图元信息。双击错误类型，可跳转到"错误"对话框；右键单击错误类型，在弹出的右键菜单中可以选择"删除重复弧段"或者"删除所有"。

（3）线结点平差：用于将在线结点处没有闭合的几条线段或弧段，在交叉处的端点捏合起来，即重合端点处的坐标。操作方法如下：

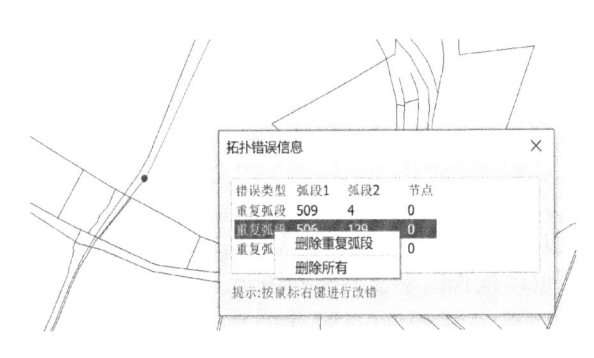

图 4-81 "拓扑错误信息"对话框

① 选择菜单"线编辑"→"线结点平差"，如图 4-82 所示。

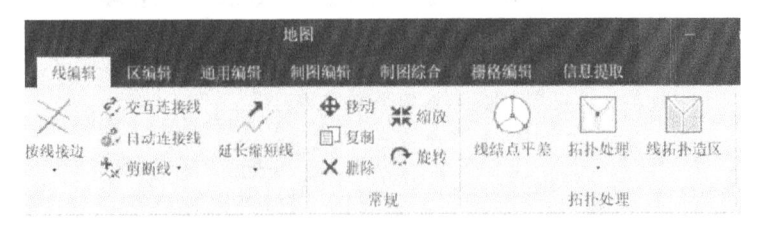

图 4-82 选择菜单"线编辑"→"线结点平差"

② 单击应该相交的位置，拖动鼠标绘制圆，与需要相交的线相交。线结点平差前如图 4-83 所示，线结点平差后如图 4-84 所示。

4.2.3.2 区拓扑处理

区拓扑处理的功能菜单如图 4-85 所示。

图 4-83　线结点平差前　　图 4-84　线结点平差后　　图 4-85　区拓扑处理的功能菜单

线拓扑查错：对处于"当前编辑"状态的区图层内部拓扑规则进行检查，默认的检查规则如表 4-7 所示。

表 4-7　区拓扑处理的默认检查规则

序　号	拓　扑　规　则	序　号	拓　扑　规　则
1	不能为多区	7	每圈不能少于 4 个点
2	不能相互重叠	8	内圈必须与内圈分离
3	不能有空隙	9	内圈必须在外圈内
4	不能有碎小区	10	区边界上不能有重复点
5	不能有狭长区	11	圈必须是封闭的
6	不能自相交	—	—

拓扑重建：对处于"当前编辑"状态的区图层内所有的区数据进行拓扑关系整理，如相交区的分割、组合区的打散等。

挑子区：若处于"当前编辑"状态的区图层中有重叠区（必须为重合，不包括相交），较大的区为母区，较小的区为子区，则将母区上与子区重合的部分去除。

Label 点处理：将区图层的属性及图形参数保存到 Label 点文件，该操作类似于数据备份。

区边界转线：根据区图层的边界生成线，并自动将生成的线加载到当前的地图中。

（1）挑子区包括交互挑子区和自动挑子区。交互挑子区是对选择的区图元挑子区，自动挑子区是对整个图层的所有区图元挑子区。下面以交互挑子区为例进行说明，操作方法如下：

① 使图层处于激活状态，在地图视图内部显示图元信息，交互挑子区前如图 4-86 所示。

② 选择菜单"区编辑"→"挑子区"→"交互挑子区"，交互挑子区的功能菜单如图 4-87 所示，在地图视图区选择母区，系统自动对母区挑子区。

③ 系统自动将母区与子区重叠的部分删除，如图 4-88 所示。

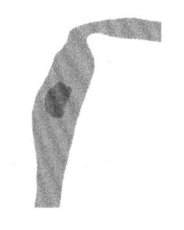

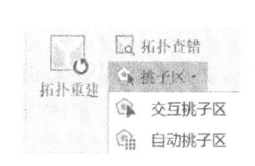

图 4-86　交互挑子区前　　图 4-87　交互挑子区的功能菜单　　图 4-88　交互挑子区的结果

(2) 拓扑重建的操作方法如下：

① 使图层处于激活状态，在地图视图内部显示图元信息，拓扑重建前如图 4-89 所示。

② 选择菜单"区编辑"→"拓扑重建"，原来的拓扑重建文件将发生改变，此时会弹出如图 4-90 所示的"提问"提示框。

③ 拓扑重建后的结果如图 4-91 所示。

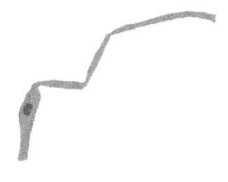

图 4-89　拓扑重建前 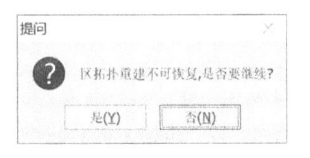　　　图 4-90　"提问"提示框 　　　图 4-91　拓扑重建后的结果

注意：MapGIS 6.7 可对存在的封闭弧段进行拓扑造区；MapGIS 10 可对相交区进行切割，以生成新区。

(3) 区边界转线的操作方法如下：

① 在工作空间中将待操作的区图层设置为"当前编辑"状态，在地图视图内部会显示图元信息，区边界转线前如图 4-92 所示。

② 选择菜单"区编辑"→"区边界转线"，可弹出如图 4-93 所示的"区边界转线"对话框，在该对话框中设置相关参数后单击"确定"按钮，系统将自动完成区边界转线的操作

③ 区边界转线后的结果如图 4-94 所示。

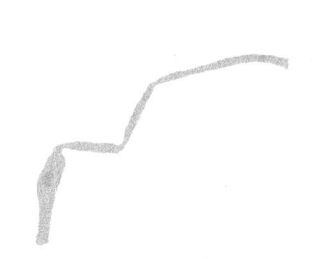

图 4-92　区边界转线前 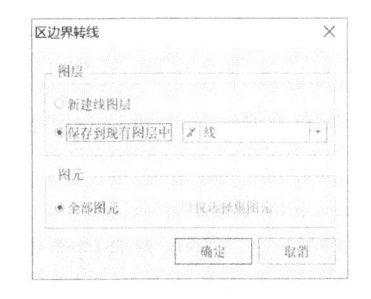　　　图 4-93　"区边界转线"对话框 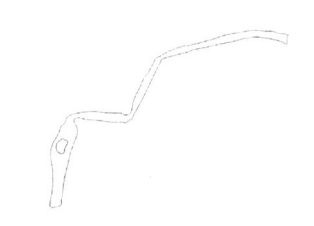　　　图 4-94　区边界转线后的结果

(4) 创建 Label 点的操作方法如下：

① 在工作空间中将待操作的区图层设置为"当前编辑"状态。

② 选择菜单"区编辑"→"创建 Label 点"，可弹出"保存文件"对话框。

③ 在"保存文件"对话框中输入新建的 Label 点要素类名称，选择结果要素类的存放位置后，单击"确定"按钮即可完成 Label 点的创建。

(5) 归并 Label 点：用于把和区对应 Label 点文件中的参数、属性连接到区图元中，该操作类似于利用备份数据完成数据恢复。操作方法如下：

① 将区图元添加到地图文档中并激活。

② 选择菜单"区编辑"→"Label 点归并"，可弹出"打开文件"对话框。

③ 在"打开文件"对话框中选择之前为该区创建的 Label 点文件，单击"确定"按钮，Label 点文件中保存的信息将归并到当前激活的区图元中，即该图元的参数和属性等信息将恢复到创建 Label 点时的设置。

4.3 属性数据处理

4.3.1 属性结构设置

对于一个已经创建好的简单要素类，若在创建时，暂未编辑其属性结构，或需要对其属性结构做一些修改，则用户可以使用"属性结构设置"功能来完成，具体操作方法如下：

（1）在工作空间中选择需要创建属性的图层，单击鼠标右键，在弹出的右键菜单中选择"属性结构设置"，可弹出如图 4-95 所示的"属性结构设置"对话框。

图 4-95 "属性结构设置"对话框

（2）单击"字段名称"下方单元格，可以输入或修改字段名称，采用相同的方法可设置"别名""类型""长度"等参数，单击"确定"按钮即可保存设置的属性。用户也可以右键单击某字段，在弹出的右键菜单中选择相应的选项（如插入、删除、上移、下移）来设置属性。

4.3.2 属性表编辑

4.3.2.1 属性值的直接输入与编辑

操作方法如下：

（1）在工作空间中将点图层、线图层或区图层设置为"编辑"或"当前编辑"状态。

（2）选择"点编辑""线编辑"或"区编辑"→"修改属性"，或者单击"通用编辑"→"修改属性"后，在地图视图中选择子图，可弹出如图 4-96 所示的"修改图元属性"对话框。在选择子图时，可以单击某个子图来修改其属性，也可框选多个子图来统改多个子图的属性。

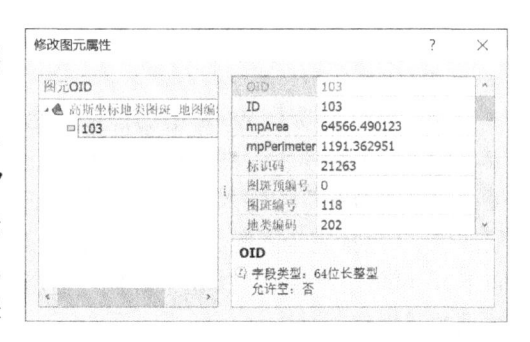

图 4-96 "修改图元属性"对话框

（3）用户也可以在工作空间中右键单击点图层、

线图层或区图层,在弹出的右键菜单中选择"查看属性",可弹出如图 4-97 所示的"属性视图"对话框,在该对话框中取消勾选"只读"后,双击需要输入或修改的字段即可进行编辑。

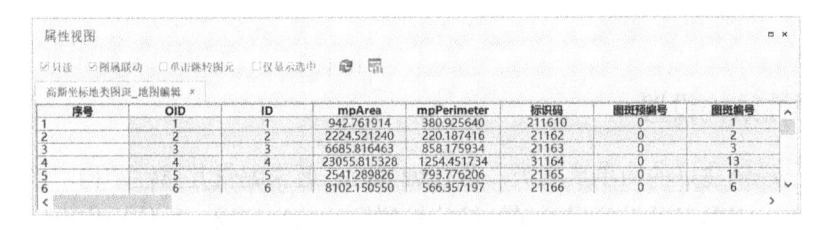

图 4-97 "属性视图"对话框

(4)注记图层属性值的编辑方法与点图层、线图层或区图层的编辑方法类似。

4.3.2.2 属性值的间接输入与编辑

操作方法如下:

(1)在打开的属性视图(见图 4-97)中,右键单击需要修改的字段,在弹出的右键菜单中选择"查找替换项",可弹出如图 4-98 所示的"查找与替换"对话框。

(2)该对话框中有 3 个选项卡,分别是"查找""替换""高级替换"。

(3)查找字段的属性值,用户既可以手动输入查询值;也可单击"SQL"按钮,在弹出的"输入表达式"对话框(见图 4-99)中输入 SQL 语句(如果用户以后会用到该语句,可勾选"保存 SQL 语句"),单击"确定"按钮返回"查找与替换"对话框。单击"查找与替换"对话框中的"查找下一条""查找上一条""全部查找"等按钮来查询属性值,对应的记录将在"属性视图"中以蓝色高亮显示,同时在"序号"里显示当前记录的序号。查找完成后会弹出查找结果提示框,显示共查找出多少条记录。

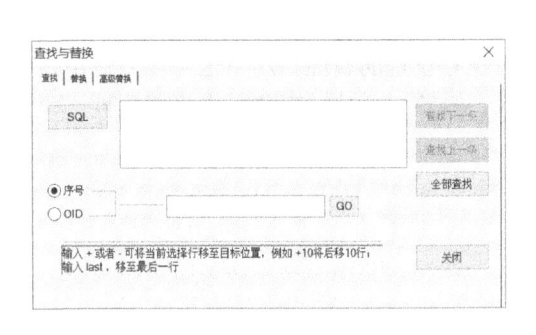

图 4-98 "查找与替换"对话框

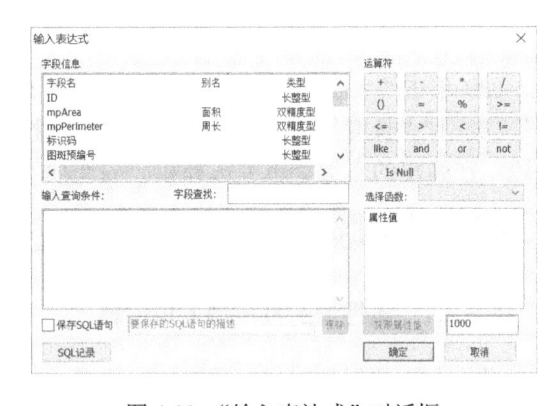

图 4-99 "输入表达式"对话框

(4)替换类似于 Word 中的替换功能。首先在"查找与替换"对话框中选择"替换"选项卡,如图 4-100 所示;然后对字段进行查找,可在"字段名称"的下拉列表中选择字段名,也可在"字段查找"中输入字段名;最后在"文本"和"替换文本"中输入相应内容,选择"匹配部位"(包括完全匹配、首部匹配、尾部匹配、任意部位匹配)和"查找方向"(包括向上、向下),可单击"替换"按钮来替换当前属性值或者单击"全部替换"按钮来替换所有符合查询结果的属性值。

(5)高级替换用于查找到特定条件的属性记录后进行替换,包括固定值替换、增量值替换、表达公式替换、前缀后缀替换四种。"高级替换"选项卡如图 4-101 所示。

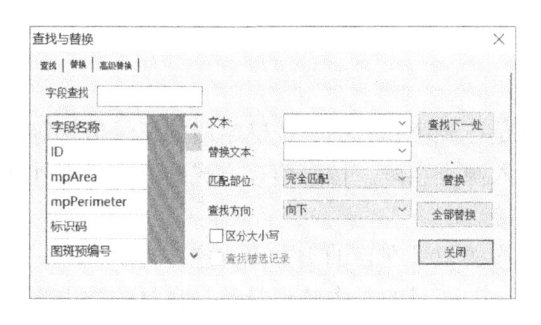

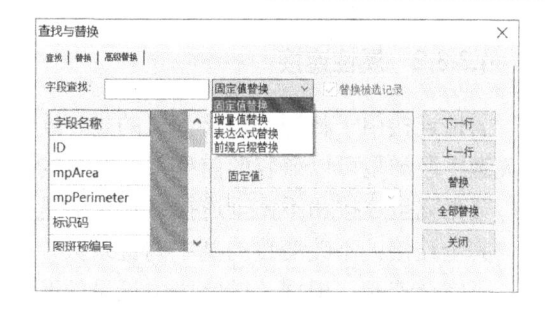

图 4-100 "替换"选项卡　　　　　图 4-101 "高级替换"选项卡

固定值替换：在"字段名称"中选择或模糊搜索要替换的字段，选择"固定值替换"，取消"置为空值"（若勾选该选项，则替换后的属性值为 NULL），根据实际情况单击"替换"或"全部替换"按钮。

增量值替换：是针对某一字段的所有值进行的，在初始值（字段的第一个值）的基础上，以设定的增量值作为累加量（每个字段逐次增加值）来替换被选字段的值。替换结果是以该字段值的初始值开始生成的按当前排序依次增加增量值的序列。例如，初始值为 1，增量值为 3，替换后字段的属性值依次变为 4、7、10…。

表达公式替换：是针对长整型、短整型、浮点型、双精度型、数值型字段进行的替换。在"字段名称"下拉列表中选择要替换的字段，用户既可以在"SQL"按钮下方的文本框中输入表达式，也可以在单击"SQL"按钮弹出的对话框中使用运算符或函数来编辑表达式，单击"替换"或"全部替换"按钮即可。

前缀后缀替换：仅支持字符串类型的字段，例如，要想在"权属单位名称"中的字段名称前增加前缀"A 乡"，则可使用此功能操作。在"字段名称"下拉列表中选择要替换的字段，选择"前缀后缀替换"，输入对应的参数值，单击"替换"或"全部替换"按钮即可。

注意：线图元的"mpLength"（长度）字段和区图元的"mpArea"（面积）、"mpPerimeter"（周长）受系统保护，不允许在属性编辑中修改。

4.3.3　属性工具

属性工具为用户提供了属性汇总、属性连接、属性合并和属性统计这四个工具。

4.3.3.1　属性汇总

属性汇总用于汇总简单要素类数据。操作方法如下：

（1）选择菜单"工具"→"属性工具"→"属性汇总"，可弹出如图 4-102 所示的"属性汇总"对话框。

选择数据：选择要汇总的简单要素类。

修改属性结构：提供了属性结构的导入和导出、设置默认字段、缺省值等选项，可添加或删除字段，以及修改字段属性。

属性预览：可浏览简单要素类属性表中的内容。

设置参照系：可以为数据创建新的地理坐标系或投影坐标系。

（2）在"属性汇总"对话框中选择运算方式和属性字段，运算对象可以是全部实体，也可以是勾选"Where"后通过 SQL 语句选择的实体。

（3）单击"执行"按钮即可进行属性汇总操作，并在"输出"栏中显示运算结果。

4.3.3.2 属性连接

属性连接用于将源类连接到目的类，连接原则是在源类和目的类关键字段的记录值相等且该关键字段类型可以兼容的前提下，在目的类中连入源类字段。按照连接方式的不同，属性连接可分为完全连接和不完全连接，默认的是完全连接。

完全连接：不改变目的类中的记录数，不能连接的记录在目的类中设为空。

不完全连接：根据关键字段中记录的匹配情况，改变目的类中的记录数，在目的类中删除不能匹配的记录。

下面以完全连接为例介绍属性连接的操作方法。

（1）选择菜单"工具"→"属性工具"→"属性连接"，可弹出"属性连接"对话框，在该对话框的"选择数据"界面（见图 4-103）设置"数据 A""数据 B"的路径。

图 4-102 "属性汇总"对话框　　　　　图 4-103 "选择数据"界面

（2）单击"下一步"按钮可弹出如图 4-104 所示的"关键字段设置"界面，在该界面中设置数据 A 和数据 B 的关键字段。

（3）单击"下一步"按钮可弹出如图 4-105 所示的"连接设置"界面，在该界面中单击"完成"按钮即可完成数据连接的操作。

图 4-104 "关键字段设置"界面　　　　　图 4-105 "连接设置"界面

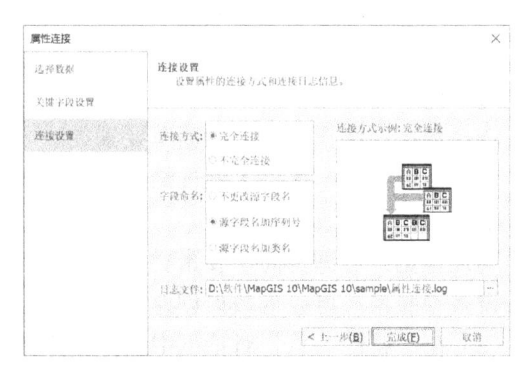

在"连接设置"界面中,"字段命名"的选择如下:

不改变源字段名:保存原有的字段名,不做任何改变,如省名。

源字段名加序列号:根据关键字段中记录的匹配情况,在源字段后加序号"1",如省名1。

源字段名加类名:根据关键字段中记录的匹配情况,在源字段后加源类名,如省名_省。

4.3.3.3 属性合并

属性合并用于合并简单要素类之间、简单要素类和对象类之间的属性,通过该功能可以将源类的属性合并到目的类中。根据属性结构的不同,属性合并可分为相同属性结构合并和不同属性结构合并。

(1)相同属性结构合并:直接在目的类记录后追加源类的记录,如图4-106所示。

操作方法为:首先选择菜单"工具"→"属性工具"→"属性合并",在弹出的"属性合并"对话框(见图4-107)中选择数据源的目录,可以选择两个以上数据进行合并,前提是它们的属性结构相同(属性表中的字段个数相等,且每一字段名称相同、字段类型相同、字段是否允许为空一致);

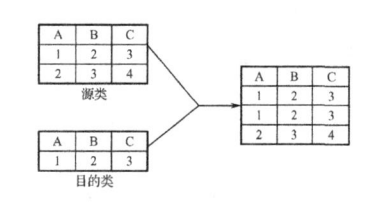

图4-106 相同属性结构合并示意图

然后选择合并后的对象类路径,可保存在已有的对象类中,也可自行创建新的对象类;不勾选"允许不同属性结构合并",即相同属性结构合并;单击"下一步"按钮后单击"完成"按钮即可完成操作。

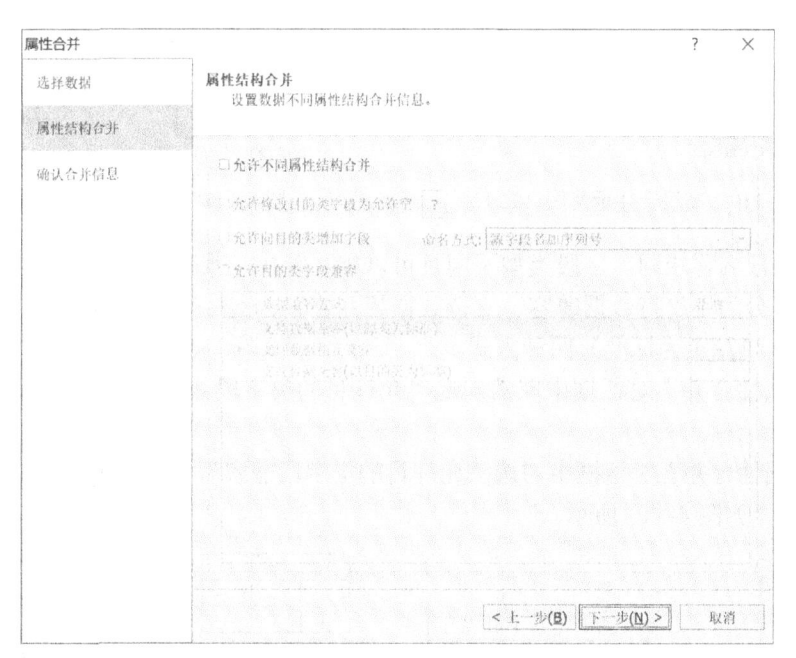

图4-107 "属性合并"对话框

(2)不同属性结构合并。

① 默认合并。

条件:目的类中每一个字段必须允许为空,源类和目的类至少有一个字段具有相同的字段名以及字段类型。

方式：直接在目的类记录后追加源类的记录（不修改目的类的属性结构）。在"属性合并"对话框中只勾选"允许不同属性结构合并"。默认合并示意图如图4-108所示。

② 高级合并。

条件1：目的类中有不允许为空字段。

方式1：在"属性合并"对话框中勾选"允许修改目的类字段为允许空"，如图4-109所示。

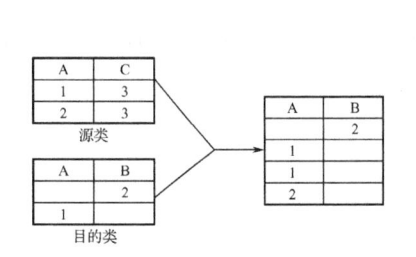

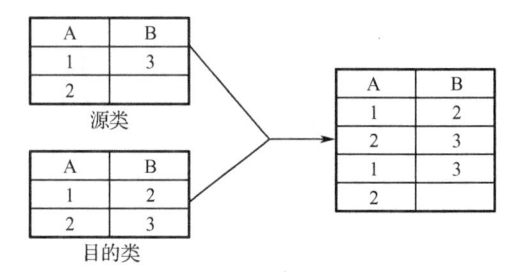

图4-108　默认合并示意图

图4-109　高级合并示意图（一）

条件2：字段名称相同，字段类型不同且不可以相互转换（兼容）。

方式2：可以在目的类中增加字段，也可以不增加字段。

（a）在"属性合并"对话框中勾选"允许向目的类增加字段"，如图4-110所示。

（b）在"属性合并"对话框中勾选"允许修改目的类字段为允许空"，如图4-111所示。

图4-110　高级合并示意图（二）

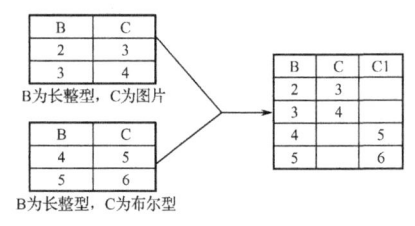

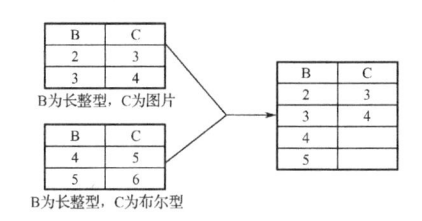

图4-111　高级合并示意图（三）

条件3：字段名称相同，字段类型不同且可以相互转换（兼容）。

方式3：可分为不支持数据兼容、支持数据相互兼容、支持数据兼容（以目的类为标准）、支持数据兼容（以源类为标准）四种方式。

（a）在"属性合并"对话框中取消勾选"允许目的类字段兼容"，即不支持数据兼容，如图4-112所示。

（b）在"属性合并"对话框中勾选"允许目的类字段兼容"，"数据兼容方式"选择"支持数据相互兼容"，如图4-113所示。

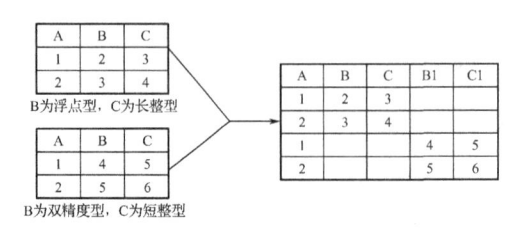

图4-112　高级合并示意图（四）

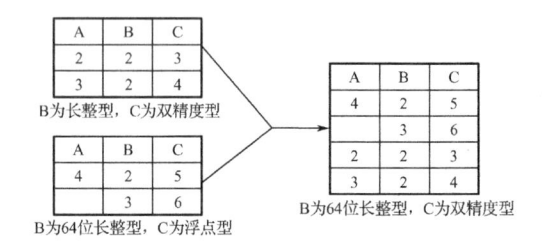

图4-113　高级合并示意图（五）

（c）在"属性合并"对话框中勾选"允许目的类字段兼容"，"数据兼容方式"选择"支持数据兼容（以目的类为标准）"，如图 4-114 所示。

（d）在"属性合并"对话框中勾选"允许目的类字段兼容"，"数据兼容方式"选择"支持数据兼容（以源类为标准）"，如图 4-115 所示。

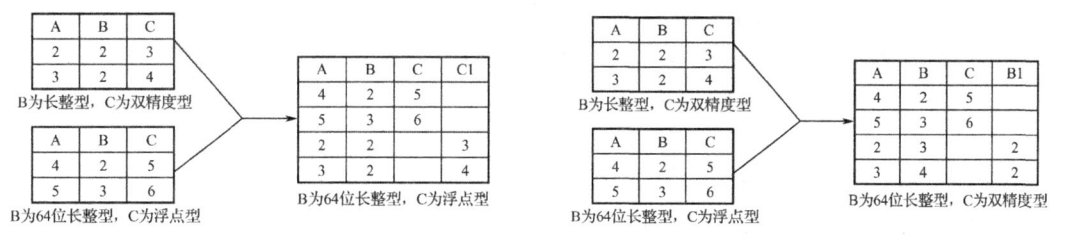

图 4-114　高级合并示意图（六）　　　　图 4-115　高级合并示意图（七）

4.3.3.4　属性统计

属性统计用于对选中的字段进行数学统计分析，如计数、频率、求和、最大值、最小值、平均值及方差。操作方法如下：

（1）选择菜单"工具"→"属性工具"→"属性统计"，可弹出如图 4-116 所示的"属性统计"对话框。

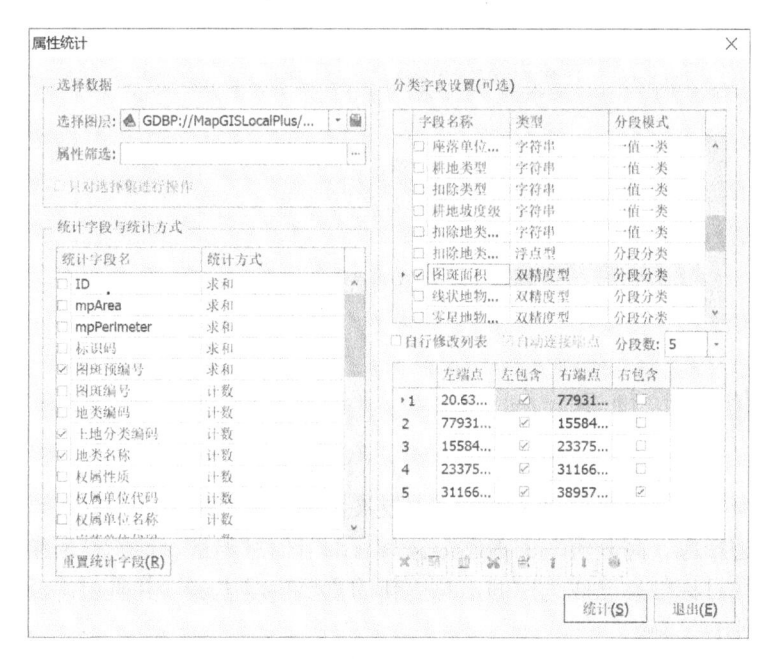

图 4-116　"属性统计"对话框

（2）通过"选择图层"的下拉框可选择工作空间中已添加的矢量数据，通过"▤"按钮可选择数据库或本地文件夹中的矢量数据。目前，MapGIS 10 支持点、线、区、注记四种类型的矢量数据。

属性筛选：可通过 SQL 语句筛选部分属性记录进行统计，不满足条件的属性记录不参与统计。

只对选择集进行操作：勾选该选项后，在地图视图中选择图元，可只对选择的图元进行统计。

（3）设置分类字段。当用户不选择分类字段时，可直接对输入数据进行统计，只有一条统计结果；当用户选择一个或多个分类字段时，可根据多个字段组合的唯一值进行统计。

一值一类：分类字段中每一个属性值作为一个类。

分段分类：只支持数值型的属性字段，可按照属性值的范围来划分若干个类。

（4）设置统计字段与统计方式。

计数：统计每一个类中的属性字段记录个数。

频率：统计每一个类中属性字段记录占总记录的百分比。

求和：每一个类中属性值的和。

最大值：每一个类中属性值的最大值。

最小值：每一个类中属性值的最小值。

平均值：每一个类中属性值的平均值。

方差：每一个类中属性值的方差。

（5）单击“统计”按钮，可生成如图 4-117 所示的“统计表”对话框。在该对话框中可统计各行政单位内的地类名称、图斑面积等信息。通过“统计表”对话框，还可以将统计结果导出为 Excel、文本文件，或者创建统计图。

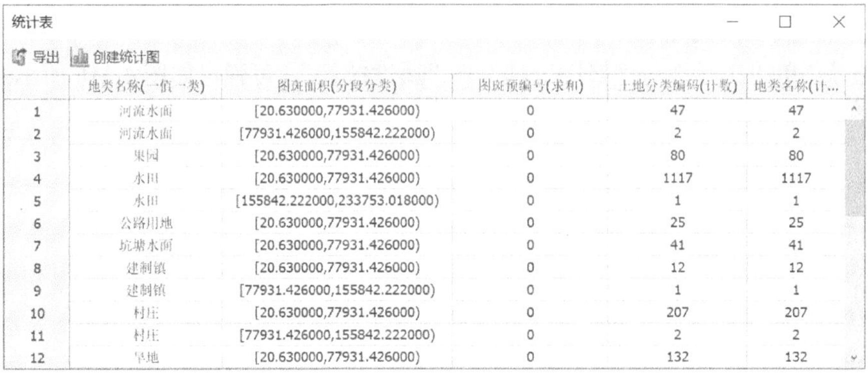

	地类名称(一值一类)	图斑面积(分段分类)	图斑预编号(求和)	土地分类编码(计数)	地类名称(计...
1	河流水面	[20.630000,77931.426000)	0	47	47
2	河流水面	[77931.426000,155842.222000)	0	2	2
3	果园	[20.630000,77931.426000)	0	80	80
4	水田	[20.630000,77931.426000)	0	1117	1117
5	水田	[155842.222000,233753.018000)	0	1	1
6	公路用地	[20.630000,77931.426000)	0	25	25
7	坑塘水面	[20.630000,77931.426000)	0	41	41
8	建制镇	[20.630000,77931.426000)	0	12	12
9	建制镇	[77931.426000,155842.222000)	0	1	1
10	村庄	[20.630000,77931.426000)	0	207	207
11	村庄	[77931.426000,155842.222000)	0	2	2
12	旱地	[20.630000,77931.426000)	0	132	132

图 4-117 “统计表”对话框

4.4 地物自动提取

近年来，随着空间技术和信息技术的飞速发展，高分辨率遥感卫星已可以为人们提供高清晰、大容量的遥感影像。高分辨率的遥感影像具有细节信息丰富、地物几何结构明显等特点，从遥感影像中获取目标信息已成为空间信息更新的重要手段之一，并且已广泛应用于国民经济生产和军事目标侦察等领域。

大部分遥感信息的分类和提取，主要是利用数理统计与人工解译相结合的方法来实现的。这种方法不仅精度相对较低、效率不高、劳动强度大，而且依赖于参与解译分析的人，在很大程度上不具备重复性。尤其是对多时相、多传感器、多平台、多光谱波段遥感数据的复合处理，问题更为突出。因此，研究遥感信息的智能化提取方法对于提高遥感信息的提取精度和效率具有重要的意义。

4.4.1 地物提取的方法

MapGIS 10 for Desktop 的地物提取方法有全自动化提取、半自动化提取、纯人工提取三种，如图 4-118 所示。

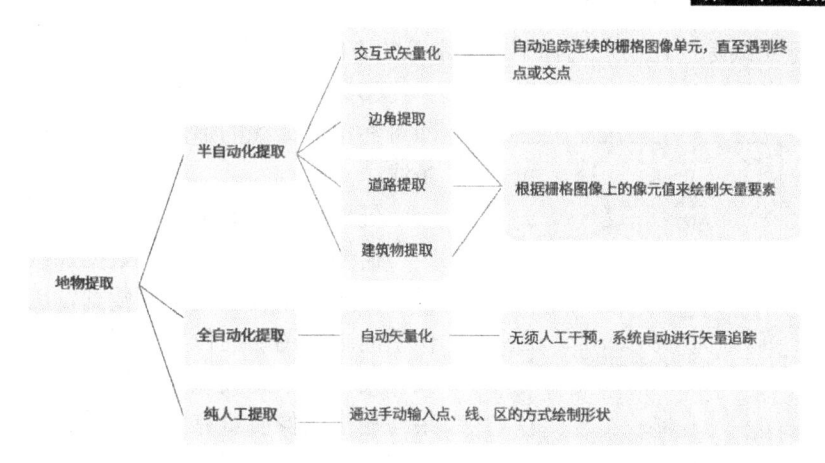

图 4-118　MapGIS 10 for Desktop 的地物提取方法

上述三种方法各有优劣，全自动化提取最省事，但对栅格图像的辨识度、清晰度的要求很高；纯人工提取看似最耗时，但与图例板配合使用，在某些场合反而是性价比最高的方法。

4.4.2　DRG 矢量化

将栅格数据转换为矢量要素的过程称为矢量化。依据矢量化的方式，矢量化可分为交互式矢量化和自动矢量化。MapGIS 10 for Desktop 提供了一些工具，可用来将扫描图像（栅格图像）转换为矢量要素图层。这些工具可以在"矢量化"菜单中找到，如图 4-119 所示。

4.4.2.1　交互式矢量化

需要对矢量化过程进行更多的控制或仅需要矢量化图像的一小部分时，交互式的栅格追踪会很有帮助，交互式矢量化便是其中一种非常有用的方法。交互式矢量化的工作方式是沿着栅格数据线的中央跟踪，将其转化为矢量线要素，直到到达栅格线性元素的终点或遇到交点为止。本节介绍交互式矢量化的流程。

（1）在当前地图中添加需要矢量化的栅格图层及线图层（保存为矢量化结果），如图 4-120 所示，并设置为"当前编辑"状态。

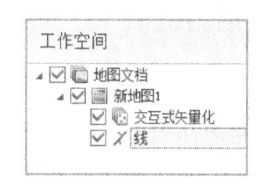

图 4-119　"矢量化"菜单　　　　图 4-120　添加需要矢量化的栅格图层及线图层

（2）选择菜单"DRG 矢量化"→"交互式矢量化"，当鼠标光标变为"＋"形状时，说明已经进入半自动矢量化状态。

（3）将鼠标光标放置到某个栅格单元上，单击被追踪线（该点即矢量化的起点），在地图视图上可显示出追踪的踪迹。

（4）沿着线段移动鼠标光标，单击下一点直到该线被跟踪完毕为止。若在跟踪过程中遇到交叉点，则会停止跟踪，让用户选择下一步跟踪的方向和路径。

（5）当一条线跟踪完毕后，单击鼠标右键，即可终止对该线的追踪，此时可以开始跟踪下一条线。

矢量化的结果如图 4-121 所示。

需要注意的是，在将数据加载到工作空间中时，上层数据会压盖下层数据，因此需要保证工作空间中线图层的位置在影像图层下，否则在地图视图中看不到矢量化结果。交互式矢量化的结果与栅格图像质量有关，图片越清晰，矢量化结果越好。在交互式矢量化过程中，如果遇到线相交位置，采用自动追踪容易出错，则可通过 F8 键在鼠标光标位置加点，通过 F9 键可以撤销上一个节点。按下 F11 键可改变当前追踪的方向，按下 F12 键可在输入线的过程中捕获其他线，按下 F5 键可放大当前窗口，按下 F6 键可移动当前窗口，

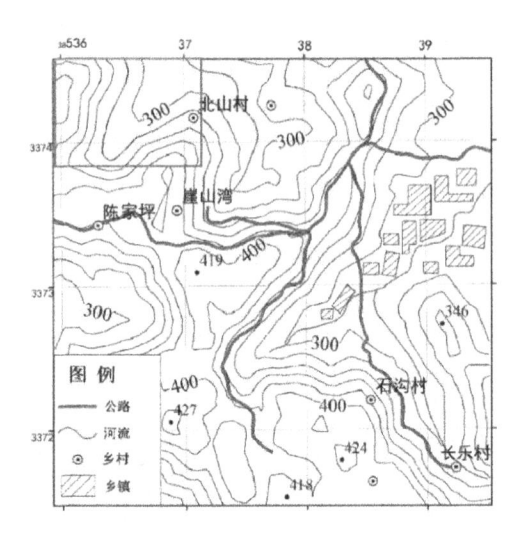

图 4-121　矢量化的结果

按下 F7 键可缩小当前窗口，按下 Ctrl+F 键、F 键或单击鼠标右键可完成输入，Ctrl+单击鼠标右键或按下 Z 键可闭合线，按下 Q 键可完成输入并清空输入线状态，按下 ESC、Ctrl、X 键可取消输入。

4.4.2.2　自动矢量化

自动矢量化具有无须细化处理、处理速度快、不会在细化过程中出现常见的毛刺现象，以及矢量化精度高等特点。自动矢量化无须人工干预，系统可自动进行矢量追踪，既省事又方便。自动矢量化对图像要求较高，进行自动矢量化时要求底图是二值图像，图上线条比较清晰，否则会得到不理想的矢量化结果。自动矢量化的操作方法如下：

（1）在当前地图中添加需要矢量化的栅格图层及线图层（保存为矢量化结果），并设置为"当前编辑"状态。

（2）选择菜单"DRG 矢量化"→"自动矢量化"，系统可自动完成矢量化过程，结果可在线图层中查看。

4.4.3　道路提取

在基于影像进行道路的交互式矢量化时，可通过道路提取功能实现道路的半自动化提取，提高矢量化工作效率。在鼠标与界面的交互过程中，鼠标会提供一个样本，通过分析样本可以快速地提取。下面以工作空间中的"示例数据"为例，介绍道路提取的操作方法。

（1）在工作空间中的当前地图中添加栅格图层和线图层并将其设置为"当前编辑"状态，如图 4-122 所示。

（2）在工具栏中单击"道路提取"按钮，如图 4-123 所示，可弹出如图 4-124 所示的"道路提取"对话框，在该对话框中可设置提取参数。

道路宽度：提取的道路为双线（道路线），道路宽度即双线的宽度。

人工采集：通过鼠标交互的方式输入线结点，从而生成道路线。整个交互过程依赖于用户的交互输入。

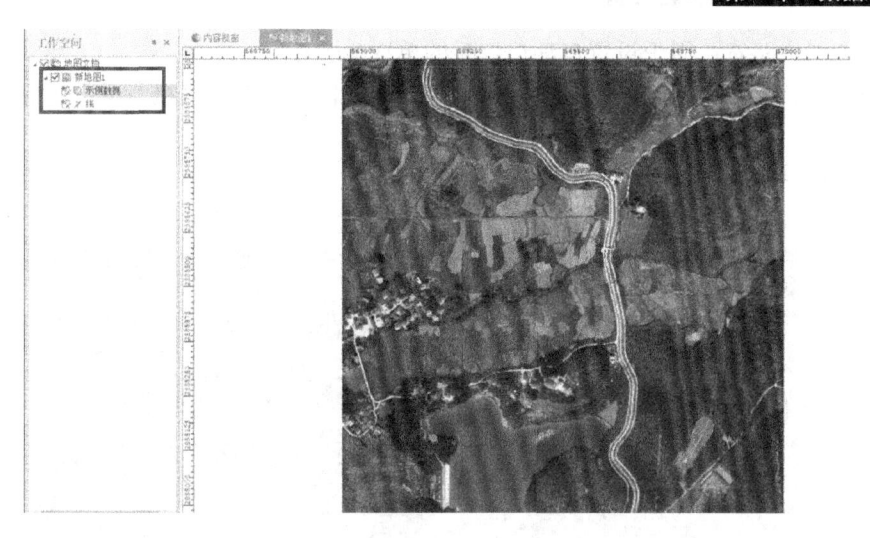

图 4-122　添加栅格图层和线图层

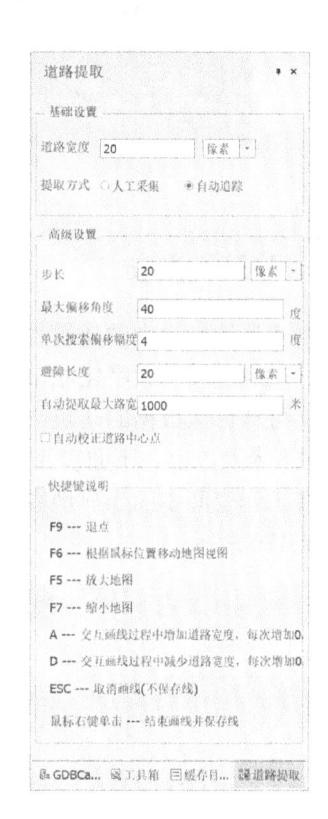

图 4-123　单击"道路提取"按钮　　　　图 4-124　"道路提取"对话框

自动追踪：通过鼠标的交互输入和自动追踪两种方式融合生成道路线。用户输入部分线结点后，系统会识别影像上的道路信息，并沿道路方向自动追踪道路线。

步长：用于设置自动追踪道路线时对影像识别的步长值。

最大偏移角度：用于设置自动追踪道路线时的最大偏移角度。

单次搜索偏移幅度：用于设置自动追踪时单次搜索的偏移角度。

障碍长度：用于设置自动追踪时障碍物的最大长度。如果道路上的障碍物（如阴影等）长度小于设置的障碍长度，则会避开障碍物继续追踪道路线。

自动提取最大路宽：用于设置自动追踪时的单次最大长度。

（3）在地图视图中交互输入道路线的起始点，即可自动追踪道路线。单击鼠标右键即可完成道路提取。

道路提取的结果如图 4-125 所示。

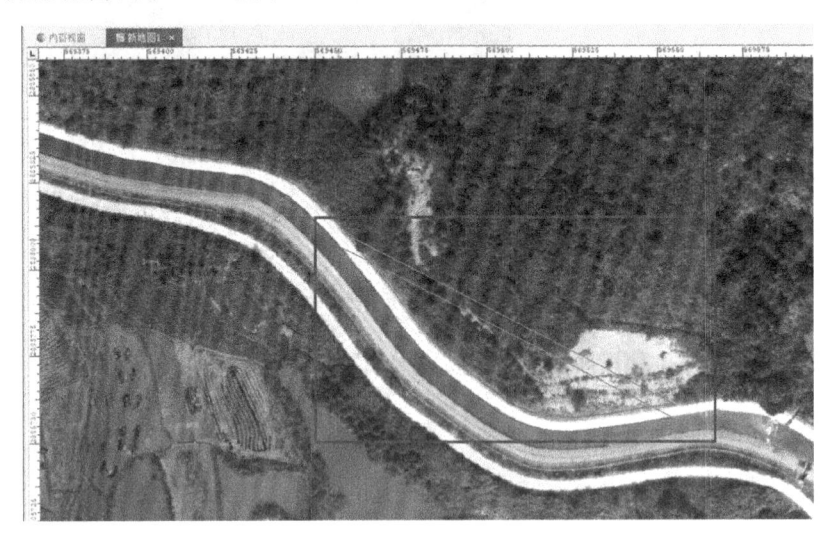

图 4-125　道路提取的结果

4.4.4　建筑物提取

高分辨率遥感影像中的建筑物提取对违建监测、城区自动提取、地图更新、城市变化监测、城市规划、三维建模、数字化城市建设等应用具有重要的意义。通过半自动的交互工具，建筑物提取功能可从影像数据的建筑物中提取出矢量，提取结果为区简单要素类。建议遥感影像的分辨率在 0.1 米及以上。下面以工作空间中的"示例数据"为例介绍建筑物提取的操作方法。

（1）在工作空间中的当前地图中添加影像数据和矢量区数据并将其设置为"当前编辑"状态，如图 4-126 所示。

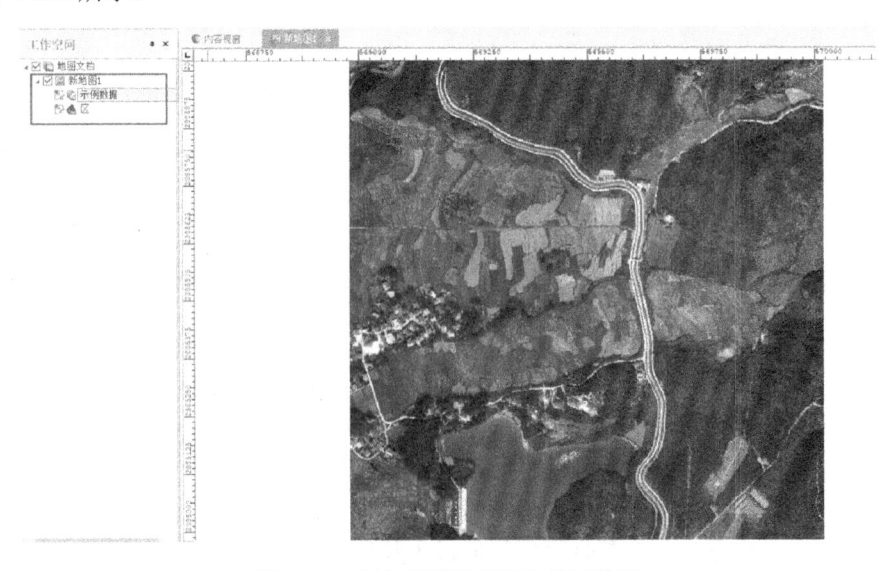

图 4-126　添加影像数据和矢量区数据

（2）在工具栏中单击"建筑物提取"按钮，如图 4-127 所示，可弹出如图 4-128 所示的"建筑物提取"对话框，在该对话框中可设置提取参数。

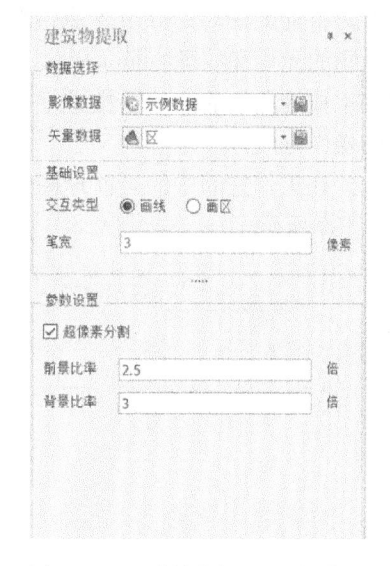

图 4-127　单击"建筑物提取"按钮

图 4-128　"建筑物提取"对话框

数据选择：系统会自动读取当前地图中的影像数据和矢量数据，用户也可以手动选择。

交互类型：系统默认的模式为"画线"，在地图视图中建筑物的位置交互绘制线，按住鼠标左键拉出一条线，松开鼠标后即可提取出一个范围区；选择"画区"后，可在地图视图的建筑物位置交互绘制区，按住鼠标左键拉框绘制一个区，松开鼠标左键后即可提取出一个范围区。在绘制区时，绘制范围应占据建筑物的 2/3 左右，不宜过大也不宜过小。

笔宽：用于控制交互绘制时的线宽，可根据需求设置。

参数设置：建议超像素分割、前景比率、背景比率采用系统的默认值。

（3）用鼠标在地图视图中选择需要提取的建筑物后，系统会自动进行建筑物提取操作。图 4-129 所示为建筑物提取的结果，图中的轨迹线为鼠标圈选范围，颜色填充区域为提取结果。

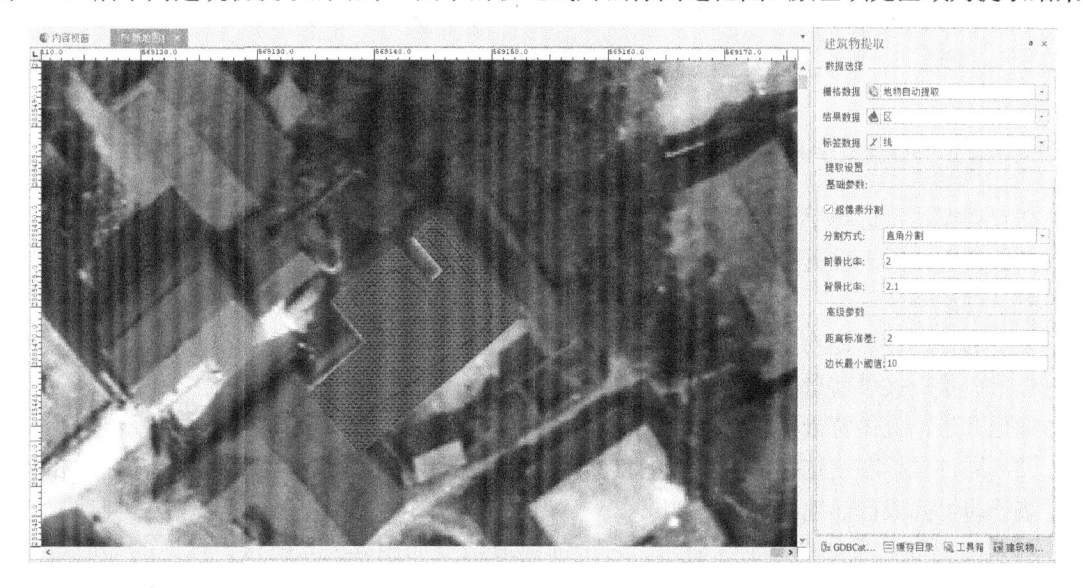

图 4-129　建筑物提取的结果

4.4.5 自然地物提取

针对目前无法对高分辨率遥感影像中的自然地物进行全自动提取的问题，MapGIS 10 结合自然地物的光谱和纹理特征，提供了半自动提取的方法。通过该方法，可对林地、草地、耕地、裸地和水体等典型的自然地物进行提取。下面以工作空间中的"示例数据"为例介绍自然地物提取的操作方法。

（1）在工作空间中的当前地图中添加影像数据和矢量区数据并设置为"当前编辑"状态，如图 4-130 所示。

图 4-130　添加影像数据和矢量区数据

（2）在工具栏中单击"开始提取自然地物"按钮，如图 4-131 所示，可弹出如图 4-132 所示的"开始提取自然地物"对话框，在该对话框中可设置提取参数。

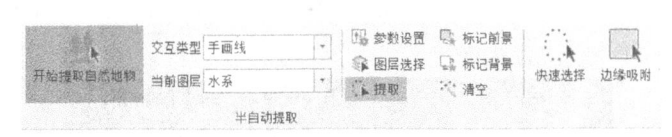

图 4-131　单击"开始提取自然地物"按钮　　图 4-132　"开始提取自然地物"对话框

交互类型：可选择手画线和手画区。

参数设置：用于设置提取自然地物的基本参数，如光谱特征权值、LPB 特征权值、形状特征权值、过滤半径等。

图层选择：自然地物提取结果的存放图层。

标记前景：提供前景样本。

标记背景：提供背景样本。

（3）通过鼠标左键选择需要提取的自然地物，可采用手画线或手画区两种形式，单击"提取"按钮即可完成自然地物的提取。

水系的提取结果如图 4-133 所示，耕地的提取结果如图 4-134 所示，林地的提取结果如图 4-135 所示。

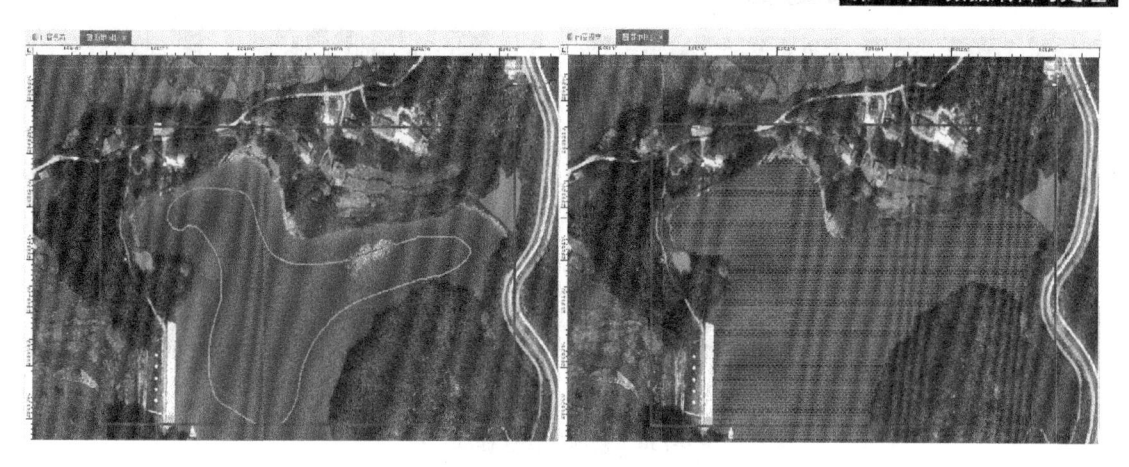

图 4-133 水系的提取结果

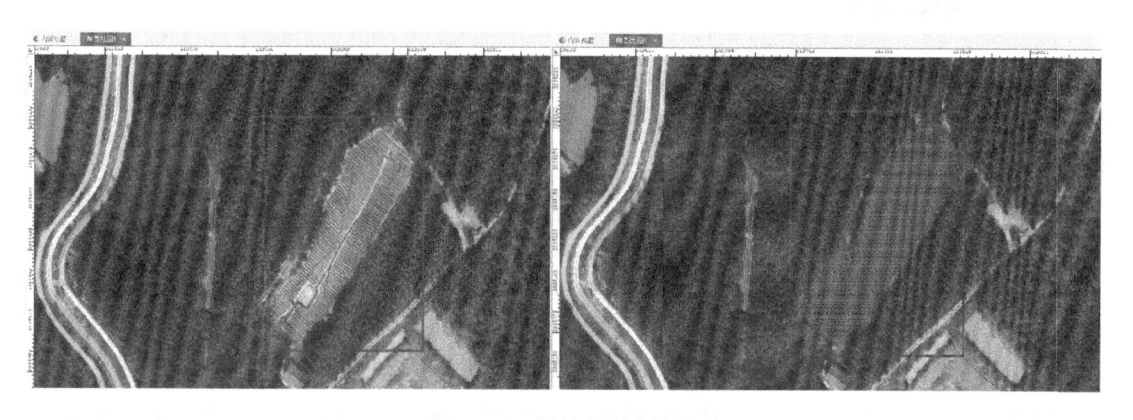

图 4-134 耕地的提取结果

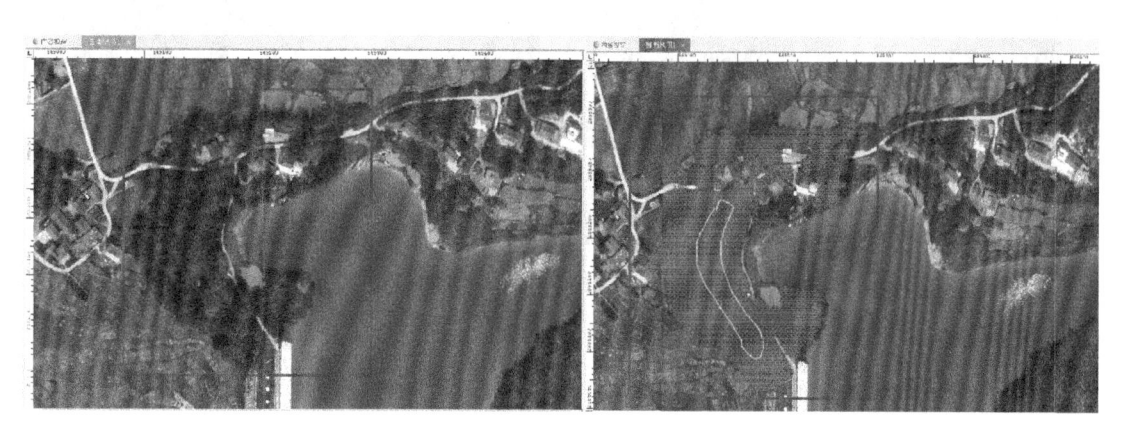

图 4-135 林地的提取结果

4.4.6 快速选择

快速选择功能可以实现多种地物的快速矢量化,具体操作方法可参考 4.4.5 节。耕地的手动提取结果和快速提取结果如图 4-136 所示。

(a) 耕地的手动提取结果 　　　　　　　　　　　　(b) 耕地的快速提取结果

图 4-136　耕地的快速提取结果

4.4.7　边缘吸附

通过边缘吸附功能，可以追踪自然地物的边界线。使用边缘吸附功能时，需要先选择地物的边界线，具体的操作方法可参考 4.4.5 节。下面以工作空间中的"示例数据"为例，重点介绍边界线的选择。

（1）在工作空间中的当前地图中添加影像数据和矢量区数据并设置为"当前编辑"状态。

（2）单击工具栏中的"边缘吸附"按钮。

（3）单击需要提取的边界线任意位置，即可出现边界线，通过移动鼠标绘制边界线范围，如图 4-137 所示，可得到想要提取的区域。

（4）单击鼠标右键，即可完成边缘吸附，其结果如图 4-138 所示。

图 4-137　绘制边界线 　　　　　　　　　　　　图 4-138　边缘吸附的结果

4.5　地图综合

地图综合是指借助已有的大比例尺地图（或高分辨率地理数据）生成对应的小比例尺地图（或低分辨率地理数据）的操作。随着比例尺的缩小，以概括的形式表达地图，保留重要地物，去掉次要地物，可为用户提供适宜的地理信息。地图综合涉及对数据的分析，对图元的化简、抽稀、降维等处理，以及对分析结果的评价分析。

地图综合包括交互式综合和自动地图综合。

在交互式综合中，制图员根据地图综合软件提供的功能，人工处理地理数据。例如，地图综合软件根据事先建立的模型和规则，探测两个地物之间的几何距离，如果距离太小，就需要进行位移操作，此时，制图员就可以根据实际情况，借助地图综合软件提供的功能，进行位移操作。在这个过程中，什么地方需要进行地图综合由计算机决定，而如何进行地图综合则由制图员决定。也就是说，计算机解决 Where 的问题，制图员解决 How 的问题。在交互式综合中，制图员的作用大于计算机的作用。

自动地图综合是在最低层次上进行的，需要制图员干预的情况不多，主要由计算机根据模型和规则，使用各种独立的算法分别进行综合。自动地图综合涉及信息综合、滤波法、启发式、分形学和小波分析等方法。

在实际的地图综合过程中，需要结合使用交互式综合和自动地图综合。在能够使用自动地图综合的场合就使用自动地图综合；在较复杂的场合，如果计算机不足以满足地图综合的需求，则应该使用交互式综合。

基于 MapGIS 10 for Desktop 的地图综合完整流程如图 4-139 所示。

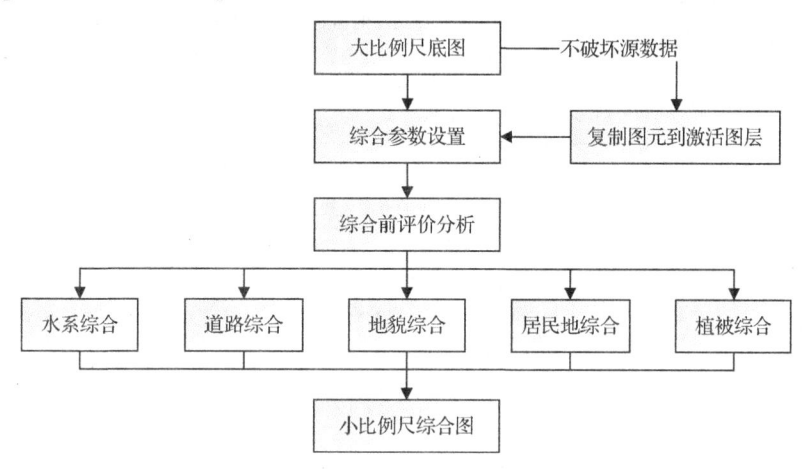

图 4-139　基于 MapGIS 10 for Desktop 的地图综合完整流程

MapGIS 10 for Desktop 的地图综合模块提供了多边形探测、曲线探测、多边形综合、曲线综合、图元降维、多边形合并、多边形化简、弧段串接、曲线处理、特征点提取、高程点选取、综合质量评价等功能。这里以地图缩编的业务场景为例，重点介绍图元化简、图元概括、图元降维、全自动综合、综合协调处理和综合质量评价等内容。

4.5.1　地图综合参数设置

通过设置地图综合的参数，可以在地图综合的过程中对地图综合的力度进行控制。例如，多边形中轴线的提取，通过修改三角形加密步长、中轴线提取时多边形邻近间距、中轴线网络可删除的最小弧段长度，可以控制提取效果。

4.5.1.1　操作说明

选择菜单"制图综合"→"参数设置"，可弹出如图 4-140 所示的"参数设置"对话框。在该对话框中，通过通用参数、居民地、地貌、三角网、曲线、综合评价可设置地图综合过程中的各种参数。

"参数设置"对话框中的参数功能如表 4-8 所示。

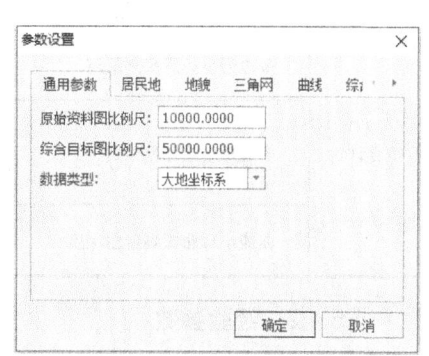

图 4-140　"参数设置"对话框

表 4-8 "参数设置"对话框中的参数功能

分类	名称	功能详解
通用参数	原始资料图比例尺	数据在地图综合前的原始比例尺
	综合目标图比例尺	数据在地图综合后的目标比例尺
	数据类型	根据导入数据的空间参照系类型选择大地坐标系或地理坐标系
居民地	小板房长度	对居民地进行小板房化时生成的小板房长度,单位为 mm
	小板房宽度	对居民地进行小板房化时生成的小板房宽度,单位为 mm
	生成小板房的最小面积	将面积小于该限定值的居民地综合成长、宽分别为上述两个参数规格的矩形小板房,单位为 mm^2
	建筑物多边形化简边长阈值	对多边形边界线上弯曲深度小于该限定值的弧段进行化简,参数值根据比例尺换算得来,单位为 mm
	面状地物可删除面积阈值	在将面状原图层的图元复制到目标图层的过程中限定复制图元面积的最小值,面积小于该限定值的图元不会被复制到目标图层上,参数单位为图面单位
	线状地物可删除长度阈值	在将线状原图层的图元复制到目标图层的过程中限定复制图元长度的最小值,长度小于该限定值的图元不会被复制到目标图层上,参数单位为图面单位
地貌	等高线删除弯曲的深度	删除等高线上弯曲深度小于参数设定值的弧段
	高程点选取密度每平方分米	对点图层上的点图元按照设置的选取密度参数自动完成选取操作
	曲线特征点提取时的弯曲深度	等高线特征点提取时特征点所在等高线弧段位置上的识别,单位为 mm,该值越小,提取的特征点越多
	线目标变点目标的最大长度值	将线要素降维综合为点要素时线长度阈值,小于该长度值的都变换为点,单位为图面单位
	面目标转换为点的最大面积	将区要素降维综合为点要素时面积阈值,小于该面积的区图元转换为点,单位为图面单位
三角网	三角网加密步长	用来设置由数据建立的三角网的三角底边长度,一般设置为 2 mm 或 2.5 mm
	中轴线提取双线邻近的间距	该参数在提取由双线表示的地物中轴线时需进行设置
	中轴线提取时多边形邻近间距	设置多边形邻近间距,用来辅助提取邻近多边形的间距,以实现毗邻化操作
	中轴线网络可删除的最小弧段长度	该参数是提取区要素的中轴线时被删除的中轴线弧段阈值,小于该阈值的弧段在提取中轴线到线综合层的过程中被删除
	多边形合并的最小间距	当多边形的间距小于此参数值时将被框选合并
曲线	曲线压缩矢高	该参数用于坐标压缩,曲线弯曲深度小于该限定值的弧段上的坐标点将被直接删除
	曲线光滑步长	该参数用于曲线光滑,用于设置加密点的间隔距离
	边界曲线化简弯曲深度	该参数用于曲线化简和不规则多边形化简,对曲线弯曲深度小于该限定值的弧段进行化简
综合评价	多边形小间距探测距离	该参数用于多边形小间距探测,在当前屏幕范围内,小于设定限值的多边形间距被看成小间距,在街区生成中该参数可用于辅助判断建筑物间距
	多边形瓶颈探测距离	该参数用于多边形瓶颈部位探测,在当前屏幕范围内,小于设定限值的多边形内部宽度被看成多边形瓶颈,在双线河变单线河时该参数可用于辅助判断狭窄部位
	曲线小弯曲探测弯曲深度	该参数用于曲线小弯曲探测,在当前屏幕范围内,小于设定限值的曲线弯曲深度被看成小弯曲,在曲线化简时该参数可用于辅助判断小弯曲

4.5.1.2 经验参数

表 4-9 给出了将比例尺为 1:10000 的原始图层综合成比例尺为 1:50000 的目标图层时的经验参

数,单位为当前图层的图面单位,即 mm。在实际操作过程中可根据具体的数据来调整这些参数。

表 4-9　将比例尺为 1:10000 的原始图层综合成比例尺为 1:50000 的目标图层时的经验参数

参 数 项	原始图层 （1:10000）	目标图层 （1:50000）	备　　注
三角网加密步长	2.5	2.5	
中轴线提取双线邻近的间距	2	0.4	河流宽度大于图上 0.4 mm 时用双线依比例尺表示,小于 0.4 mm 时用单线表示
中轴线提取时多边形邻近间距	20	20	
中轴线网络可删除的最小弧段长度	2.5	0.5	提取面状地物中轴线后删除的微短线的阈值
多边形合并的最小间距	20	20	多边形间的距离阈值,小于此阈值则合并
曲线压缩矢高	2	2	表示离曲线整体走向最远的点的距离阈值
边界曲线化简弯曲深度	2	2	
多边形小间距探测距离	2.5	2.5	
多边形瓶颈探测距离	2.5	2.5	
曲线小弯曲探测弯曲深度	3	3	
小板房长度	3.5	0.7	对于街区式居民或散列式的居民地,应反映居民地的分布特征。长、宽分别小于图上 0.7 mm、0.5 mm 的房屋用不依比例尺的房屋表示；凡长大于图上 0.7 mm,宽在图上 0.5 mm 以内的单幢房屋,或三、五幢房屋排成一行,宽度小于图上 0.5 mm,各幢间隔小于图上 0.2 mm 时,用半依比例尺房屋表示；长、宽分别大于图上 0.7 mm、0.5 mm 的单栋房屋依比例尺房屋表示
小板房宽度	2.5	0.5	
生成小板房的最小面积	9.25	0.35	
小板房选取比例	60	60	
建筑物多边形化简边长阈值	2.5~5	0.5~1	街区最小图斑一般不小于图上 1.5 mm²（或长度应大于图上 1.2 mm、宽度大于图上 1.0 mm）。当街道宽度、铁路宽度大于图上 1 mm,以及遇到面状水体时,街区不得合并表示。其凸凹部分一般在小于图上 0.5~1 mm 时,根据居民地规模和轮廓特征可综合表示。街区内的空地,应予表示。当外围是零散房屋,其与街区的距离在图上 0.5 mm 以内的,可与街区合并；离开居民地大于图上 0.5 mm 的零散房屋,可视情况适当综合取舍。密集分布,房屋间距在图上 0.2 mm 以下,图上长、宽分别大于 1.2 mm、1.0 mm 的农村居民地按照街区表示
原始资料图比例尺	1:10000		
综合目标图比例尺	1:50000		
等高线选取高程间距	如 5	如 10	根据区域地形特征,按照平地 10 米或 5 米,丘陵 10 米、山地 20 米等高距表示地貌
等高线删除弯曲的深度	2.0~5.0	0.4~1.0	
高程点选取密度每平方分米个数	20	20	
曲线特征点提取时的弯曲深度	3	3	
面目标转换为点目标的最大面积	0.5×0.7	0.5×0.7	
线目标变点目标的最大长度值	50	10	一般均应表示。在河网密集地区,图上长度不足 1 cm 的可酌情舍去

4.5.2 图元化简

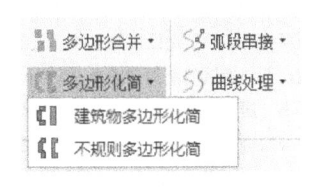

4.5.2.1 建筑物多边形化简

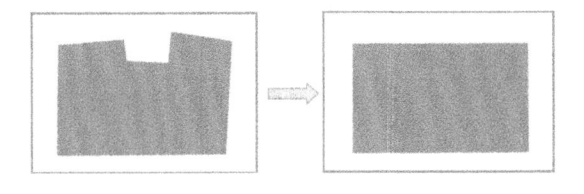

建筑物多边形化简主要是指对规则的建筑物多边形进行化简，化简后的目标轮廓比较规则，一般呈直角状。建筑物多边形化简的操作方法如下：

（1）将需要进行综合操作的区图层（如"居民地"）设置为"当前编辑"状态，如图4-141所示。

图4-141 将区图层（如"居民地"）设置为"当前编辑"状态

（2）在"参数设置"对话框中设置"三角网加密步长""建筑物多边形化简边长阈值"，如图4-142（注：图中的"临近"应为"邻近"）和图4-143所示。

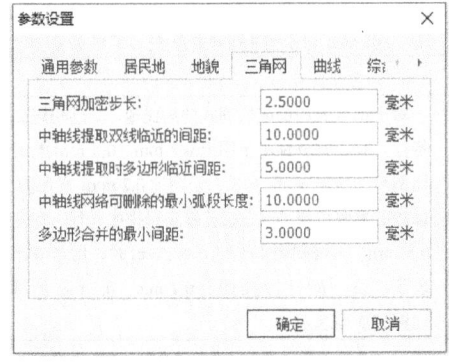

图4-142 设置"三角网加密步长"　　图4-143 设置"建筑物多边形化简边长阈值"

（3）选择菜单"制图综合"→"多边形化简"→"建筑物多边形化简"，如图4-144所示。

（4）在地图视图中拉框选取要化简的区图元，即可完成建筑物多边形化简，结果如图4-145所示。

图4-144 选择"建筑物多边形化简"　　图4-145 建筑物多边形化简的结果

4.5.2.2 不规则多边形化简

不规则多边形化简主要是指对不规则的图形进行化简，可将图元边界弯曲深度小于边界曲线化简弯曲深度的弧段化简成比较自然的曲线，适用于湖泊、鱼塘等地物。操作方法如下：

（1）将需要进行综合操作的区图层（如"水系"）设置为"当前编辑"状态，如图4-146所示。

图4-146 将区图层（如"水系"）设置为"当前编辑"状态

(2)在"参数设置"对话框中设置"三角网加密步长""边界曲线化简弯曲深度",如图4-147(注:图中的"临近"应为"邻近")和图4-148所示。

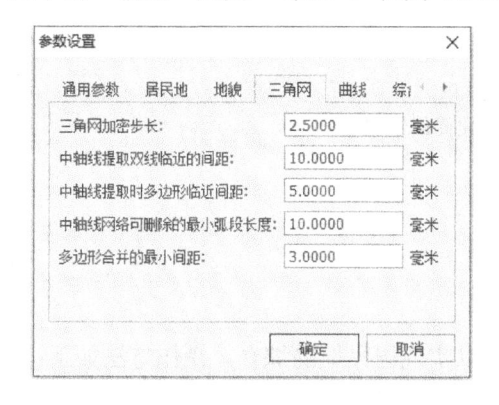

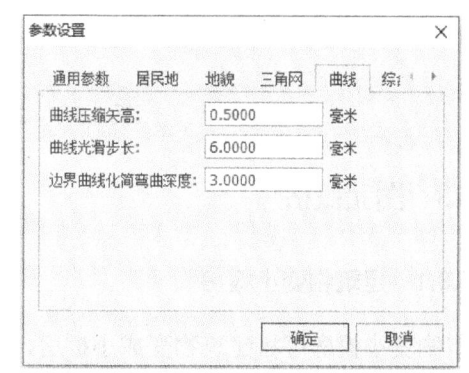

图4-147 设置"三角网加密步长"

图4-148 设置"边界曲线化简弯曲深度"

(3)选择菜单"制图综合"→"多边形化简"→"不规则多边形化简",如图4-149所示。

(4)在地图视图中拉框选取要化简的区图元,即可完成不规则多边形化简,结果如图4-150所示。

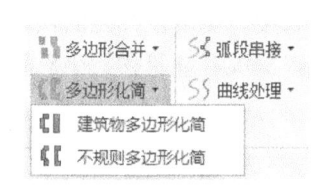

图4-149 选择"不规则多边形化简"

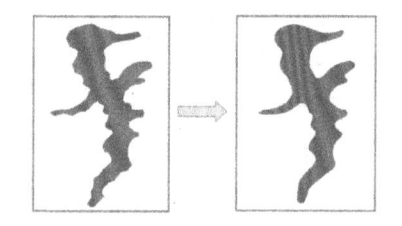

图4-150 不规则多边形化简的结果

4.5.2.3 曲线化简

曲线化简主要是指对线状要素进行化简,减少曲线上点的数量,从而减少数据量的存储。操作方法如下:

(1)将需要进行综合操作的线图层(如"等高线")设置为"当前编辑"状态,如图4-151所示。

(2)在"参数设置"里设置参数"三角网加密步长""边界曲线化简弯曲深度"。

(3)选择菜单"制图综合"→"曲线处理"→"曲线化简",如图4-152所示。

图4-151 将线图层(如"等高线")设置为"当前编辑"状态

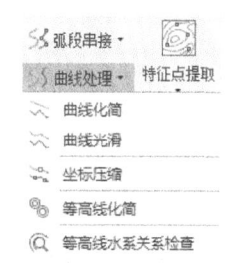

图4-152 选择"曲线化简"

(4)拉框选取需要进行化简的线图元,即可进行曲线化简,结果如图4-153所示。

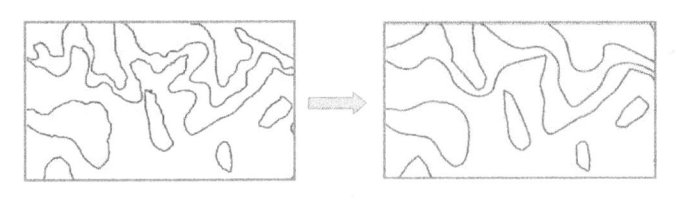

图 4-153 曲线化简的结果

4.5.3 图元概括

4.5.3.1 建筑物变小板房

建筑物变小板房可将建筑物变成小板房，用以实现居民地的综合。操作方法如下：

（1）将需要进行综合操作的区图层设置为"当前编辑"状态。

（2）在"参数设置"对话框中设置"三角网加密步长""生成小板房的最小面积""小板房长度""小板房宽度"。

（3）选择菜单"制图综合"→"建筑物变小板房"即可进行建筑物变小板房的操作。当图元外包矩形的长度、宽度及图元面积都大于对应的参数时，区图元不做更改；在图元外包矩形的长度及图元面积大于对应的参数，而宽度小于对应的参数时，可将相应图元的宽度变为小板房宽度、长度为其外包矩形长度的矩形；当图元外包矩形的长度、宽度及图元面积都小于对应的参数时，可将相应图元的长度、宽度分别变为小板房长度、宽度。建筑物变小板房的结果如图 4-154 所示。

4.5.3.2 多边形毗邻

多边形毗邻可以使两个相邻区图层的共享边界分别向中间移动半宽距离，用于实现两个多边形的相切。操作方法如下：

（1）将需要进行综合操作的区图层设置为"当前编辑"状态。

（2）在"参数设置"对话框中设置"三角网加密步长""中轴线提取时多边形邻近间距""中轴线网络可删除的最小弧段长度"。

（3）选择菜单"制图综合"→"多边形毗邻"。

（4）拉框选择至少两个区图层进行毗邻操作，若选择的区图层符合毗邻条件，则将毗邻相应的图层（只是相邻并没有合并），结果如图 4-155 所示。

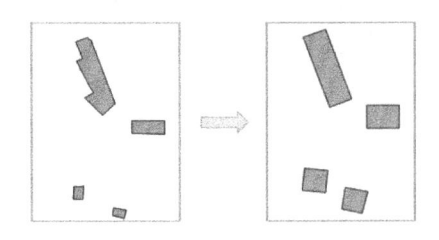

图 4-154 建筑物变小板房的结果 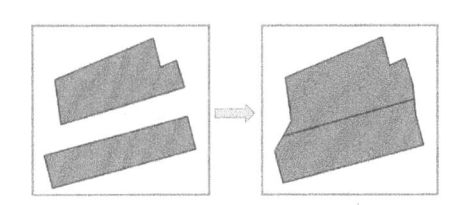　　　　图 4-155 多边形毗邻的结果

4.5.3.3 共享边界咬合

共享边界咬合是指将某个图元的一条边咬合到另一个图元的一条边上，有三种咬合类型：区对区咬合、区对线咬合、线对线咬合。共享边界咬合的操作如下：

（1）图层状态：若在两个图层上进行操作，则需要将一个图层设置为"当前编辑"状态，将另一个图层设置为"编辑"或"当前编辑"状态；若在一个图层上进行操作，则需要将该图层设置为"当前编辑"状态（区对区咬合、线对线咬合可以针对同一图层上的不同图元）。

（2）选择菜单栏"制图综合"→"共享边界咬合"即可执行相应的操作。

区对区咬合的情况如下：

- 选择两个需要进行咬合的区图层 A、B（必须同时且只框选这两个区图层），若选取成功，则区图层 A、区图层 B 及两个区图层上所有的点都将高亮显示。
- 首先在区图层 A 上选择点①，然后在区图层 B 上选择点②，接着在区图层 A 上选择点③，最后在区图层 B 上选择点④。
- 选择完 4 个点后，区图层 A 将主动向区图层 B 进行咬合，点①和点②、点③和点④咬合在一起，结果如图 4-156 所示。
- 若需要区图层 B 向区图层 A 咬合，则首先在区图层 B 上选择点①，然后在区图层 A 上选择点②，接着在区图层 B 上选择点③，最后在区图层 A 上选择点④。

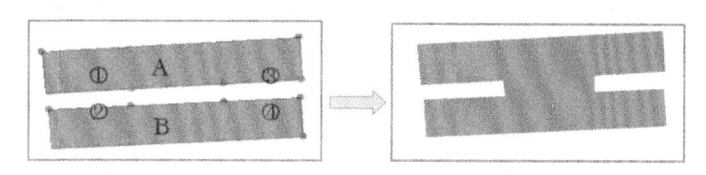

图 4-156　区对区咬合的结果

4.5.4　图元降维

4.5.4.1　线转点

线转点可将线图元转换为点图元。操作方法如下：

（1）将需要进行综合操作的线图层、点图层设置为"当前编辑"状态。

（2）在"参数设置"对话框中设置"线目标变点目标的最大长度值"，如图 4-157 所示。

（3）选择菜单"制图综合"→"图元降维"→"线转点"，如图 4-158 所示。

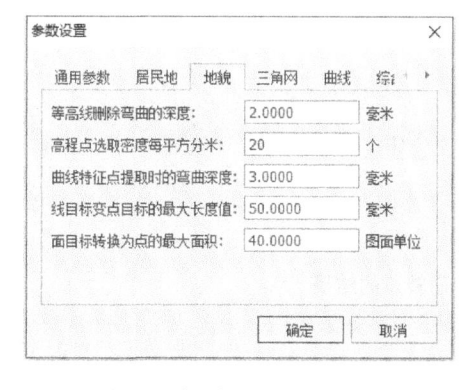

图 4-157　设置"线目标变点目标的最大长度值"　　图 4-158　选择"线转点"

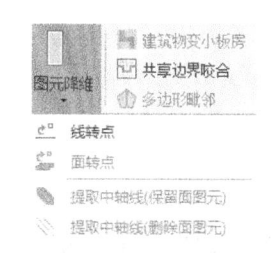

（4）拉框选取线图元后即可进行线转点的操作。如果选择的线目标长度超过了设置的"线目标变点目标的最大长度值"，则该目标不能被转换为点目标。

线转点的结果如图 4-159 所示。

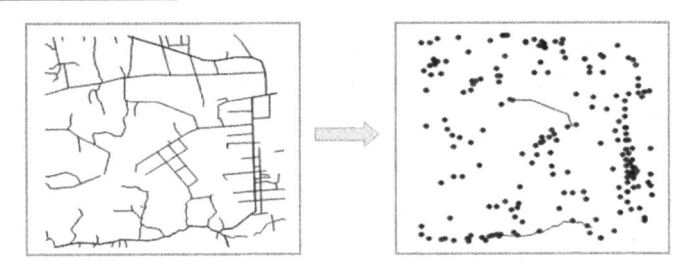

图 4-159　线转点的结果

4.5.4.2　面转点

面转点可将区图元转换为点图元，操作方法如下：

（1）将需要进行综合操作的区图层、点图层设置为"当前编辑"状态。

（2）在"参数设置"对话框中设置"面目标转换为点的最大面积"，如图 4-160 所示。

（3）选择菜单"制图综合"→"图元降维"→"面转点"，如图 4-161 所示。

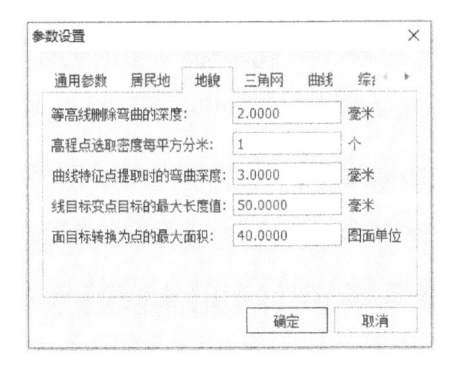

图 4-160　设置"面目标转换为点的最大面积"　　图 4-161　选择"面转点"

（4）拉框选取区图元后即可进行面转点的操作。如果选择的面目标面积超过了设置的"面目标转换为点目标的最大面积"，则该目标不能转换为点目标。

面转点的结果如图 4-162 所示。

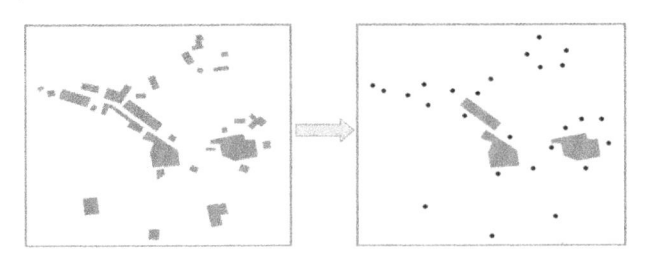

图 4-162　面转点的结果

4.5.4.3　提取中轴线（保留面图元）

提取中轴线（保留面图元）可以用来提取区图元（面图元）的中轴线。操作方法如下：

（1）将需要进行综合的区图层和线图层都设置为"当前编辑"状态。

（2）在"参数设置"对话框中设置"三角形加密步长""中轴线提取时多边形邻近间距""中轴线网络可删除的最小弧段长度"，如图 4-163 所示（注：图中的"临近"应为"邻近"）。

（3）选择菜单"制图综合"→"图元降维"→"提取中轴线（保留面图元）"，如图 4-164 所示。

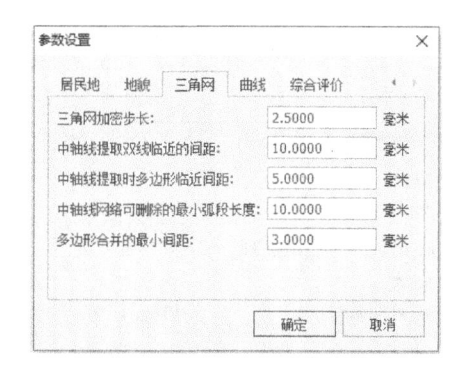

图 4-163　设置"参数设置"对话框中的相关参数　　　图 4-164　选择"提取中轴线（保留面图元）"

（4）在区图层上选取一个或者多个需提取中轴线的区图元，系统将自动提取中轴线并添加到线图层，区图层上的区图元仍保留，结果如图 4-165 所示。

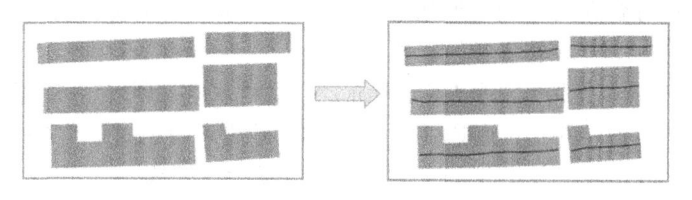

图 4-165　提取中轴线（保留面图元）的结果

4.5.4.4　提取中轴线（删除面图元）

提取中轴线（删除面图元）的操作方式和参数设置与提取中轴线（保留面图元）一致，不同的是前者在提取中轴线的同时删除了被提取中轴线的区图元。操作说明如下：

（1）将需要进行综合的区图层和线图层都设置为"当前编辑"状态。

（2）在"参数设置"对话框中设置"三角形加密步长""中轴线提取时多边形邻近间距""中轴线网络可删除的最小弧段长度"。

（3）选择菜单"制图综合"→"图元降维"→"提取中轴线（删除面图元）"。

（4）在区图层上选取一个或者多个需提取中轴线的区图元，系统将自动提取中轴线并添加到线图层，区图层上的区图元将被删除，结果如图 4-166 所示。

（5）在区图层上选取一个或者多个需提取中轴线的面图元，系统自动生成中轴线并添加到线图层，区图层上的面图元被删除。

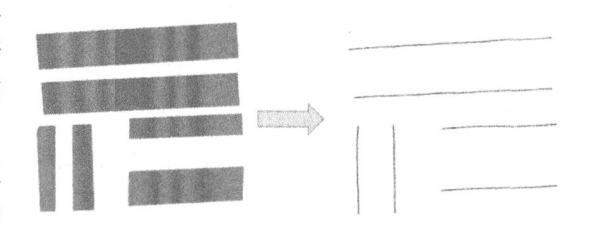

图 4-166　提取中轴线（删除面图元）的结果

4.5.5　全自动综合

4.5.5.1　多边形自动综合

多边形自动综合是指对多边形区要素进行的自动合并、毗邻操作。操作方法如下：

（1）将需要进行多边形自动综合的区图层设置为"编辑"状态。

（2）选择菜单"制图综合"→"全自动综合"→"多边形自动综合"，如图 4-167 所示，可弹出如图 4-168 所示的"多边形自动综合"对话框。

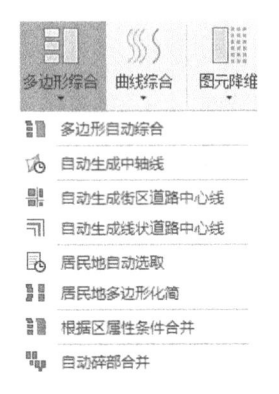

图 4-167　选择"多边形自动综合" 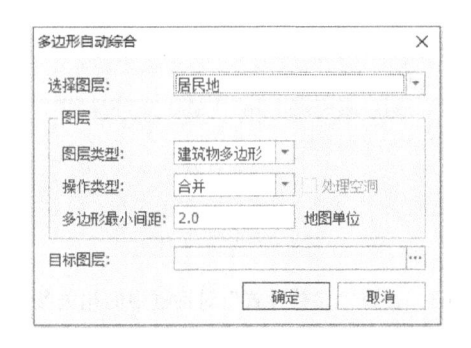　　　　图 4-168　"多边形自动综合"对话框

图层类型：根据综合数据的图元形状进行选择，若为较规则的方形图元，则选择"建筑物多边形"，否则就选择"不规则多边形"。

操作类型：若选择"合并"，则"多边形最小间距"为多边形合并的最小距离，区多边形间距小于该参数值的实现合并；若选择"毗邻"，则"多边形最小间距"为中轴线提取时多边形邻近间距，使两个相邻区图元的共享边分别向中间移动半宽距离。

（3）在"多边形自动综合"对话框中选择需要进行综合的区图层，设置"目标图层"后，单击"确定"按钮即可进行多边形自动综合，结果如图 4-169 和图 4-170 所示。

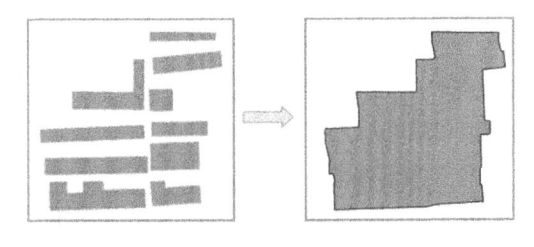

图 4-169　多边形自动综合（合并）的结果 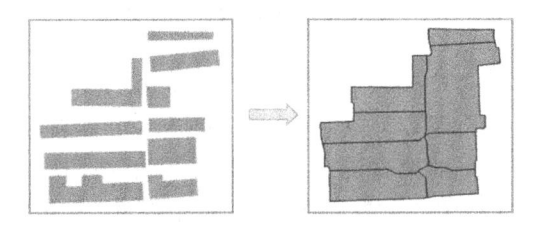　　　　图 4-170　多边形自动综合（毗邻）的结果

4.5.5.2　自动生成中轴线

自动生成中轴线用于提取区图层中的中轴线，可以不改变原图元，生成的图元能保存在目标图层中。操作方法如下：

（1）将需要进行自动生成中轴线的区图层设置为"编辑"状态。

（2）选择菜单"制图综合"→"多边形综合"→"自动生成中轴线"，可弹出如图 4-171 所示的"多边形中轴线提取"对话框。

（3）在"多边形中轴线提取"对话框中进行参数设置。在"选择图层"的下拉列表中选择处于"当前编辑"和"编辑"状态的区图层；"最小弧段长度"用于设置进行中轴线提取时可删除的弧段长度（即只保留弧段长度大于该值的中轴线）；"目标图层"用于设置自动生成中轴线结果的存放路径和名称。单击"确定"按钮后即可进行自动生成中轴线，结果如图 4-172 所示。

图 4-171 "多边形中轴线提取"对话框 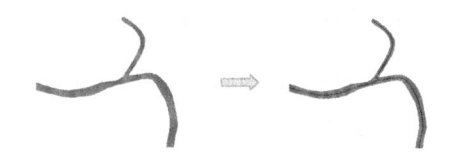　　　　图 4-172 自动生成中轴线的结果

4.5.5.3 自动生成街区道路中心线

自动生成街区道路中心线可用于进行街区道路中心线提取的自动操作，可在满足设置参数的街区道路直接生成道路中心线，并保存到线图层中。操作方法如下：

（1）将需要进行自动生成街区道路中心线的区图层设置为"编辑"状态。

（2）选择菜单"制图综合"→"多边形综合"→"自动生成街区道路中心线"，可弹出如图 4-173 所示的"街区中心线提取"对话框。

（3）在"街区中心线提取"对话框中进行参数设置。在"选择图层"的下拉列表中选取处于"当前编辑"和"编辑"状态的区图层；"道路最大宽度"用于设置可生成中心线的街区道路的最大宽度，大于该设置值的街区道路不生成中心线；勾选"处理空洞"选项后可处理由于某些街区道路不符合中心线提取标准，使多条中心线不能聚合而形成的空洞，可实现多个中心线的捏合；"目标图层"用于设置自动生成街区道路中心线结果的存放路径和名称。单击"确定"按钮后即可进行自动生成街区道路中心线的操作，并将生成的中心线保存到线图层中，结果如图 4-174 所示。

图 4-173 "街区中心线提取"对话框 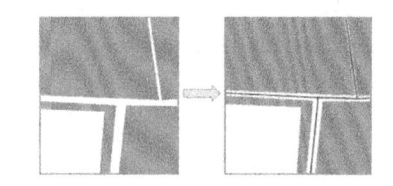　　　　图 4-174 自动生成街区道路中心线的结果

4.5.5.4 自动生成线状道路中心线

自动生成线状道路中心线可用于双线道路的中心线的自动提取。操作方法如下：

（1）将需要进行自动生成线状道路中心线的线图层设置为"编辑"状态。

（2）选择菜单"制图综合"→"多边形综合"→"自动生成线状道路中心线"，可弹出如图 4-175 所示的"道路中心线提取"对话框。

（3）在"道路中心线提取"对话框中进行参数设置。"道路最大宽度"用于设置可生成中心线的双线道路的最大宽度，大于该设置值的双线道路不生成中心线。单击"确定"按钮即可生成线状道路中心线，并将结果自动保存到线图层中，结果如图 4-176 所示。

图 4-175 "道路中心线提取"对话框 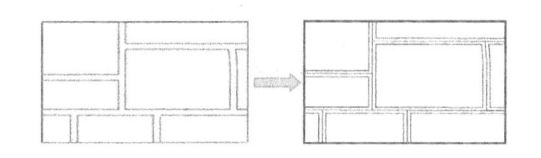　　　　图 4-176 自动生成线状道路中心线的结果

4.5.5.5 居民地自动选取

居民地自动选取可以从居民地图元中筛选出面积大于设定的面积阈值的图元，并由此生成新的区简单要素类。操作方法如下：

（1）将需要进行居民地自动选取的区图层设置为"当前编辑"状态。

（2）选择菜单"制图综合"→"多边形综合"→"居民地自动选取"，可弹出如图 4-177 所示的"居民地多边形选取"对话框。

（3）在"居民地多边形选取"对话框中进行参数设置。"面积阈值"用于设置图元的面积，大于该设定值的图元会被筛选出来；"目标图层"用于设置居民地自动选取结果的存放路径和名称。单击"确定"按钮即可进行居民地自动选取的操作，结果如图 4-178 所示。

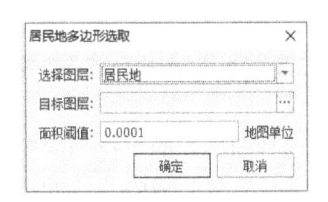

图 4-177 "居民地多边形选取"对话框

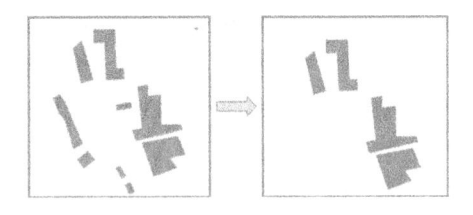

图 4-178 居民地自动选取的结果

4.5.5.6 等高线自动综合

等高线自动综合是指对等高线进行的自动化简综合操作。操作方法如下：

（1）将需要进行等高线自动综合的等高线图层设置为"编辑"状态。

（2）选择菜单"制图综合"→"曲线综合"→"等高线自动综合"，可弹出如图 4-179 所示的"等高线综合"对话框。

（3）在"等高线综合"对话框中进行参数设置。在"图层"栏中，"原始图层"用于设置需要进行等高线自动综合的等高线图层；"目标图层"用于设置等高线自动综合结果的存放路径和名称；"原始比例尺"是原始等高线图层中的比例尺；"目标比例尺"用于设置目标图层的比例尺，必须小于"原始比例尺"的值。可根据实际需要设置"选择方式"栏中的参数、"化简方式"和"化简强度"等参数。单击"确定"按钮即可完成等高线自动综合，结果如图 4-180 所示。

图 4-179 "等高线综合"对话框

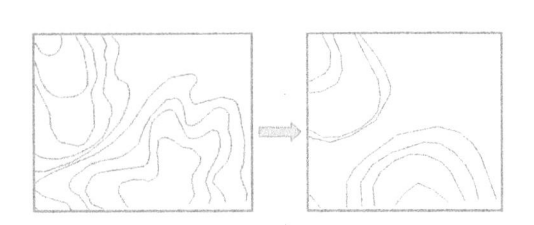

图 4-180 等高线自动综合的结果

4.5.6 综合协调处理

4.5.6.1 等高线提取谷底点、山脊点（交互）

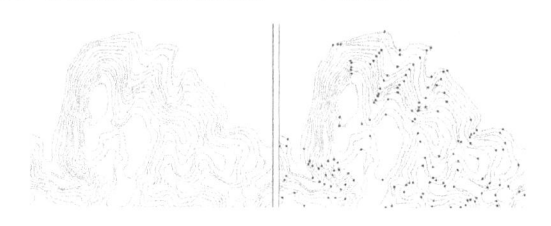

等高线提取谷底点、山脊点（交互）的操作方法如下：

（1）将需要进行操作的等高线图层以及保存特征点的点图层设置为"当前编辑"状态。

（2）在"参数设置"对话框的"地貌"选项卡中设置"曲线特征点提取时的弯曲深度"，如图4-181所示。

（3）选择菜单"特征点提取"→"等高线提取谷底点、山脊点（交互）"，如图4-182所示。

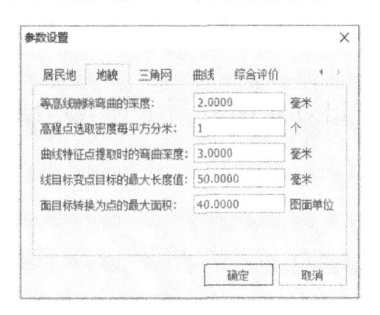

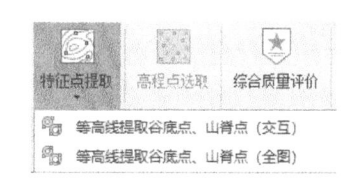

图4-181　设置"曲线特征点提取时的弯曲深度"　　图4-182　选择"等高线提取谷底点、山脊点（交互）"

（4）在地图视图中选择需要进行特征点提取的等高线后，MapGIS 10会自动进行等高线提取谷底点、山脊点（交互）的操作，结果如图4-183所示。

图4-183　等高线提取谷底点、山脊点（交互）的结果

4.5.6.2 线弧段串接

线弧段串接是指在线上、线外随意加点进行曲线串接的操作。操作说明如下：

（1）将需要进行线弧段串接的线图层设置为"当前编辑"状态。

（2）选择菜单"弧段串接"→"线弧段串接"，如图4-184所示。

（3）在地图视图区选取所要进行操作的线图元，一次只能选择一条线，线弧段串接操作的起点和终点都必须在选取的线上，中间可以按照要求在线上、线外随意加点来改变曲线串接的走向。线弧段串接的结果如图4-185所示。

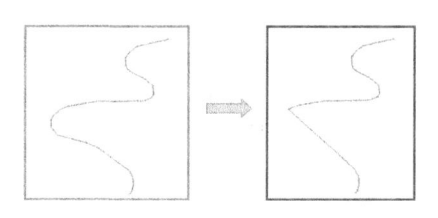

图4-184　选择"线弧段串接"　　　　　　图4-185　线弧段串接的结果

4.5.7 综合质量评价

综合质量评价是指对线状地物、面状地物的综合结果进行的质量评价，可以对地图综合前后图元的数目和形状保持情况做出评价分析。操作方法如下：

（1）将地图综合前、后的图层设置为"编辑"状态。

（2）选择菜单"制图综合"→"综合质量评价"，可弹出如图 4-186 所示的"综合质量评价"对话框。在该对话框的"图层"栏中，设置要参与综合质量评价的"原始底图层""综合后图层"，参与综合质量评价的图层可为线图层和区图层。"评价选项"可选择"对全图进行统计评价""进行抽样选取评价"，当选择"对全图进行统计评价"时可以对全图的线图层和区图层的地图综合前后的情况进行综合质量评价；当选择"进行抽样选取评价"时需要在地图视图中拉框选择要进行综合质量评价的图层。

若选择"对全图进行统计评价"，单击"确定"按钮后弹出如图 4-187 所示的"综合质量评价结果"对话框。

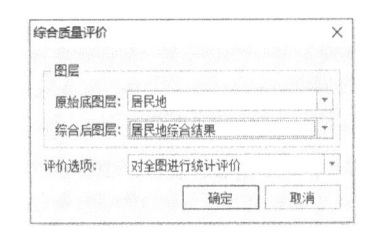

图 4-186 "综合质量评价"对话框 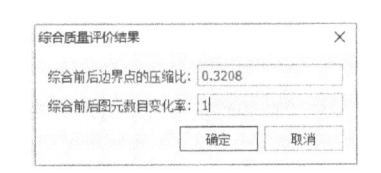　　　　图 4-187 "综合质量评价结果"对话框

若选择"进行抽样选取评价"，单击"确定"按钮，在地图视图中框选要进行评价分析的图元后，可弹出的"综合质量评价"对话框，可以看到进行抽样选取评价的结果，如图 4-188 所示。

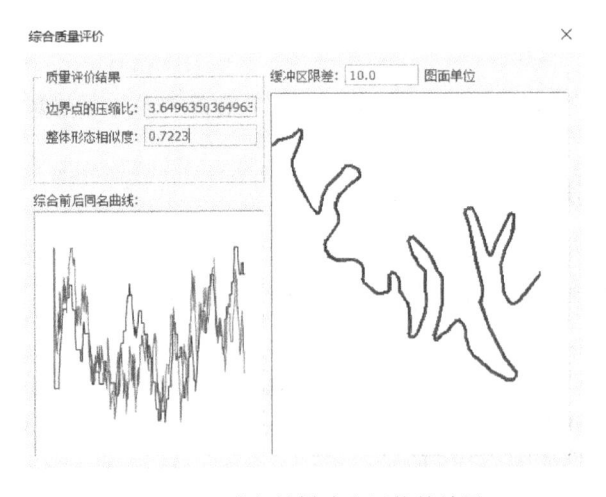

图 4-188 进行抽样选取评价的结果

第5章 地图数据可视化

5.1 系统库与样式库

5.1.1 系统库与样式库的基本概念

5.1.1.1 系统库

在 MapGIS 10 for Desktop 中，符号是简单要素类中图元的基本参数。系统库包括符号库、三维符号库、颜色库和字体库，可用于对地图中图元的符号，以及地图中的颜色、字体进行管理与设计。

选择菜单"设置"→"系统库管理"，可打开如图 5-1 所示的"系统库管理"对话框。

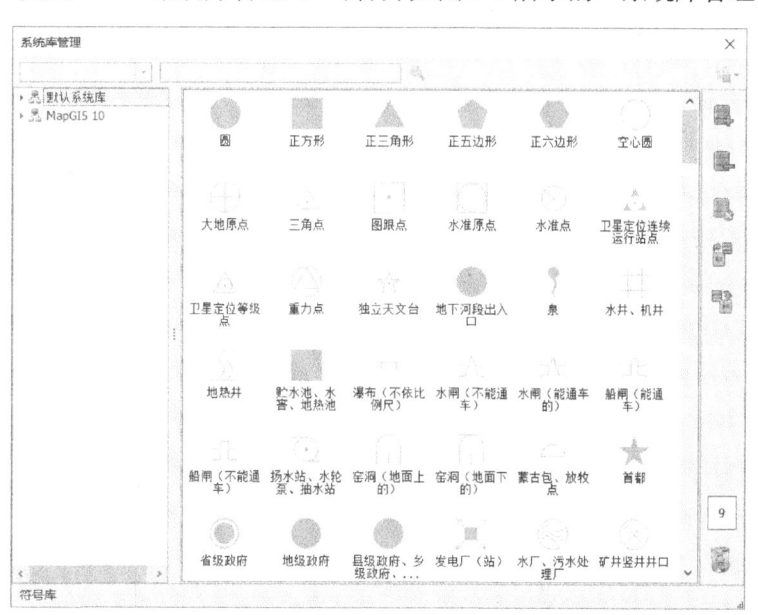

图 5-1 "系统库管理"对话框

符号库用于管理、存储、定义、设计各类符号，有点、线、填充符号三种形式；三维符号库与符号库类似，也有点、线、填充符号三种形式，三维符号更加逼真、直观，可以使用导入的图像作为符号；颜色库中包含 MapGIS 10 for Desktop 中使用的所有颜色，其他颜色也可以通过设定 RGB、CMYK 等自行添加；字体库中包含 MapGIS 10 for Desktop 中使用的所有字体，也可从 Windows 字体库中筛选配置用户常用的字体。符号库、三维符号库、颜色库和字体库的示例如图 5-2 所示。

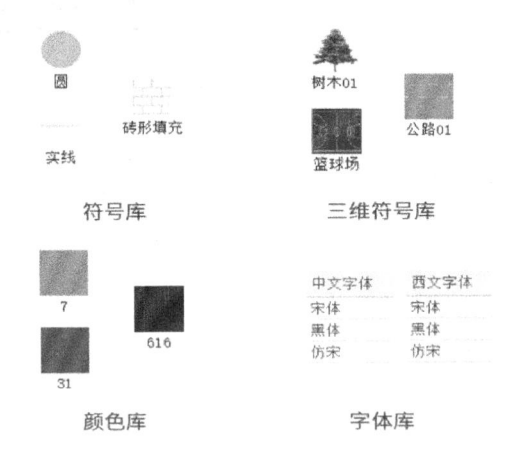

图 5-2　符号库、三维符号库、颜色库和字体库的示例

5.1.1.2　样式库

样式库是一个由符号集合、配色方案、渲染规则和相关地图元素构成的库。MapGIS 10 for Desktop 的样式库为用户提供了用于整饰地图的花边、指北针、比例尺等样式，以及用于专题图制作的颜色条、统计图类型等样式。选择菜单"设置"→"样式库管理"，可弹出如图 5-3 所示的"样式库管理器"对话框。默认样式库包含花边、统计图、比例尺、指北针等。

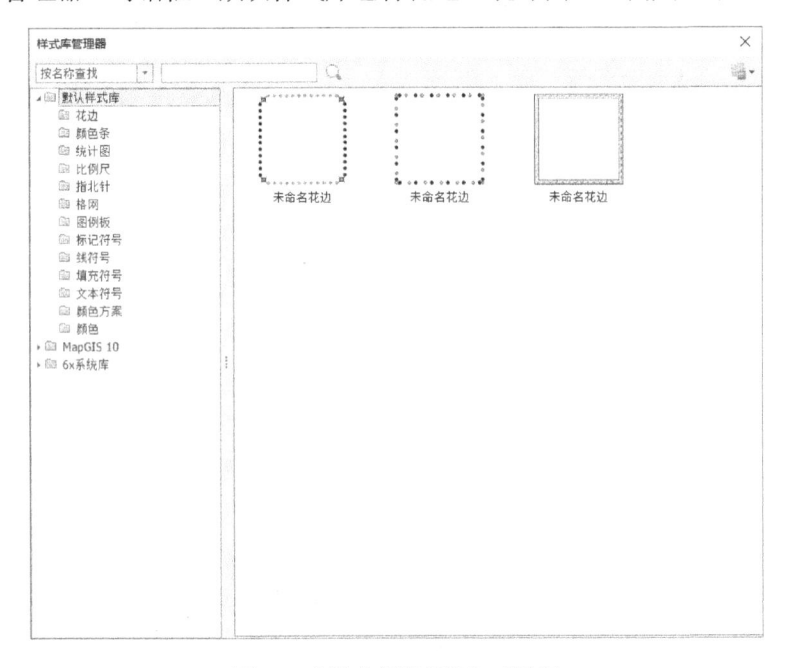

图 5-3　"样式库管理器"对话框

5.1.2 系统库的配置与使用

系统库的主要参数说明如下:

显示方式:用于设置图标的显示方式,有大图标、小图标、列表、详细四种模式。

新建系统库:用于新建系统库。

附加系统库:用于将本地或者其他的系统库添加到系统库管理中。

注销系统库:用于在系统库管理中注销系统库,但本地的系统库仍然存在。在没有选中系统库前,注销系统库的图标是灰色的,处于不可选中的状态。

导入 6x 系统库:用于导入 6x 系统库。

系统库转化为 6x 系统库:用于把已有的系统库转化为 6x 系统库。

背景色:用于改变系统库管理界面的背景颜色,数字为颜色的号码。

符号回收站:用于删除符号。

5.1.2.1 新建系统库

单击"系统库管理"对话框中的"🗔"按钮,可弹出如图 5-4 所示的"新建系统库"对话框,在该对话框中输入系统库的名称、选择创建方式后,单击"确定"按钮即可成功创建系统库。

若在"创建方式"栏中选中"根据已有系统库创建",则新建系统库的内容为下拉框中所选系统库的内容;若选中"创建空系统库",则新建系统库的内容为空(颜色库及字体库中会有几个基础符号)。

5.1.2.2 6x 系统库升级

单击"系统库管理"对话框中的"🗔"按钮,弹出如图 5-5 所示的"6x 系统库升级"对话框,在该对话框中输入系统库名称、选择系统库路径后,单击"升级"按钮即可成功升级 6x 系统库。

在 6x 系统库中,"符号颜色库"加载"Slib"文件夹的内容,"字体库"加载"Clib"文件夹的内容。

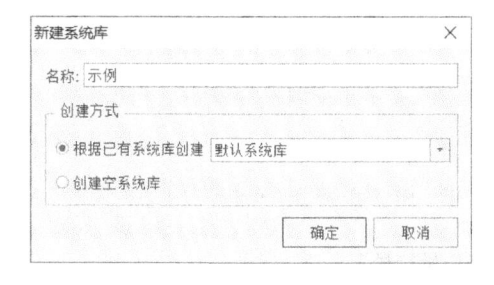

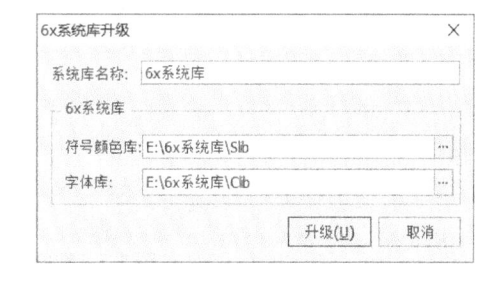

图 5-4 "新建系统库"对话框　　　　图 5-5 "6x 系统库升级"对话框

5.1.2.3 符号库编辑(二维和三维)

(1)新建二维符号的操作方法如下:

① 选择菜单"设置"→"系统库管理",可打开"系统库管理"对话框,在该对话框中选择需要处理的系统库以及符号,这里选择"符号库",如图 5-6 所示。

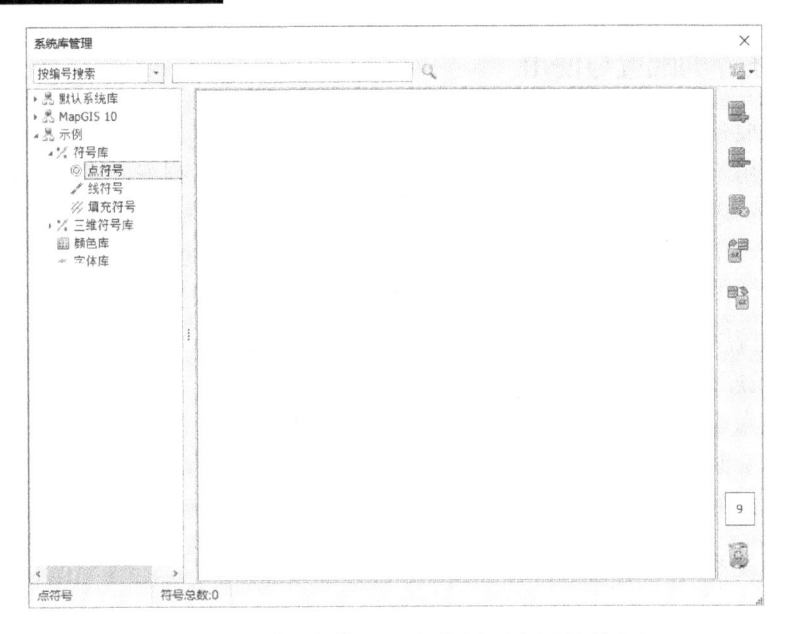

图 5-6 在"系统库管理"对话框中选择"符号库"

② 在空白处单击鼠标右键,在弹出的右键菜单中选择"新建矢量符号",如图 5-7 所示,可弹出"新建点符号"对话框。

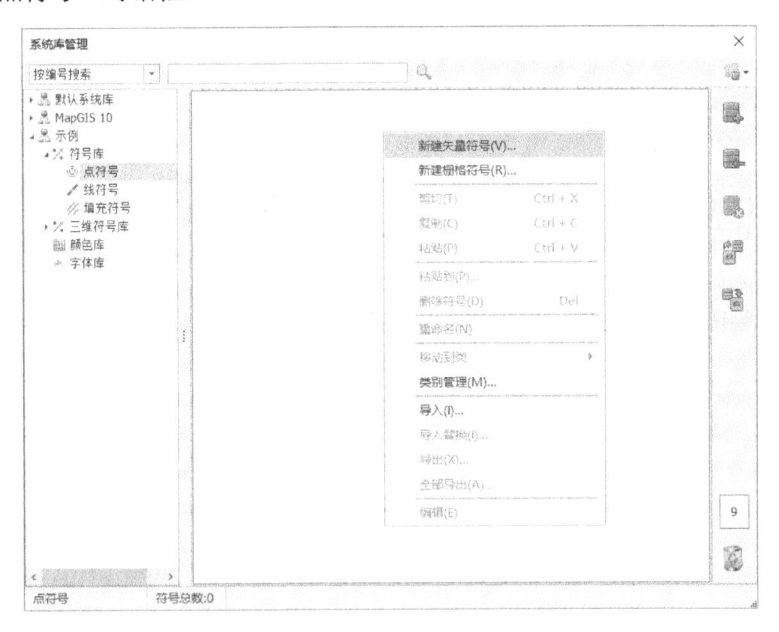

图 5-7 选择"新建矢量符号"

③ 利用"新建点符号"对话框的编辑工具条绘制符号,如图 5-8 所示。
④ 确定符号的样式、颜色等信息。这里以第三次国土调查规定的空闲地符号为例,如图 5-9 所示。
⑤ 选择"新建"对话框中的菜单"线编辑"→"输入线"→"造圆"→"圆心半径圆"。"线编辑"菜单如图 5-10 所示。

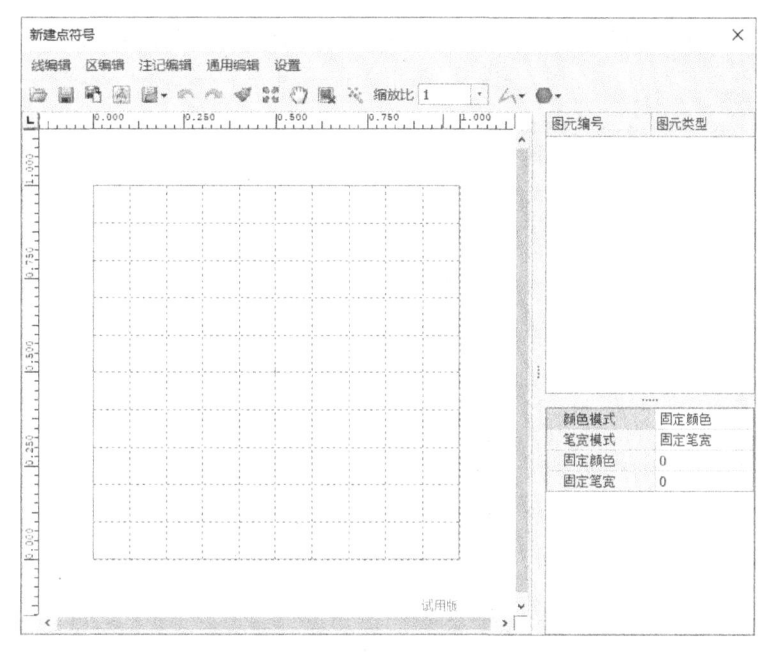

图 5-8 利用"新建点符号"对话框的编辑工具条绘制符号

地类编码	地类名称	编码式样	符号式样	RGB	CMYK
1201	空闲地	1201	⊗ 3.5 (1.0)	R31 G26 B23 R225 G220 B225	C0 M0 Y0 K100 C9 M9 Y6 K0

图 5-9 第三次国土调查规定的空闲地符号

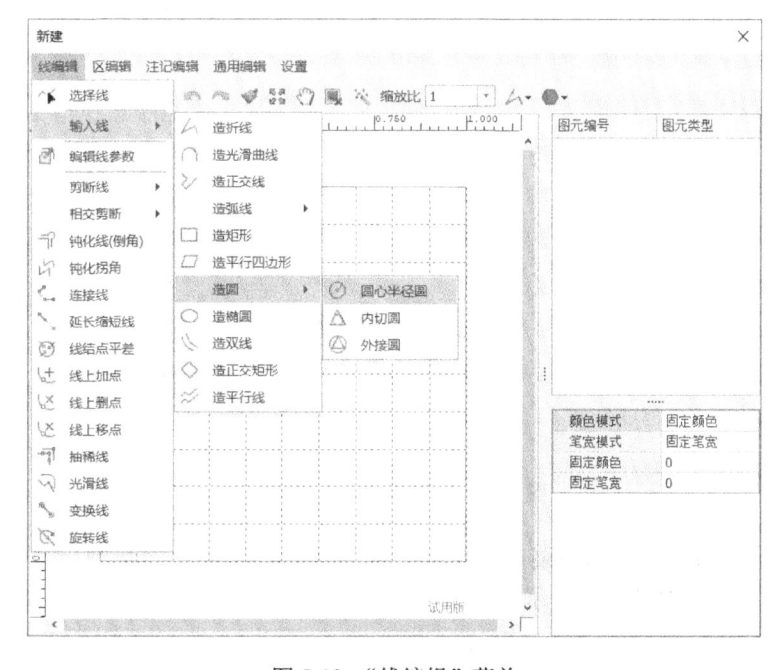

图 5-10 "线编辑"菜单

⑥ 在网格中绘制圆心半径圆,如图 5-11 所示,绘制完成后单击鼠标右键。

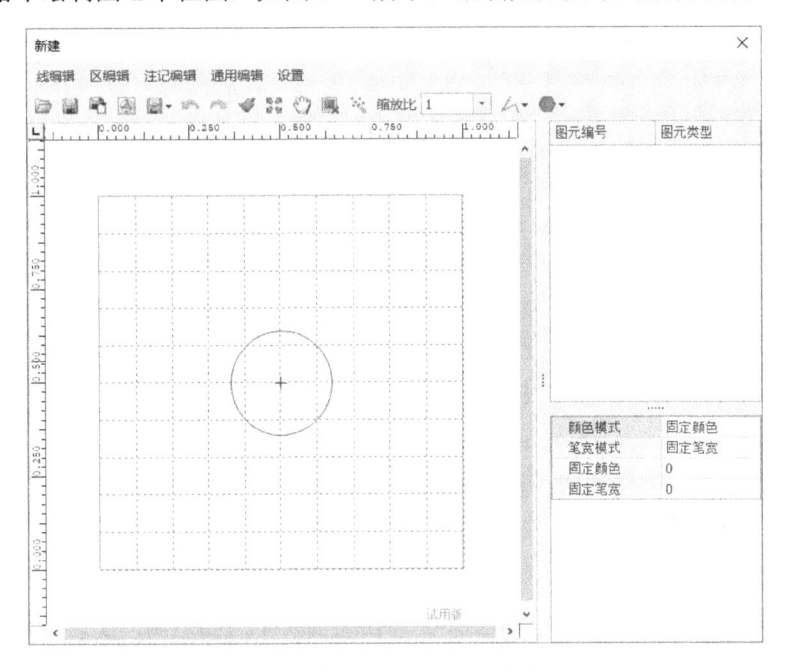

图 5-11　在网格中绘制圆心半径圆

⑦ 设置绘制图形的参数,如图 5-12 所示。

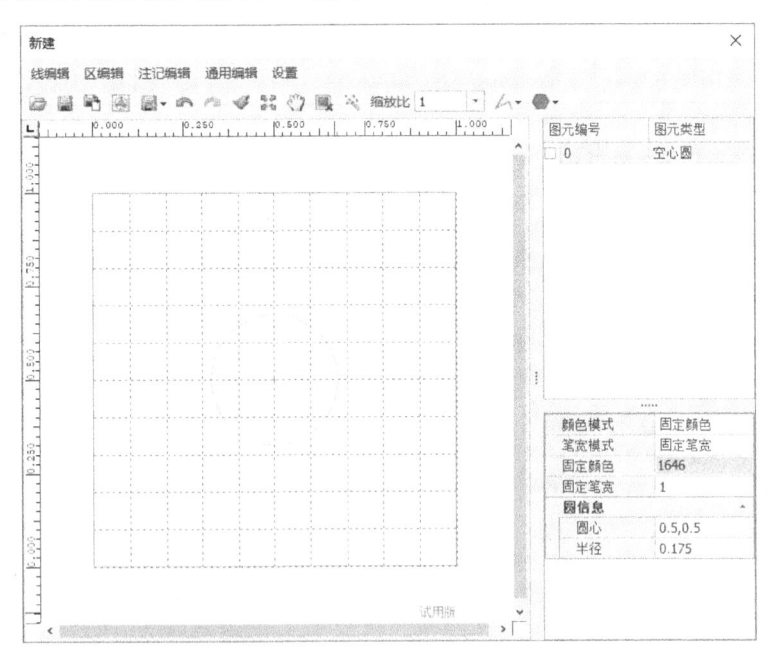

图 5-12　设置绘制图形的参数

⑧ 在"新建"对话框中选择菜单"注记编辑"→"输入注记",可弹出"输入注记"对话框。"注记编辑"菜单如图 5-13 所示。

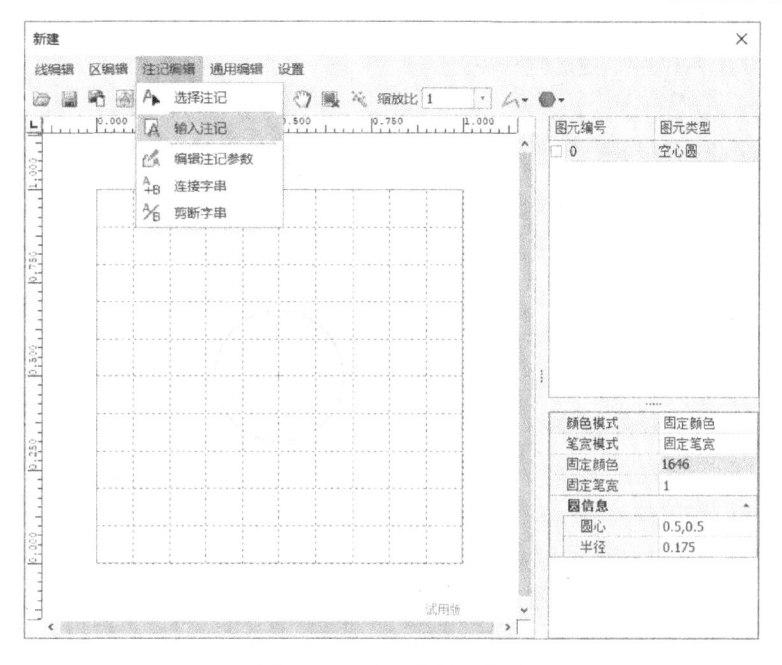

图 5-13 "注记编辑"菜单

⑨ 在"输入注记"对话框中输入注记内容,如图 5-14 所示。

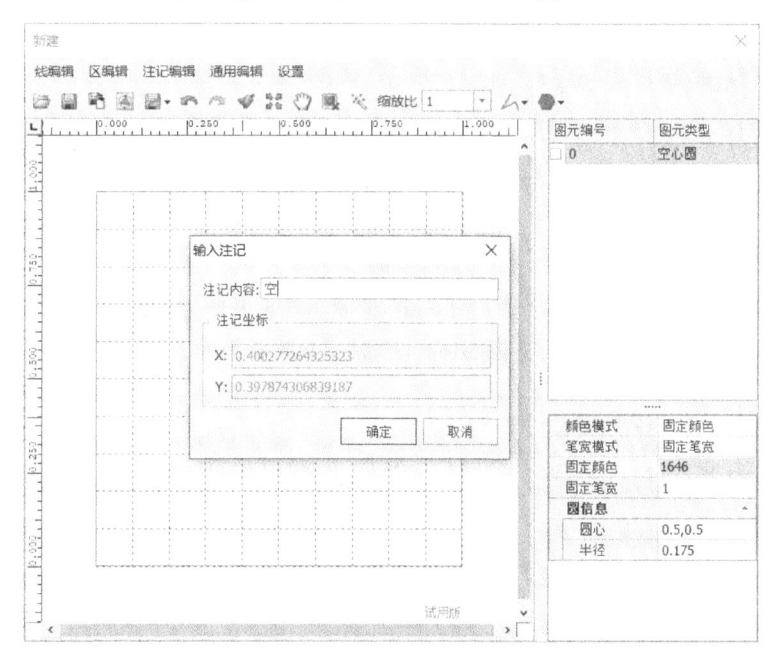

图 5-14 输入注记内容

⑩ 在"新建"对话框中选择菜单"注记编辑"→"编辑注记参数",如图 5-15 所示,可弹出"修改图元参数"对话框。

⑪ 在"修改图元参数"对话框中设置注记参数,如图 5-16 所示。

⑫ 新建的符号如图 5-17 所示。

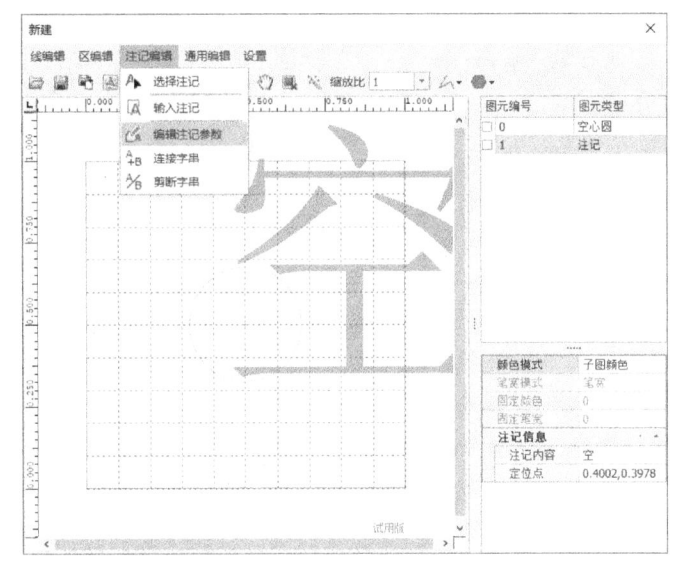

图 5-15　选择"编辑注记参数"

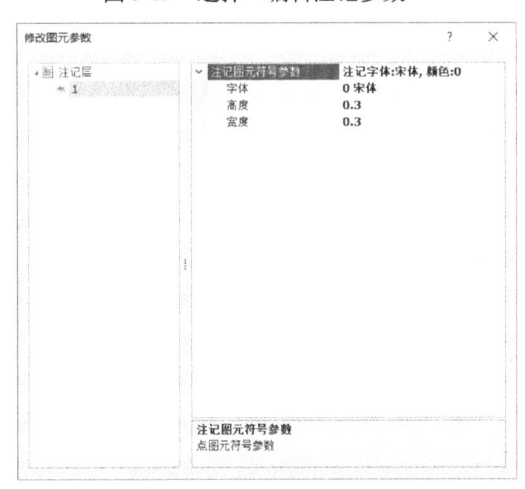

图 5-16　设置注记参数

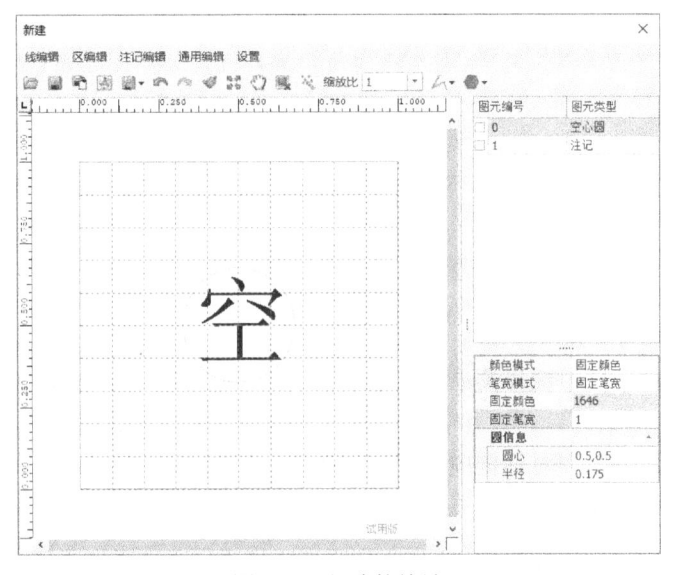

图 5-17　新建的符号

⑬ 单击"■"按钮，可弹出如图 5-18 所示的"保存符号"对话框，在该对话框中设置"符号编号""符号名称""符号类别"。

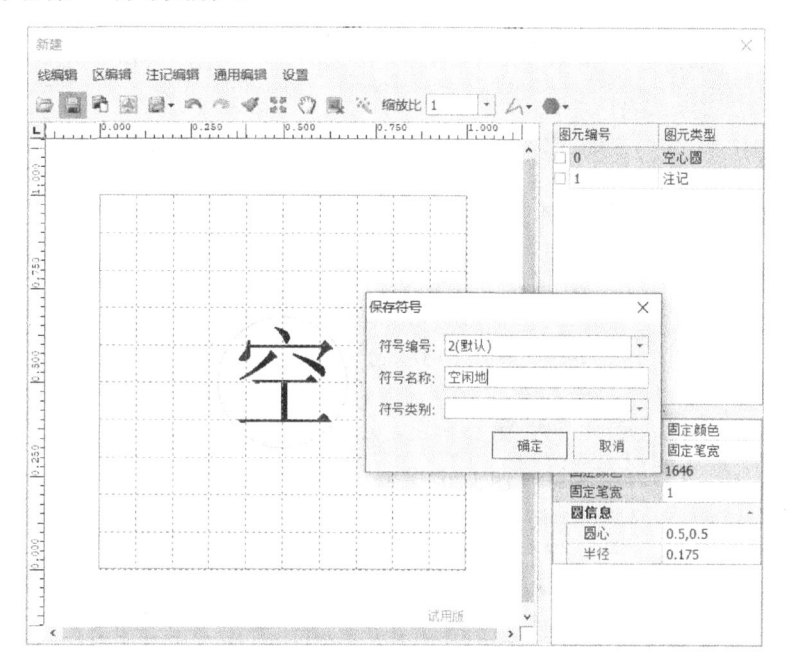

图 5-18 "保存符号"对话框

⑭ 在"系统库管理"可预览新建的符号效果，如图 5-19 所示。

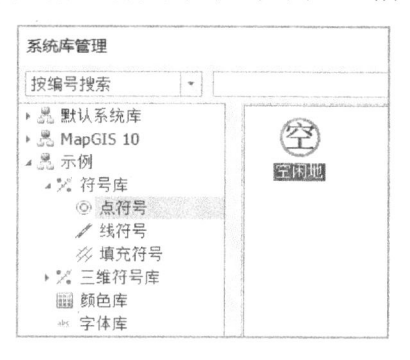

图 5-19 新建符号的预览效果

（2）编辑二维符号的操作方法如下：

① 在"系统库管理"对话框中，选择需要处理的系统库及符号，右键单击选中的符号，在弹出的右键菜单中选择"编辑"（见图 5-20）或者双击选中的符号，可弹出"点符号编辑"对话框，在该对话框中可对符号进行编辑。

② 利用"点符号编辑"对话框的编辑工具条、图像编辑、颜色编辑对符号进行修改，修改成功后单击"■"按钮即可。"点符号编辑"对话框如图 5-21 所示。

颜色模式：单击下拉箭头选择颜色模式，可设置为"固定颜色""子图颜色""可变颜色"。
参数说明如下：

- 固定颜色：锁定符号图层的显示颜色，只有在符号编辑窗口才能够修改该符号图层的颜色，在符号参数上的任何颜色参数设置都将无效。

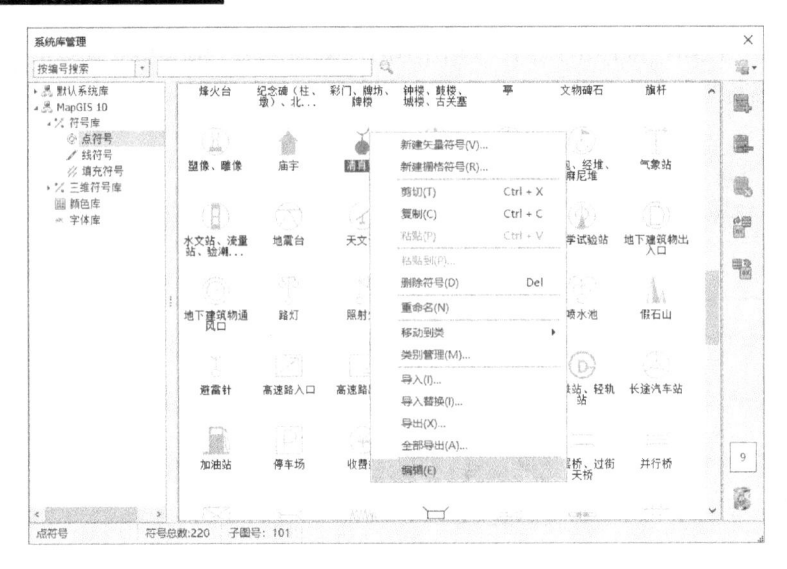

图 5-20 选择"编辑"

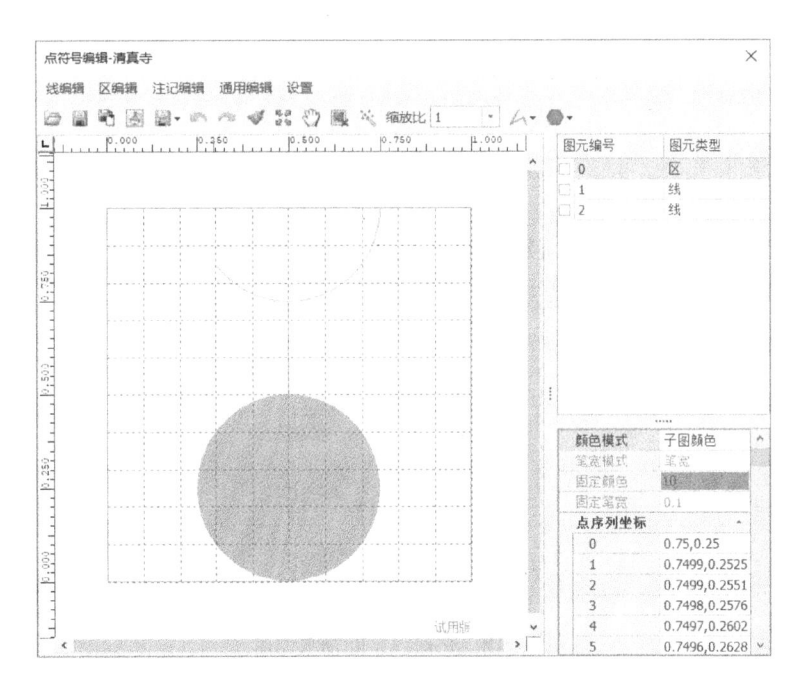

图 5-21 "点符号编辑"对话框

- 子图颜色：设置绘制子图的颜色，由参数中子图颜色进行控制。
- 可变颜色：用于符号中有多个可改变颜色的图元，可对图元分别进行颜色设置，由参数中的可变颜色 1、可变颜色 2 控制。

笔宽模式：单击下拉箭头选择笔宽模式，笔宽的模式和颜色模式类似，可设置为"固定笔宽""笔宽""可变笔宽"。笔宽的单位为地图单位，地图单位默认读取第一个图层的投影参照系。
参数说明如下：

- 固定笔宽：锁定符号图层的绘制笔宽，只有在符号编辑窗口才能够修改该符号图层的笔宽，在符号参数上的任何笔宽参数设置都将无效。
- 笔宽：在绘制子图的轮廓符号层（如空心圆、折线、光滑线）时，设置偏离几何线的距离,由参数中的笔宽控制。
- 可变笔宽:用于符号中有多个可改变笔宽的图元,可对图元分别进行笔宽设置,由参数中可变笔宽 1、可变笔宽 2 控制。

(3)三维符号的导入:三维符号库支持模型或图片的直接导入,模型常用格式有*.3ds、*.obj,图片常用格式有*.png、*.bmp、*.jpg、*.tif、*.gif 等。操作方法如下:

① 在"系统库管理"对话框中选择"填充符号",在窗口的空白处单击鼠标右键,在弹出的右键菜单中选择"导入",如图 5-22 所示。

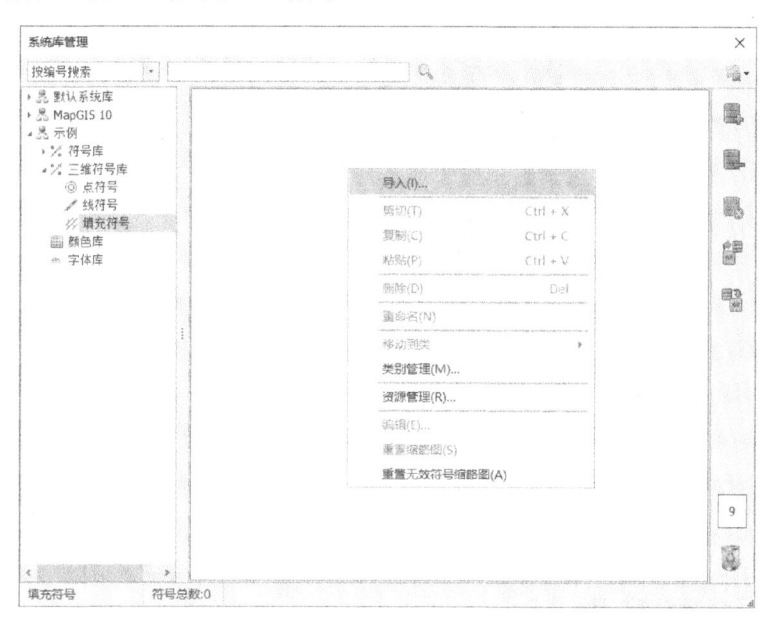

图 5-22　在右键菜单中选择"导入"

② 在弹出的对话框中选择待导入的符号,如图 5-23 所示。
③ 在"系统库管理"对话框中,可以预览导入符号的效果,如图 5-24 所示。

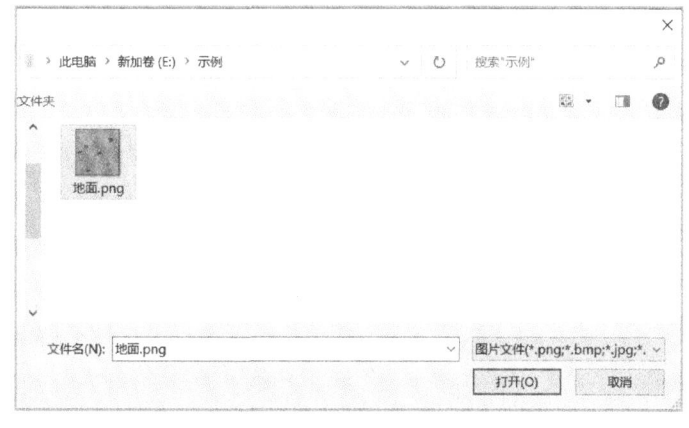

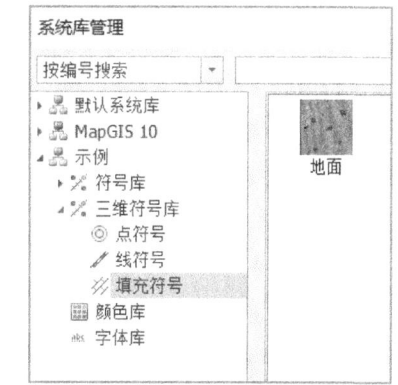

图 5-23　选择待导入的符号　　　　　图 5-24　导入符号的效果预览

(4)三维符号的编辑:在三维符号的编辑中,通过设置符号子项,可以在三维建模时为模型的不同面填充不同的符号。符号子项默认第一项是顶面、第二项是侧面、第三项是底面。操作方法如下:

① 在"系统库管理"对话框中，右键单击选中的三维符号，在弹出的右键菜单中选择"编辑"，如图 5-25 所示，可弹出"三维填充符号编辑"对话框。

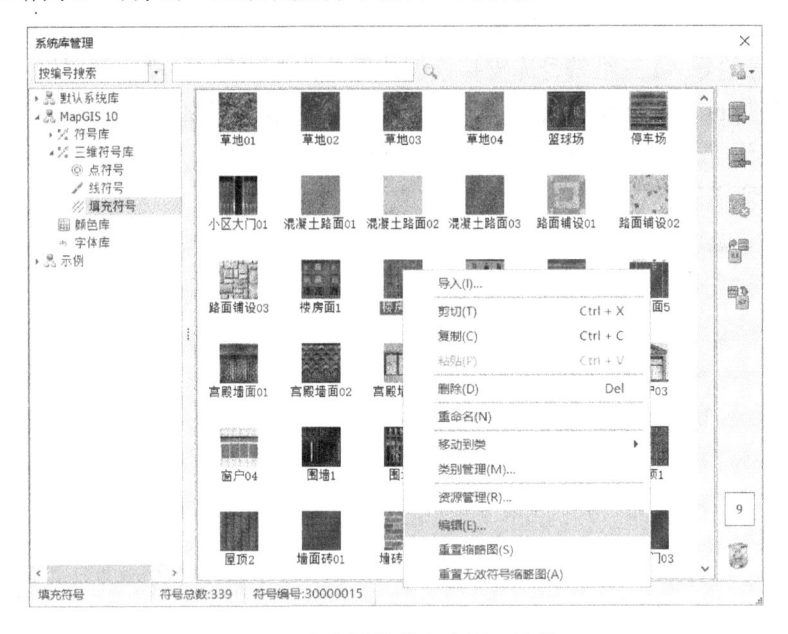

图 5-25　在右键菜单中选择"编辑"

② 在"三维填充符号编辑"对话框中，单击"添加子项"按钮可添加符号的子项，如图 5-26 所示。

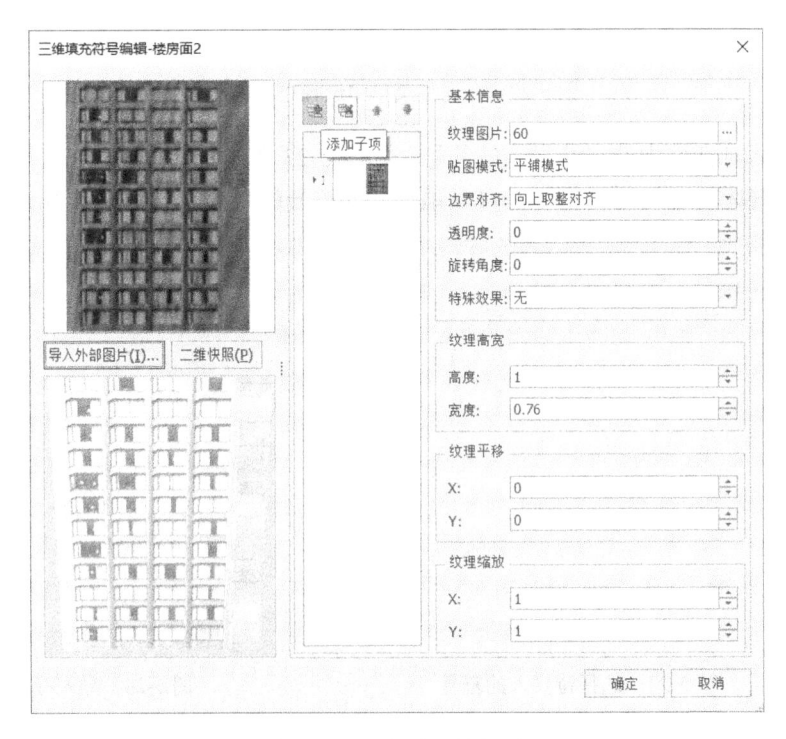

图 5-26　添加符号的子项

③ 通过"上移""下移"按钮调整子项的位置，如图 5-27 所示。

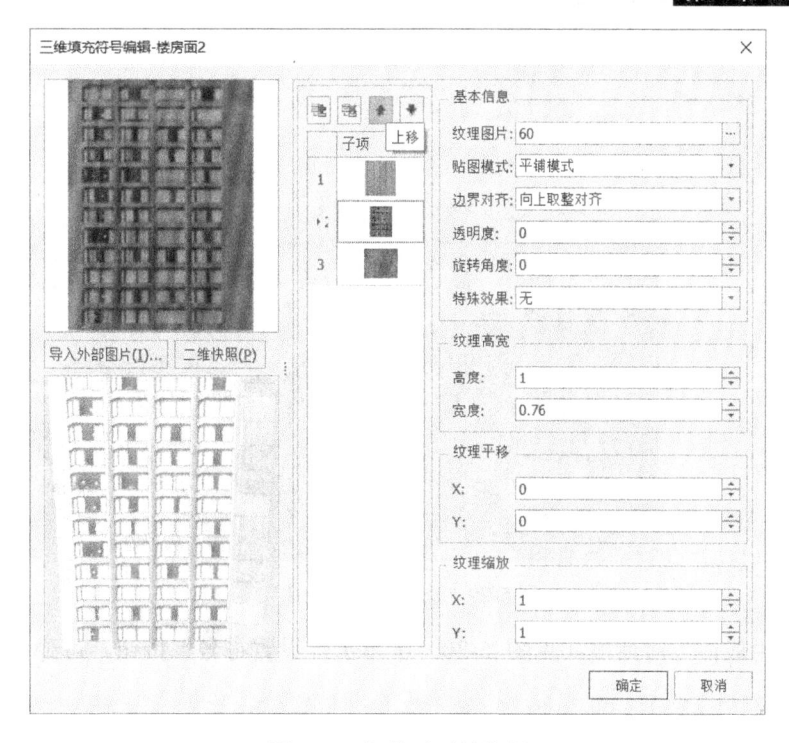

图 5-27　调整子项的位置

④ 在"三维填充符号编辑"对话框右侧的窗口中可设置三维符号的参数,设置完成后单击"确定"按钮进行保存,如图 5-28 所示。

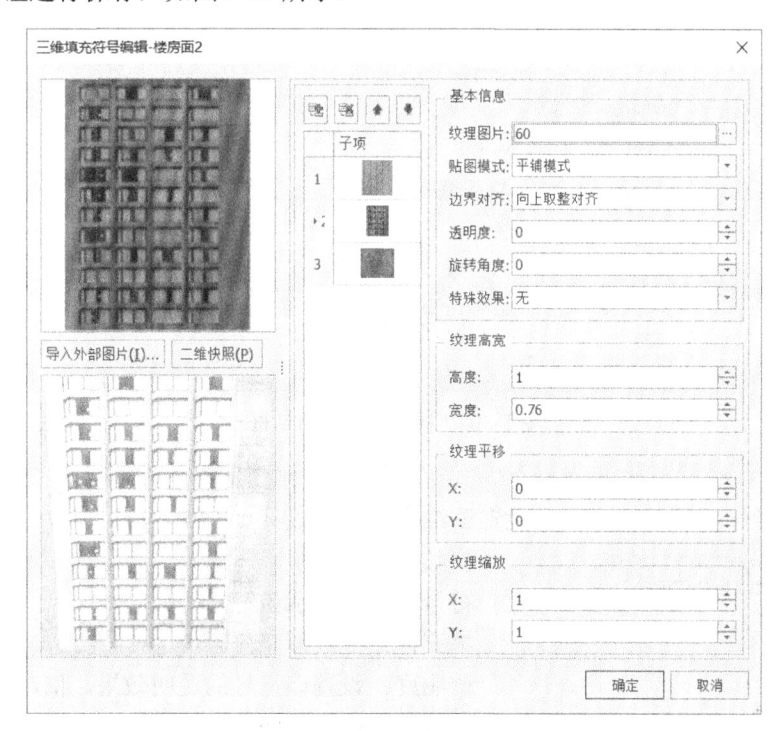

图 5-28　设置三维符号的参数

下面以区生成体为例介绍三维符号的设置。操作方法如下:
① 选择菜单"矢量区建模"→"区生成体",如图 5-29 所示,可弹出"区生成体"对话框。

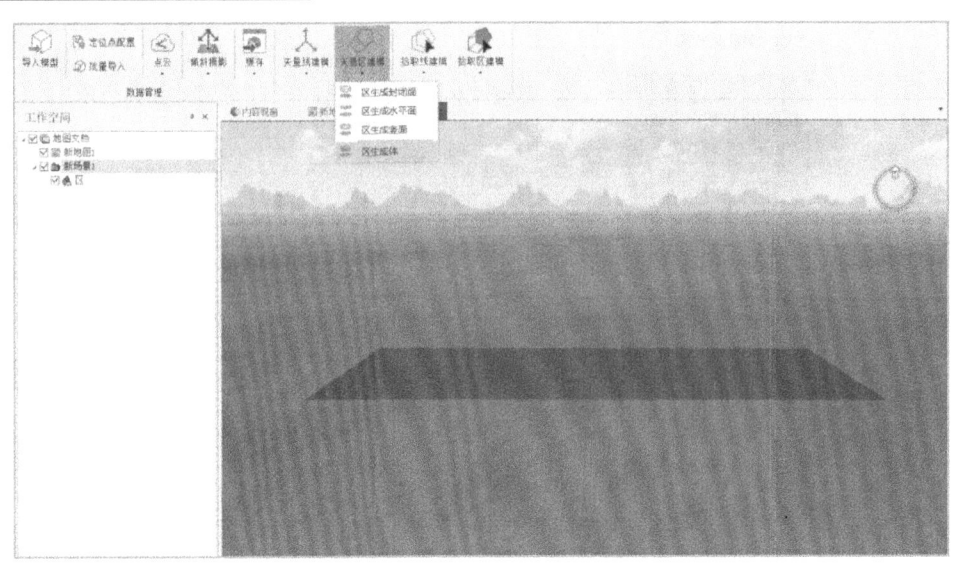

图 5-29 选择"区生成体"

② 在"区生成体"对话框（见图 5-30）中单击"设置符号"按钮，可弹出"设置三维图形参数"对话框。

图 5-30 "区生成体"对话框

③ 在"设置三维图形参数"对话框（见图 5-31）中可设置三维符号的参数。

参数说明：

符号编号：显示该符号的编号。

填充色：更改填充色。

透明度：设置该符号的透明效果，值越大越透明。

缩放比 X：设置横向缩放比例。

缩放比 Y：设置纵向缩放比例。

偏移量：设置符号偏移量。

图 5-31 "设置三维图形参数"对话框

④ 在"符号库"对话框中选择待设置子项的三维符号,如图5-32所示。

图 5-32　选择待设置子项的三维符号

⑤ 三维符号的设置结果如图5-33所示。

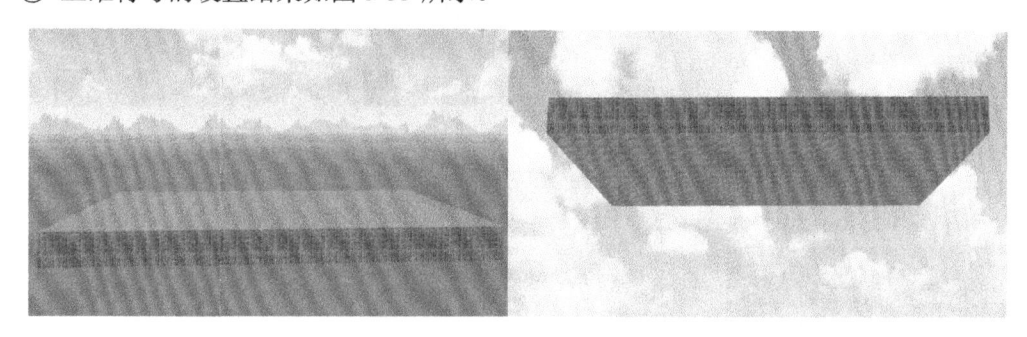

图 5-33　三维符号的设置结果

5.1.2.4　颜色库编辑

(1) 新建颜色。每种颜色都有颜色号、颜色模式,颜色号通常是系统自动进行编号的,颜色模式有RGB、CMYK、灰度三种。新建颜色的操作方法如下:

① 在"系统库管理"对话框中选择"颜色库",在窗口的空白处单击鼠标右键,在弹出的右键菜单中选择"新建",如图5-34所示,可弹出"颜色编辑"对话框。

② 在"颜色编辑"对话框(见图5-35)中选择颜色模式,用户可输入数值或点选颜色。

(2) 颜色编辑。颜色编辑和颜色修改的工作界面是相同的,在编辑颜色时,"颜色号"选项框是灰色的,即不可选中与不可修改的状态。颜色编辑的操作方法如下:

① 在"系统库管理"对话框中选择"颜色库",在窗口的空白处单击鼠标右键,在弹出的右键菜单中选择"编辑",如图5-36所示,可弹出"颜色编辑"对话框。

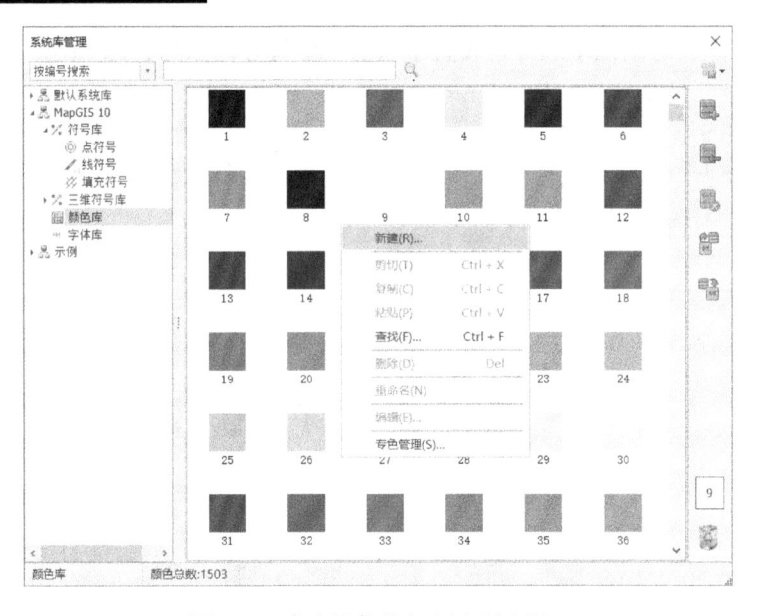

图 5-34 在右键菜单中选择"新建"

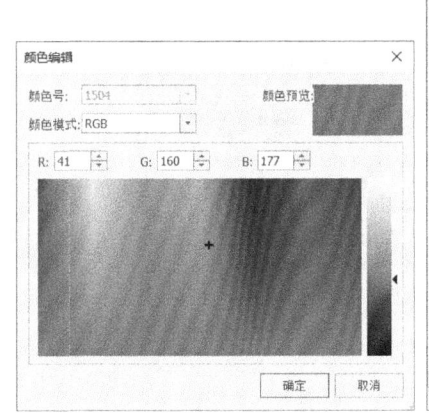

图 5-35 "颜色编辑"对话框　　　　图 5-36 在右键菜单中选择"编辑"

② 在"颜色编辑"对话框（见图 5-37）中选择颜色模式，用户可输入数值或直接拖动鼠标光标来修改颜色。

RGB 颜色模式：由 R、G、B 三个参数决定颜色，主要用于电子地图的显示，用户可直接输入 R、G、B 的值，也可在颜色块上选择颜色。RGB 颜色模式如图 5-38 所示。

CMYK 颜色模式：由浓度、专色等参数决定颜色，主要用于印刷。用户可在右侧直接输入 C、M、Y、K 的值，也可通过拖动颜色条确定颜色。CMYK 颜色模式如图 5-39 所示。

灰度颜色模式：由灰度级别决定颜色，主要用于黑白图像的显示。通过该模式，用户可以快速创建一个黑白色（灰色），既可以输入"灰度级别"，也可以直接在颜色板上选择颜色。灰度颜色模式如图 5-40 所示。

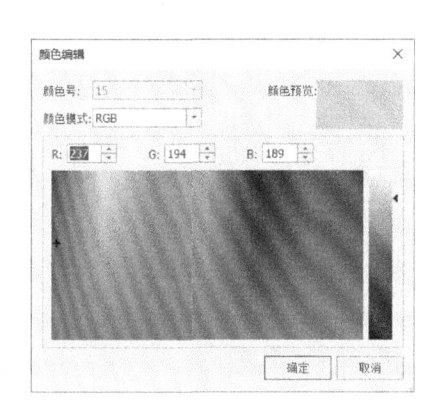

图 5-37 "颜色编辑"对话框

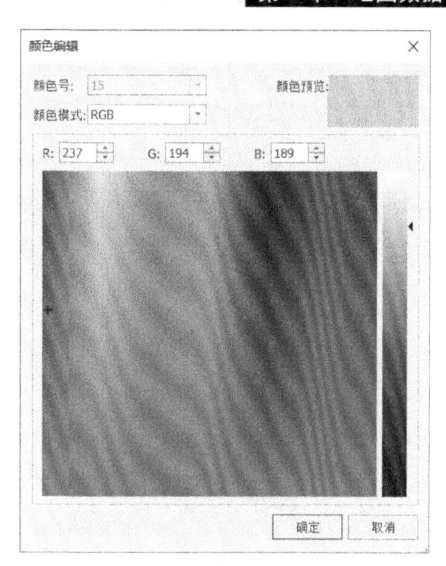

图 5-38 RGB 颜色模式

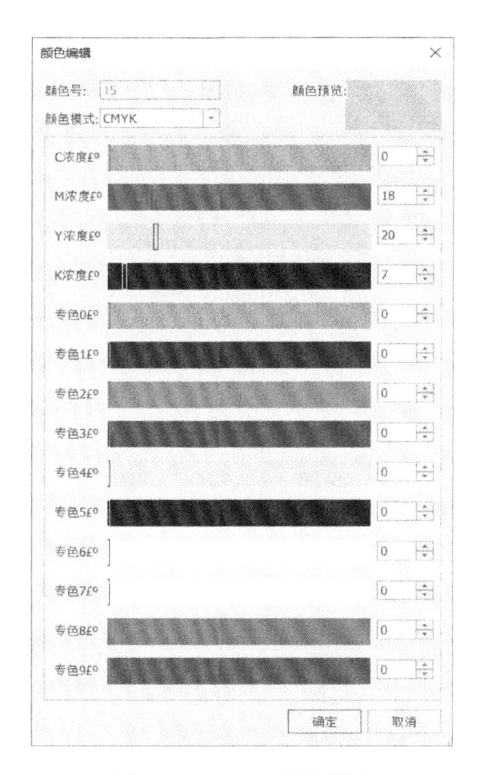

图 5-39 CMYK 颜色模式

图 5-40 灰度颜色模式

5.1.2.5 字体库编辑

（1）字体新建的操作方法如下：

① 在"系统库管理"对话框中选择"字体库"，在"中文字体"中选择需要添加的字体，如图 5-41 所示。

② 选择中文字体后，"中文样式"中会出现新字体的样式模板，如图 5-42 所示。

③ 在"西文字体"中选择需要添加的字体，如图 5-43 所示。

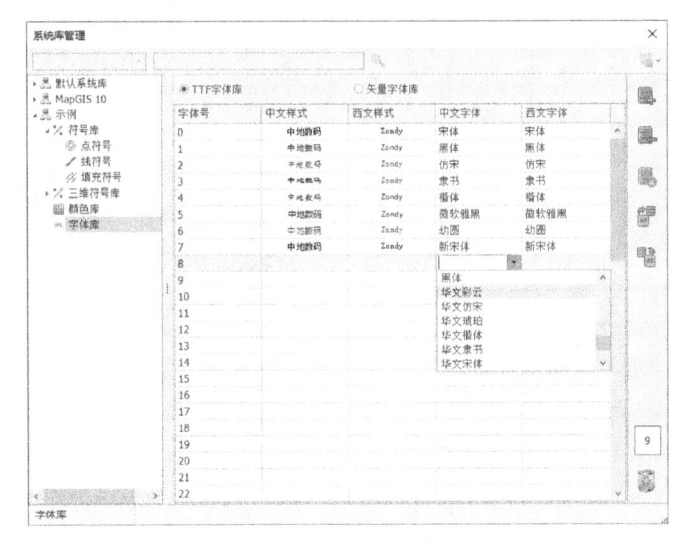

图 5-41　选择中文字体

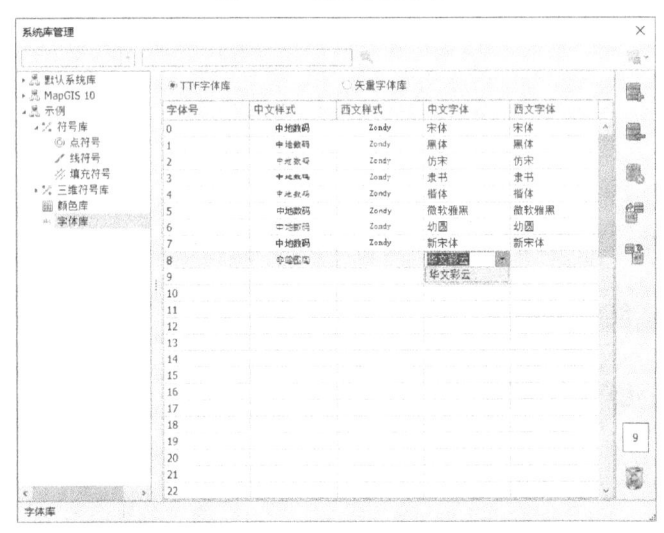

图 5-42　新中文字体的样式模板

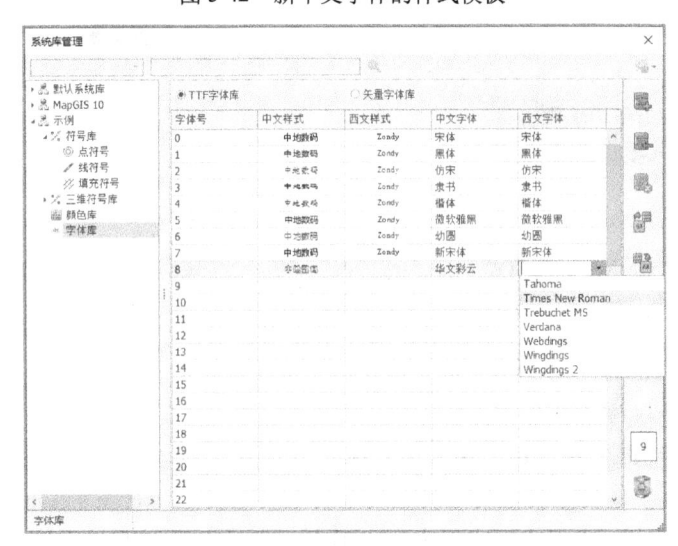

图 5-43　选择西文字体

④ 选择西文字体后,"西文样式"中会出现新字体的样式模板,如图 5-44 所示。

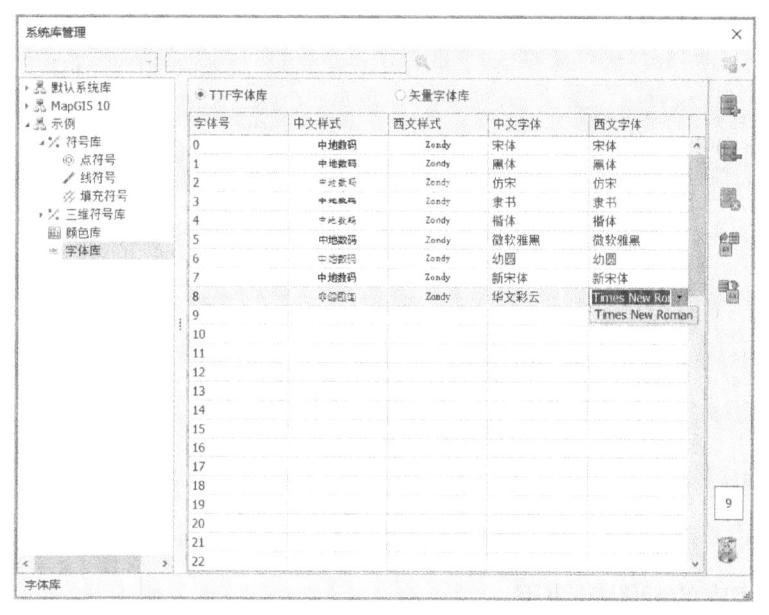

图 5-44　新西文字体的样式模板

(2) 字体修改的操作方法如下:

① 在"系统库管理"对话框中选择"字体库",在"中文字体"中选择需要修改的字体,如图 5-45 所示。

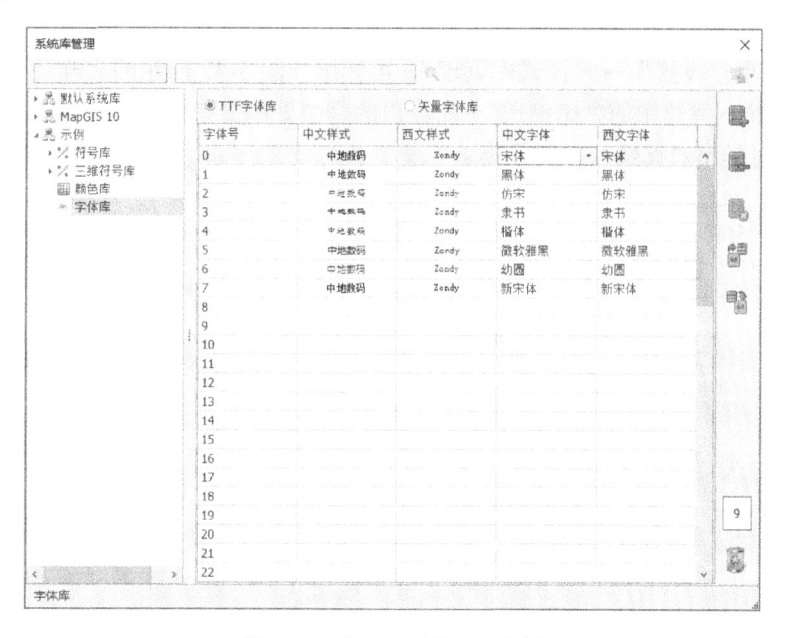

图 5-45　选择需要修改的字体

② 单击下拉箭头即可进行修改,如图 5-46 所示。

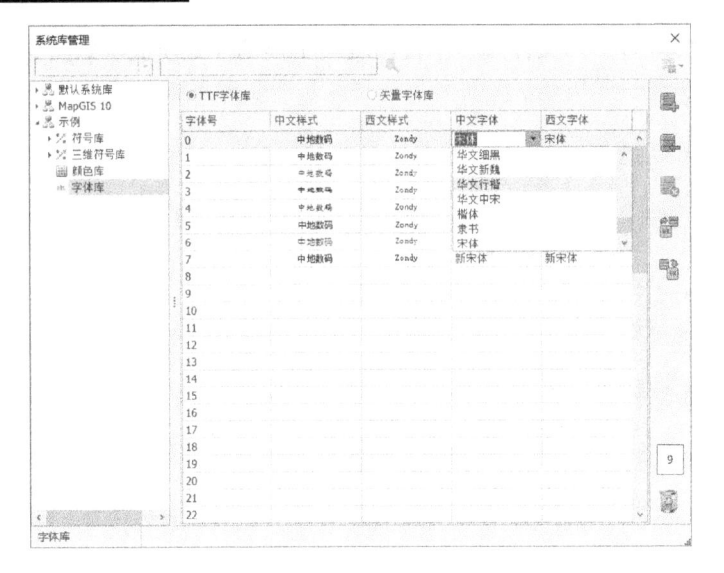

图 5-46 单击下拉箭头修改字体

5.1.3 样式库的配置与使用

与系统库相比,样式库的整体工作界面更加简洁,主要是在左侧目录的样式及其相应的编辑界面进行操作的。本节主要介绍新建比例尺、指北针和花边的配置与操作方法。

5.1.3.1 新建比例尺

新建比例尺的操作方法如下:

(1)选择菜单"设置"→"样式库管理",可弹出如图 5-47 所示的"样式库管理器"对话框,选择"默认样式库"中的"比例尺",在窗口的空白处单击鼠标右键,在弹出的右键菜单中选择"新建",可弹出"比例尺"对话框。

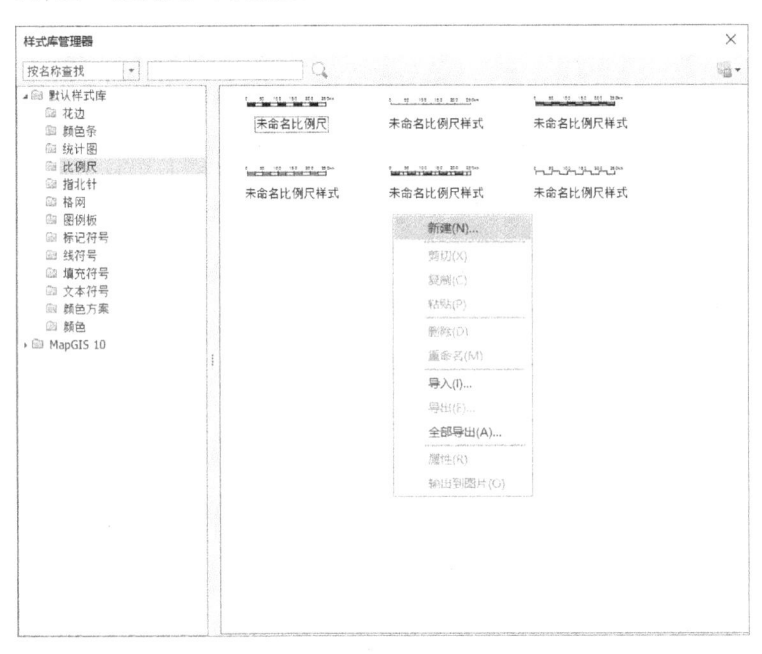

图 5-47 "样式库管理器"对话框

(2) 在 "比例尺" 对话框中设置相应的参数，如图 5-48 所示，设置参数后单击 "确定" 按钮即可进行比例尺的绘制。

"比例尺" 对话框中的参数说明：

主尺和副尺：比例尺由主尺和副尺两部分组成，勾选 "比例尺" 对话框左上角的方框，可分别选择 "编辑主尺" 和 "编辑副尺"，若不勾选则比例尺只有主尺。

尺身："类型" 提供了多种尺身的绘制方式；"主段数" 决定了主尺被划分为几个部分；"段宽度（公里）" 是每段所代表的公里值；"次段数" 和 "次段划分" 决定了主段的次级划分方式。

刻度：设置的是 "刻度线长" 和 "标注间距" 等参数，直接影响比例尺的显示效果。

单位："单位" 用于设置比例尺的单位；"标注类型" 可选择中文或英文两种方式；"标注位置" 决定单位在比例尺上的显示位置；"标注间距" 决定单位距标注的距离。

其他：主要设置比例尺的线宽、线颜色和标注参数。

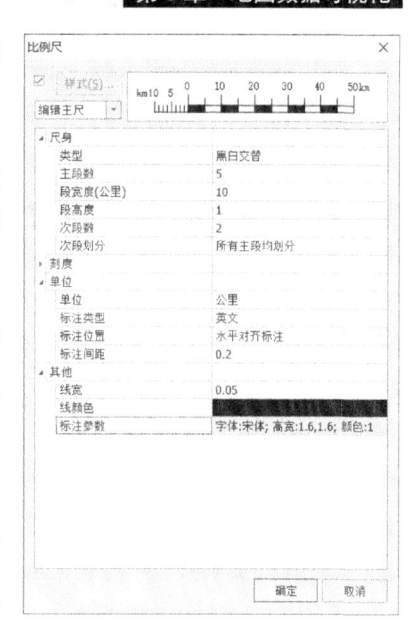

图 5-48 设置比例尺的参数

(3) 在 "样式库管理器" 对话框中可以预览新建的比例尺，如图 5-49 所示。

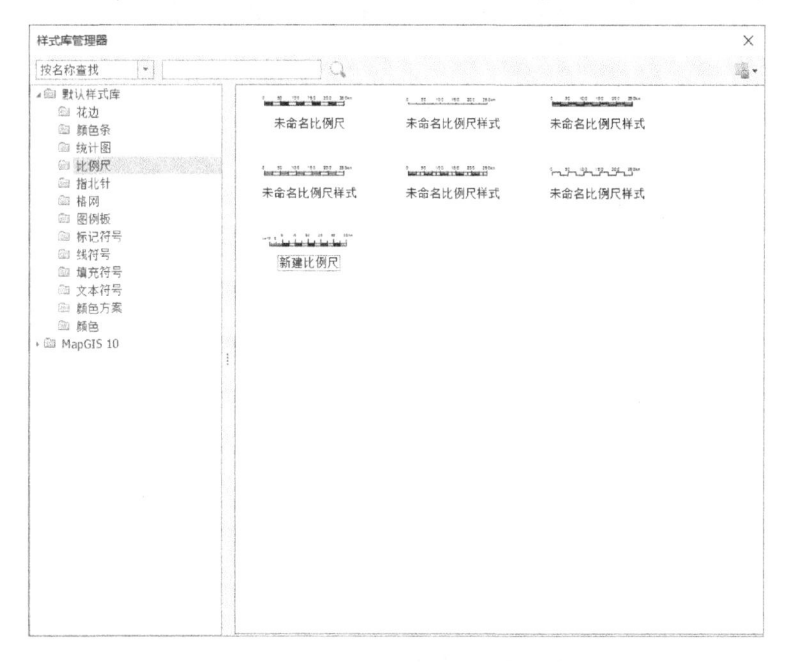

图 5-49 预览新建的比例尺

5.1.3.2 新建指北针

(1) 在 "样式库管理器" 对话框中选择 "指北针"，在空白处单击鼠标右键，在右键菜单中选择 "新建"，如图 5-50 所示，可弹出 "指北针" 对话框。

(2) 在 "指北针" 对话框（见图 5-51）中选择 "符号"，可以选取系统库中的点符号作为指北针样式。单击 "确定" 按钮可弹出 "符号库" 对话框。

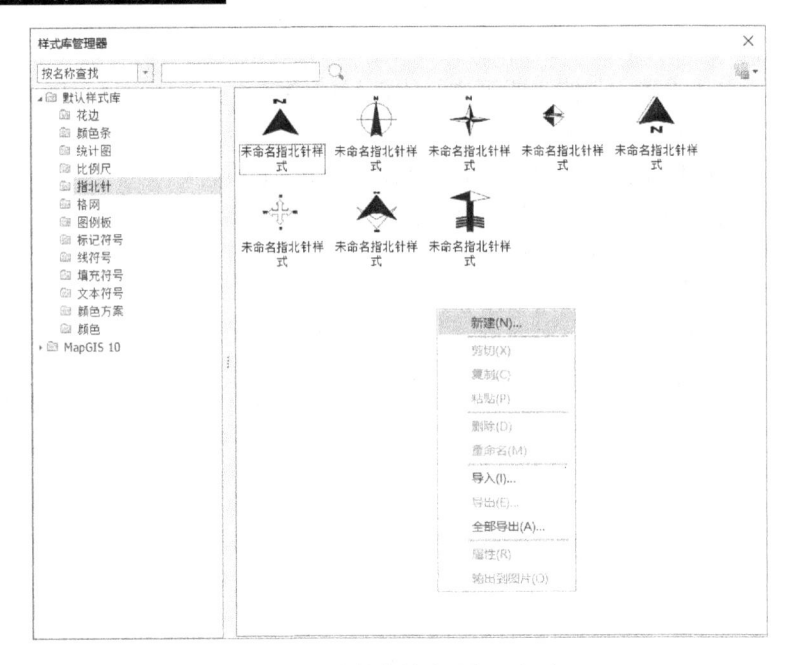

图 5-50 在右键菜单中选择"新建"

（3）在"符号库"对话框（见图 5-52）中选择符号后单击"确定"按钮。

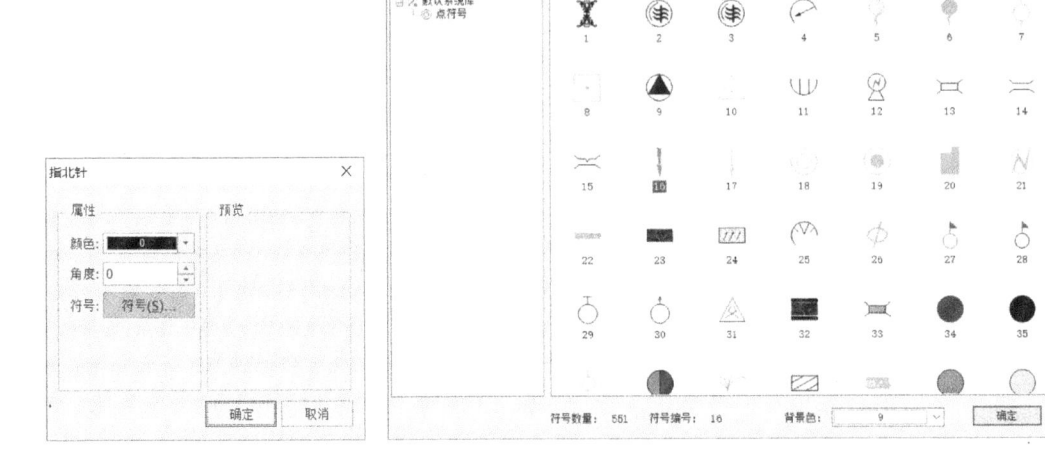

图 5-51 "指北针"对话框　　　　图 5-52 "符号库"对话框

（4）在"指北针"对话框中设置颜色和角度，如图 5-53 所示，设置完成后单击"确定"按钮即可。

（5）在"样式库管理器"对话框中可预览新建的指北针，如图 5-54 所示。

5.1.3.3　新建花边

花边参数说明：

角子图：勾选角子图左侧的方框，角子图就会在花边上显示出来，否则不显示。双击"预览"框可以设置角子图的各项参数，"横/纵向偏移量"表示角子图相对边框偏移的程度。

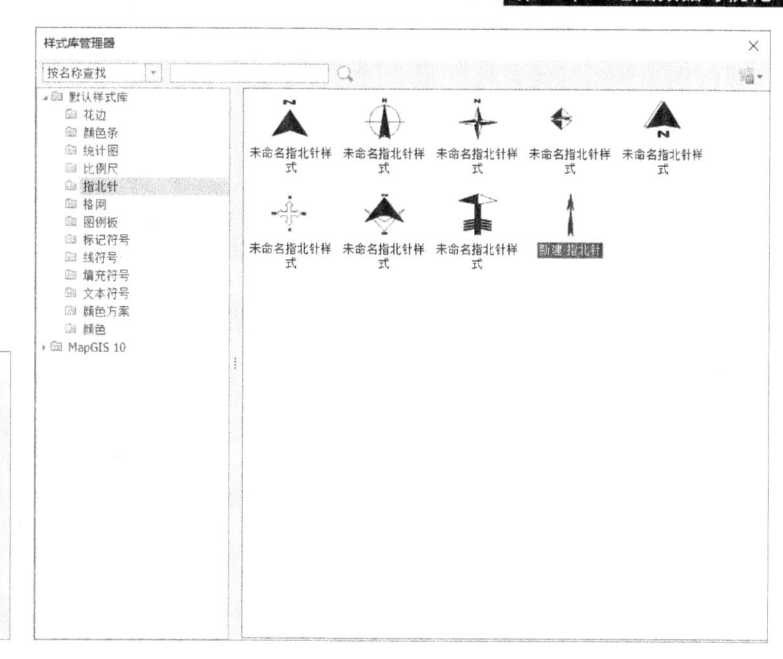

图 5-53 设置指北针的颜色和角度　　　　图 5-54 预览新建的指北针

边线：是设置边框的线型，"+"号增加边线，"-"号删除边线，通过设置边线偏移量还可以达到多层边框的效果。

边子图：可为边线设置子图花纹，支持整圈添加和逐边添加。若单边添加多个子图则会顺序循环显示，同时还可以调整子图间的间距、相对偏移量等。

新建花边的操作方法如下：

（1）在"样式库管理器"对话框中选择"MapGIS 10"下的"花边"，在窗口的空白处单击鼠标右键，在弹出的右键菜单中选择"新建"，如图 5-55 所示，可弹出"花边"对话框。

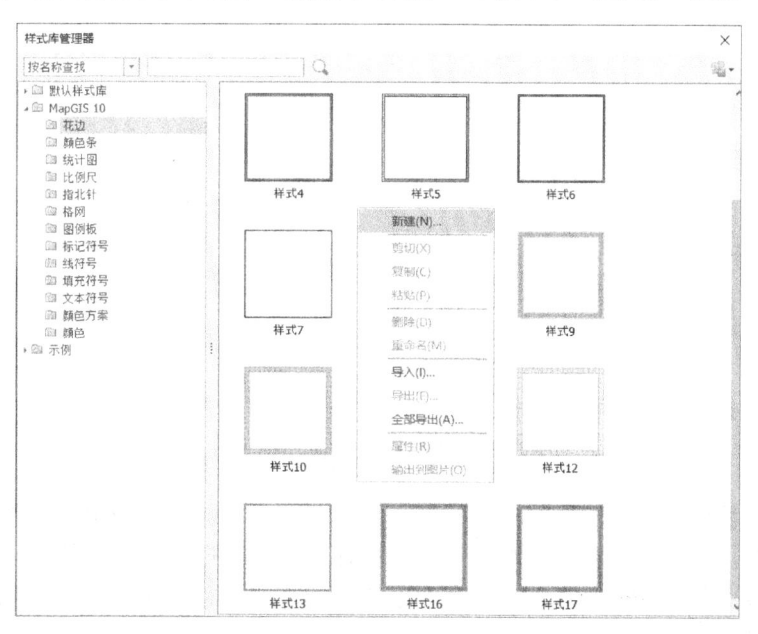

图 5-55　在弹出的右键菜单中选择"新建"

（2）在"花边"对话框中可设置花边的样式，如图 5-56 所示。

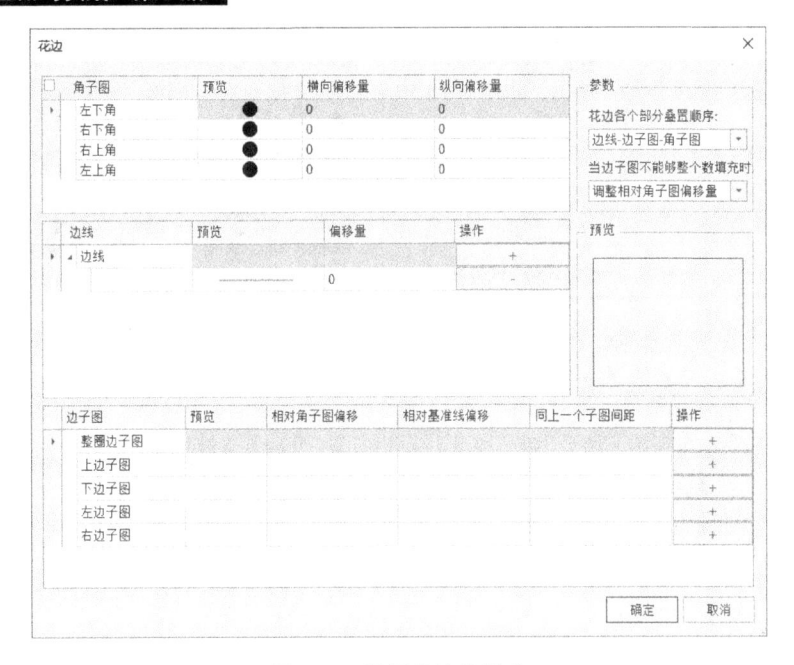

图 5-56 设置花边的样式

（3）在"花边"对话框中，勾选左上角的"是否绘制角子图"，如图 5-57 所示，在右侧的"预览"栏中，花边的四角处会出现转角样式。

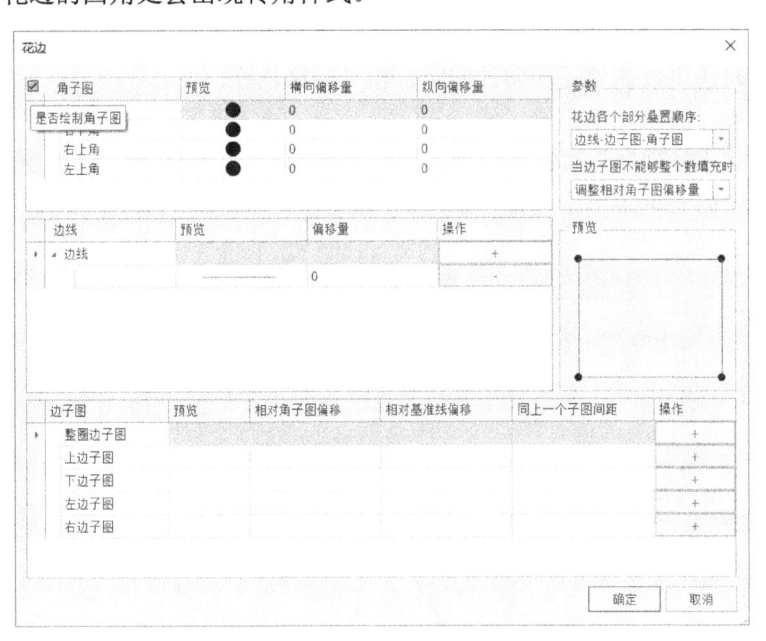

图 5-57 勾选"是否绘制角子图"

（4）双击"预览"栏中的角子图，可对角子图的样式进行设置，如图 5-58 所示。
（5）用户既可以在"点参数"对话框中对参数进行简单的设置，如图 5-59（a）所示；也可以单击"点参数"对话框中的"…"，在弹出的"符号库"对话框中对参数进行详细的设置，如图 5-59（b）所示。
（6）设置好四个角的子图样式后，可在"花边"对话框中预览其样式，如图 5-60 所示。

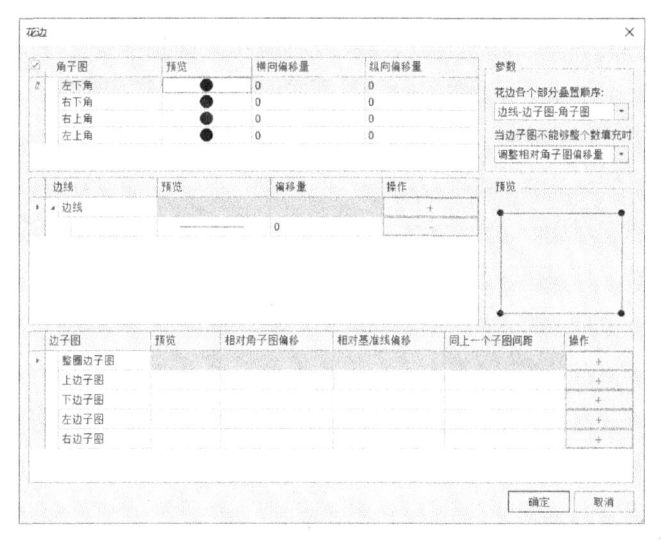

图 5-58　设置角子图的样式

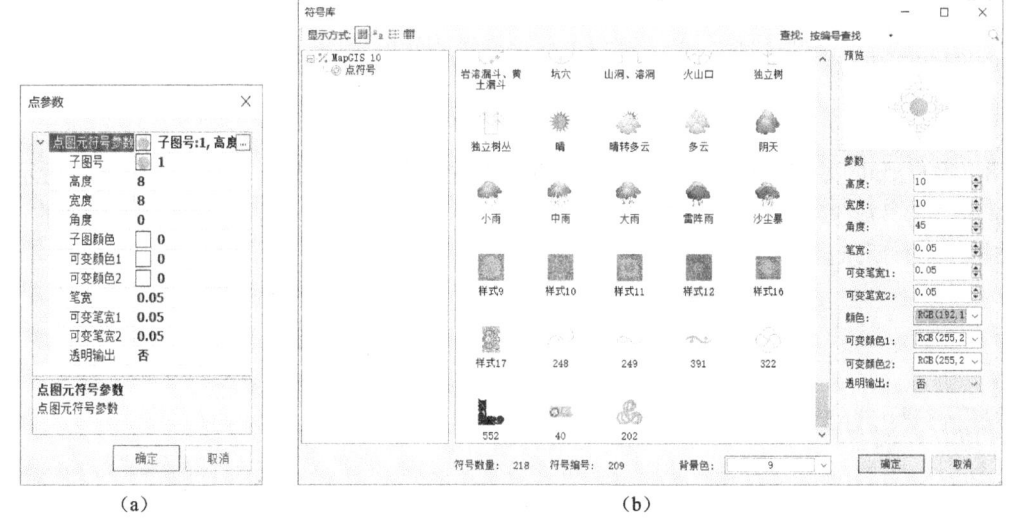

(a)　　　　　　　　　　　　　　(b)

图 5-59　角子图参数的设置

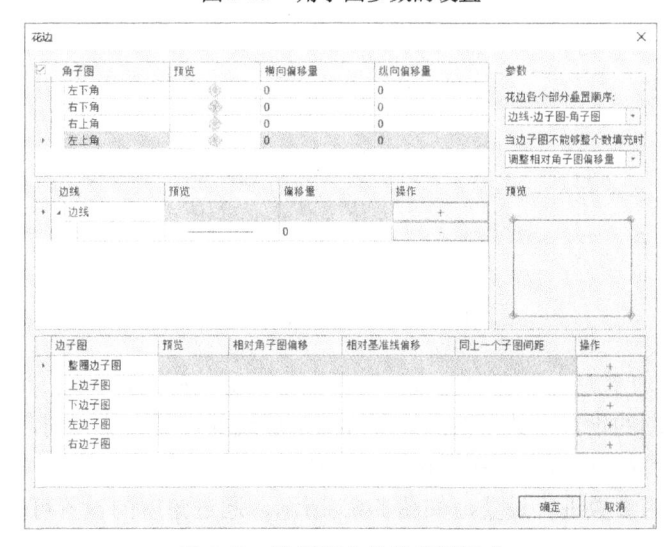

图 5-60　设置四个角的子图样式

（7）进行边线设置，如图 5-61 所示，设置方式与角子图相同。

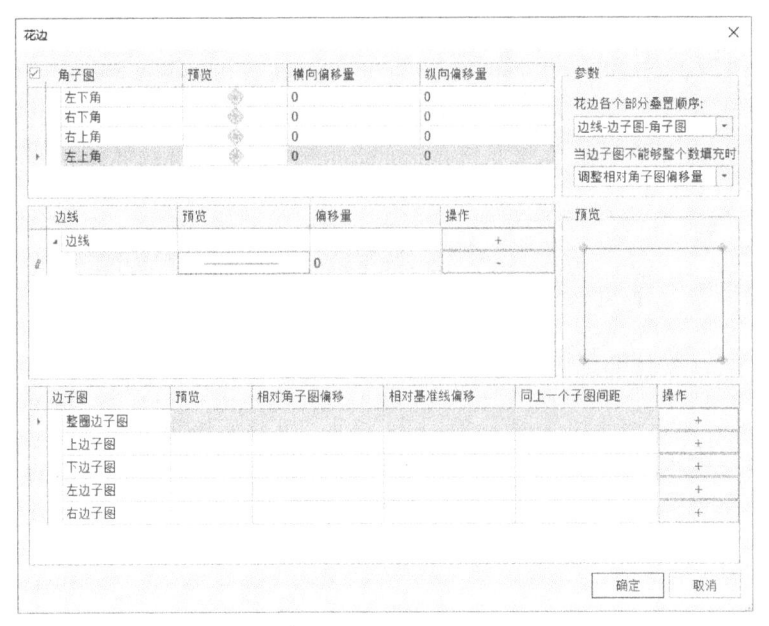

图 5-61 设置边线

（8）用户既可以在"线参数"对话框中对参数进行简单的设置，如图 5-62（a）所示；也可以单击"线参数"对话框中的"…"，在弹出的"符号库"对话框中对参数进行详细的设置，如图 5-62（b）所示。

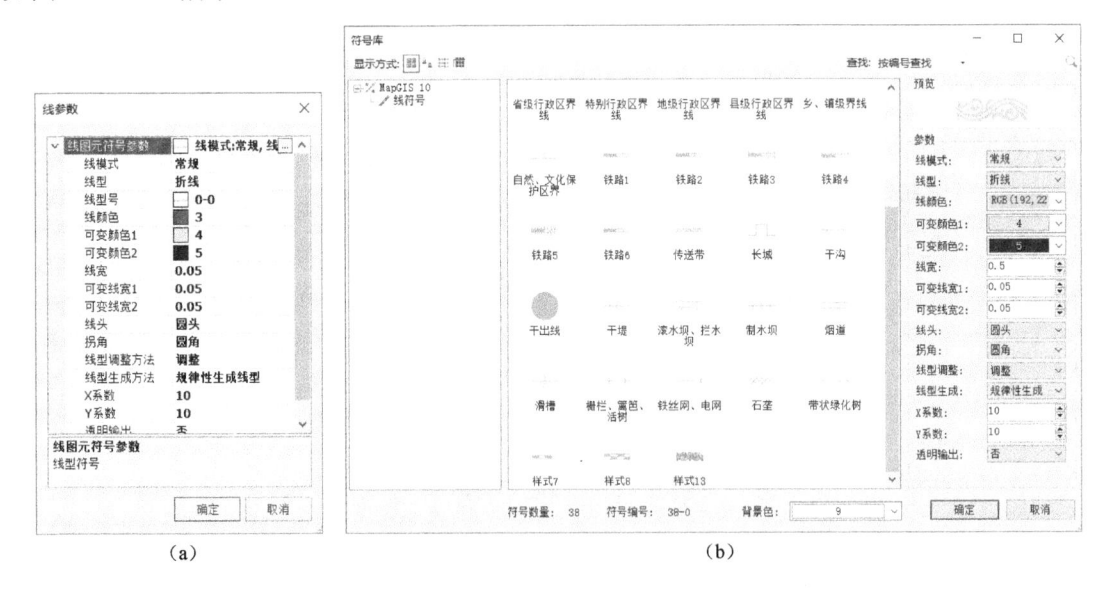

（a）　　　　　　　　　　　　　　　　　（b）

图 5-62 边线参数的设置

（9）设置好边线样式后，可在"花边"对话框中预览其样式，如图 5-63 所示。

（10）进行边子图的设置，边子图的设置方法与边线的设置方法相同，如图 5-64 所示。边子图可以分边进行设置，边线是对所有边进行设置的。

（11）对边子图的参数进行设置，如图 5-65 所示，通过角度的设置可以让符号变得更加多样化。

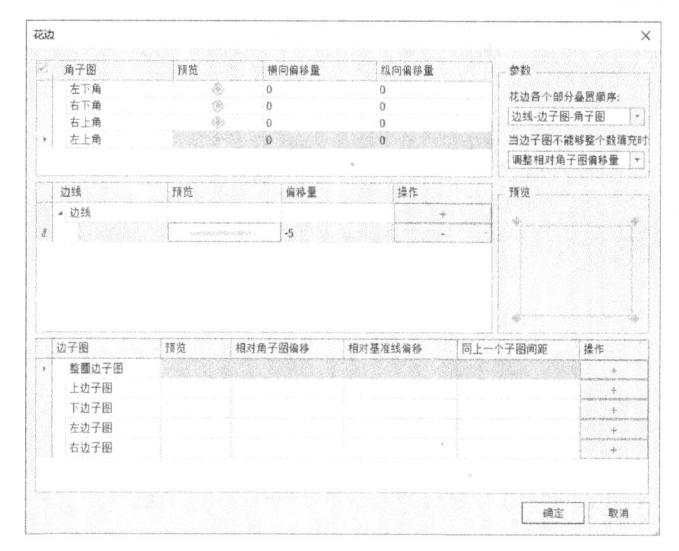

图 5-63　设置的边线样式

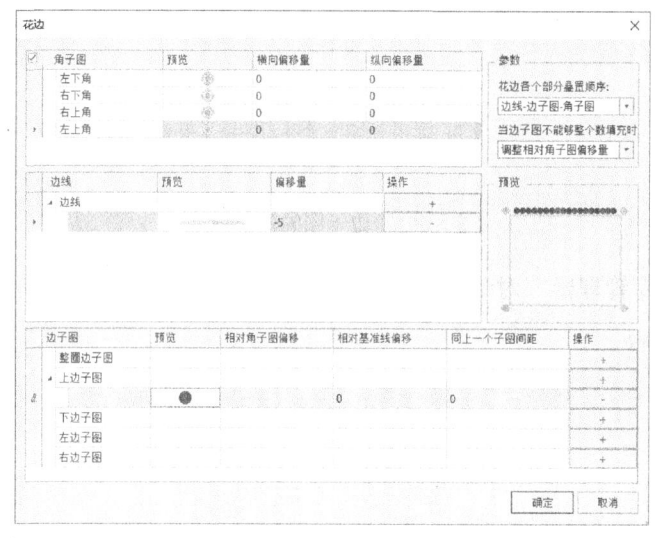

图 5-64　边子图的设置

图 5-65　边子图的参数设置

（12）设置完成单击"确定"按钮，在"花边"对话框中可预览边子图的效果，如图 5-66 所示。

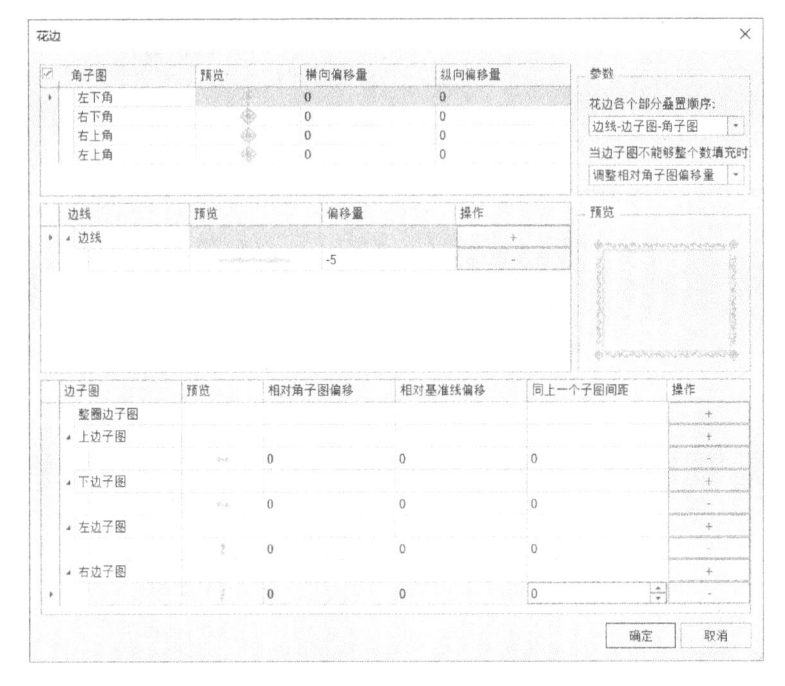

图 5-66　边子图的效果预览

（13）在"样式库管理器"对话框中可以预览花边的效果，如图 5-67 所示。

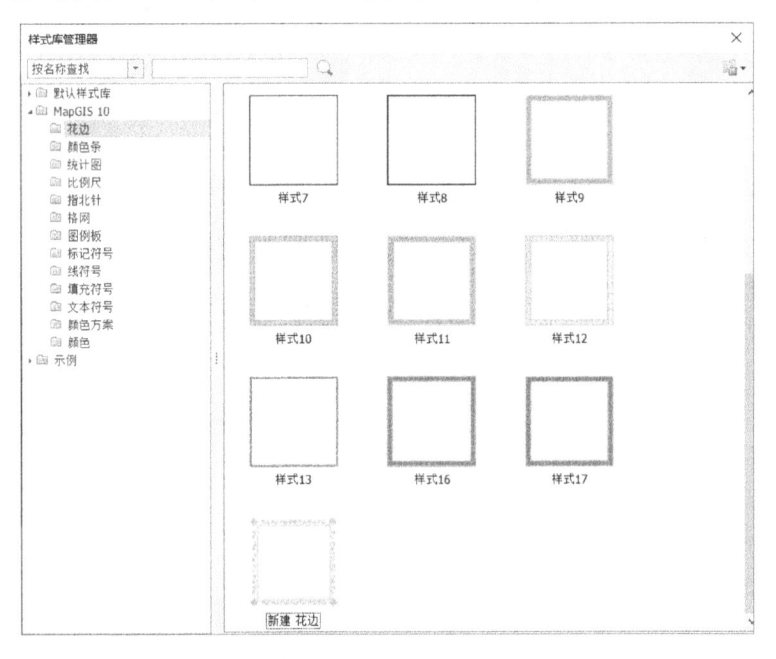

图 5-67　新建的花边效果预览

5.2 图例板的应用

5.2.1 图例板的基本概念

图例板是一组用于调节已设置参数的符号组合，可以方便地拾取设置参数，提高矢量化的工作效率。在某领域的应用中，用户可先建立一个图例板，在图例板中包含该领域涉及的所有符号，并设置好颜色、大小等参数。在应用时，用户可直接利用图例板中的符号，无须再设置符号的相关参数，从而减少用户寻找或设置相关参数的时间。同时，用户还可以在图例板中设置属性信息，并对符号赋予属性信息。

5.2.2 图例板的创建和使用

5.2.2.1 新建图例板

新建图例板的操作方法如下：

（1）选择"样式库管理器"对话框中的"图例板"，如图 5-68 所示

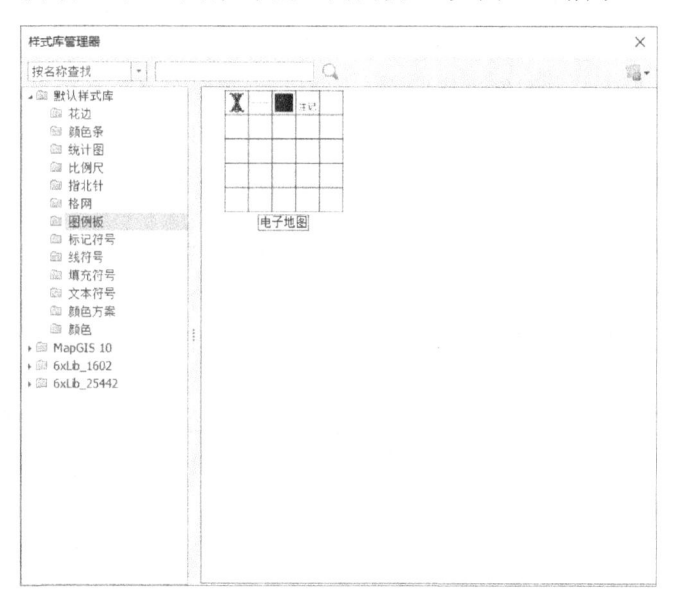

图 5-68 在"样式库管理器"对话框中选择"图例板"

（2）在右侧窗口的空白处单击鼠标右键，在弹出的右键菜单中"新建"图例板，如图 5-69（a）所示，可弹出如图 5-69（b）所示的"图例板"对话框，设置图例元素后，单击"确定"按钮即可生成一个空的图例板。

5.2.2.2 编辑图例板

编辑图例板的操作方法如下：

（1）在"样式库管理"对话框中选择"图例板"，双击需要编辑的图例板，可弹出"图例板"对话框，在该对话框中可以对图例板进行编辑。

(a)   (b)

图 5-69　生成一个空的图例板

（2）"图例元素"选项卡（见图 5-70）中的参数如下：

预览：双击"预览"栏下的图例，可在弹出的"参数修改"对话框中修改图例的参数，修改完毕后单击"确定"按钮即可。

名称、描述：单击"名称"或"描述"栏下的内容，直接进行修改。

分类码：通过分类码可对图例进行归类。用户首先需要在"分类项"选项卡中添加相应的分类，然后在该列输入各图例的分类码，将图例归入对应的分类项中。例如，在国家标准地形图中，将符号划分为测量控制点、水系、居民地与建（构）筑物、交通、管线及附属设施等九大类。

层号：是该图例属性字段"mpLayer"的值，意义等同于图层的层号。

属性结构、属性内容：单击"属性结构"或"属性内容"栏的"…"按钮，可弹出相应的对话框，用户在对话框中修改图例的属性信息。在使用图例时，在此处设置的图例属性会影响图元的属性内容。

操作：用户可通过"+"按钮添加对应类型的新图例，通过"-"按钮删除某图例。

注意：属性结构和属性内容生效的前提是编辑图层的属性结构包含图例属性结构的所有字段。

（3）"分类项"选项卡（见图 5-71）中的参数如下：

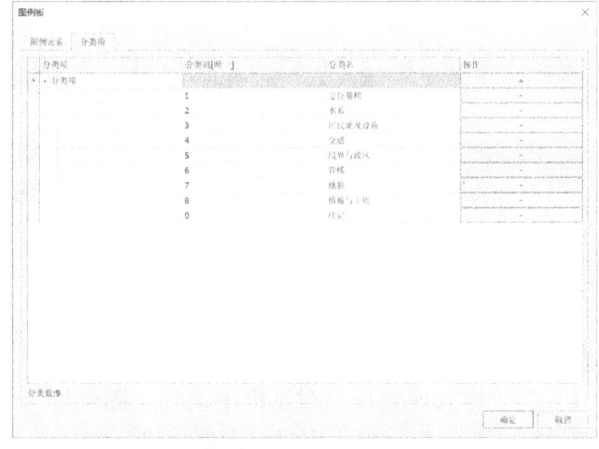

图 5-70　"图例元素"选项卡　　　　　　图 5-71　"分类项"选项卡

分类码[唯一]：用于对图例进行分类。若要添加一个分类码，首先需要单击"操作"栏中"+"的按钮，添加一行；然后单击该行对应的"分类码[唯一]"框，在下拉框中选择一个分类码（分类码只能取 0～255），设置好的分类码可在"图例元素"选项卡的"分类码"栏中使用。

分类名：为分类定义一个名称。

操作：用户可通过"+"按钮添加新的分类项，通过"-"按钮删除某分类项。

注意：编辑样式之后，必须单击"保存"按钮，否则修改内容将无法保存。

5.2.2.3 关联图例板

关联图例板可用于建立图例文件与文档之间的联系。用户必须先给地图关联图例板，才能在编辑地图图层时使用图例板。关联图例板的操作方法如下：

（1）在工作空间中，右键单击当前地图，在弹出的右键菜单中选择"图例板"→"关联图例板"，如图 5-72 所示，可弹出"样式选择器"对话框。

（2）在"样式选择器"对话框（见图 5-73）中选择需要关联的图例板，单击"确定"按钮即可完成关联。

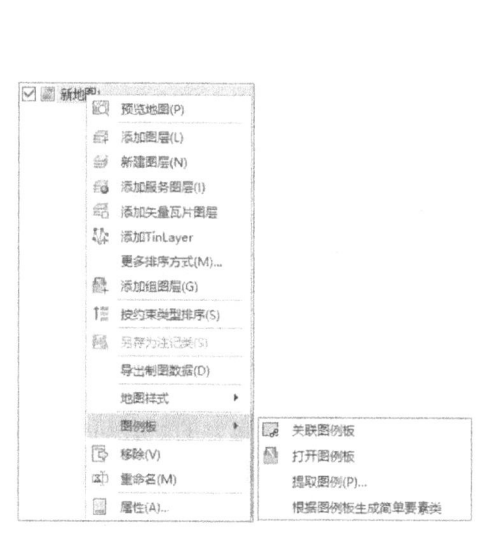

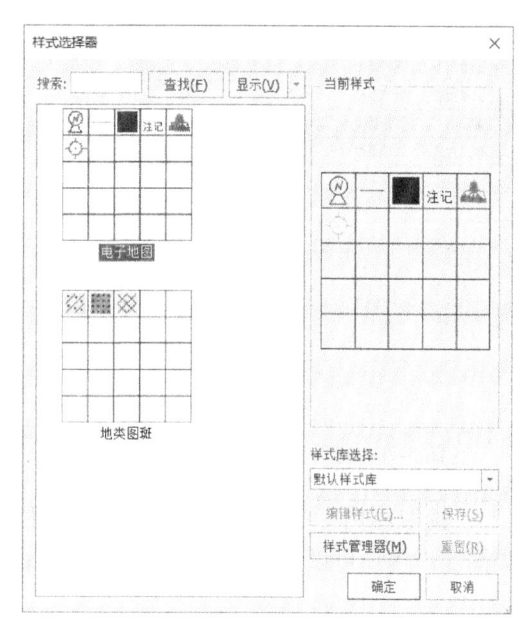

图 5-72 选择"关联图例板"　　　　图 5-73 "样式选择器"对话框

5.2.2.4 使用图例板

使用图例板的操作方法如下：

（1）在工作空间中，右键单击当前地图，在弹出的右键菜单中选择"图例板"→"打开图例板"。在打开图例板前需要先关联图例板，若已关联图例板，则可打开已关联的图例板，如图 5-74 所示。

（2）在当前地图中添加矢量图层并将矢量图层设置为"当前编辑"状态，选择输入图元后，选择菜单"点编辑"→"输入子图"。

（3）在打开的图例板上选择同图层类型一致的图例（如图层为点图层，则在图例板上选择某点类型的图例），在选中的图例变为蓝色时即可在视图区输入图元，此时输入图形的参数将与图例保持一致。若要换成其他图例样式，则可在图例板上选择其他图例。

5.2.3 提取图例

当用户的矢量数据中已包含正确的参数信息时，可通过提取图例功能来获取行业应用的图例板。例如，用户已有某县的土地利用数据，且参数信息符合图例利用行业符号规范，可通过土地利用数据提取土地利用的图例，该图例可用于其他县的符号化操作。提取图例的操作方法如下：

（1）在工作空间中，右键单击当前地图，在弹出的右键菜单中选择"图例板"→"提取图例"，可弹出如图 5-75 所示的"提取图例"对话框。

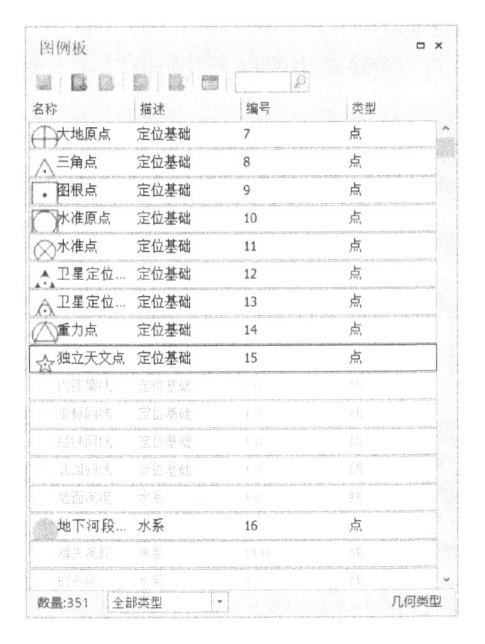

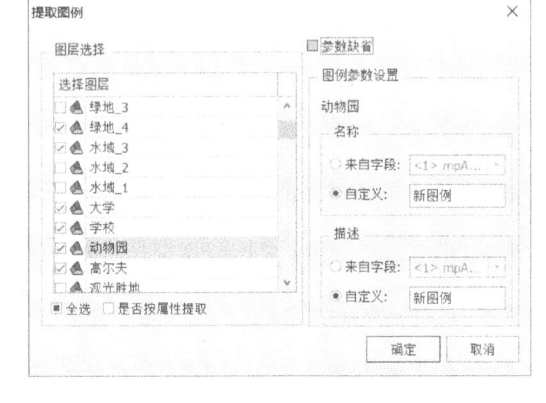

图 5-74　打开已关联的图例板　　　　图 5-75　"提取图例"对话框

（2）"提取图例"对话框的"图层选择"栏会列出地图文档中所包含的所有简单要素类和注记类图层，用户可以通过勾选来指定从哪些图层中提取图例。勾选"全选"可以快速选中所有图层。

（3）设置提取图例的参数。MapGIS 10 提供了两种设置参数的方式：参数缺省和图例参数设置。勾选"参数缺省"后，在提取图层的图例符号时，图例板中每个图例符号的名称和描述信息都由系统按照默认参数生成，完成后自动跳转到样式库的图例板界面，方便用户对生成的图例板进行查看和修改。采用参数缺省方式生成的图例板如图 5-76 所示。

注意：进行图例提取前，必须保证地图文档中各个图层的系统库保持一致，否则将无法进行图例提取操作。

5.2.4 根据图例生成简单要素类

用户已有行业应用图例板时，可通过此功能，将图例板中所有的符号生成为矢量图形。此功能可用于检查符号的正确性，也可用于制作矢量数据图例。

（1）在工作空间中，右键单击当前地图，在弹出的右键菜单中选择"图例板"→"关联图例板"，在弹出的"样式选择器"对话框中关联一个图例板。

（2）右键单击地图节点，在弹出的右键菜单中选择"图例板"→"根据图例生成简单要素类"，可弹出如图 5-77 所示的"根据图例生成简单要素类"对话框。

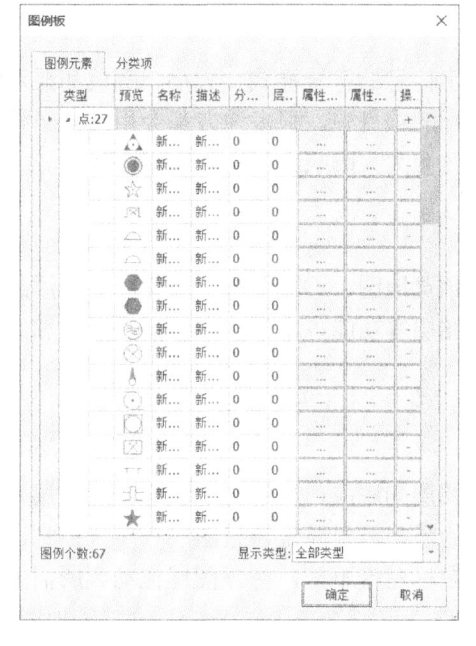

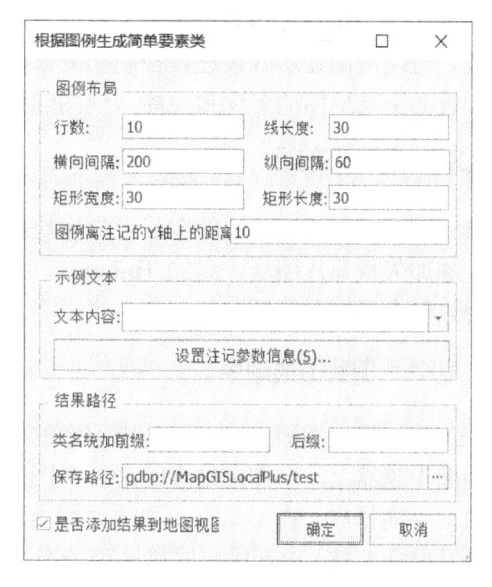

图 5-76　采用参数缺省方式生成的图例板　　　图 5-77　"根据图例生成简单要素类"对话框

"根据图例生成简单要素类"对话框中的参数说明如下：

行数：生成图例的行数，列数=图例板中所有符号个数除以行数。
线长度：线图例的长度。
横向间隔、纵向间隔：横向和纵向的两个图例之间的距离。
矩形宽度、矩形长度：区图例的宽度和长度。
图例离注记的 Y 轴上的距离：所有图例的名称注记与图例 Y 方向的距离。
文本内容：注记图例的文本内容。
设置注记参数信息：用于设置所有图例的名称注记参数信息。

（3）设置结果路径后，单击"确定"按钮，可生成 5 个矢量图层，如图 5-78 所示。

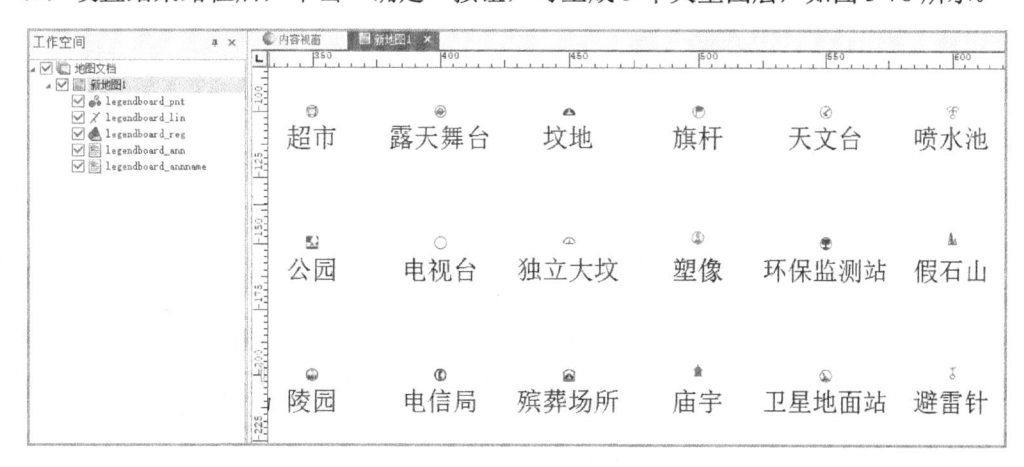

图 5-78　生成的 5 个矢量图层

5.3 地图显示控制与调节

地图配置是指通过设置矢量要素，以及地图文字信息的符号样式、大小、颜色和显示级别等参数，对地图的显示效果进行控制和调节。在实际的项目中，很多地方都会用到电子地图，地图配置会影响地图的美观和性能，地图配置得好坏会大大影响系统功能和用户体验。

5.3.1 图层管理

MapGIS 10 for Desktop 的图层管理模块提供了预览地图、添加图层、新建图层、添加服务图层、添加矢量瓦片图层、添加 TinLayer、添加组图层等功能，本节以调整图层顺序和组图层的使用为例介绍图层管理。

5.3.1.1 调整图层顺序

在加载显示地图数据时，工作空间中的第一个图层为底层，目录树上越靠下的图层，在显示的地图中越靠上。当图层过多时，各个图层之间的压盖需要通过调整图层顺序来控制。

（1）手动排序。在工作空间中选中图层，按住鼠标左键不放，将该图层拖动到所需的位置即可松开鼠标左键。手动排序同样适用于组图层内部，以及各类图层之间，且支持跨地图拖动，如图 5-79 所示。

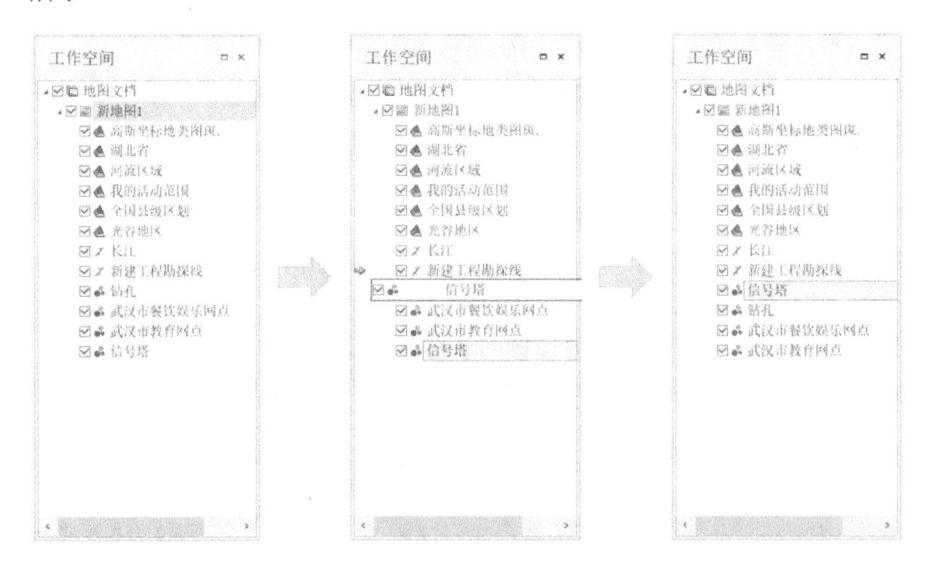

图 5-79 手动排序示例

（2）自动排序。MapGIS 10 for Desktop 的图层自动排序包括按约束类型排序和更多方式排序两种。

① 按约束类型排序：在工作空间中右键单击"地图"节点，在弹出的右键菜单中选择"按约束类型排序"，系统会按照"地图集、组图层、栅格和其他数据、区图层、线图层、点图层、注记图层"的先后顺序对地图图层进行排序。按约束类型排序示例如图 5-80 所示。

② 更多排序方式：在工作空间中右键单击"地图"节点，在弹出的右键菜单中选择"更多排序方式"，可弹出"排序"对话框，用户可在该对话框中选择排序方式。MapGIS 10 提供了

5 种排序方式。更多排序方式示例如图 5-81 所示。

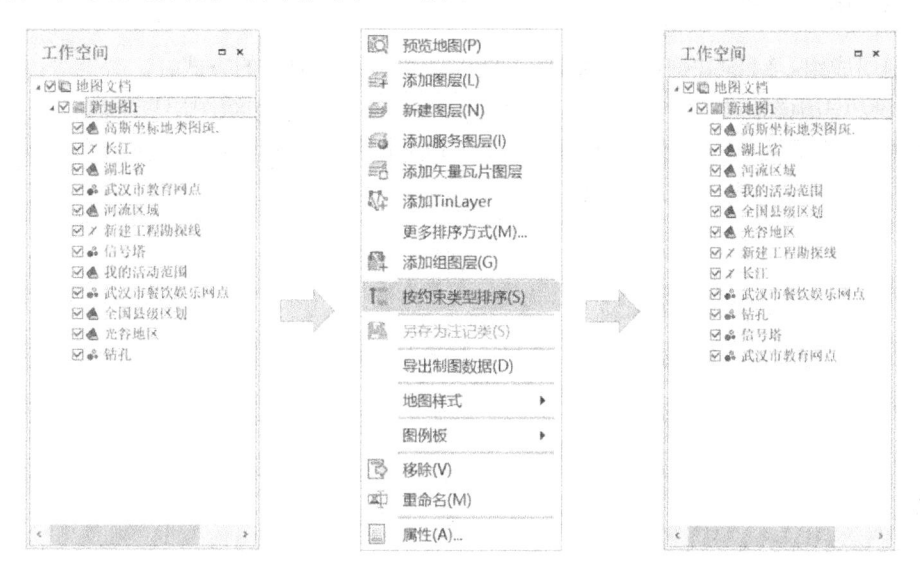

图 5-80　按约束类型排序示例

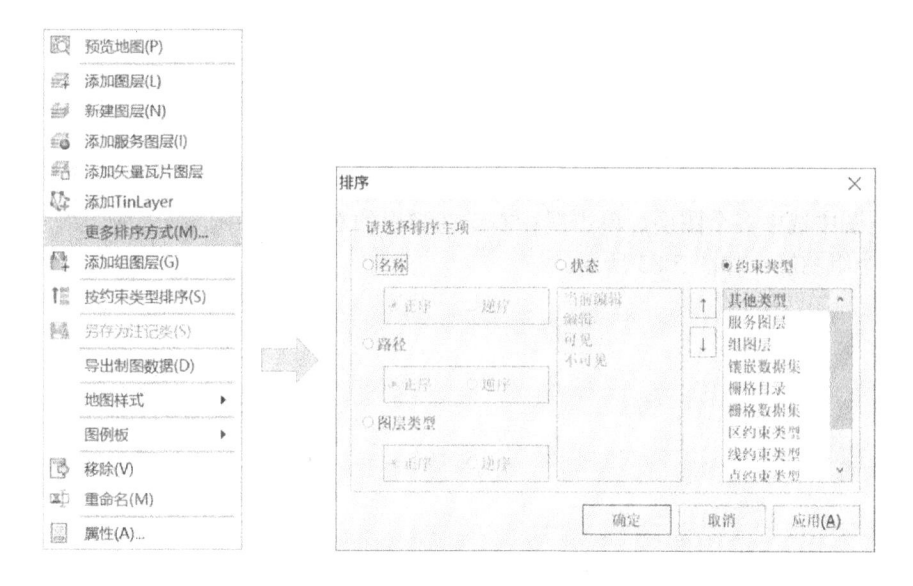

图 5-81　更多排序方式示例

名称：按图层名称进行排序，分为正序和逆序。正序指按字母表先后顺序排序，逆序指按字母表逆序排序。

路径：按图层路径前后位置进行排序。需要注意：本地数据的路径在 GDB 数据的路径之前；当数据的路径相同时，会按图层名称进行排序。按路径排序也包括正序和逆序。

图层类型：按图层的点、线、区等类型进行排序。相同类型的图层按名称排序。按图层类型排序也包括正序和逆序。

状态：按图层状态进行排序，用户可设置不同状态图层的相对顺序。状态相同的图层按名称排序。

约束类型：按约束类型进行图层排序。约束类型相同的图层按名称排序。

5.3.1.2 组图层的使用

（1）图层成组：MapGIS 10 for Desktop 提供了两种图层成组的方式：

① 右键单击地图上的节点，在弹出的右键菜单中选择"添加组图层"，即可在该地图节点下添加组图层，如图 5-82 所示。添加组图层后，可将图层拖动到组图层下或在组图层下新建图层，在组内对图层进行统一管理。

图 5-82　添加组图层

② 在地图中选中多个图层，单击鼠标右键在弹出的右键菜单中选择"成组"，即可将多个图层组成一个组图层，如图 5-83 所示。

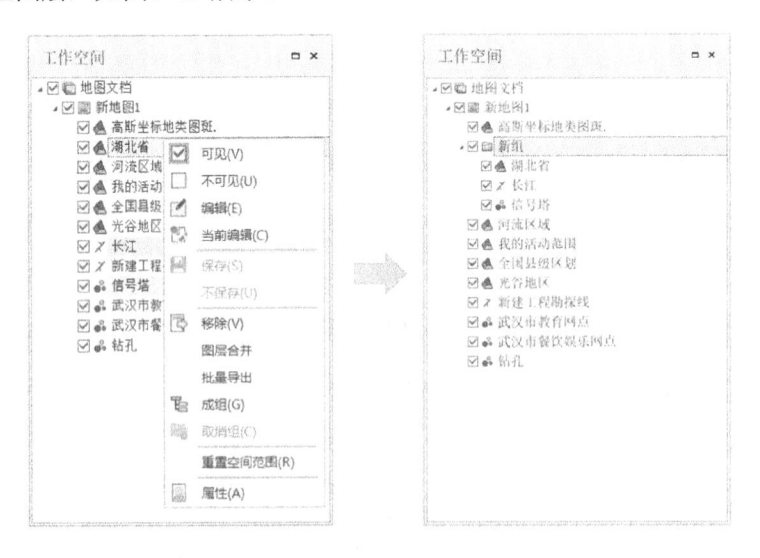

图 5-83　多个图层成组

（2）组图层管理。图层成组后可对组图层进行统一管理操作，如统改状态、移除、重命名等。右键单击组图层，在弹出的右键菜单中选择"属性"，可弹出"新组属性页"对话框，在该对话框内可修改名称、显示状态、关联的图例分类码，如图 5-84 所示。

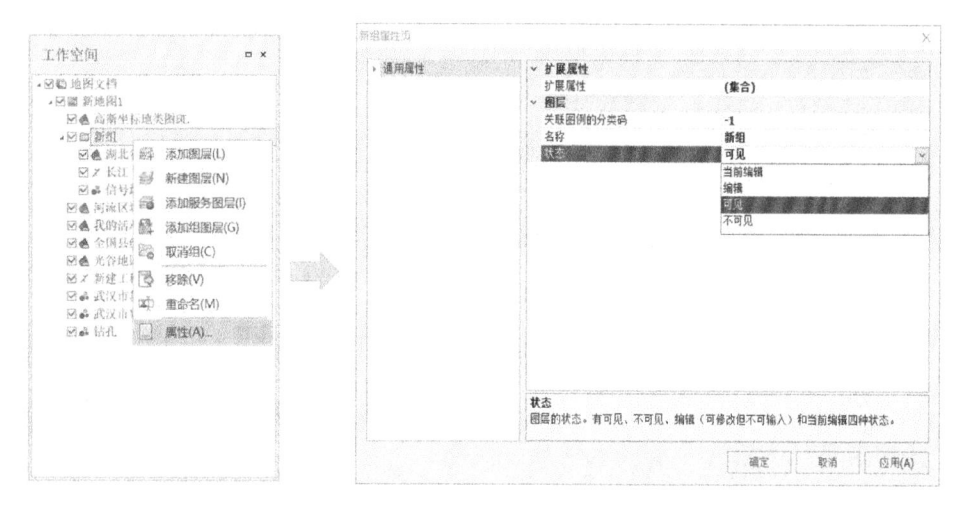

图 5-84　组图层管理

5.3.2　显示配置

5.3.2.1　动态注记

动态注记是基于要素属性动态地在要素类附近标注文本的，用户无法直接选择和修改单个注记，只能通过修改要素属性来修改注记内容。MapGIS 10 for Desktop 提供了以下类型的动态注记，如图 5-85 所示。

- 统一注记：可对图层内的所有要素使用同一种样式的标注。
- 分类注记：可对图层内的要素进行筛选和分类，不同类别使用不同样式的标注。

统一注记和分类注记又可分为简单注记、矩阵注记：

- 简单注记：指定该图层下某一属性作为注记内容进行动态标注。
- 矩阵注记：可由"矩阵""文本""符号""图像""分隔"等元素任意组合而成。

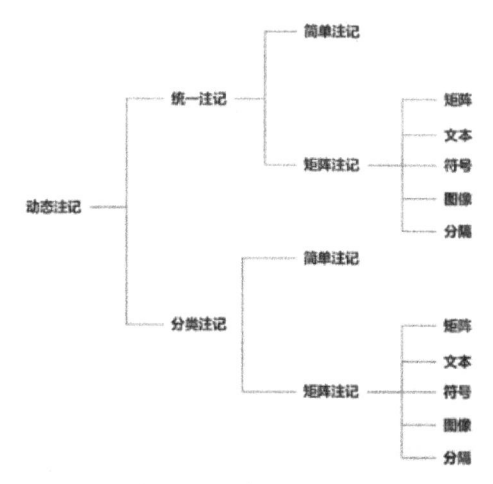

图 5-85　动态注记的分类

在工作空间中右键单击图层，在弹出的右键菜单中选择"属性"，打开所选图层的属性页对话框，在该对话框左侧的窗口选择"动态注记"，即可在右侧的窗口中进行设置，如图 5-86 所示。

图 5-86 动态注记的设置

统一注记、分类注记、简单注记和矩阵注记的示例分别如图 5-87、图 5-88、图 5-89 和图 5-90 所示。

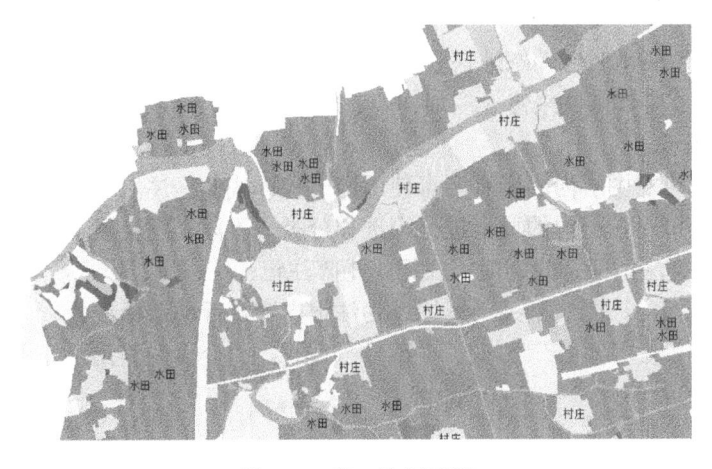

图 5-87 统一注记示例

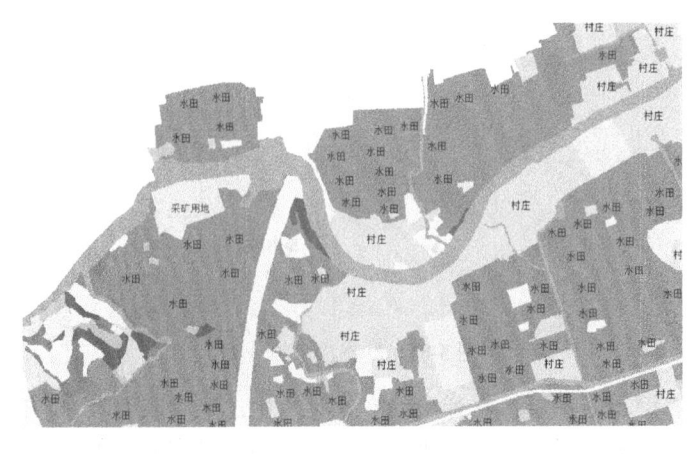

图 5-88 分类注记示例

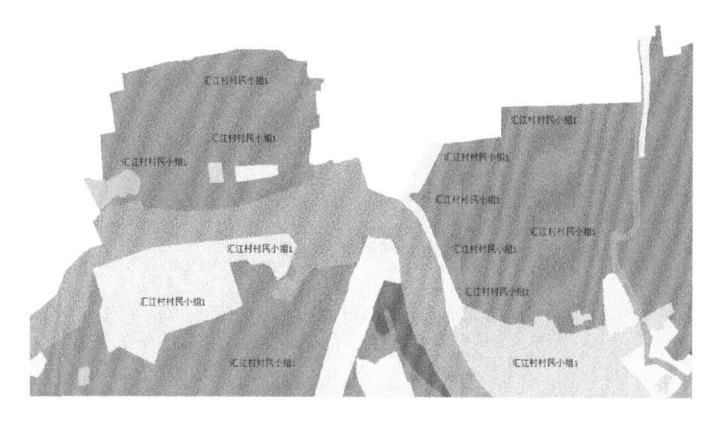

图 5-89　简单注记示例

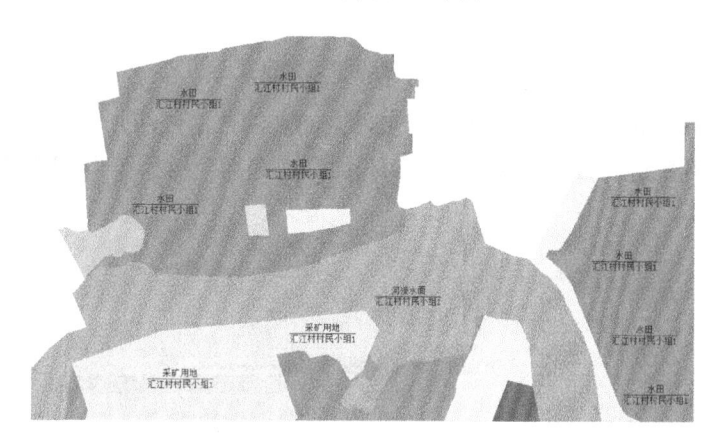

图 5-90　矩阵注记示例

5.3.2.2　动态投影

在新地图和新场景的属性中，可设置动态投影信息。开启动态投影后，新地图和新场景中的所有图层都会动态显示到目标参照系范围中。动态投影只影响数据的显示效果，不会改变原始数据的空间范围。

在工作空间中右键单击图层，在弹出的右键菜单中选择"属性"，可打开所选图层的属性页对话框，在该对话框左侧的窗口选择"显示"节点，即可在右侧的窗口中进行正向投影参数设置、逆向投影参数设置，如图 5-91 所示。

5.3.2.3　可见比例尺范围

虽然电子地图可以无限缩放，但只有在特定的可见比例尺范围内，地图所能表达的信息才是最恰当和最完整的。MapGIS 10 for Desktop 提供了多种方式可调整地图、图层的可见比例尺范围。

（1）地图可见比例尺范围。地图显示比在该地图的属性页对话框的"显示"界面中，在该界面中可以设置最大、最小比例尺。地图只允许在最大比例尺和最小比例尺的范围内任意缩放，最小比例尺和最大比例尺分别是缩小和放大的限制，如果不设置最小比例尺和最大比例尺，则表示无限制。除了最小比例尺和最大比例尺，MapGIS 10 for Desktop 还提供另一种地图显示策略，即设定一些固定的显示比例尺，使地图达到分级显示的效果。

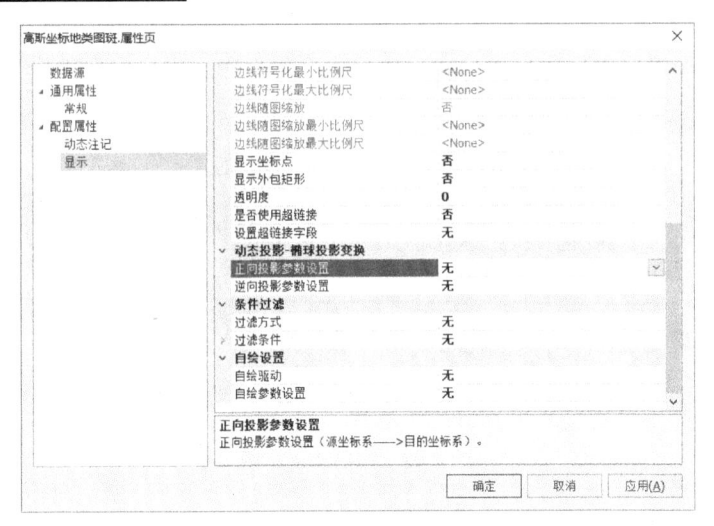

图 5-91　动态投影的设置

地图可见比例尺范围的设置方法为：在工作空间右键单击地图，在弹出的右键菜单中选择"属性"，可弹出该地图的属性页对话框，在该对话框中选择"显示"，即可设置"可见比例尺范围"，如图 5-92 所示。

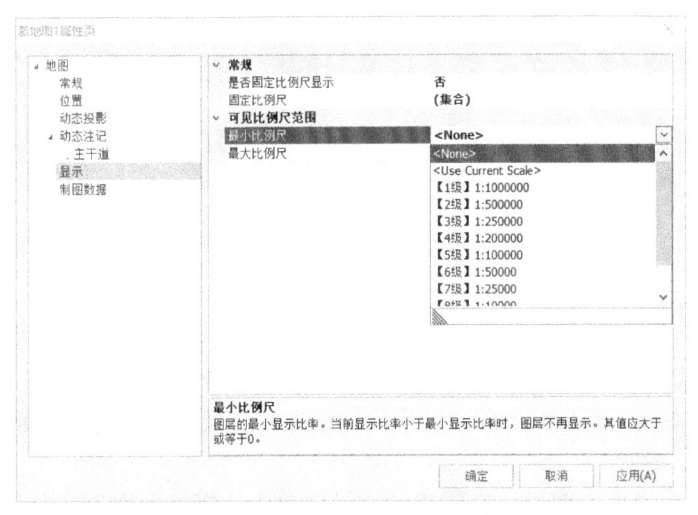

图 5-92　设置"可见比例尺范围"

注意：当"是否固定比例尺显示"设置为"是"，且设置了固定显示比例尺集合时，地图的最小比例尺和最大比例尺将被忽略。

（2）图层可见比例尺范围。地图可见比例尺范围用于控制整个地图的缩放范围，而图层可见比例尺范围则控制图层在哪个范围内可见。虽然两者都称为可见比例尺范围，但在使用效果上有所差异。MapGIS 10 for Desktop 提供以下两种方式设置图层可见比例尺范围。

方式一：在工作空间中右键单击图层，在弹出的右键菜单中选择"可见比例尺范围"→"设为最大比例尺"或"设为最小比例尺"，即可将当前地图的显示范围设为图层的最大比例尺或最小比例尺，如图 5-93 所示。

方式二：在工作空间中右键单击图层，在弹出的右键菜单中选择"属性"，可打开该图层的属性页对话框，在该对话框中选择"常规"，可在右侧的窗口中设置最大比例尺和最小比例尺，如图 5-94 所示。

图 5-93　图层可见比例尺范围的设置方式一

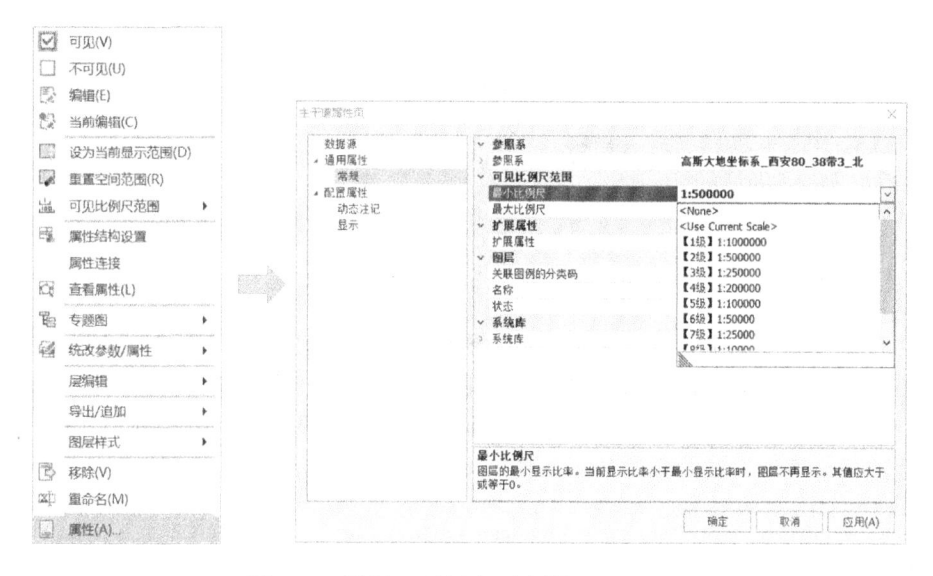

图 5-94　图层可见比例尺范围的设置方式二

不同可见比例尺范围的显示效果如图 5-95 所示。

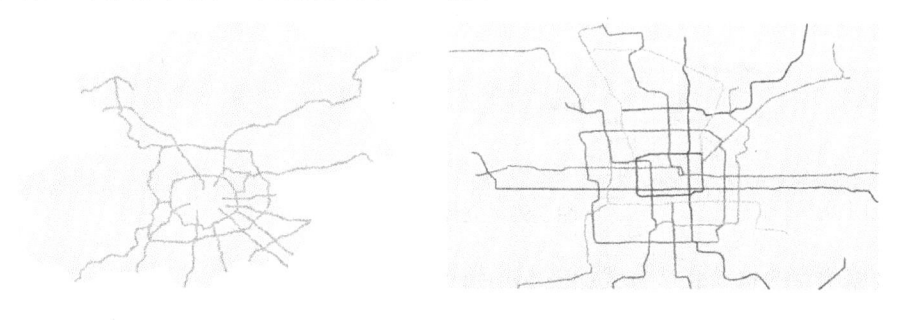

图 5-95　不同可见比例尺范围的显示效果

5.3.2.4 自绘设置

自绘表达是一种特殊的符号化处理手段，它通过一些规则来定义数据的绘制方式，在不对原始数据进行任何处理的前提下，提供了一套完整的应用解决方案，在不同的地图产品中，能够以不同的方式显示同一数据。

在工作空间中右键单击图层，在弹出的右键菜单中选择"属性"，可打开该图层的属性页对话框（如建筑属性页对话框），在该对话框左侧的窗口中选择"显示"，在右侧的窗口可设置"自绘设置"参数，如图 5-96 所示。

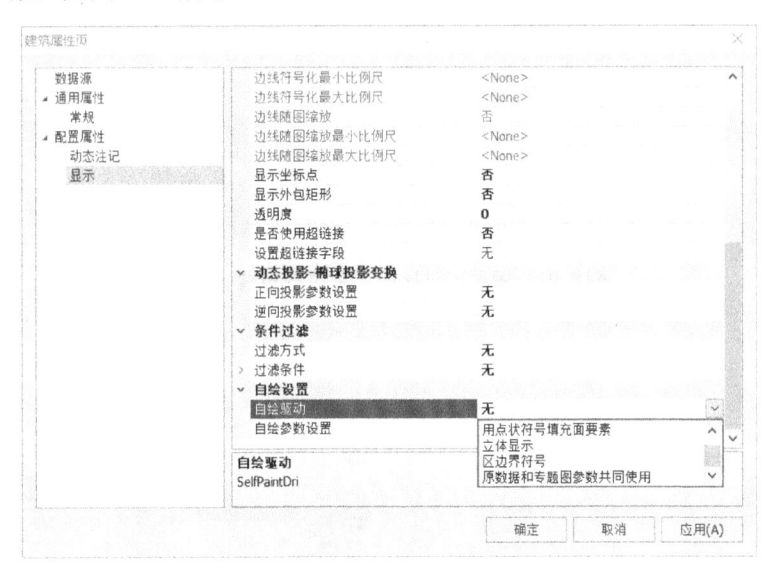

图 5-96 设置"自绘设置"参数

单击"自绘驱动"的下拉框，可选择自绘表达方式。目前，MapGIS 10 for Desktop 提供的自绘表达方式有：原数据和专题图参数共同使用、河流渐变表达、制图表达_桥梁、制图表达_道路、用点状符号修饰线型、用点状符号填充面要素、立体显示、区边界符号、根据属性旋转子图。常用的自绘表达方式是立体显示，其效果如图 5-97 所示。

图 5-97 立体显示的效果

不同要素类型的自绘表达方式如表 5-1 所示。

表 5-1　不同要素类型的自绘表达方式

要素类型	自绘表达方式	自绘表达方式简述
点	根据属性旋转子图	根据图形属性中的旋转角度进行图形旋转
	原数据和专题图参数共同使用	使用原数据的参数显示专题图
线	制图表达_桥梁	快速进行桥梁的符号化绘制和显示
	制图表达_道路	快速进行道路的符号化绘制和显示
	用点状符号修饰线型	用点状符号修饰线型，用单个线图层表达线和点的双重含义
	河流渐变表达	用颜色和线宽的渐变来符号化显示河流要素
	原数据和专题图参数共同使用	使用原数据的参数显示专题图
区	用点状符号填充面要素	将点符号按照平铺的方式充满整个区
	立体显示	设置平面图颜色及高度，实现立体显示效果
	区边界符号	配置显示区边界线的线符号
	原数据和专题图参数共同使用	使用原数据的参数显示专题图

5.4 图框的绘制

在绘制标准比例尺地形图的过程中，图廓是必不可少的，而且必须符合国家标准。我国于 1991 年制定了新的《国家基本比例尺地形图分幅和编号》的国家标准，并给出了不同标准比例尺地形图的编绘规范及图式。自 1991 年起，新测和更新的地图，照此标准进行分幅和编号。为此，利用机助制图功能，根据制定的标准，可以机助生成标准图廓（标准图框）。

5.4.1 图幅处理

MapGIS 10 for Desktop 的图幅处理主要提供了新旧图幅号的对比查看，以及图幅号计算等功能。

5.4.1.1 图幅号解析

图幅号解析的操作方法为：选择菜单"工具"→"图幅处理"，如图 5-98 所示，可弹出如图 5-99 所示的"图幅号解析器"对话框；在该对话框的"输入图幅号"中输入一个标准图幅号（新旧都可），单击"图幅号解析"按钮可弹出如图 5-100 所示的"图幅号标准"窗口，在该窗口中可以得到"新图幅号""旧图幅号"等结果。

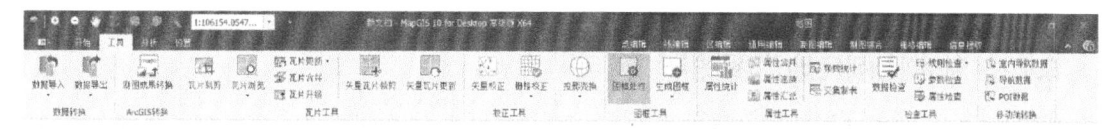

图 5-98　菜单"工具"→"图幅处理"

5.4.1.2 根据经纬度计算图幅号

在图 5-99 所示的"图幅号解析器"对话框中，首先选择一种"经纬度单位"，根据选择的单位输入某点的"经度""纬度"；然后选择"新图幅号"或"旧图幅号"；单击"计算图幅号"

按钮即可得到该点在各比例尺下的图幅号。

图 5-99 "图幅号解析器"对话框

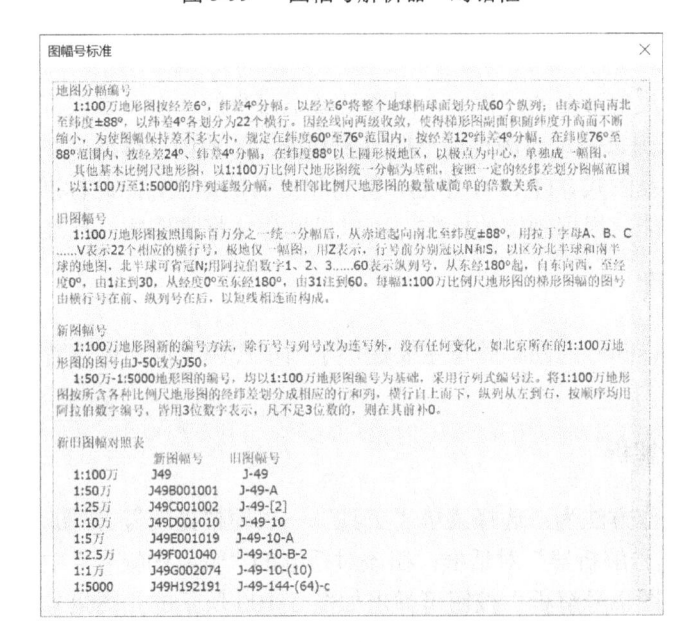

图 5-100 "图幅号标准"窗口

5.4.2 基本比例尺地形图图框

基本比例尺地形图图框是根据国家标准生成的，其生成方式有两种：输入图幅号和选择比例尺。生成基本比例尺地形图图框的操作说明如下：

（1）选择菜单"工具"→"生成图框"→"基本比例尺地形图图框"，如图 5-101 所示，可弹出如图 5-102 所示的"基本比例尺地形图图框"对话框。

（2）在"基本比例尺地形图图框"对话框中，根据实际情况选择"生成方式"，填写"整饰信息"，设置"输出结果"，单击"完成"按钮即可生成基本比例尺地形图图框。

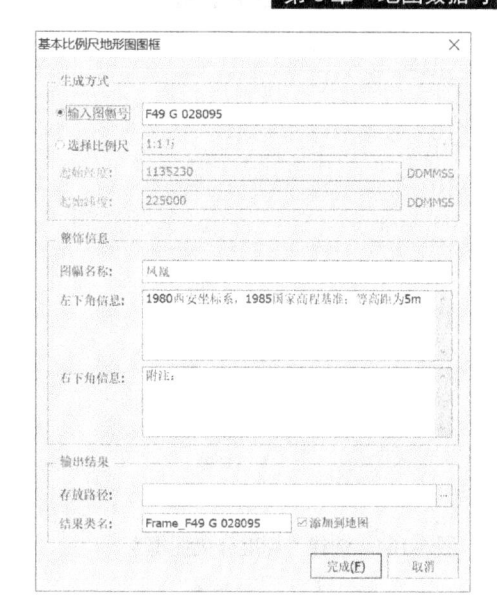

图 5-101　选择"基本比例尺地形图图框"　　图 5-102　"基本比例尺地形图图框"对话框

（3）如果勾选"添加到地图"，则生成的基本比例尺地形图图框加载到工作空间中。生成的基本比例尺地形图图框效果如图 5-103 所示。

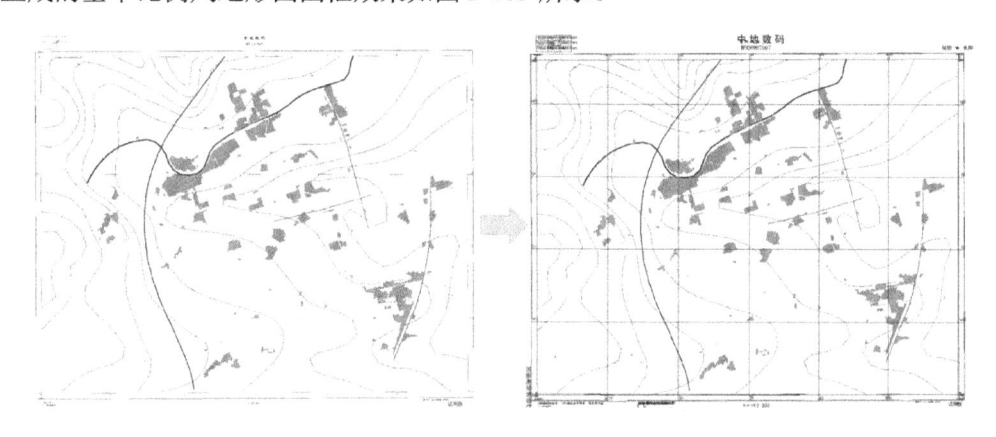

图 5-103　生成基本比例尺地形图图框效果

5.4.3　标准分幅图框

标准分幅图框是按照国家分幅标准进行分幅生成的图框，用户可自定义调节图框的相关参数。标准分幅图框的操作方法如下：

（1）选择菜单"工具"→"生成图框"→"标准分幅图框"，如图 5-104 所示，可弹出如图 5-105 所示的"标准分幅图框"对话框。

（2）在"标准分幅图框"对话框中，根据实际情况选择"生成方式"，选择"投影参数"，设置"输出结果"。单击"下一步"按钮可弹出"样式设置"界面，如图 5-106 所示。

（3）在"样式设置"界面中，用户既可以单击"…"按钮来选择已有的样式模板，也可单击"编辑"按钮，在弹出的"整饰模板编辑"对话框（见图 5-107）中设置图框的样式参数。

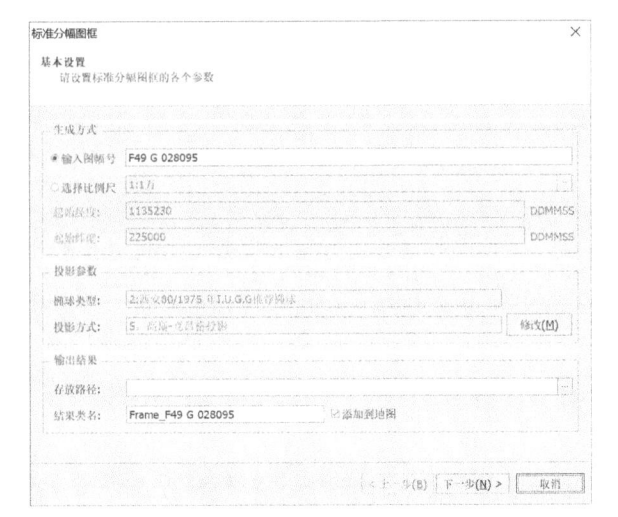

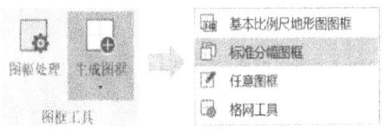

图 5-104 选择"标准分幅图框"

图 5-105 "标准分幅图框"对话框

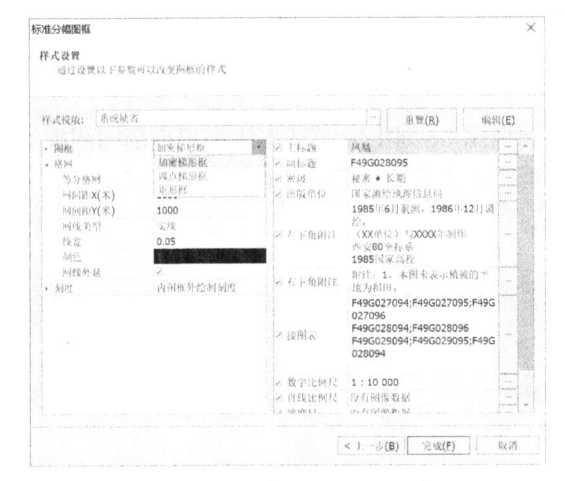

图 5-106 "样式设置"界面

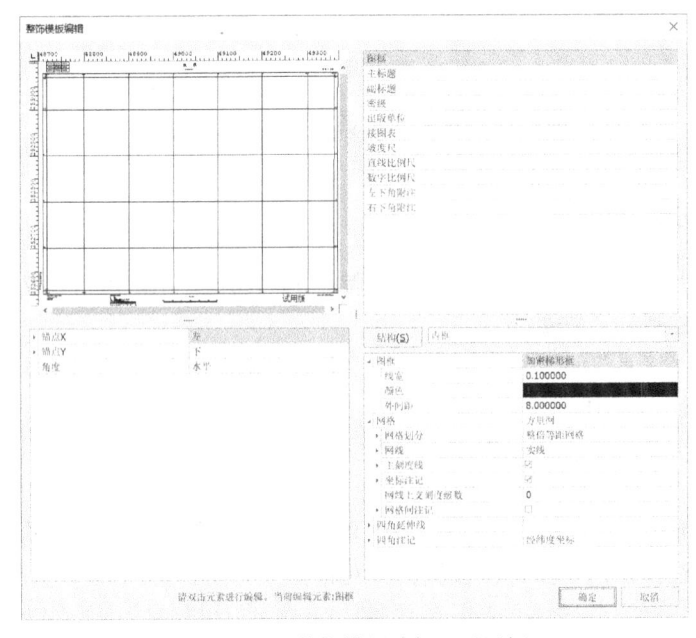

图 5-107 "整饰模板编辑"对话框

（4）在"整饰模板编辑"对话框中设置好参数后，单击"确定"按钮可弹出"另存整饰模板"对话框，用户可保存样式模板。在"样式设置"对话框中单击"完成"按钮，即可自动生成标准分幅图框。

生成的标准分幅图框效果如图 5-108 所示。

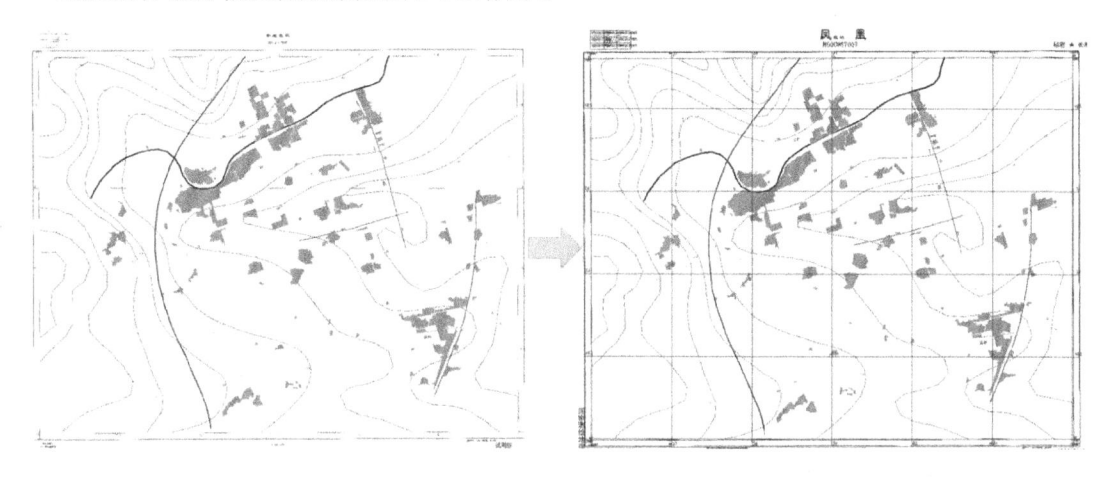

图 5-108　生成的标准分幅图框效果

5.4.4　任意图框

任意图框是根据用户自定义的比例尺以及图框范围生成的图框。任意图框的操作说明如下：

（1）选择菜单"工具"→"生成图框"→"任意图框"，如图 5-109 所示，可弹出如图 5-110 所示的"任意图框"对话框。

图 5-109　选择"任意图框"　　　　图 5-110　"任意图框"对话框

（2）在"任意图框"对话框中，根据实际情况设置相关参数。单击"下一步"按钮，可弹出如图 5-111 所示的"样式设置"界面，在该界面中可对图框样式的各项参数进行自定义设置。

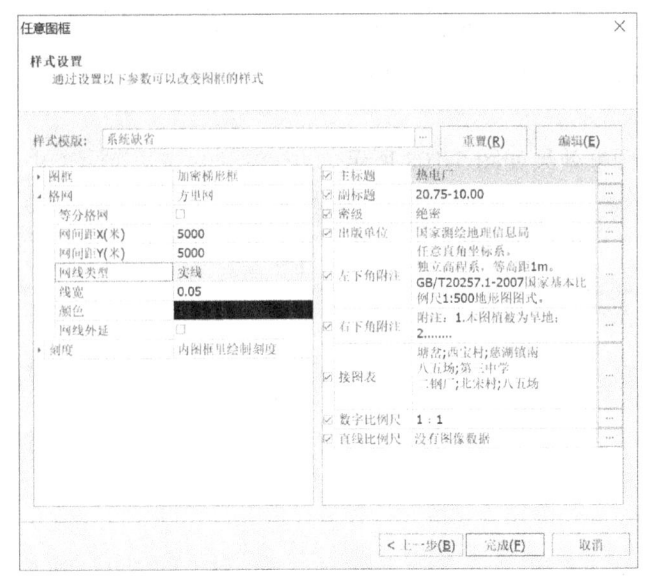

图 5-111 "样式设置"界面

（3）单击"样式设置"界面中的"完成"按钮，系统将自动生成图框，如图 5-112 所示。

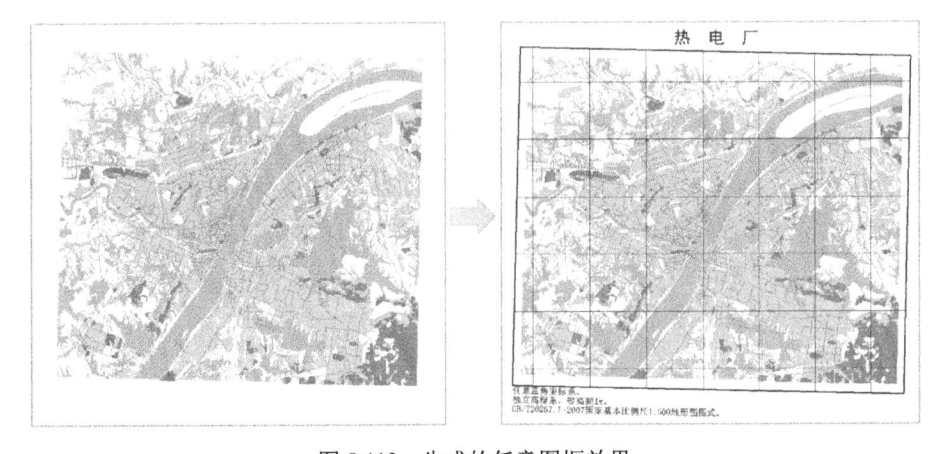

图 5-112 生成的任意图框效果

5.4.5 格网工具

格网是由间隔均匀的水平线和垂直线组成的网络，可配合地图数据使用，用于识别地图上的各个位置。格网工具的操作方法如下：

（1）选择菜单"工具"→"生成图框"→"格网工具"，如图 5-113 所示，可弹出如图 5-114 所示的"格网工具"对话框。

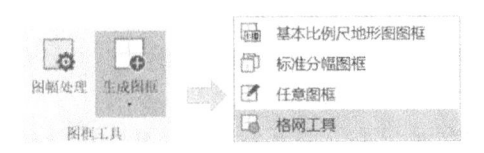

图 5-113 选择"格网工具"

（2）在"格网工具"对话框中，根据实际情况设置相关参数后单击"完成"按钮，即可自动生成格网，如图 5-115 所示。

图 5-114 "格网工具"对话框　　　　图 5-115 生成的格网效果

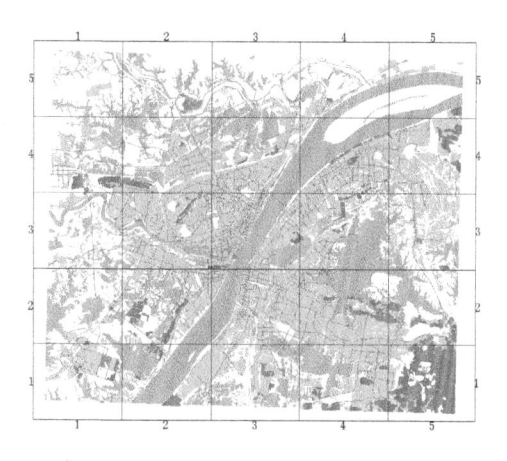

5.5 专题图的制作

5.5.1 专题图的基本概念

专题图的应用可满足用户的多样性需求，大大增强信息表达的直观性，既可以显示制图信息的空间分布特征，又能够表示制图信息的数量、质量特征及发展变化。专题图在地理信息系统的应用中具有非常重要的作用。

（1）专题图能对地理事物进行不同程度的抽象、概括和简化，强调制图信息最本质的特征，反映区域的基本面貌，保持图面清晰易读。例如，复杂的城市，用圆形的几何中心表示位置，用圆形的大小表示行政等级的高低。

（2）专题图给地图赋予了极大的表现能力，它既能表示具体的事物，如居民地、森林分布，也能表示抽象的事物；既能表示事物的外形，如湖泊的岸线特征，也能表示其内部性质，如含盐程度。

（3）专题图能提高地图的应用效果。专题图能在平面上建立或再现客观现象的空间模型，并为无法表示的现象设计想象的模型，人们能在两种"模型"上进行量算及相互比较。例如，在人口密度图中，通过颜色的逐渐过渡可构建人口分布状况的模型，通过构建的模型不仅可以量算每个区域的人口密度，还可以了解整个区域的人口分布总体规律及变化趋势。

MapGIS 10 for Desktop 为用户提供了多种专题图，主要分为矢量专题图、栅格专题图、三维专题图。

5.5.2 创建矢量专题图

在工作空间中右键单击需绘制专题图的图层，在弹出的右键菜单中选择"专题图"→"创建专题图"，如图 5-116 所示，可弹出创建专题图的向导框。

点、线、注记图层只有单值、分段、统一三个专题图，区图层则有单值、分段、统一、随机、四色、统计、密度和等级八个专题图。为点图层、线图层、注记图层、区图层创建专题图的向导框分别如图 5-117 到图 5-120 所示。

图 5-116 选择"创建专题图"

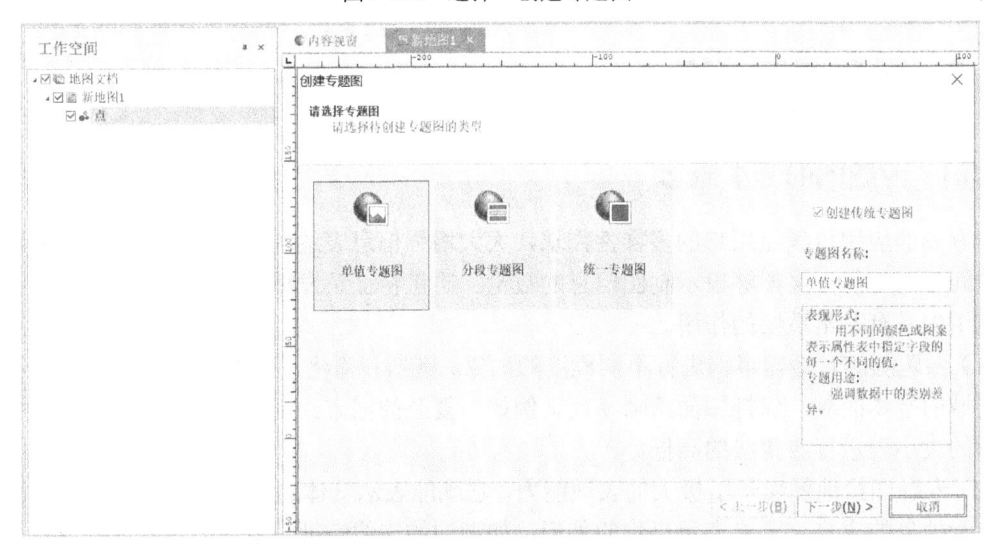

图 5-117 为点图层创建专题图的向导框

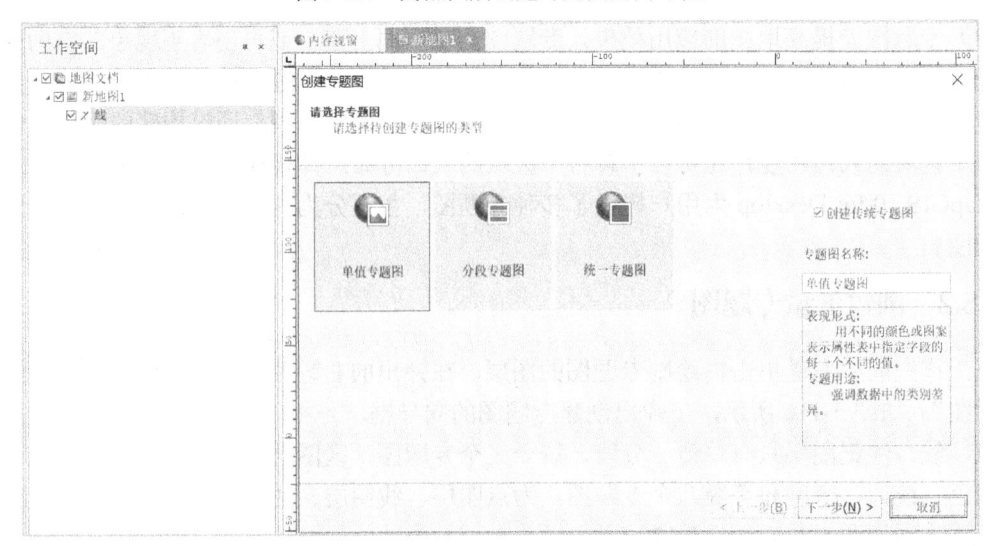

图 5-118 为线图层创建专题图的向导框

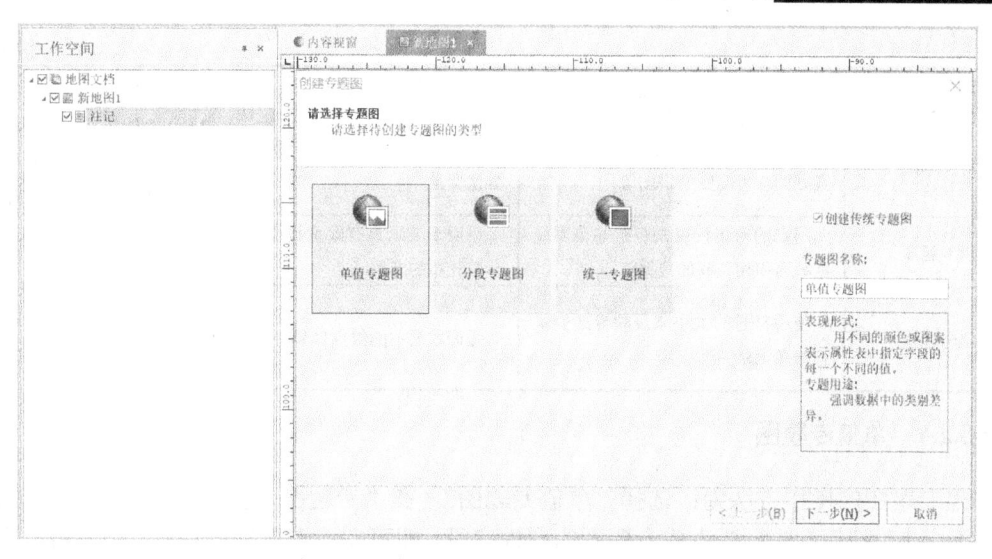

图 5-119 为注记图层创建专题图的向导框

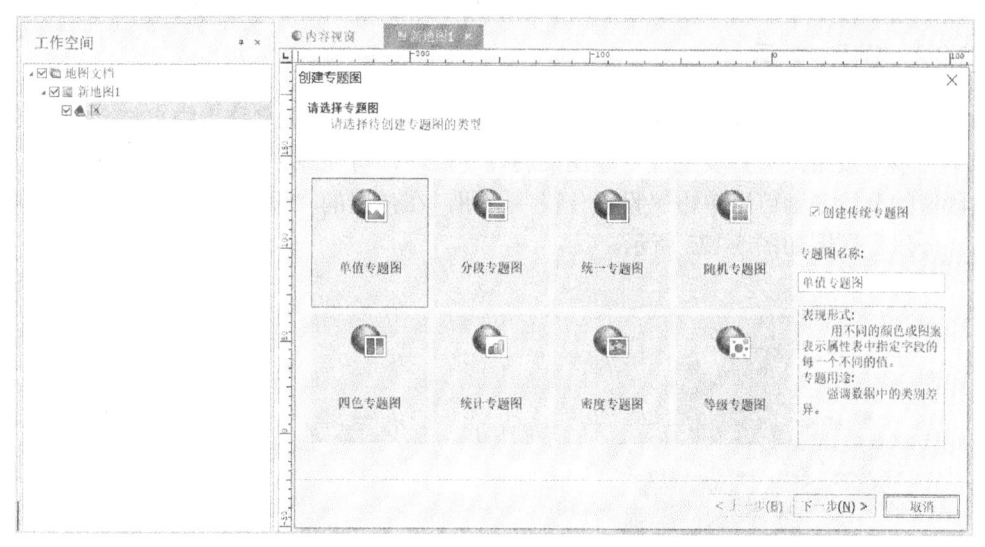

图 5-120 为区图层创建专题图的向导框

矢量专题图的特点如表 5-2 所示。

表 5-2 矢量专题图的特点

矢量专题图的类别	填充方法	用途	特点	应用
单值专题图	根据要素的某个属性字段进行分类，每个属性值都作为一个类别，使用不同的颜色或图案进行填充	强调数据中的类别差异	用不同的底色或花纹区分制图区域内各种现象的差别	行政区划图、土地类型图、植被图、民族分布图
分段专题图	根据每个属性值所在的分段范围赋予相应对象的显示风格	主要用于分析、统计多个数值变量		
统一专题图	采用单一符号信息配置图层中的所有图元	强调数据的分布特征		
随机专题图	采用随机的不同颜色填充地图的整个区域	强调数据的地理位置差异		
四色专题图	常采用四种不同的颜色填充地图的整个区域	强调数据的地理位置差异		

续表

矢量专题图的类别	填充方法	用途	特点	应用
统计专题图	为用户提供多种统计图类型，如直方图、折线图、饼图等	主要用于分析、统计多个数值变量	用统计图表示某种现象的数量特征及其变化	温度和降水的年变化柱状图
密度专题图	用点的密集程度来表示与范围或区域面积相关联的数据值	适用于表示具有数量特征分散分布的专题	用不同图形、尺寸和颜色的符号表示呈点状现象的空间分布及其质量和数量特征	人口密度、人口分级
等级专题图	使用符号的大小来反映专题变量的每条记录	强调数据中的级别差异		

5.5.2.1 单值专题图

单值专题图的操作方法为：选择"单值专题图"，在"专题图名称"中自定义专题图名称，单击"下一步"按钮，选择要生成专题图的属性字段，即可完成专题图的创建。用户可以在"颜色条"中选择要显示的颜色，也可以选择"随机色"来显示。单值专题图如图 5-121 所示。

5.5.2.2 分段专题图

分段专题图的操作方法为：选择"分段专题图"，在"专题图名称"中自定义专题图名称，单击"下一步"按钮，选择要生成专题图的属性字段，即可完成专题图的创建。如果用户想自定义字段值的分段，则可以单击"设置分段"按钮，在弹出的"设置分段信息"对话框中设置分段值。分段专题图如图 5-122 所示。

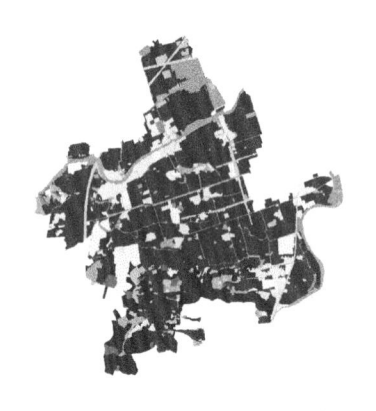

图 5-121　单值专题图　　　　　图 5-122　分段专题图

5.5.2.3 统计专题图

统计专题图的操作方法为：选择"统计专题图"，在"专题图名称"中自定义专题图名称，单击"下一步"按钮，选择要生成专题图的单个或多个属性字段，即可完成专题图的创建。用户可在"设置参数信息"中对图元的参数进行设置。统计专题图如图 5-123 所示。

5.5.2.4 密度专题图

密度专题图的操作方法为：选择"密度专题图"，在"专题图名称"中自定义专题图名称，单击"下一步"按钮，选择要生成专题图的属性字段，即可完成专题图的创建。用户可在"设置参数信息"中对图元的参数进行设置。密度专题图如图 5-124 所示。

图 5-123　统计专题图　　　　　图 5-124　密度专题图

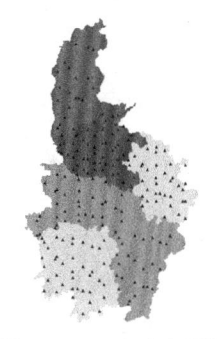

5.5.3　创建栅格专题图

栅格专题图的创建与矢量专题图类似，其主要针对栅格数据进行操作。MapGIS 10 for Desktop 提供单值、分类和 RGB 三种栅格专题图类型。

在工作空间中右键单击需要绘制专题图的图层，在弹出的右键菜单中选择"专题图"→"创建专题图"，可弹出如图 5-125 所示的"创建专题图"向导框。

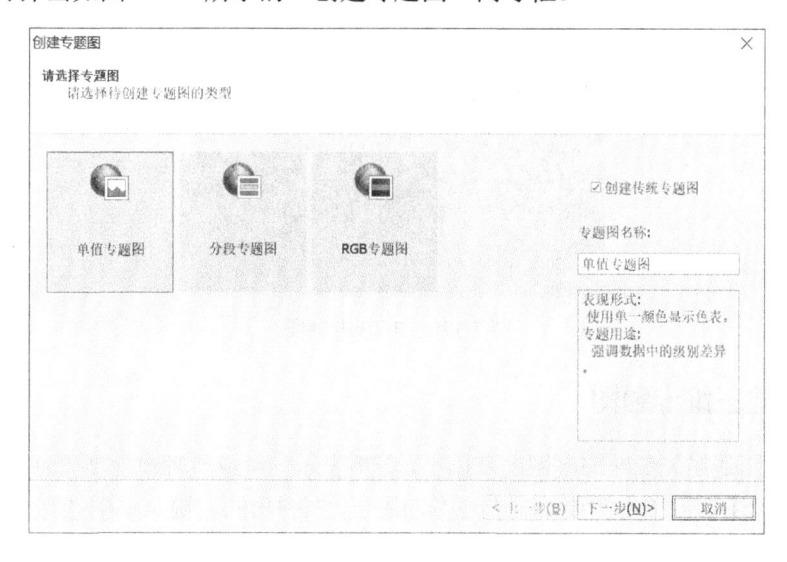

图 5-125　"创建专题图"向导框

5.5.3.1　单值专题图

单值专题图的操作方法是：选择"单值专题图"，在"专题图名称"中自定义专题图名称，单击"下一步"按钮，选择要生成专题图的波段，即可完成专题图的创建。单值专题图如图 5-126 所示。

5.5.3.2　分段专题图

分段专题图的操作方法是：选择"分段专题图"，在"专题图名称"中自定义专题图名称，单击"下一步"按钮，选择要生成专题图的波段，即可完成专题图的创建。分段专题图如图 5-127 所示。

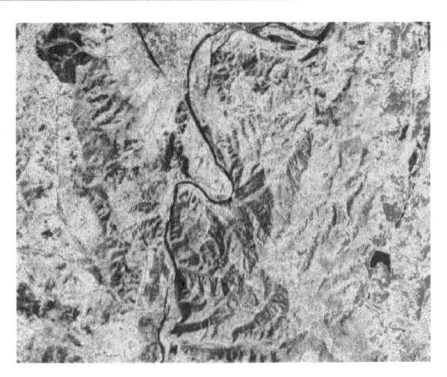

图 5-126 单值专题图　　　　　　　图 5-127 分段专题图

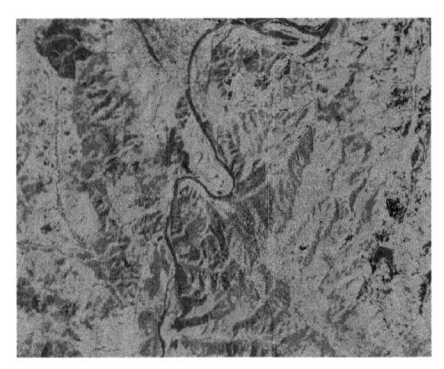

5.5.3.3 RGB 专题图

RGB 专题图的操作方法是：选择"RGB 专题图"，在"专题图名称"中自定义专题图名称，单击"下一步"按钮，选择 R、G、B 对应的波段，即可完成专题图的创建。RGB 专题图如图 5-128 所示。

图 5-128 RGB 专题图

5.5.4 创建三维专题图

三维专题地图是在矢量地理底图的基础上，着重表示一种或数种自然要素或社会经济现象的地图。在工作空间中右键单击需要绘制专题图的图层，在弹出的右键菜单中选择"专题图"→"创建专题图"，可弹出如图 5-129 所示的"创建专题图"向导框。三维专题图如图 5-130 所示。

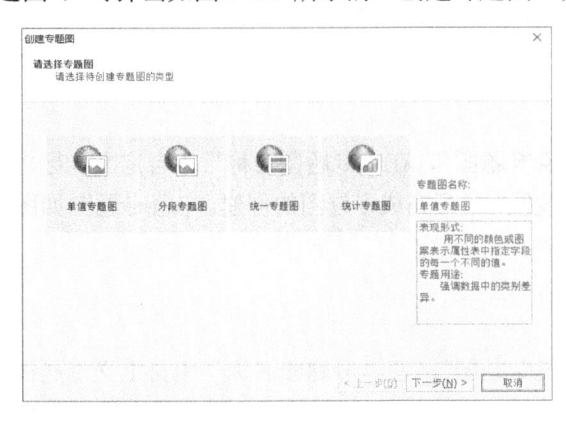

图 5-129 "创建专题图"向导框　　　　　　　图 5-130 三维专题图

5.5.5 专题图的应用

5.5.5.1 专题图赋图形参数

专题图赋图形参数功能是指将生成的专题图参数写入图层的原始参数中，在删除专题图的情况下，图层仍可以显示专题图效果。操作方法如下：

(1) 右键单击专题图（如分段专题图），在弹出的右键菜单中选择"专题图赋图形参数"，如图 5-131 所示，可弹出如图 5-132 所示的"专题图赋图形参数"对话框。

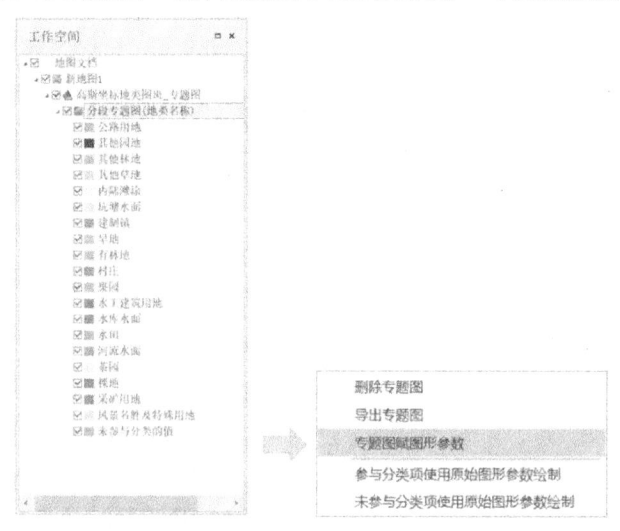

图 5-131 在右键菜单中选择"专题图赋图形参数"　　图 5-132 "专题图赋图形参数"对话框

(2) 在"专题图赋图形参数"对话框中设置要赋值的图形参数。

通过专题图赋图形参数功能，可以使删除专题图前后的图层显示效果不发生变化，如图 5-133 所示。

图 5-133　删除专题图前后的图层显示效果不发生变化

图 5-133　删除专题图前后的图层显示效果不发生变化（续）

5.5.5.2　导入专题图

用户将专题图信息保存为 XML 文件后，可通过导入专题图功能，将 XML 文件导入到图层中。该功能不仅有助于用户对专题图数据进行备份，还有助于专题图信息的迁移。导入专题图的操作方法如下：

（1）在工作空间中，右键单击需要导入专题图信息的图层，在弹出的右键菜单中选择"专题图"→"导入专题图"，如图 5-134 所示，可弹出"打开"对话框。

图 5-134　在右键菜单中选择"专题图"→"导入专题图"

（2）在"打开"对话框中找到要导入的专题图（XML 文件），单击"打开"按钮即可将指定的专题图导入到该图层中。

5.5.5.3 导出专题图

专题图不能保存在数据库中，如果要保存专题图，则需要将专题图导出，将其保存为本地的 XML 文件，以便进行专题图的备份或迁移。导出专题图的操作方法如下：

（1）在工作空间中，右键单击需要导出专题图的图层，在弹出的右键菜单中选择"专题图"→"导出专题图"，如图 5-135 所示，可弹出"另存为"对话框。用户直接右键单击需要导出的专题图，在弹出的右键菜单中选择"导出专题图"，也可以弹出"另存为"对话框，如图 5-136 所示。

图 5-135 在右键菜单中选择"专题图"→"导出专题图"

图 5-136 在右键菜单中选择"导出专题图"

（2）在"另存为"对话框中设置 XML 文件的保存路径及名称，单击"保存"按钮，即可将专题图保存为 XML 文件。

第6章 制图成果输出

6.1 制图成果转换

地图是 GIS 应用中最重要的信息承载方式，地图和数据构成了 GIS 的基础。随着 GIS 应用不断普及，应用领域和应用范围不断拓宽，在实际的项目建设中，为了更好地管理数据，会经常涉及不同 GIS 平台之间数据的转换，最常见的就是制图成果转换。由于制图成果的数据包含更多的制图属性，相较于普通空间数据的迁移而言，其转换更加困难，尤其是涉及符号样式、地图可视化效果的无缝迁移，一直是业界的痛点。

由于不同的 GIS 厂商在符号系统上一般都采用各自不同的实现方式和模型，从而导致了地图符号的自动化转换长久以来都是 GIS 数据迁移方面的一个难题。为解决这一问题，MapGIS 依托其在制图领域的多年经验，提供了全套的异构 GIS 数据迁移方案，为 GIS 制图成果的快速迁移提供了可能。

6.1.1 制图成果转换的内容

MapGIS 10 for Desktop 推出了 ArcGIS 制图成果转换工具，可将 ArcGIS 配置好的地图文档（*.mxd）直接转换为 MapGIS 的地图文档（*.mapx），将 ArcGIS 地图快速转换为 MapGIS 地图，完成了地图符号和地图可视化的完美对接，解决了地图数据国产化的难题。

地图是由各种地图符号、色彩与文字构成的，用来表示空间信息的一种图形视觉语言。

（1）地图符号：是指在地图上表示制图对象空间分布、数量、质量特征的标志和信息载体，包括点符号、线符号、面符号，分别如图 6-1、图 6-2 和图 6-3 所示。

（2）地图色彩：地图上一般用蓝色表示水系、绿色表示植被。色彩三要素是色相、亮度、饱和度，色彩模式包括光学三原色（RGB）、印刷四色（CMYK）等。

图 6-1　点符号　　　　　　　　图 6-2　线符号

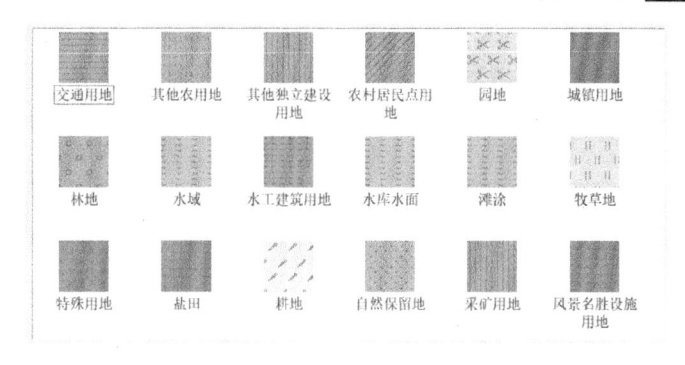

图 6-3 面符号

（3）地图注记：地图注记是指地图上的标注和各种文字说明。

（4）栅格颜色：栅格数据可分为灰度图和彩色图。灰度图可通过改变亮度值来改善地图的质量，不同的彩色变换可以大大增强地图的可读性。

6.1.2 制图成果转换的意义

制图成果数据包含多种制图属性，相较于普通空间数据迁移而言，其转换更加困难，尤其是涉及地图符号样式、地图可视化效果的无缝迁移一直是业界的难题。不同的 GIS 厂商的符号系统一般都采用不同的实现方式和模型，从而导致了地图符号的自动化转换长久以来都是 GIS 数据迁移方面的一个难题。

GIS 应用中不同行业往往需要不同的地图符号样式，需花费大量的人力来制作样式库，现有的样式库对于地图生产单位来说也是一笔财富。对整个样式库进行转换，可方便地整体迁移做好的符号样式，大幅减少生产单位的数据迁移工作量。

6.1.3 制图成果转换工具的配置

制图成果转换工具用于将 ArcGIS 的制图成果转换为 MapGIS 的地图，包含地图文档的转换和样式库的转换。

6.1.3.1 软件需求

制图成果转换工具的软件要求 MapGIS 10 for Desktop（高级版、64 位、10.5.0.10 及以上版本）和 ArcMap 10.2（或以上版本）。制图成果转换前后的地图文档和样式库如表 6-1 所示，制图成果转换工具支持的转换内容如图 6-4 所示。

表 6-1 制图成果转换前后的地图文档和样式库

转 换 内 容	地图文档转换	样式库转换
ArcGIS 的格式	*.mxd	*.style
MapGIS 的格式	*.mapx	Slib、Clib

6.1.3.2 插件配置

制图成果转换工具所需插件存放 MapGIS 安装目录下的"\Program\Support\EsriAddIn"，如图 6-5 所示。

图 6-4　制图成果转换工具支持的转换内容

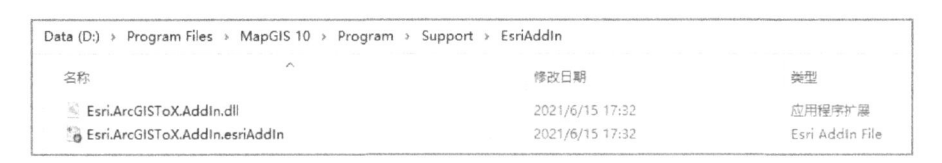

图 6-5　制图成果转换工具所需插件的存放路径

在使用上述插件前需要在 ArcMap 中配置并启动这些插件。操作方法如下：

（1）启动 ArcMap，选择菜单"自定义"→"加载项管理器"，如图 6-6 所示，可弹出"加载项管理器"对话框，选择该对话框的"选项"选项卡（见图 6-7）；在"选项"选项卡中单击"添加文件夹"按钮，可添加"Esri.ArcGISToX.AddIn.dll"插件库所在的文件夹。注意，在"选项"选项卡中应选中"不受限制地加载任何加载项"。

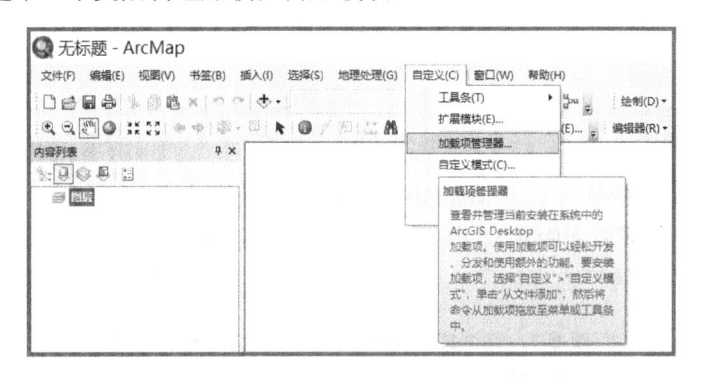

图 6-6　选择菜单"自定义"→"加载项管理器"

（2）单击"选项"选项卡中的"自定义"按钮，可弹出如图 6-8 所示的"自定义"对话框。在该对话框中选择"命令"选项卡，在"类别"栏中找到 Mapping.ArcGISToMapGIS（可在"显示包含以下内容的命令"框中输入"map"来实现快速定位查询），可将插件 Esri.ArcGISToX.AddIn.dll 拖曳到工具条上，如图 6-9 所示。

（3）在工具条中单击" "按钮可启动 Esri.ArcGISToX.AddIn.dll 插件，如果提示"插件启动成功"，则表明该插件已成功启动，如图 6-10 所示。

图 6-7 "选项"选项卡 　　　　　　　　　图 6-8 "自定义"对话框

图 6-9 将插件拖曳到工具条上 　　　　　图 6-10 插件成功启动的提示

6.1.4 地图文档的转换

通过制图成果转换工具，可以将 ArcGIS 配置好的地图文档（*.mxd）直接转换为 MapGIS 的地图文档（*.mapx），同时还可以将 mxd 中的矢量图层数据转换到 MapGIS 的 hdb 数据库中，从而将 ArcGIS 的地图快速迁移到 MapGIS 中。地图文档转换的操作方法如下：

（1）选择菜单"工具"→"制图成果转换"，如图 6-11 所示，可弹出如图 6-12 所示的"ArcGIS 制图成果转换"对话框。

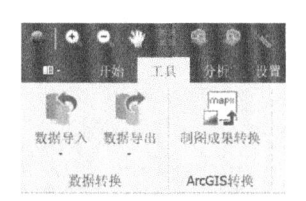

图 6-11 选择菜单"工具"→"制图成果转换" 　　　图 6-12 "ArcGIS 制图成果转换"对话框

（2）在"ArcGIS 制图成果转换"对话框中（默认的选项卡是"转换地图文档"）单击"添加 Mxd 文档"按钮，选择需要转换的 ArcGIS 地图文档，单击"转换"按钮即可完成地图文档的转换，如图 6-13 所示，转换成功后可看到相应的提示。

图 6-13　地图文档转换

"添加 Mxd 文档"：用户添加待转换的 ArcGIS 地图文档。
"修改结果存储路径"：修改地图文档转换结果的存储路径。
"统一替换结果路径"：统改所有地图文档转换结果的存储路径。
"转换矢量数据（.hdb）"：勾选该选项后，可将待转换地图文档中所使用的数据转换到 MapGIS 的 Hdb 数据库中；若不勾选，则不进行数据转换，可通过中间件来读取源数据。

在 MapGIS 中直接打开转换后的地图文档，其显示效果与在 ArcGIS 中的显示效果是一样的。地图文档转换后在 MapGIS 中的显示效果如图 6-14 所示，地图文档转换前在 ArcGIS 中的显示效果如图 6-15 所示。

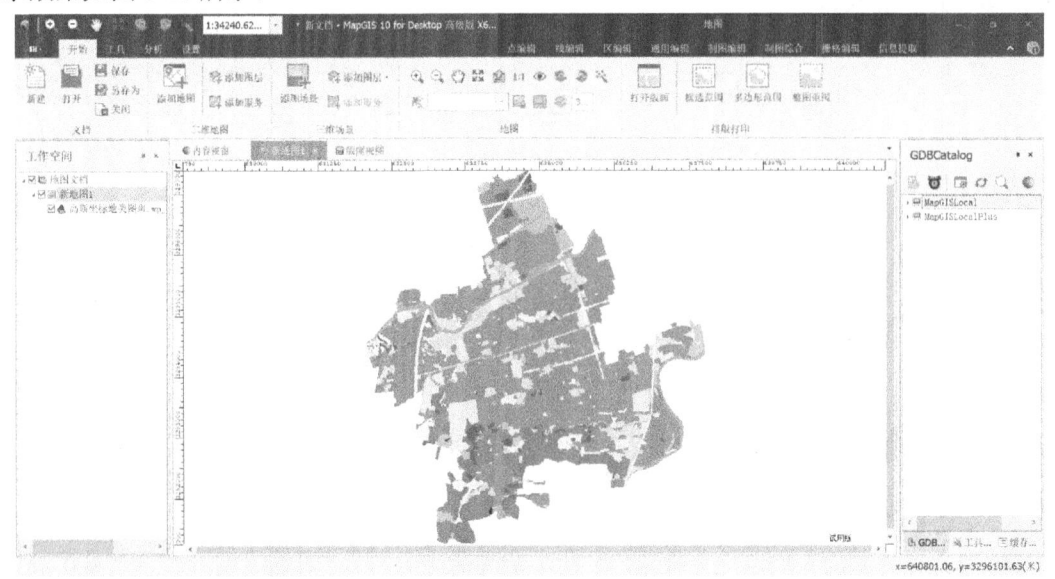

图 6-14　地图文档转换后在 MapGIS 中的显示效果

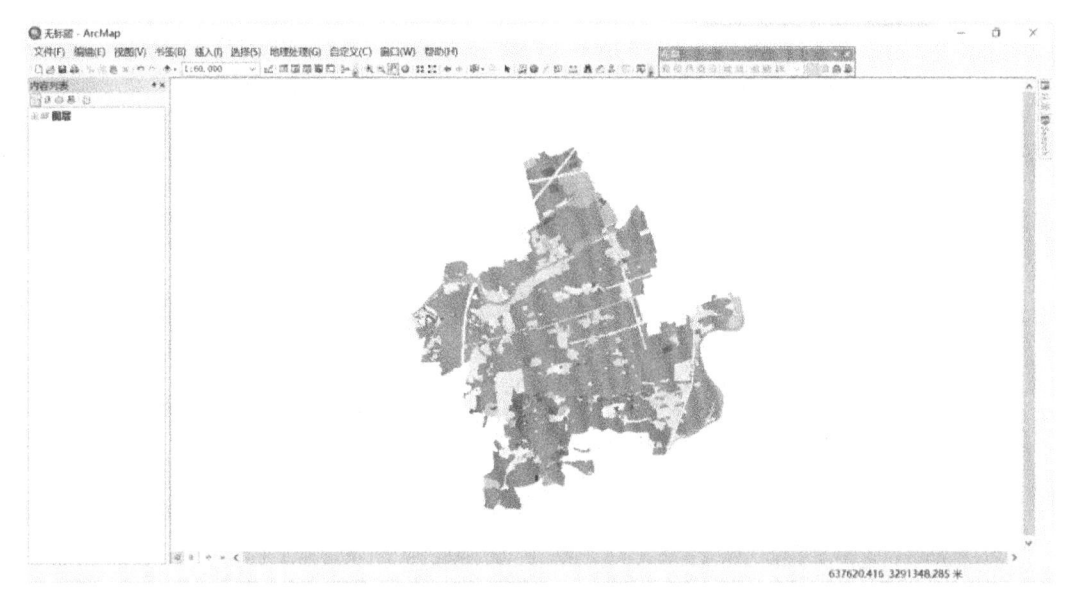

图 6-15　地图文档转换前在 ArcGIS 中的显示效果

6.1.5　样式库的转换

在 ArcGIS 中，地图符号、颜色等信息可通过*.style 样式库进行统一管理。通过制图成果转换工具中的转换样式库功能，可将 ArcGIS 样式库中的标记符号、线符号、填充符号、色带及颜色等信息转换为 MapGIS 样式库内容。

ArcGIS 中的样式库文件和 MapGIS 中的样式库文件分别如图 6-16 和图 6-17 所示。

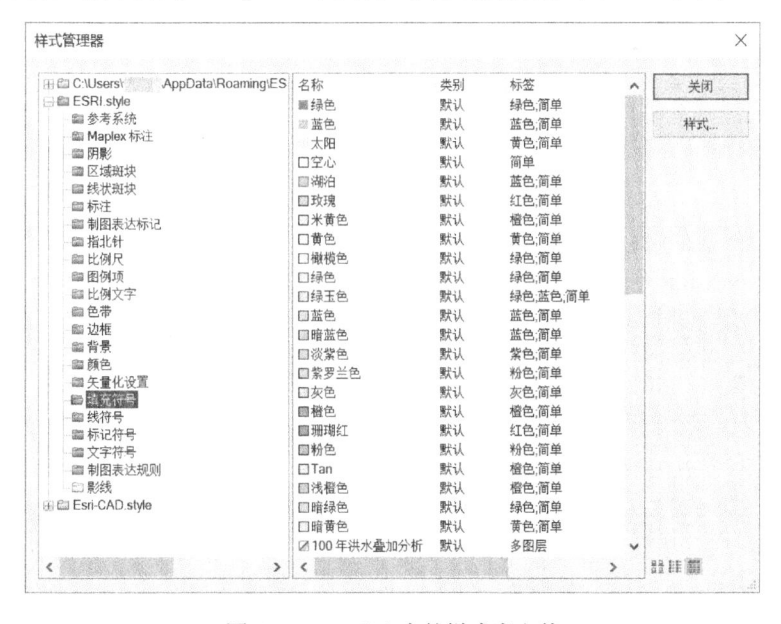

图 6-16　ArcGIS 中的样式库文件

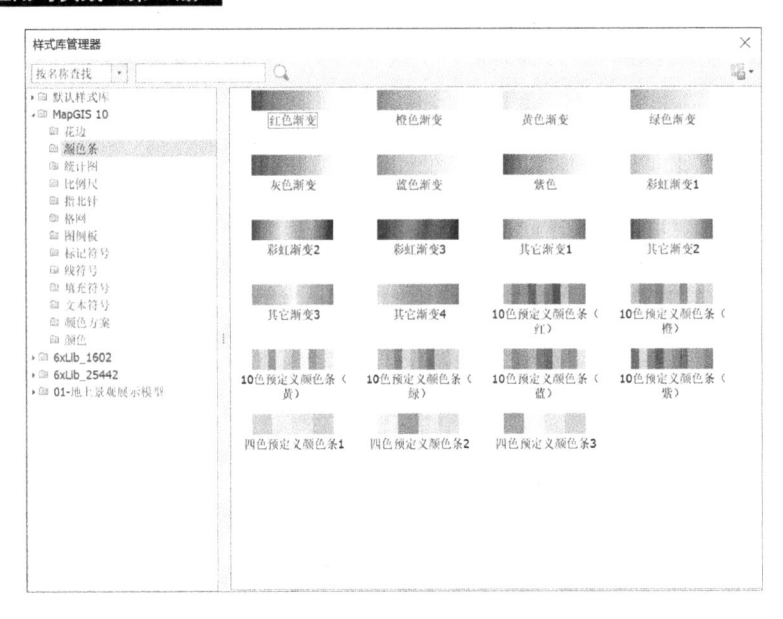

图 6-17　MapGIS 中的样式库文件

样式库转换的操作方法为：在"ArcGIS 制图成果转换"对话框中选择"转换样式库"选项卡，单击该选项卡中的"添加样式库"按钮即可添加需要转换的*.style 格式样式库文件，单击"转换"按钮即可完成样式库转换操作，如图 6-18 所示。

图 6-18　样式库转换

转换前的样式库文件（ArcGIS）和转换后的样式库文件（MapGIS）分别如图 6-19 和图 6-20 所示。

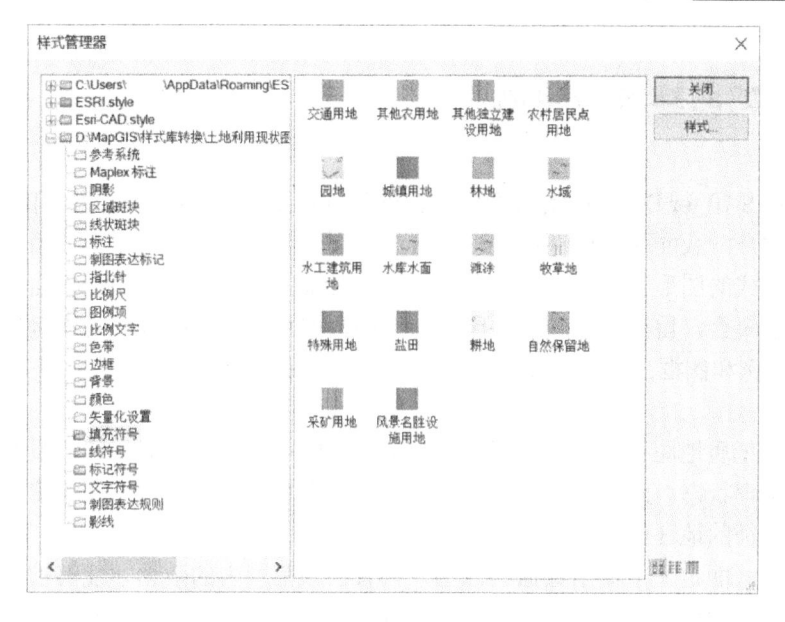

图 6-19　转换前的样式库文件（ArcGIS）

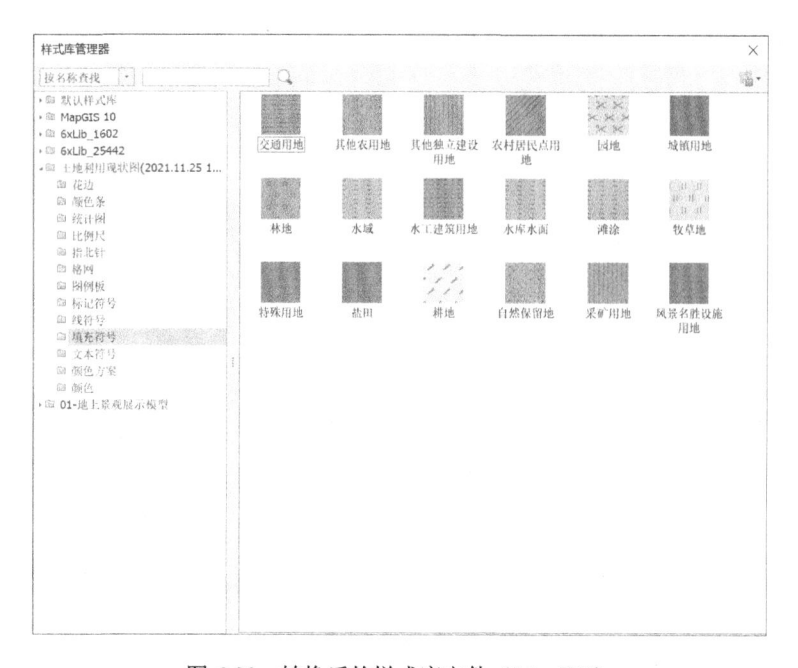

图 6-20　转换后的样式库文件（MapGIS）

注意：在启动制图成功转换工具时，MapGIS 10 for Desktop 会有个默认复制过程，将支持库"MapGIS 10\Program\Support\EsriAddIn\Esri.ArcGISToX.AddIn.dll"复制到 ArcGIS 的临时目录下。如果之前已经配置过，当临时路径下的支持库和 MapGIS 的支持库不匹配时，则会报错。解决方法如下：

（1）手动删除 ArcGIS 临时目录下的支持库。

（2）重新按照操作步骤，在 ArcGIS 中添加路径，启动制图成果转换工具时会在弹出的提示框中显示版本，显示版本正确即可正常使用。

6.2 地图的排版与输出

采用 MapGIS 10 for Desktop 的版面编辑插件可制作精美的、用于出版打印的地图。针对出版纸质地图的用户，版面编辑插件提供了丰富的制图资源和排版技巧，支持用户对地图进行整饰、输出各种格式的图形文件，或者驱动各种输出设备完成地图的打印。版面布局是在版面上组织的版面元素集合，旨在用于地图打印。与地图数据直接关联的版面元素包括指北针、比例尺、统计图、图例和图框；与地图数据没有直接关联的版面元素包括标题、线条、花边、图片、表格等。

电子地图与纸质地图有非常明显的区别，电子地图可以任意缩放，但纸质地图只能表达某个比例尺下的地理状态。此外，电子地图还需要通过指北针、网络、图例等信息来辅助查看纸质地图元素所表征的地理信息。

地图排版中版面定义了输出数据的范围，只有在该范围内的数据才能够被输出。地图是在排版框内用来出图的数据内容，排版框的范围可以与地图范围不同。版面元素是在版面上组织的制图元素的集合，常见的制图元素包括地图、比例尺、指北针、图例、标题等。在地图排版中，版面、地图、排版框和整饰元素分别如图 6-21、图 6-22、图 6-23 和图 6-24 所示。

图 6-21 版面

图 6-22 地图

图 6-23 排版框

图 6-24 整饰元素

6.2.1 版面布局与整饰

版面布局是在版面上组织的版面元素集合,旨在用于地图打印。本节以地类图斑数据为例进行介绍版面布局与整饰。

6.2.1.1 按纸张大小缩放

本节以地类图斑数据为例介绍按纸张大小缩放地图的操作方法。

(1)选择菜单"开始"→"打开版面",可打开版面视图,如图 6-25 所示。在工作空间中,右键选中当前的地图文档,在弹出的右键菜单中选择"预览版面",也可打开版面视图。

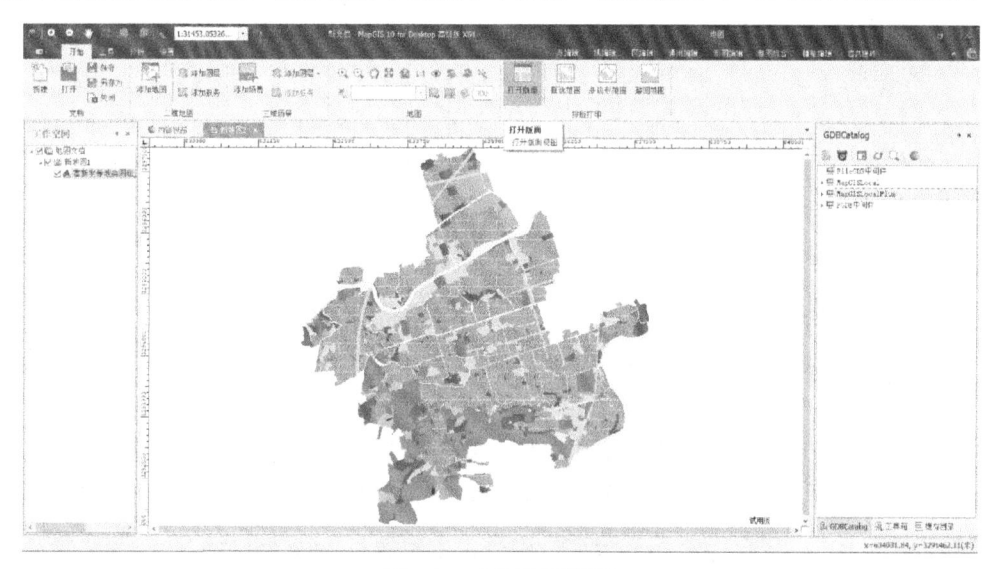

图 6-25 打开版面视图

(2)单击"版面设置"按钮,如图 6-26 所示,可打开"版面设置"对话框。

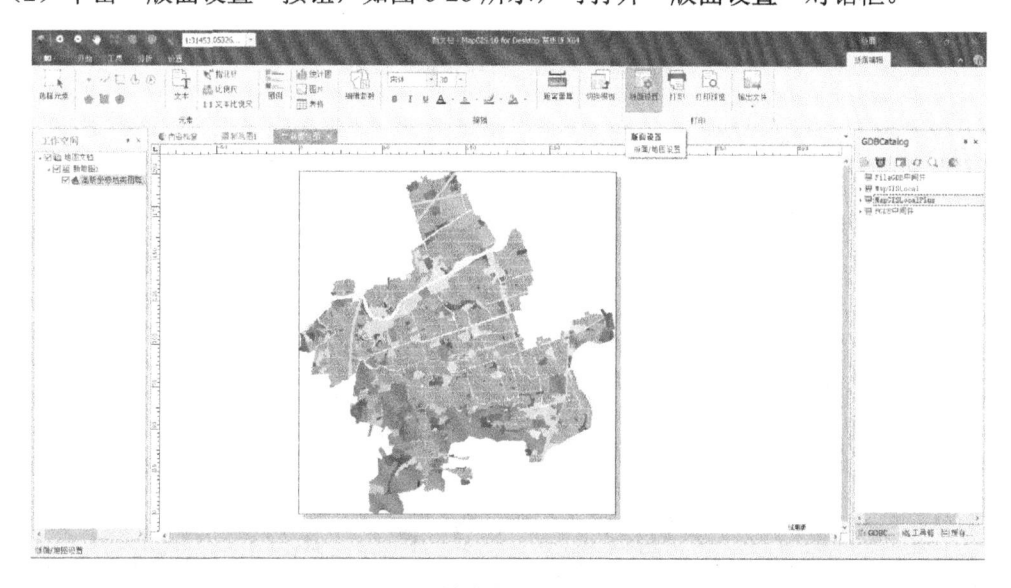

图 6-26 单击"版面设置"按钮

(3)在"版面设置"对话框中选择"打印机"选项卡(见图 6-27),选择已连接的打印机设备，并选择合适的"纸源"（以"A4 210×297mm"为例）和"纸张方向"。

（4）在"版面设置"对话框中选择"布局"选项卡（见图 6-28），在"版面"中选择"适应纸张大小"，勾选"数据随版面按比例变化"，调整"数据大小"。

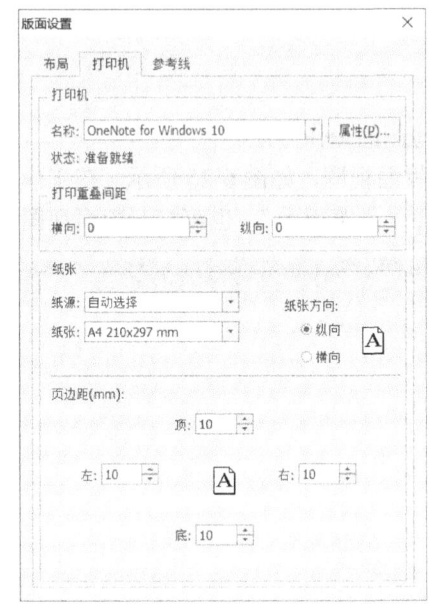

图 6-27 "打印机"选项卡　　　　图 6-28 "布局"选项卡

（5）设置完成后可以进行打印预览。在版面视图中单击"打印预览"按钮（见图 6-29），可打开如图 6-30 所示的"版面打印预览"对话框，在该对话框中可以预览输出效果。

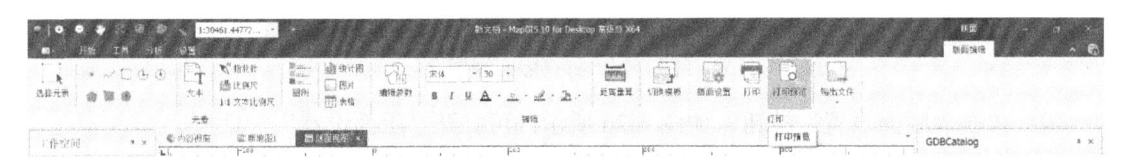

图 6-29 单击"打印预览"按钮

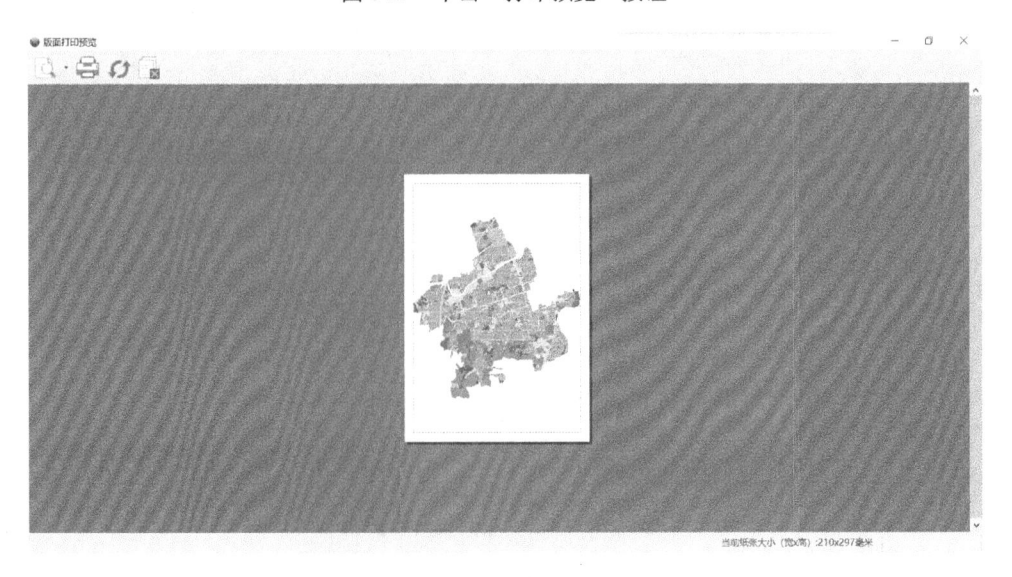

图 6-30 "版面打印预览"对话框

6.2.1.2 按比例尺缩放

本节以地类图斑数据为例介绍按比例尺缩放地图的操作方法。

（1）选择菜单"开始"→"打开版面"，可打开版面视图。系统将根据当前地图范围创建与之匹配的版面，如图 6-31 所示。

图 6-31 根据当前地图范围创建与之匹配的版面

（2）在版面视图中，右键单击选中地图，在弹出的右键菜单中选择"缩放地图"，可弹出如图 6-32 所示的"缩放地图元素"对话框。在该对话框中选择"按比例尺缩放"，将"新比例尺"设置为 1∶50000。

图 6-32 "缩放地图元素"对话框

（3）单击"应用"按钮即可查看按比例尺缩放后的地图，如图 6-33 所示。

6.2.1.3 添加版面元素

一些版面元素与地图数据直接关联，如指北针、比例尺、统计图、图例和图框；另一些版面元素和地图数据没有直接关联，如标题、线条、墙纸、图片、表格等。

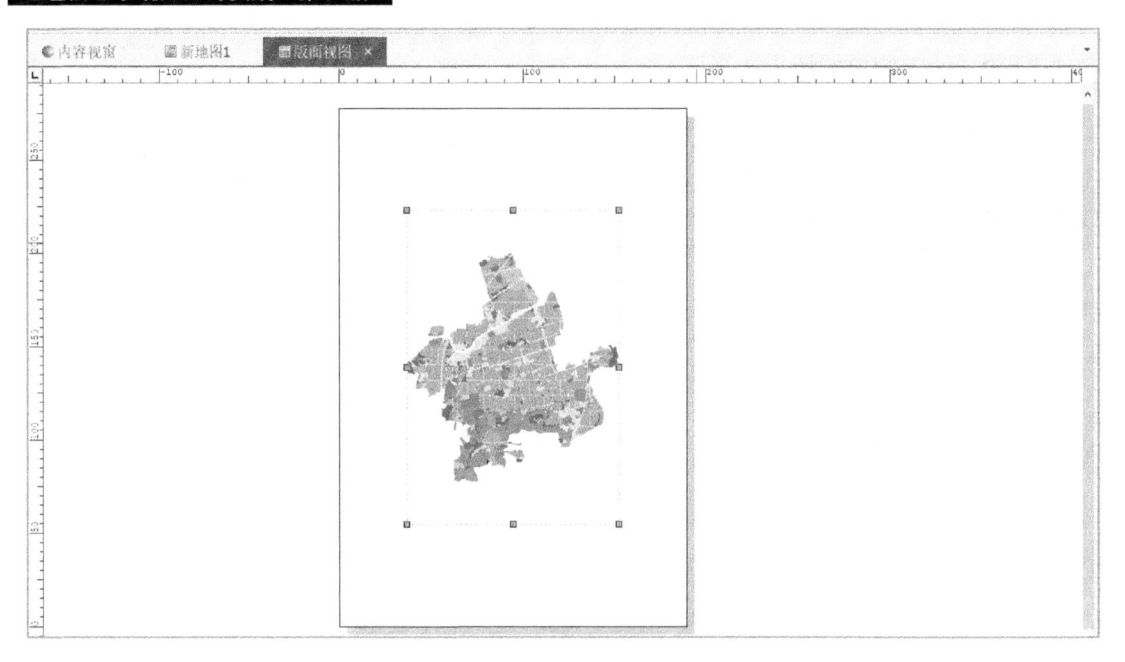

图 6-33　按比例尺缩放后的地图

（1）指北针：用于指示地图方向，常见于地图的左上角或右上角。在 MapGIS 10 for Desktop 中，指北针属性包括样式、大小、颜色和角度等。

① 添加指北针操作方法为：在版面编辑工具条中，单击"指北针"按钮，如图 6-34 所示，可弹出如图 6-35 所示的"样式选择器"对话框；在该对话框中选择一种指北针样式，单击"确定"按钮即可关闭"样式选择器"对话框，并在版面的左上角看到新创建的指北针。当有多个样式库时，可以通过"样式库选择"下拉框来选择不同的样式库。

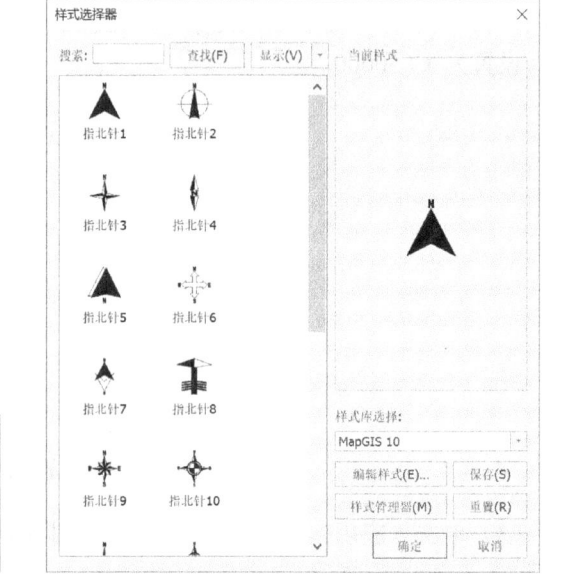

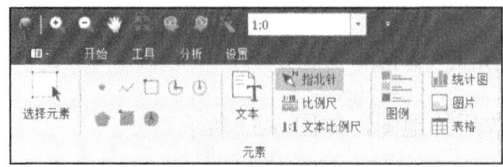

图 6-34　单击"指北针"按钮　　　　图 6-35　"样式选择器"对话框

② 编辑指北针操作方法为：在版面视图中，选中指北针，当指北针出现边框时，拖曳边框角点可更改指北针的大小，按住左键不放可将指北针拖曳到更恰当的位置，编辑后的指北针

如图 6-36 所示；双击指北针，可弹出如图 6-37 所示的"指北针"对话框，在该对话框中可以编辑指北针的颜色、角度、大小、样式、位置、边框等；右键单击选中的指北针，在弹出的右键菜单（见图 6-38）中提供了对齐、叠放次序等设置功能，通过这些功能可以快速设置指北针与其他制图元素之间的对齐关系及层次关系。

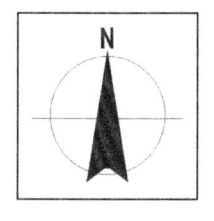

图 6-36 编辑后的指北针　　图 6-37 "指北针"对话框　　图 6-38 指北针的右键菜单

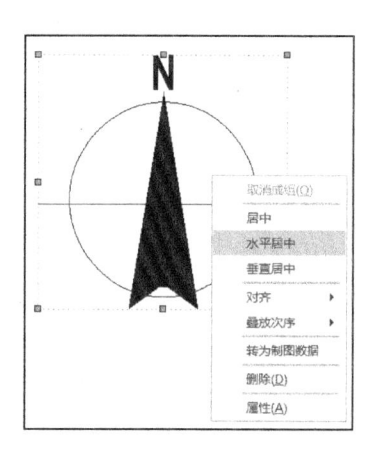

（2）比例尺：可以对地图上的元素大小和元素间的距离进行直观指示。

① 添加比例尺操作方法为：在版面编辑工具条中，单击"比例尺"按钮，如图 6-39 所示，可弹出如图 6-40 所示的"样式选择器"对话框；在该对话框中选择一种比例尺样式，单击"确定"按钮即可关闭对话框，并在版面的左下角看到新创建的比例尺。

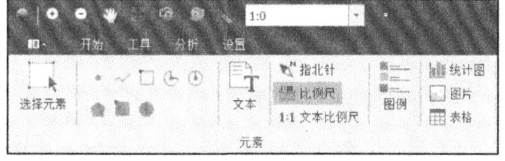

图 6-39 单击"比例尺"按钮　　图 6-40 "样式选择器"对话框

② 编辑比例尺。在把比例尺添加到版面上时，比例尺的大小、位置和颜色不一定能满足用户的需求，用户可通过选择比例尺并拖曳边框来更改比例尺的大小，或将比例尺拖曳到更恰当的位置；如果需要更改比例尺的颜色、背景、形状，则可双击比例尺，在弹出的对话框中进行设置。

在版面视图中，选中比例尺，当比例尺出现边框时，拖曳边框角点可更改比例尺的大小，按住左键不放可将比例尺拖曳到更恰当的位置，编辑后的比例尺如图 6-41 所示。

双击比例尺，可弹出如图 6-42 所示的"比例尺"对话框，在该对话框中可以设置比例尺的颜色、刻度、样式、位置、边框等。

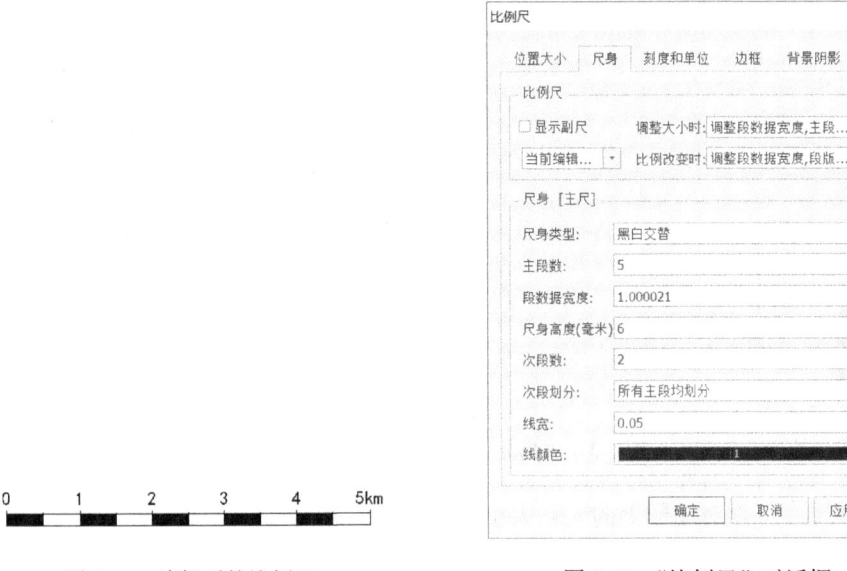

图 6-41　编辑后的比例尺　　　　　　　　图 6-42　"比例尺"对话框

（3）图例。MapGIS 10 for Desktop 提供了四种创建图例的方法：根据地图专题图生成图例、根据地图图层生成图例、用户自定义生成图例和根据图板生成图例。本节介绍前三种生成图例的方法。

① 根据地图专题图生成图例和根据地图图层生成图例。根据地图的专题图生成图例是指根据数据图层的专题图规则，生成与该专题图对应的图例。根据地图图层生成图例是指根据数据图层的符号参数值，生成与之对应的图例。这两种生成图例的操作方法类似，具体如下：

（a）在版面编辑工具条中，单击"图例"按钮，如图 6-43 所示，可弹出如图 6-44 所示的"图例"对话框（默认的显示界面是"选择生成图例的方法"，这里称为向导一界面）。

图 6-43　单击"图例"按钮　　　　　　　图 6-44　"图例"对话框

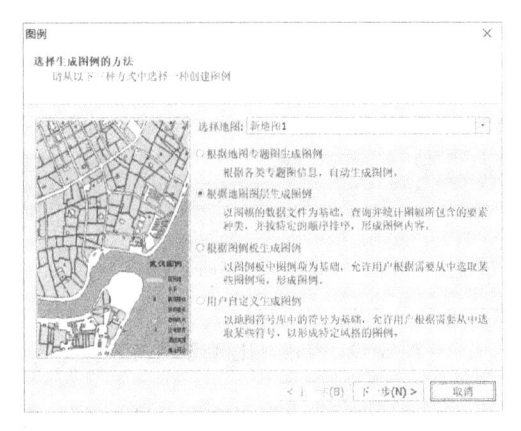

（b）在"图例"对话框中选择"根据地图专题图生成图例"或"根据地图图层生成图例"，

单击"下一步"按钮，可弹出如图 6-45 所示的"请选择需要生成图例的地图图层"（向导二）界面。

（c）在向导二界面中，将待生成图例的图层（或专题图）从左侧的"地图图层"窗口添加到右侧的"图例项"窗口中，并设置分列数。如果此时单击"预览"按钮，将跳过后续的向导操作，直接完成图例的创建。单击"下一步"按钮，可弹出如图 6-46 所示的"设置图例标题"（向导三）界面。

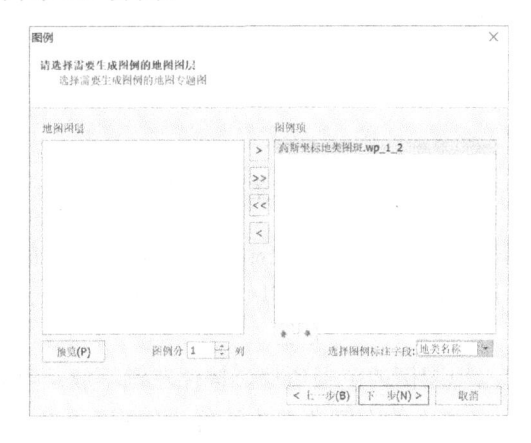

图 6-45　向导二界面

图 6-46　向导三界面

（d）在向导三界面中，可修改图例的标题名称、标题与图例项的对齐关系。单击"下一步"按钮，可弹出如图 6-47 所示的"设置 Patch 信息"（向导四）界面。

（e）在向导四界面中，按图例图层设置 Patch（图块）的背景、边框以及高宽。单击"下一步"按钮，可弹出如图 6-48 所示的"图例间距设置"（向导五）界面。

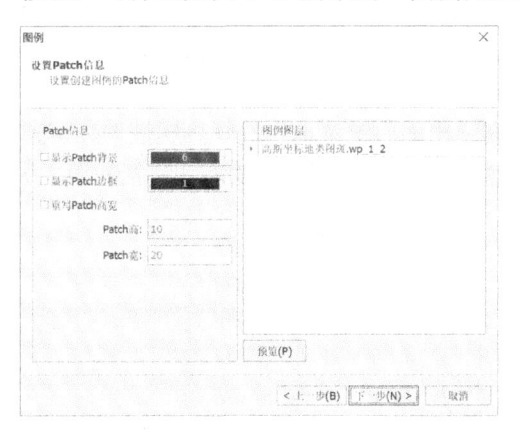

图 6-47　向导四界面

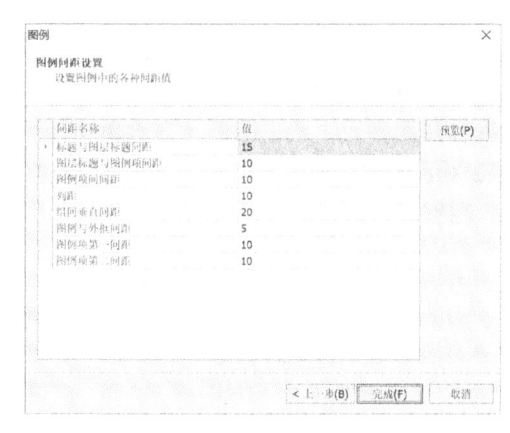

图 6-48　向导五界面

（f）在向导五界面中，可对图例组成元素的间距进行设置。单击"完成"按钮，在版面视图的右上角将看到创建的图例。

② 用户自定义生成图例。在向导一界面（见图 6-44）中选择"用户自定义生成图例"，如图 6-49 所示，单击"下一步"按钮，可弹出"自定义生成图例"界面，如图 6-50 所示。

创建图例图层：在"图例图层"的列表中选择图层类型，单击"+"按钮可添加图例图层。在需要修改图例图层的名称时，可直接单击图例图层来修改名称。使用"上移""下移"按钮，可以更改图例图层的排序，这意味着生成的图例图层显示顺序也将随之更改。

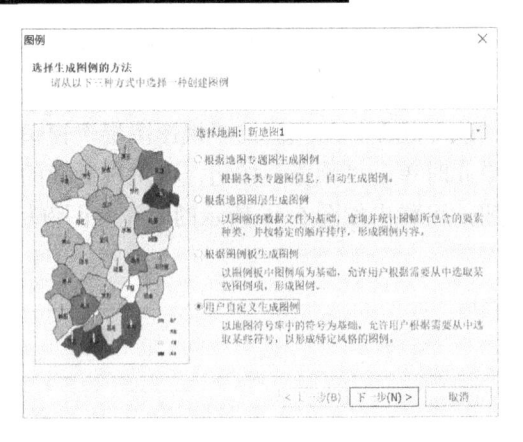

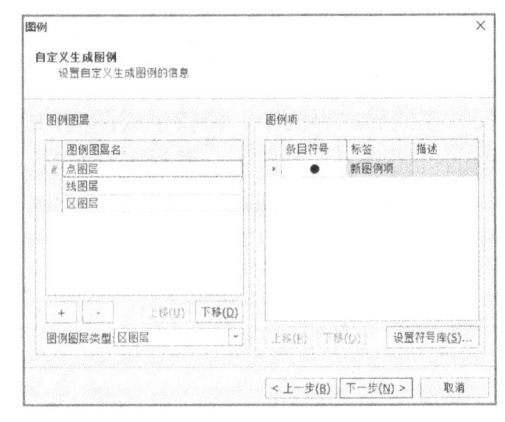

图 6-49 选择"用户自定义生成图例"　　　图 6-50 "自定义生成图例"界面

创建图例项：先选择某个图例图层，在"图例项"栏的空白处单击鼠标右键，在弹出的右键菜单中选择"插入条目"即可创建图例项。在"图例项"栏中还可以修改图例项的符号、标签、描述信息。

编辑图例尺寸：在版面视图中，选中图例后可出现图例的范围边框，按住左键不放，可将图例拖曳到恰当的位置上。右键单击选择的图例，在弹出的右键菜单中选择"锁定"（或"解锁"），将鼠标光标移动到范围边框角点上，当出现双向箭头时，往外拉伸或向内拉伸更改其图例的大小。

当图例处于"解锁"状态时（右键单击图例，在弹出的右键菜单中选择"解锁"即可解锁图例），在更改图例范围边框的大小时，会改变范围边框内所显示的图例的个数或图例的排列，但不会改变图例框内图例及各文字字体的大小。当图例处于"锁定"状态时（右键单击图例，在弹出的右键菜单中选择"锁定"即可锁定图例），当更改图例范围边框的大小时，会改变范围边框内图例及各文字字体的大小，但不会改变范围边框内显示的内容（包括图例的个数及排列位置）。编辑图例的位置和大小效果如图 6-51 所示。

编辑图例参数：双击图例（右键单击图例，在弹出的右键菜单中选择"属性"），可弹出如图 6-52 所示的"图例"对话框，该对话框提供了极其丰富的图例编辑功能，包括间距、大小、位置、图例等的编辑。

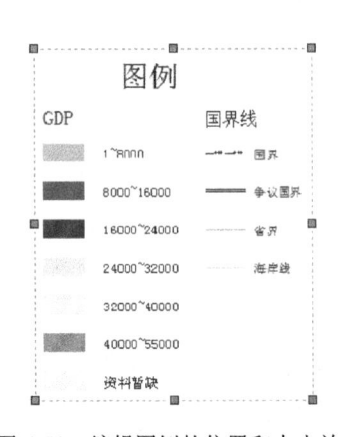

图 6-51 编辑图例的位置和大小效果　　　图 6-52 "图例"对话框

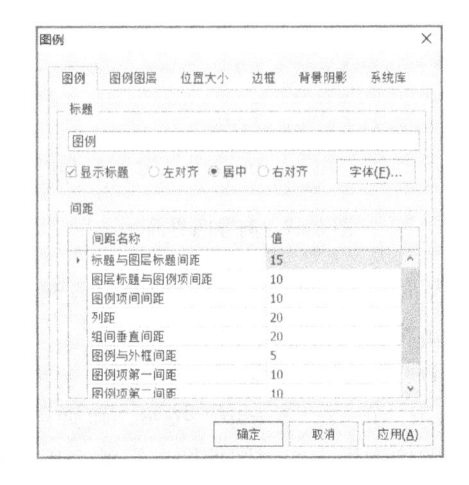

(4)统计图。

① 创建统计图。在创建统计图之前,首先要确定使用哪种类型的统计图。某类图表只能有效地表示一定数量的数据,所以需要选择合适的统计图,或者使用多个统计图。统计图所表达的数据源既可以是所选的要素,也可以是全部的要素。创建统计图的操作方法如下:

(a)在版面编辑工具条中,单击"统计图"按钮,如图 6-53 所示,可弹出如图 6-54 所示的"统计图"对话框(默认的显示界面是"选择数据源",这里称为向导一界面)。

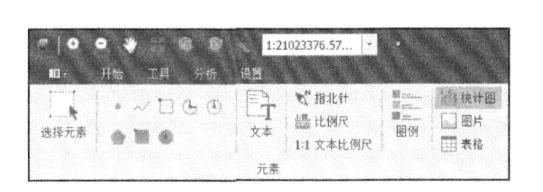

图 6-53 单击"统计图"按钮

图 6-54 "统计图"对话框

(b)在向导一界面,选择待生成统计图的图层数据,以及图表类型。单击"下一步"按钮可弹出如图 6-55 所示的"设置分类字段"(向导二)界面。

显示记录:勾选该选项后,可显示对应图层中满足筛选条件的属性记录。

全局统计:勾选该选项后,将以图层的某属性字段作为分类字段生成统计图;若不勾选该选项,则以用户所选属性字段值的分段模式生成分类字段。

属性筛选:根据用户的要求过滤部分属性记录。

重置记录:剔除筛选条件,显示对应图层中的所有属性记录。

(c)在向导二界面中,可以设置待创建的统计图的分类字段。最多可以设置两个分类字段,如果分类字段的类型为字符型,则只支持"一值一类"的分段模式,其他的字段类型还支持"分段分类"的分段模式。单击"下一步"按钮可弹出如图 6-56 所示的"设置统计字段"(向导三)界面。

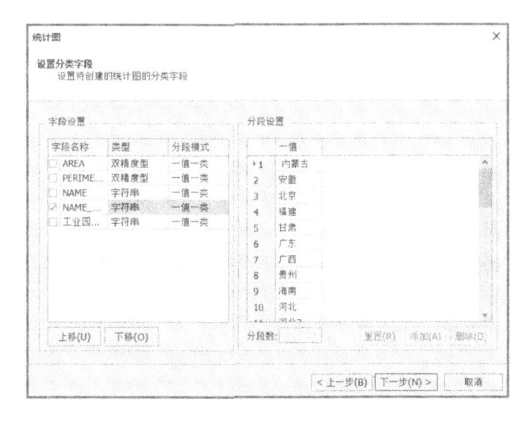

图 6-55 向导二界面

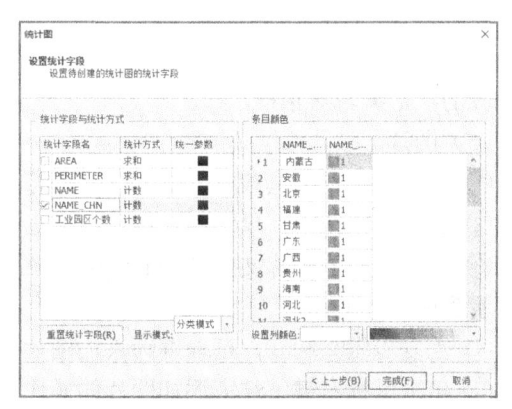

图 6-56 向导三界面

(d)在向导三界面中,可设置统计字段与统计方式,并选择统计图的条目颜色。单击"完成"按钮即可生成统计图。如果设置了两个分类字段，则只能选择一个统计字段。字符型的统计字段只支持计数与频率两种统计方式。

② 编辑统计图参数。双击统计图，弹出统计图的属性设置对话框，该对话框提供了极其丰富的统计图编辑功能，包括间距、位置、颜色、布局等的编辑。在统计图的属性设置对话框中，主要的选项卡如下：

（a）"统计图"选项卡：用于设置标题、数据标签、图例等参数，如图 6-57 所示。

（b）"图表"选项卡：用于更改图表位置、外框和填充色、图表类型、颜色等参数，如图 6-58 所示。

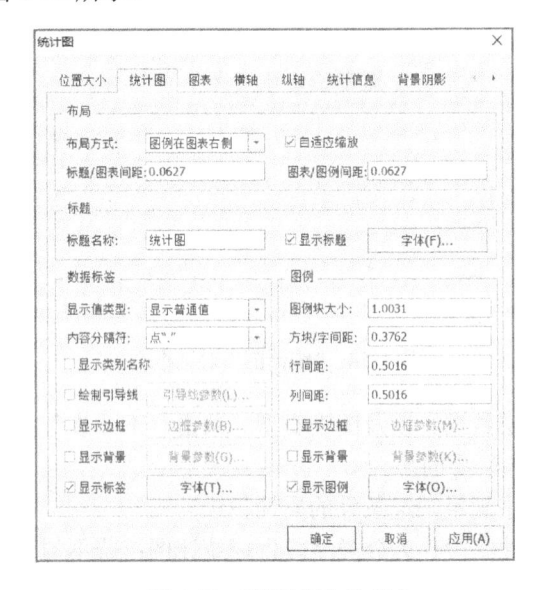

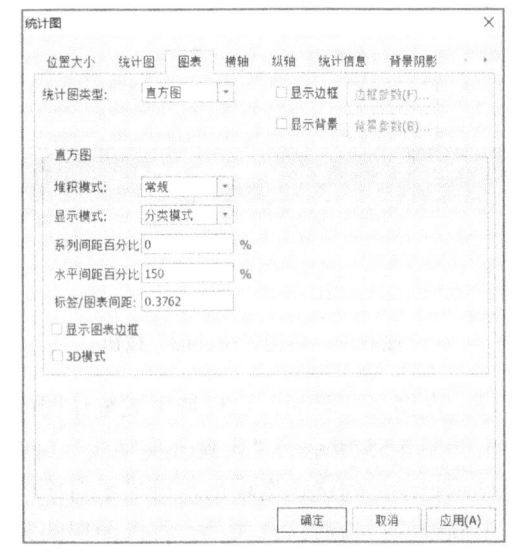

图 6-57 "统计图"选项卡　　　　　图 6-58 "图表"选项卡

（c）"横轴"选项卡：用于设置直方图的 X 轴。当统计图的类型是非饼图时，该选项卡中的参数才有意义。在该选项卡下，用户可更改 X 轴的位置、外框和填充色、样式、刻度距离、宽度文字颜色等。

（d）"纵轴"选项卡：用于设置直方图的 Y 轴。当统计图的类型是非饼图时，该选项卡中的参数才有意义。在该选项卡下，用户可更改 Y 轴的位置、外框和填充色、刻度模式、刻度单位、纵轴样式、颜色、宽度等。

（e）"统计信息"选项卡：用于设置图例的显示符号、颜色等。双击符号或颜色区块，可弹出对应的参数编辑对话框。

（5）图片。

① 在版面编辑工具条中单击"图片"按钮，鼠标光标的形状变为"+"形。

② 在版面视图内，单击任意位置，弹出"打开"对话框。

③ 选择所需的图片文件（bmp、jpg、tif、gif 格式），单击"打开"按钮后，在版面视图下即可看到所添加的图片。

④ 重复步骤②和③，可以继续添加图片。

⑤ 单击鼠标右键，结束添加图片的操作。

⑥ 单击版面编辑工具条中的"选择版面元素"按钮后，单击选中图片，既可以修改图片大小，也可通过右键菜单或 Del 键来删除图片。

⑦ 右键单击选中的图片，在弹出的右键菜单中选择"属性"，可在弹出的对话框中修改图片位置、边框等参数。

（6）表格。

① 在版面编辑工具条中，单击"表格"按钮，鼠标光标的形状变为"+"形。

② 在版面视图内，单击任意位置，弹出"添加表格"对话框。

③ 用户既可以添加已有的表格文件，方法为：在"添加表格"对话框选中"添加表格"，单击"文件"输入框右侧的"…"按钮可选择表格文件（xls 和 xlsx 格式），通过"表格"的下拉框中选择 sheet 页，单击"确定"按钮即可在版面视图中看到添加的表格；也可以新建表格，自行编辑内容，方法为：在"添加表格"对话框选中"新建表格"项，输入所需的行数和列数，单击"确定"按钮即可新建表格。

④ 重复步骤②和③，可以继续添加表格。

⑤ 单击鼠标右键，可结束添加表格的操作。

⑥ 单击版面编辑工具条中的"选择版面元素"按钮后，单击选中表格，既可以修改表格大小，也可通过右键菜单或 Del 键来删除表格。

⑦ 右键单击选中的表格，通过右键菜单中的"编辑"可编辑表格中的数据，通过右键菜单中的"属性"可修改表格位置、边框等参数。

（7）文本。地图可以传达各种地理要素的信息，但只在地图上显示要素，并非总能让人理解，在地图中添加文本信息可以提高地图的可读性。添加文本的操作方法如下：

① 在版面编辑工具条中，单击"文本"按钮，如图 6-59 所示，鼠标光标的形状变为"+"形。

② 在版面视图内，单击任意位置，将出现可编辑的文本框，如图 6-60 所示。在文本框内输入所需的文本后按下 Enter 键，或者在文本框外单击鼠标右键即可结束编辑。

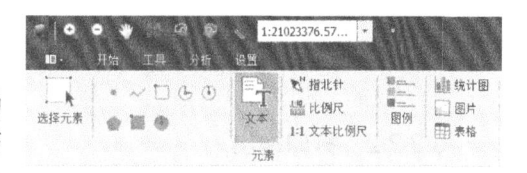

图 6-59　单击"文本"按钮

版面编辑工具条提供了字体、字号、颜色、加粗等快捷设置功能，如图 6-61 所示。

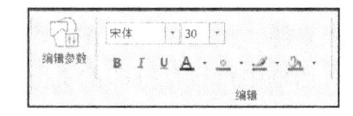

图 6-60　可编辑的文本框　　　图 6-61　版面编辑工具条提供的快捷设置功能

在版面编辑工具条中单击"选择版面元素"按钮后，单击选中文本，可以修改文本的大小，将文本拖曳到恰当的位置，也可以通过右键菜单中的"删除"或按下 Del 键来删除文本。右键单击选择的文本，在弹出的右键菜单中选择"属性"选项，可在弹出的对话框中修改文本位置、边框等参数。

6.2.2　成果输出

6.2.2.1　输出文件

（1）输出 TIF、JPG 文件。在打印工具条中，单击"输出光栅文件"按钮可弹出如图 6-62 所示的"输出栅格文件"对话框，该对话框中的图像高度、宽度决定了需要多少张既定尺寸的图片才能完全输出版面的内容。

如果地图的输出格式为.jpg，则只能选择 RGB 模式输出；如果地图的输出格式为.tif，则可以选择 RGB 模式和 CMYK 模式。分辨率表示在一英寸内显示多少点，72dpi 表示在一英寸内显示 72 个点，360dpi 表示在一英寸内显示 360 个点。分辨率越大，点就越多，绘制的图就越细腻。

当由于输出色彩数量存在限制导致出图细节丢失而无法实现光滑效果时，若勾选"图像抖动"，则系统会光栅图片输出过程中以一定的插值在原图中增加白点以改变像素的排列，产生"新的色彩"，使输出的图片在视觉上变得更加平滑细腻。

（2）输出 PS（EPS）文件。PS（EPS）文件是通过 PostScript 页面描述语言描述矢量对象和栅格对象的。PostScript 是高端图形文件、制图和打印的出版行业标准，许多绘图应用程序中都可编辑 PS（EPS）文件，也可将此类文件作为图形置于大多数页面布局应用程序中。在打印工具条中单击"输出 PS（EPS）文件"按钮，可弹出如图 6-63 所示的"输出 PS 文件"对话框。

图 6-62 "输出栅格文件"对话框　　　　图 6-63 "输出 PS 文件"对话框

6.2.2.2 打印输出

（1）Windows 打印：是最简单的打印方案，如果地图文件较大，并且对出图色彩比较考究，则不推荐采用 Windows 打印方式。在打印工具条中，单击"版面/地图设置"按钮，可弹出如图 6-64 所示的"版面设置"对话框，在该对话框中选择"打印机"选项卡，即可设置打印机类型，以及纸张来源、页边距等。在打印工具条中，单击"打印"按钮，可弹出"打印设置"对话框，在该对话框中可设置打印的页面及份数即可。

（2）光栅打印：是由中地数码协同打印机制造商编写的打印机引擎程序，主要适用于中、大幅面的打印机，在出版大地图及颜色处理上有出色的表现。在打印工具条中，单击"输出光栅文件"按钮，可弹出"输出栅格文件"对话框，在该对话框中可生成光栅文件。

选择菜单"文件"→"光栅打印"，选择合适的打印机类型，如图 6-65 所示，可在弹出的"打印"对话框中设置打印参数。

6.2.2.3 一键成图

MapGIS 10 for Desktop 扩展了地图的打印输出功能，用户可以在地图视图上直接进行地图的快速打印输出。配合该功能，MapGIS 10 for Desktop 提供了一键成图功能，可快速地输出一幅较为标准的地图。

一键成图功能包含了 11 中比例尺，即 1∶500、1∶1000、1∶2000、1∶5000、1∶10000、1∶2.5000、1∶50000、1∶100000、1∶250000、1∶500000、1∶1000000；提供了五种标准图框模板，即等距实线图框、等距十字线图框、等分实线图框、等分十字线图框、无网线图框。

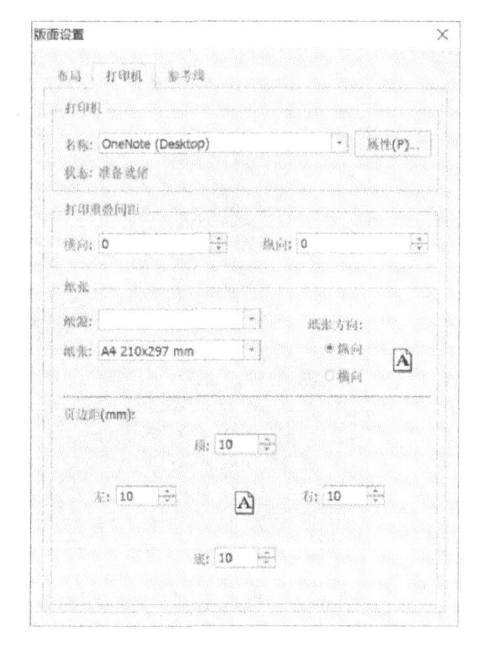

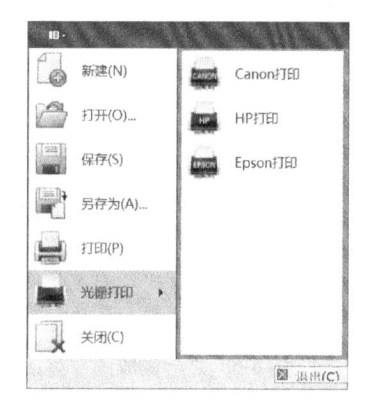

图 6-64 "版面设置"对话框　　　　图 6-65 选择菜单"文件"→"光栅打印"

如果用户需要快速打印输出一幅地图，则可在输出前使用一键成图功能选定输出区域，并进行快捷的图框整饰。按照成图范围的不同，一键成图可分为以下三种类型：

（1）框选范围一键成图。使用框选范围一键成图，用户可以通过矩形框交互选择地图视图上需要输出的区域，经过一键成图的图框整饰后，被选中区域就能够以一幅新地图的形式显示。具体操作方法如下：

① 调整好待输出的地图区域后，在版面编辑工具条中单击"框选范围"按钮，如图 6-66 所示。

② 在地图上框选要输出的地图区域，如图 6-67 所示。

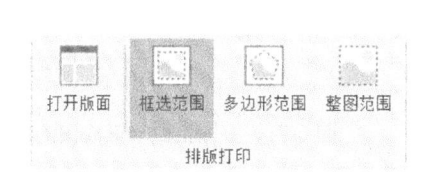

图 6-66 单击"框选范围"按钮　　　　图 6-67 框选要输出的地图区域

③ 选定输出区域后，单击鼠标右键结束拉框交互，并弹出如图 6-68 所示的"一键成图"对话框。在该对话框中，可以设置输出地图的比例尺、查看地图左下角和右上角的角点坐标、选择整饰框的样式，并编辑框外的文本元素。

④ 在"一键成图"对话框中完成参数设置后，单击"完成"按钮，系统会生成一幅以主标题为名的新地图。框选范围一键成图的效果如图 6-69 所示。

（2）多边形范围一键成图。与框选范围一键成图类似，多边形范围一键成图也是一键成图功能为用户提供的一种交互模式，用户可以通过多边形交互选择地图的成图范围，具体操作方

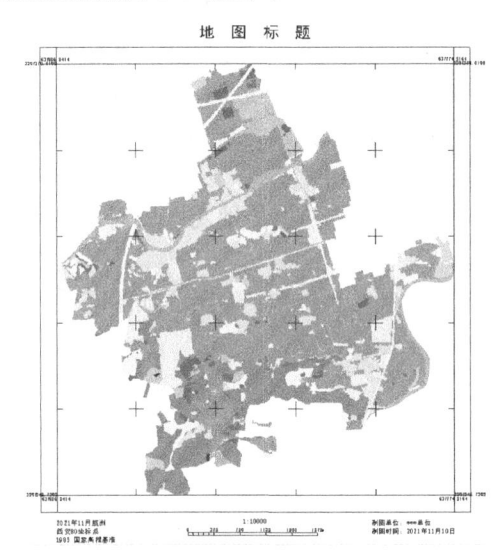

法可参考框选范围一键成图。多边形范围一键成图的效果如图 6-70 所示。

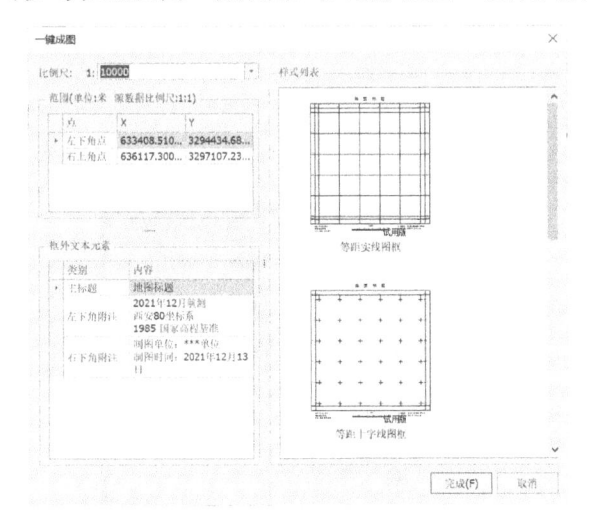

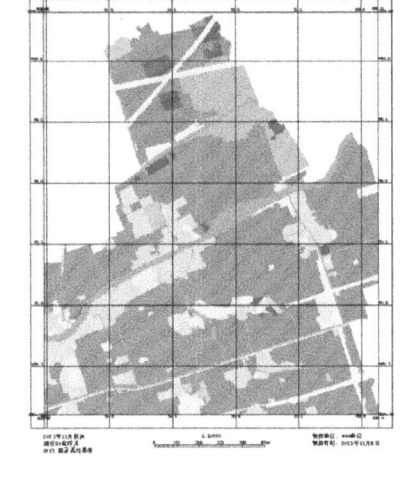

图 6-68 "一键成图"对话框　　　图 6-69 框选范围一键成图的效果

（3）整图范围一键成图。若需要输出完整的地图，则可使用整图范围一键成图，具体操作方法可参考框选范围一键成图。整图范围一键成图的效果如图 6-71 所示。

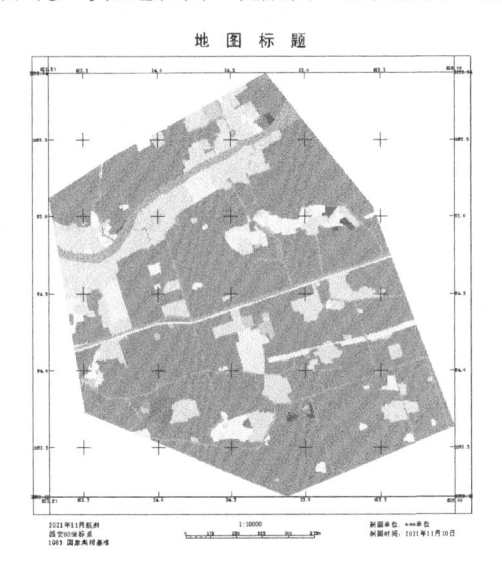

图 6-70 多边形范围一键成图的效果　　　图 6-71 整图范围一键成图的效果

第 7 章 空间分析

随着现代科学技术，尤其是计算机技术引入地图学和地理学，地理信息系统开始孕育、发展。以数字形式存在于计算机中的地图，向人们展示了更为广阔的应用领域。利用计算机分析地图、获取信息，以便支持空间决策，成为地理信息系统的重要研究内容，"空间分析"这个词也就成为地理信息系统领域的一个专门术语。

空间分析是 GIS 的核心和灵魂，是 GIS 区别于一般的信息系统、CAD 或者电子地图系统的主要标志之一。配合空间数据的属性信息，空间分析能提供强大、丰富的空间数据查询功能。空间分析在 GIS 中的地位不言而喻。

空间分析主要是通过空间数据和空间模型的联合分析来挖掘空间目标的潜在信息的，而这些空间目标的基本信息，无非是其空间位置、分布、形态、距离、方位、拓扑关系等，其中距离、方位、拓扑关系组成了空间目标的空间关系。空间关系是地理实体之间的空间特性，可以作为数据组织、查询、分析和推理的基础。通过将地理空间目标划分为点、线、面等不同的类型，可以获得这些不同类型目标的形态结构。将空间目标的空间数据和属性数据结合起来，可以进行许多特定任务的空间计算与分析。

7.1 叠加分析

7.1.1 叠加分析的基本概念

叠加分析是 GIS 中一项非常重要的空间分析功能，是指在统一的空间参考系统下，通过对两个数据进行的一系列集合运算，产生新数据的过程，如图 7-1 所示。叠加图层的属性是由被叠加的各图层属性组合而成的，这种组合可以是简单的逻辑合并的结果，也可以是复杂的函数运算的结果。MapGIS 10 提供的叠加分析方法包括求并运算、相交运算、相减运算、判别运算、更新运算、对称差运算，如表 7-1 所示。不同的叠加分析方法示意图如图 7-2 所示。

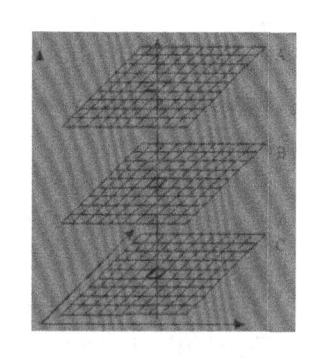

图 7-1 叠加分析的示意图

表 7-1 叠加分析方法

数据类型	叠加分析方法					
	求并运算	相交运算	相减运算	判别运算	更新运算	对称差运算
点对点						
点对线		√				
点对区		√	√			
线对点						
线对线						
线对区	√	√	√	√		
区对点		√	√			
区对线		√				
区对区	√	√	√	√	√	√

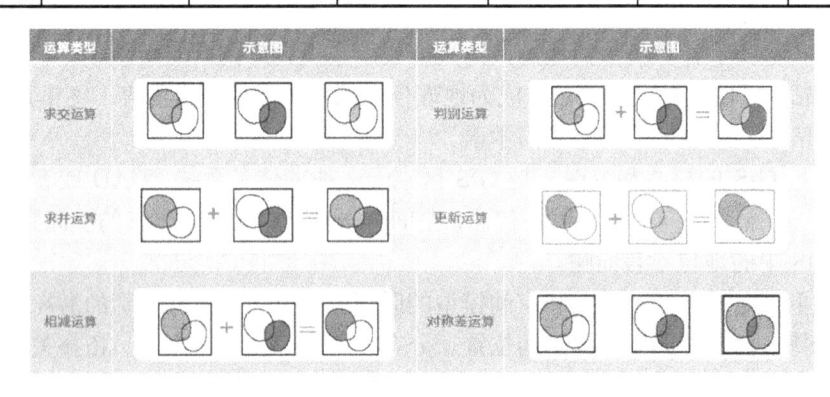

图 7-2 不同的叠加分析方法示意图

（1）求并运算：求两个数据集的并集操作，用"叠加图层"将"输入图层"打散后（即将输入图层在相交处分开为多个元素），将所有要素信息全部记录到结果数据中。

适用范围：线对区、区对区。

（2）相交运算：求两个数据集的交集操作，两个数据集中相交的部分被保存到结果数据集中，其余部分将被删除。

适用范围：点对区、点对线、线对区、区对区、区对线、区对点。

（3）相减运算：从输入图层中"减去"与叠加图层相重叠的部分。

适用范围：点对区、线对区、区对点、区对区。

（4）判别运算：用"叠加图层"将"输入图层"打散后（即将输入图层在相交处分开为多个元素），将打散后的"输入图层"保存为结果数据。

适用范围：线对区、区对区。

（5）更新运算：若图层1中有图元与图层2相交，则将图层1中的图元打散，保留不相交部分，以及图层2中的完整图元。

适用范围：区对区，与传统关系型数据库中的更新操作类似。

（6）对称差运算：获取输入图层与叠加图层相交图元以外的部分。

适用范围：区对区。

7.1.2 点对线叠加分析

点对线的叠加分析方法只有点对线求交运算。点对线求交是指在线图层中找到距离某点最近的线并计算出点线之间的距离，若距离小于容差（即输入的"容差半径"值），则该点将会被记录，且将该线号和该点线距离记录到对应点的属性中，结果为点要素。具体操作方法如下：

（1）在当前地图中添加需要进行叠加分析的图层（至少两个），如图 7-3 所示，并设置图层状态为"可见"、"编辑"或"当前编辑"。

（2）选择菜单"通用编辑"→"叠加分析"，可在弹出的"图层叠加"对话框中设置点对线求交参数，如图 7-4 所示。在该对话框中，图层 1 为输入图层，图层 2 为叠加图层，叠加方式选择"求并"，设置输出结果的存储路径，单击"确定"按钮即可完成点对线求交，其结果如图 7-5 所示。

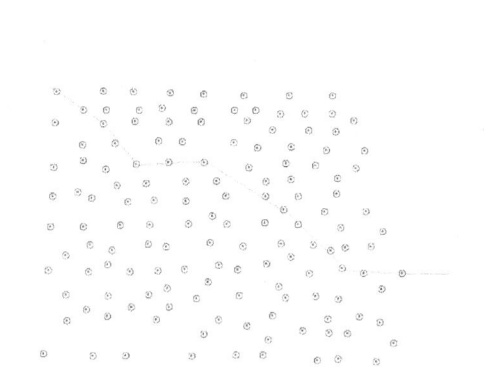

图 7-3 添加点对线求交的数据

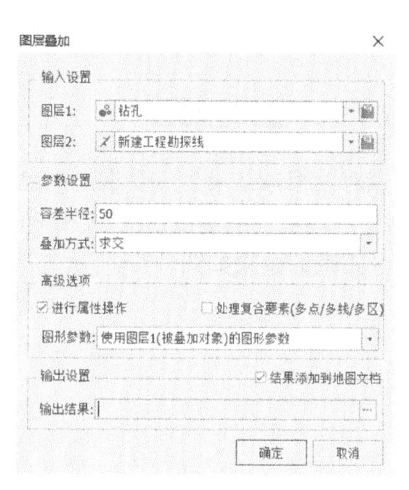

图 7-4 设置点对线求交参数

7.1.3 点对区叠加分析

7.1.3.1 点对区求交

通过点对区求交，包含在区要素内的点图元将被保存为结果，结果为点要素。添加点对区求交的数据如图 7-6 所示，设置点对区求交参数如图 7-7 所示，点对区求交的结果如图 7-8 所示。

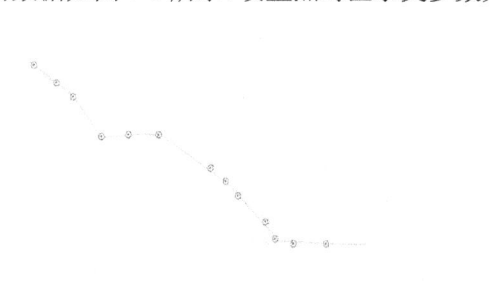

图 7-5 点对线求交的结果

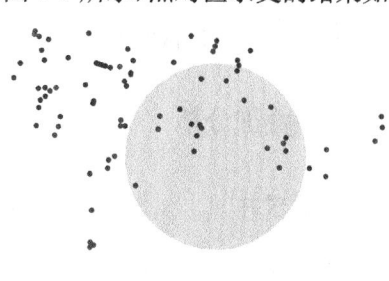

图 7-6 添加点对区求交的数据

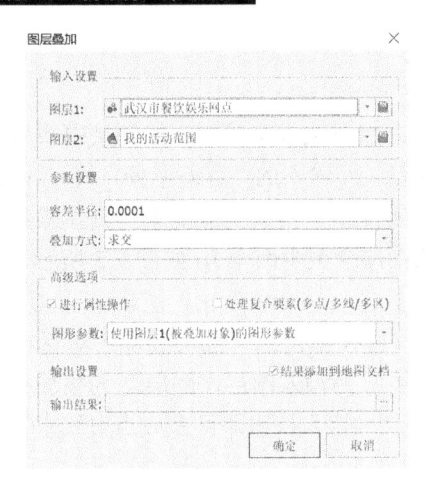

图 7-7　设置点对区求交参数 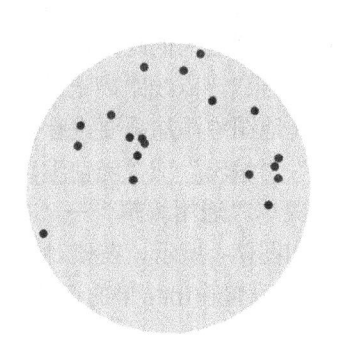　　　　　图 7-8　点对区求交的结果

7.1.3.2　点对区相减

点对区相减结果为点要素，不包含在区要素类的点图元将会被保存为结果，结果属性结构与点图层保持一致。添加点对区相减的数据如图 7-9 所示，设置点对区相减参数如图 7-10 所示，点对区相减的结果如图 7-11 所示。

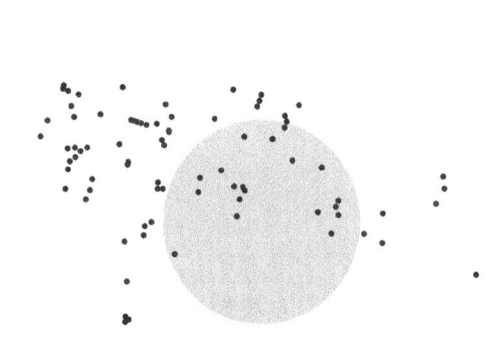

图 7-9　添加点对区相减的数据 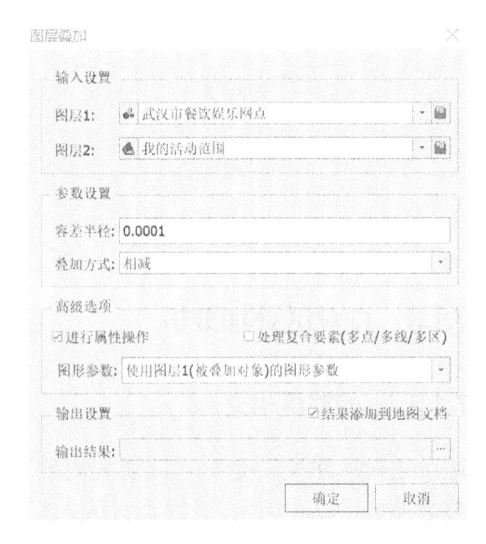　　　　　图 7-10　设置点对区相减参数

7.1.4　线对区叠加分析

7.1.4.1　线对区求并

当两个图层中有线与区相交时，线对区求并的结果是将与区相交的线剪断为 3 段，结果为线要素。添加线对区求并的数据如图 7-12 所示，设置线对区求并参数如图 7-13 所示，线对区求并的结果如图 7-14 所示。

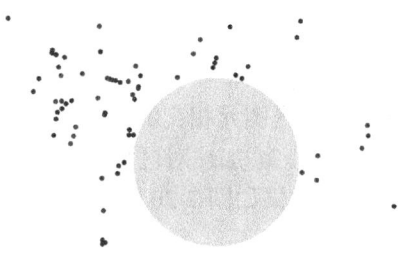

图 7-11 点对区相减的结果 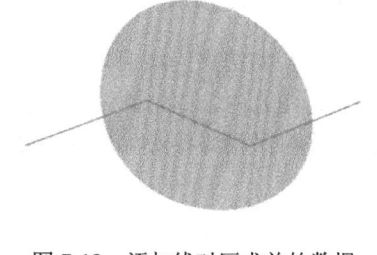　　　　　　　图 7-12 添加线对区求并的数据

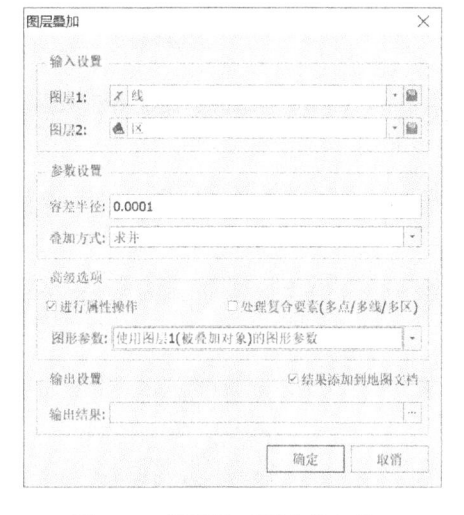

图 7-13 设置线对区求并参数 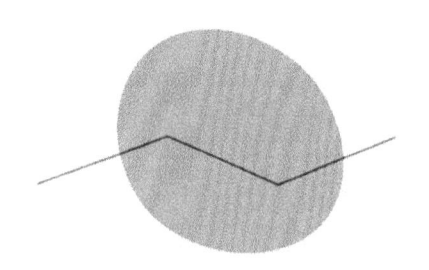　　　　　　图 7-14 线对区求并的结果

7.1.4.2 线对区相交

通过线对区相交，可提取出穿过区域的线段部分，若线的长度大于容差（即输入的"容差半径"值），则该线图元将会被保存为结果，结果为线要素。添加线对区相交的数据如图 7-15 所示，设置线对区相交参数如图 7-16 所示，线对区相交的结果如图 7-17 所示。

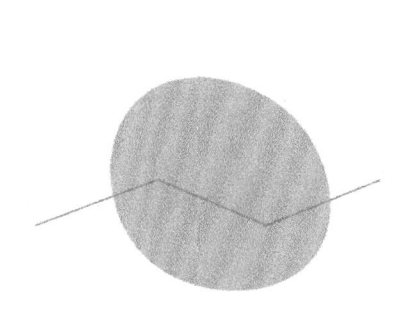

图 7-15 添加线对区相交的数据 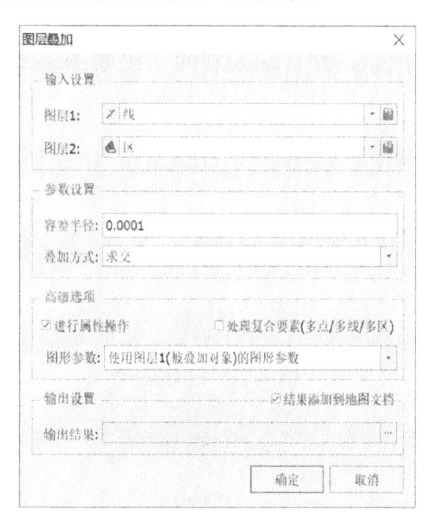　　　　　图 7-16 设置线对区相交参数

7.1.4.3 线对区相减

线对区相减的结果为线要素，结果图层中包含所有不与区图元相交的线图元。若线图元有部分存在于区图元内，则切断线图元并保留区要素外的部分。添加线对区相减的数据如图 7-18 所示，设置线对区相减参数如图 7-19 所示，线对区相减的结果如图 7-20 所示。

图 7-17　线对区相交的结果

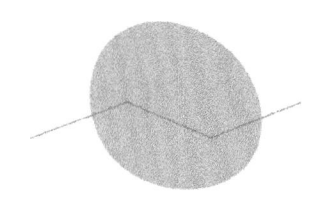

图 7-18　添加线对区相减的数据

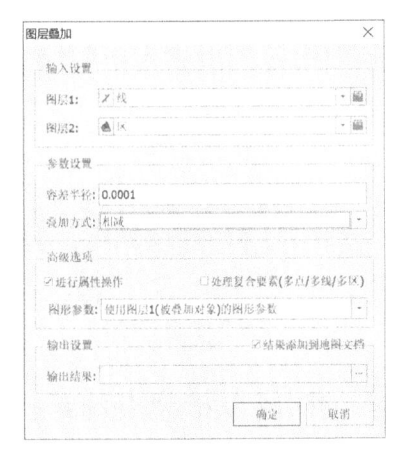

图 7-19　设置线对区相减参数

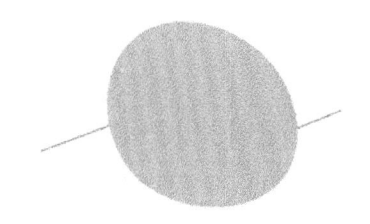

图 7-20　线对区相减的结果

7.1.4.4 线对区判别

若图层中有线与区相交，则线对区判别的结果是将与区相交的线剪断为 3 段，保存剪断后的线图元，结果为线要素。添加线对区判别的数据如图 7-21 所示，设置线对区判别参数如图 7-22 所示，线对区判别的结果如图 7-23 所示。

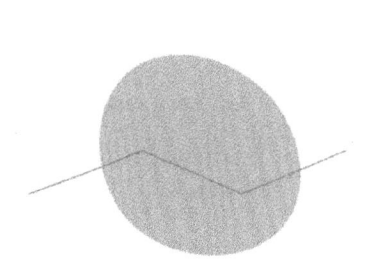

图 7-21　添加线对区判别的数据

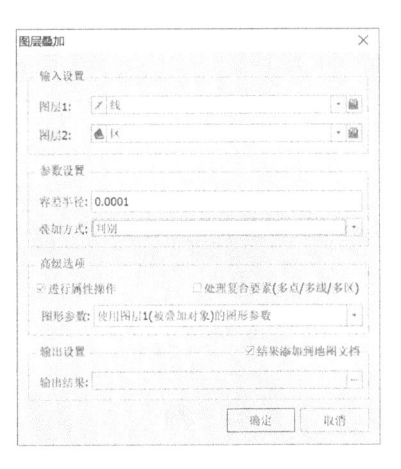

图 7-22　设置线对区判别参数

7.1.5 区对线叠加分析

区对线的叠加分析方法只有区对线求交运算。通过区对线求交，可提取出与线相交的区，结果为区要素，结果属性结构与区图层保持一致。添加区对线求交的数据如图 7-24 所示，设置区对线求交参数如图 7-25 所示，区对线求交的结果如图 7-26 所示。

图 7-23　线对区判别的结果　　　　图 7-24　添加区对线求交的数据

图 7-25　设置区对线求交参数　　　　图 7-26　区对线求交的结果

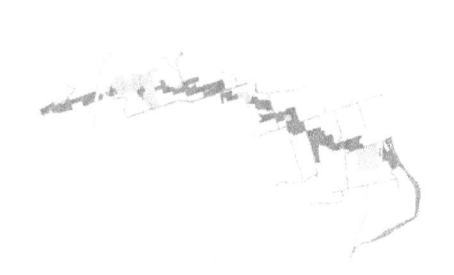

7.1.6 区对区叠加分析

7.1.6.1 区对区求并

当两区图层中有区图元相交时，区对区求并的结果为 3 个区图元：相交部分、裁剪掉相交区域的两个原始区图元。若两区要素中有区图元相包含时，区对区求并结果为 2 个区图元：被包含的区图元（小区图元）、裁剪掉小区区域的大区图元。区对区求并前后对比如图 7-27 所示。

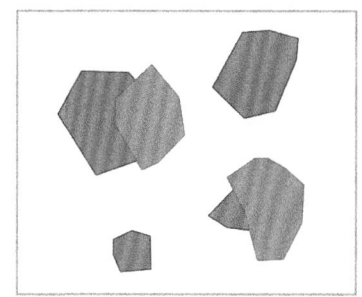

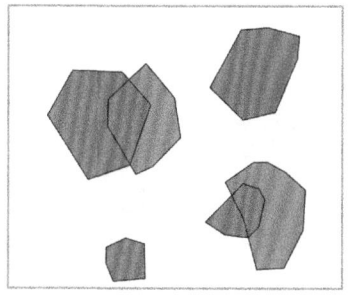

图 7-27　区对区求并前后对比

7.1.6.2 区对区相交

通过区对区相交,可以提取两个区要素中的相交部分,若相交部分的半径大于容差(即输入的"容差半径"值),则该区图元将会被保存为结果,区对区相交的结果为区要素。区对区相交前后对比如图 7-28 所示。

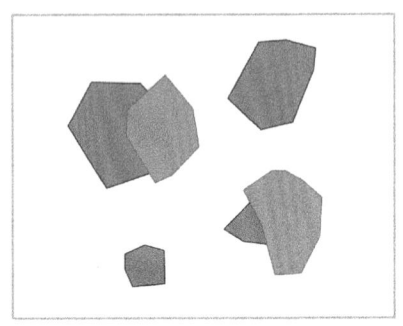

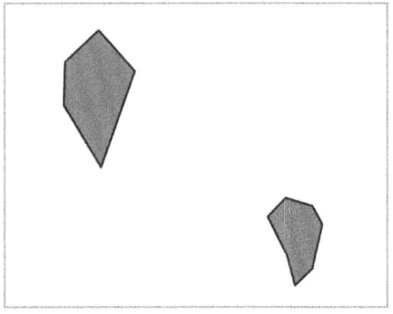

图 7-28　区对区相交前后对比

7.1.6.3 区对区相减

区对区相减的结果为区要素,结果图层中包括图层 1 中与图层 2 图元不相交的区图元;若图层 1 图元有部分与图层 2 图元重合,则将该图层 1 中图元切断,并保留不重合的部分。区对区相减前后对比如图 7-29 所示。

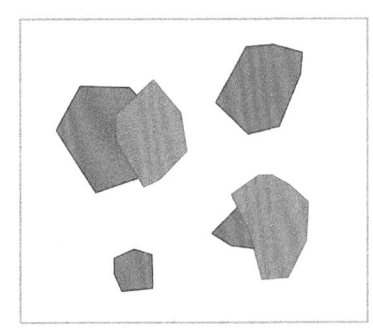

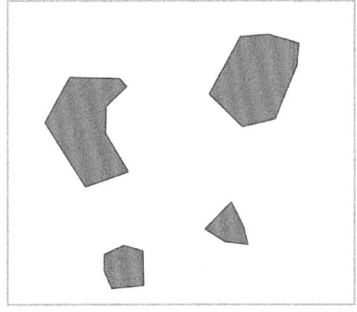

图 7-29　区对区相减前后对比

7.1.6.4 区对区判别

当两图层中有区图元相交时,区对区判别首先将图层 1 的区图元打散为重合部分和不重合部分,然后将打散的区图元保存为结果,结果为区要素。区对区判别前后对比如图 7-30 所示。

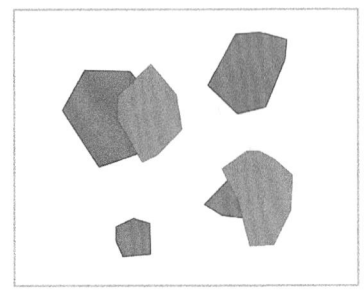

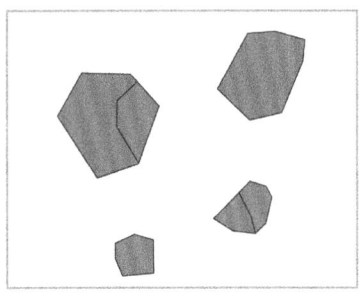

图 7-30　区对区判别前后对比

7.1.6.5 区对区更新

区对区更新的结果为区要素。若两个图层中有区图元相交,则将图层1打散为相交部分和不相交部分,保留图层1中不相交部分以及图层2中完整图元。区对区更新前如图7-31所示,区对区更新后如图7-32所示。

图 7-31 区对区更新前

图 7-32 区对区更新后

7.1.6.6 区对区对称差

区对区对称差可以清除图层相重叠部分,结果为区要素。区对区对称差前后对比如图7-33所示。

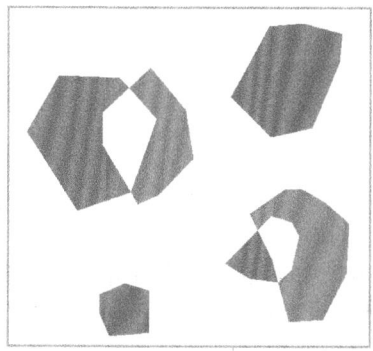

图 7-33 区对区对称差前后对比

7.2 缓冲分析

7.2.1 缓冲分析的基本概念

MapGIS 10 for Desktop 支持对点、线、区简单要素类生成缓冲区。缓冲区是指在点、线、区实体周围建立一定宽度范围的多边形。换言之，任何目标所产生的缓冲区总是一些多边形，这些多边形将构成新的数据层。点要素的缓冲区直接以该点为圆心，以要求的缓冲区距离大小为半径绘圆，所包含的区域即所要求区域；线要素或区要素的缓冲区以线要素或区要素的边线为参考线，画边线的平行线，最终建立缓冲区。

缓冲区示意图如图 7-34 所示。

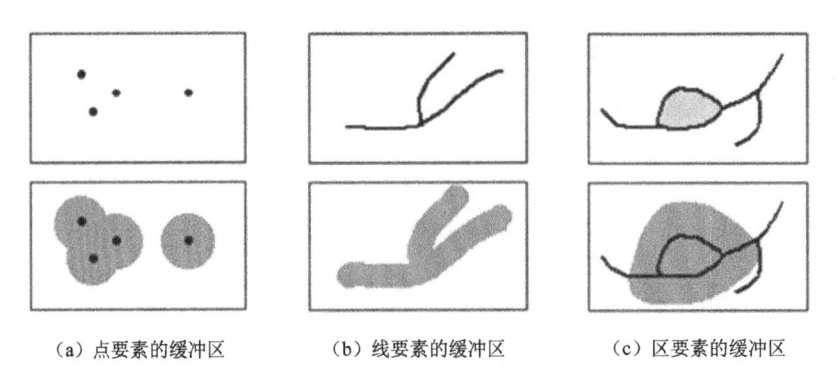

(a) 点要素的缓冲区　　(b) 线要素的缓冲区　　(c) 区要素的缓冲区

图 7-34　缓冲区示意图

7.2.2 缓冲分析的操作方法

缓冲分析的操作方法如下：

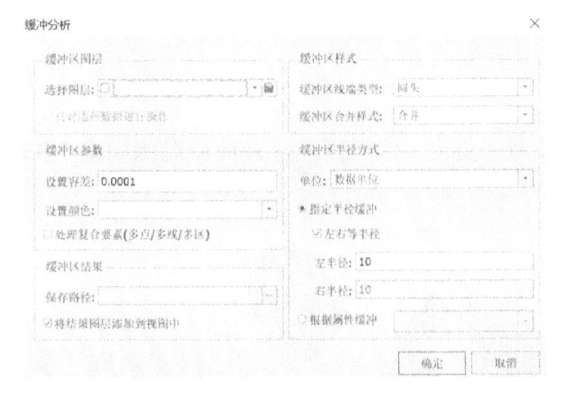

图 7-35　"缓冲分析"对话框

（1）在当前地图有可见的点（线或区）图层的情况下，选择菜单"通用编辑"→"缓冲分析"，可弹出如图 7-35 所示的"缓冲分析"对话框。

（2）在"选择图层"的下拉菜单中选择目标图层（当前地图下所有简单要素类都可被选），该目标图层是需要生成缓冲区的图层。

（3）设置缓冲区参数，包括容差和颜色。

（4）设置缓冲区样式。

缓冲区线端样式：分为圆头、平头两种方式，用于设置在生成缓冲区时对边界的处理方式（该设置只对线缓冲结果有效，点缓冲区和区缓冲区只能选择圆头）。

缓冲区合并样式分为合并、不合并两种，在进行缓冲区分析时，该参数用于设置存在相交或相邻时的缓冲区处理方式。若选择合并，则在相交或相邻时生成的缓冲区将自动合并。

（5）设置缓冲区半径方式。

缓冲区半径方式：提供了"指定半径缓冲"和"根据属性缓冲"两种方式。

单位：用于选择缓冲区的单位。一般情况下，投影参照系的数据会选择数据单位进行缓冲，地理参照系的数据会选择其他单位（如米）来进行缓冲。

指定半径缓冲：按照用户指定的半径生成缓冲区。在对点要素和区要素进行缓冲分析时，"左右等半径"是默认勾选的且不可编辑，用户输入左半径作为缓冲半径。在对区要素进行缓冲分析操作，当半径为负时，区内缩。在对线要素进行缓冲区分析时，如果勾选"左右等半径"，且输入左半径，则线要素两侧将根据该半径进行缓冲区分析；如果不勾选"左右等半径"，且分别输入左、右半径，则线要素两侧将根据输入的半径进行缓冲区分析。只有对线要素进行缓冲区分析时，才可以选择不对称的缓冲形式，即线要素两侧采用不同的半径进行缓冲区分析。左右之分与原先要素本身的图元绘制方式有关，如水平一条直线由左侧向右侧绘制时，直线上方为左，下方为右，以此类推。对线要素进行单边缓冲区分析和左右半径不同的缓冲区分析如图 7-36 所示。

（a）对线要素进行单边缓冲区分析　　　　（b）左右半径不同的缓冲区分析

图 7-36　对线要素进行单边缓冲区分析和左右半径不同的缓冲区分析

根据属性缓冲：根据图层中图元的某个属性的值作为其缓冲半径的动态缓冲方式。

（6）设置保存结果的路径，单击"确定"按钮即可生成缓冲区。

7.2.3　多重缓冲的操作方法

MapGIS 10 for Desktop 也支持生成多重缓冲区。多重缓冲的操作方法为：在当前地图有可见的点（线或区）图层的情况下，选择菜单"通用编辑"→"多重缓冲分析"，如图 7-37 所示，可弹出如图 7-38 所示的"多重缓冲分析"对话框；在该对话框中设置相关参数后，单击"确定"按钮即可进行生成多重缓冲区，如图 7-39 所示。

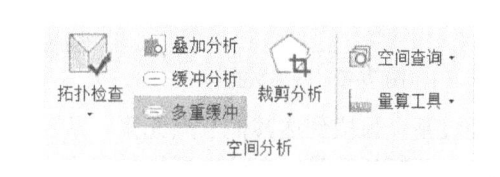

图 7-37　选择菜单"通用编辑"→"多重缓冲分析"

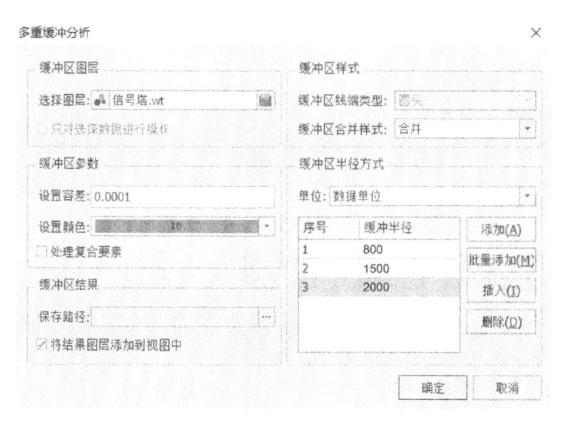

图 7-38　"多重缓冲分析"对话框

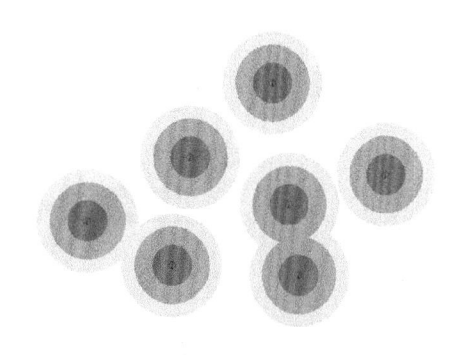

图 7-39　生成的多重缓冲区示例

7.3 网络分析

7.3.1 网络分析的基本概念

现代社会的经济基础是社会的基础设施,如电缆、管线以及促进能源、商品和信息流通的线路等,这些基础设施可以模型化为"网络"。网络模型主要在以下两个方面发挥作用。

一是作为 GIS 平台网络分析功能的基础,这些网络分析功能包括路径分析、连通分析、流向分析、资源分配、定位分配、网络追踪等。

二是作为城市基础设施(给水排水、能源供应、道路交通、邮电、园林绿化、防灾)的数据模型,为城市基础设施 GIS 应用软件提供支持。

网络分析是指在网络模型中通过分析解决实际问题的过程,如路径分析、服务区分析、最近设施查找等。目前,网络分析已经广泛应用于电子导航、交通旅游、城市规划、物流运输,以及电力、通信等不同行业中。

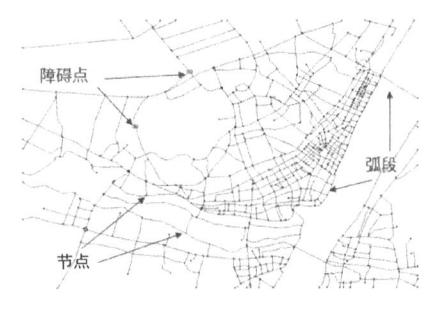

网络数据是网络分析的基础,如图 7-40 所示,所有网络分析都是在网络数据上进行的。

节点:弧段相连接处,表示现实世界中道路交叉口、河流交汇点等要素。

弧段:网络中的边,通过节点与其他弧段相连接,表示现实世界中的路段、管线等。

障碍点:不通达的节点,表示临时限制通行、交通管制等。

图 7-40 网络数据

网络权值:指经过某个节点元素、从某个节点元素出发经过某个弧段到达其他节点元素、从某个弧段经过某个节点元素到其他弧段的消耗,如时间耗费、距离耗费等,存储在属性字段中。

7.3.2 网络分析的流程

网络分析的流程如图 7-41 所示。

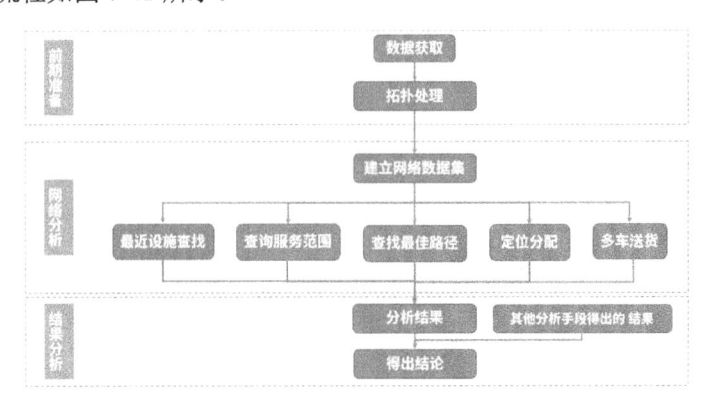

图 7-41 网络分析的流程

7.3.3 网络分析的操作方法

7.3.3.1 创建网络类

（1）数据准备。网络分析是基于网络类进行的分析，所以需要先创建网络类。可用于构建网络类的数据类型包括点要素数据集、线要素数据集，确保用于构建网络类的线数据中包含了表示网络阻力的字段，如表示时间和距离信息的字段。准备用于构建网络类的数据如图7-42所示。

（2）创建网络类（以几何建网为例）。将用于创建网络类的数据放入同一个要素数据集，在网络类节点处单击鼠标右键，在弹出的右键菜单中选择"创建"，如图7-43所示，可弹出"网络类创建向导"对话框，在该对话框中输入基本信息（如网络名称和捕捉半径）、网络层信息、网络权信息，如图7-44、图7-45和图7-46所示。

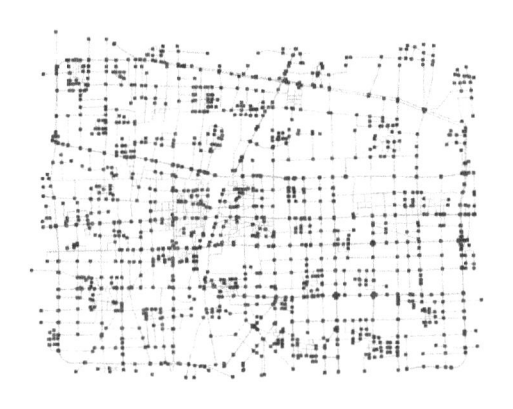

图7-42 准备用于构建网络类的数据

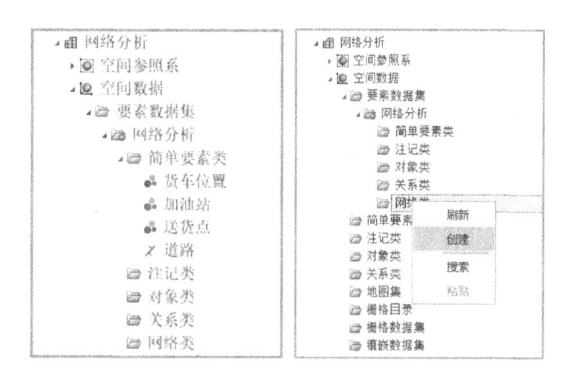

图7-43 在弹出的右键菜单中选择"创建"

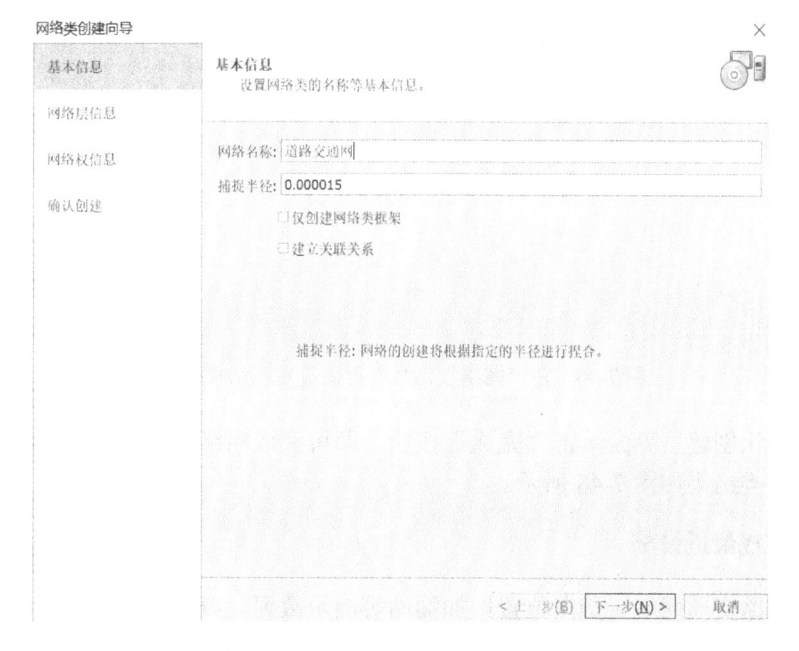

图7-44 在"基本信息"界面输入网络名称和捕捉半径

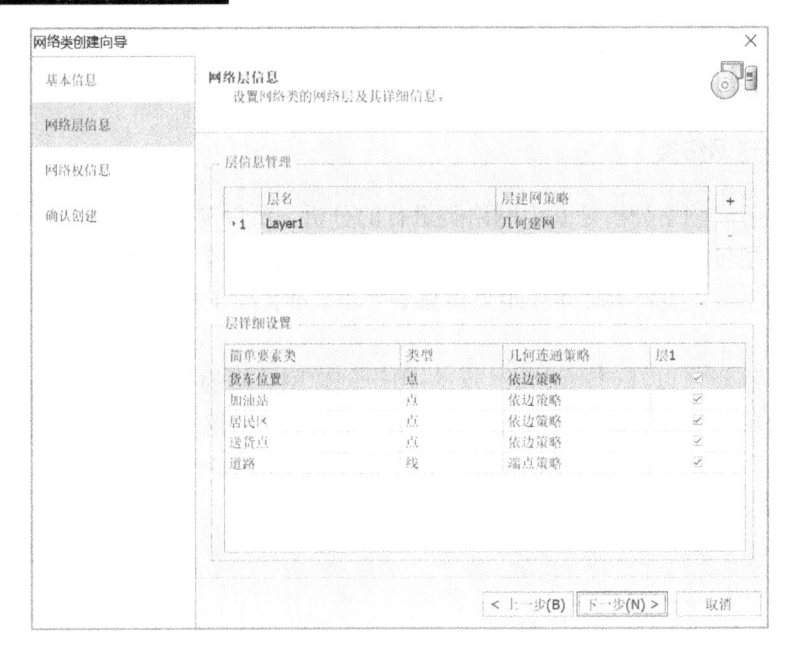

图 7-45 在"网络层信息"界面设置网络层信息

图 7-46 在"网络权信息"界面设置网络权信息

（3）在"确认创建"界面单击"完成"按钮，即可完成网络类的创建，如图 7-47 所示。创建的网络类结果如图 7-48 所示。

7.3.3.2 查找最近设施

本节使用道路交通网络、货车位置、加油站等演示数据，查找离货车最近的 5 个加油站。操作方法如下：

（1）将网络类道路交通图添加到当前地图中，并设置为"当前编辑"状态。

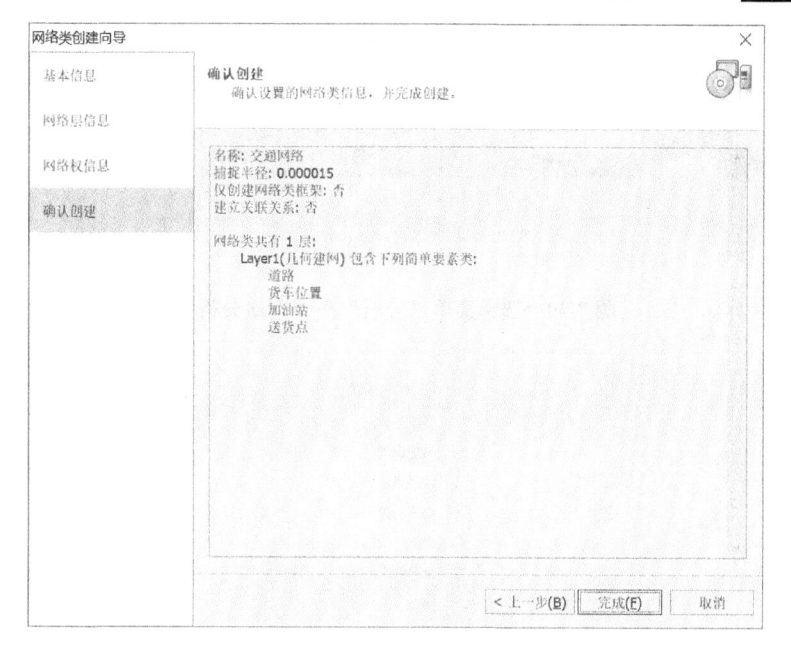

图 7-47　在"确认创建"界面单击"完成"按钮

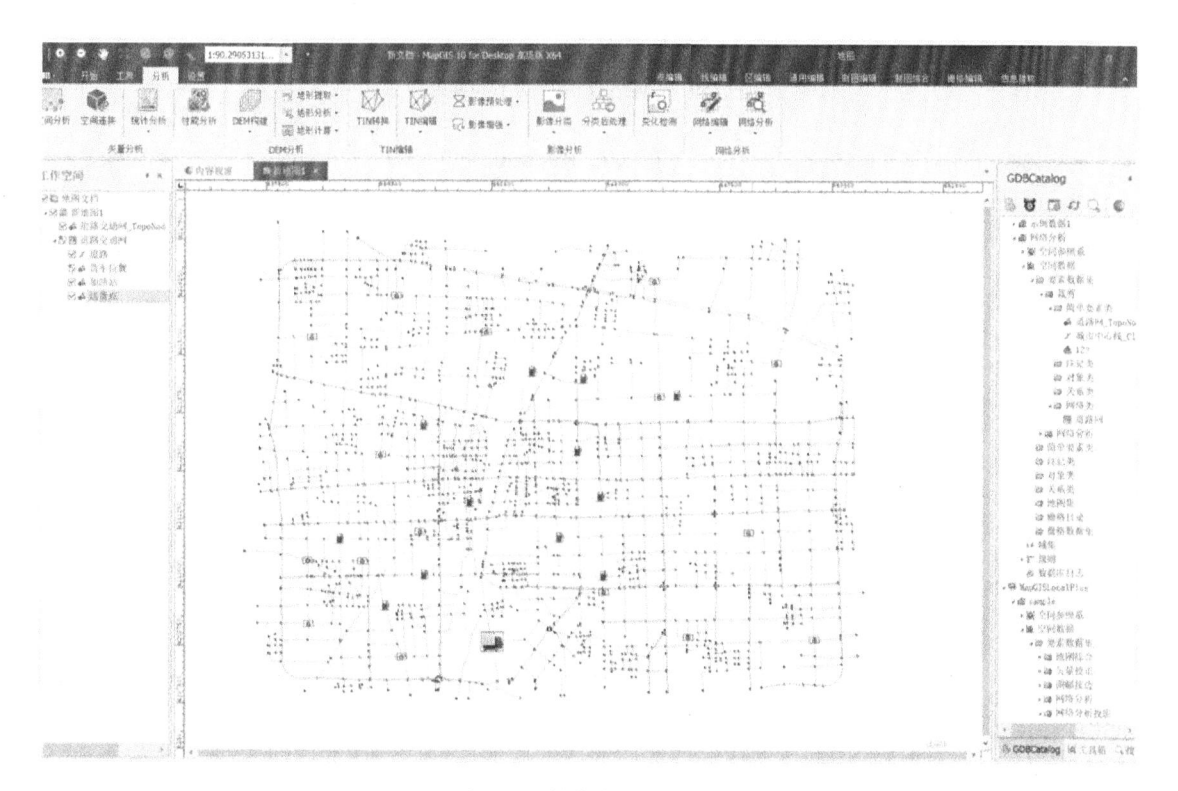

图 7-48　创建的网络类结果

（2）网络分析设置。选择菜单"分析"→"网络分析"，如图 7-49 所示，在"网络分析"的下拉菜单（见图 7-50）中选择"网络分析设置"，可弹出如图 7-51 所示的"网络分析设置"对话框。在"网络分析"选项卡中勾选"允许迂回""是否游历"；在"网络权值"选项卡中设置"边线顺向网络权值""边线逆向网络权值"（求总距离时可在下拉列表中依次选定"顺距离"

"逆距离"，求总时间时可在下拉列表中依次选定"顺时""逆时"），勾选"是否使用转角权值"，根据需要导入转角权值。

图 7-49 选择菜单"分析"→"网络分析"

图 7-50 "网络分析"的下拉菜单

(a) "网络分析"选项卡　　　　　　　　(b) "网络权值"选项卡

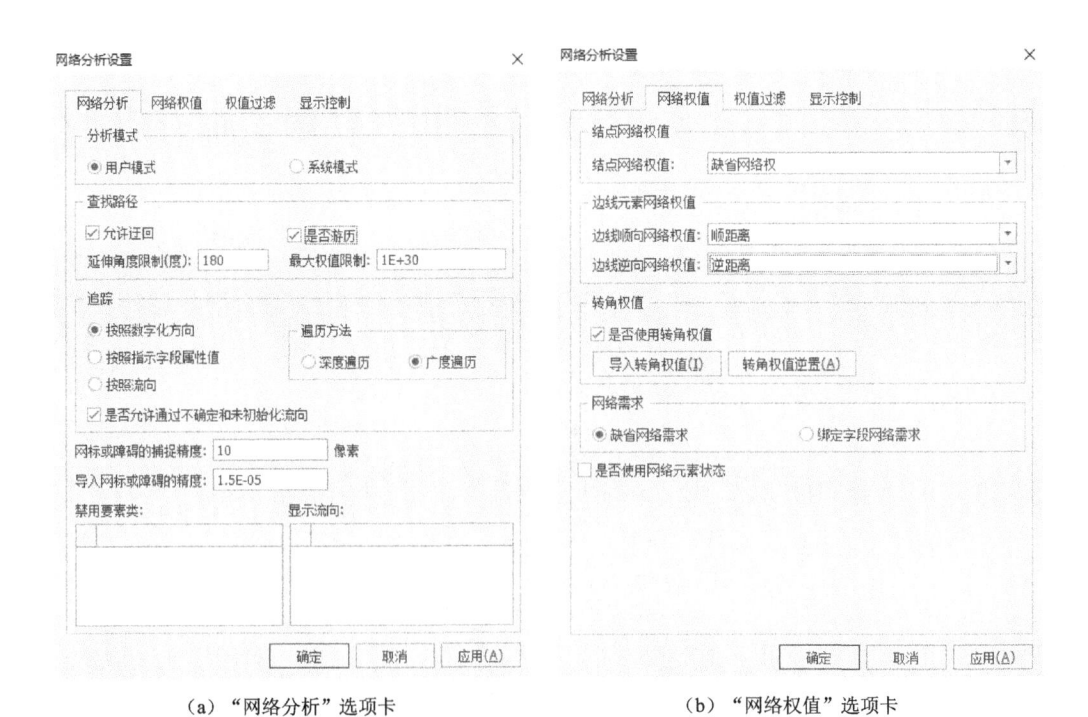

图 7-51 "网络分析设置"对话框

（3）在"网络分析"的下拉菜单中选择"分析应用"→"查找最近设施"，可弹出如图 7-52 所示的"查找最近设施"对话框，在该对话框的"设施"中导入加油站的点图层，在"事件"中手动选择货车位置。

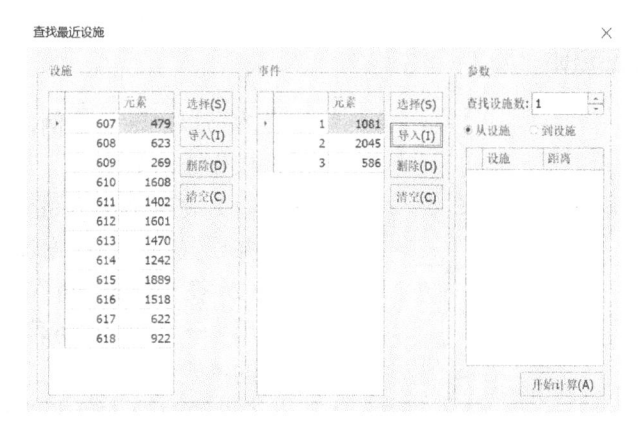

图 7-52 "查找最近设施"对话框

（4）单击"开始计算"按钮即可进行分析，分析结果如图 7-53 所示。

图 7-53 查找最近设施的分析结果

（5）在"网络分析"的下拉菜单中选择"分析报告"，可弹出如图 7-54 所示的"分析报告"对话框。

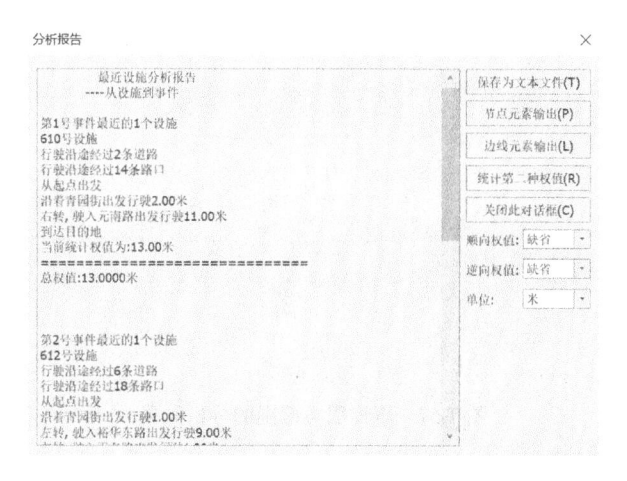

图 7-54 "分析报告"对话框

7.3.3.3 查询服务范围

本节以加油站为例，分析加油站的服务范围，操作方法如下：

（1）将网络类道路交通图添加到当前地图中，并设置为"当前编辑"状态。

（2）在"网络分析"的下拉菜单中选择"分析应用"→"查询服务范围"，可打开如图 7-55 所示的"查询服务范围"对话框。

（3）单击"装入资源中心"按钮，添加加油站数据，在列表中勾选参与分析的数据，如图 7-56 所示。

图 7-55 "查询服务范围"对话框

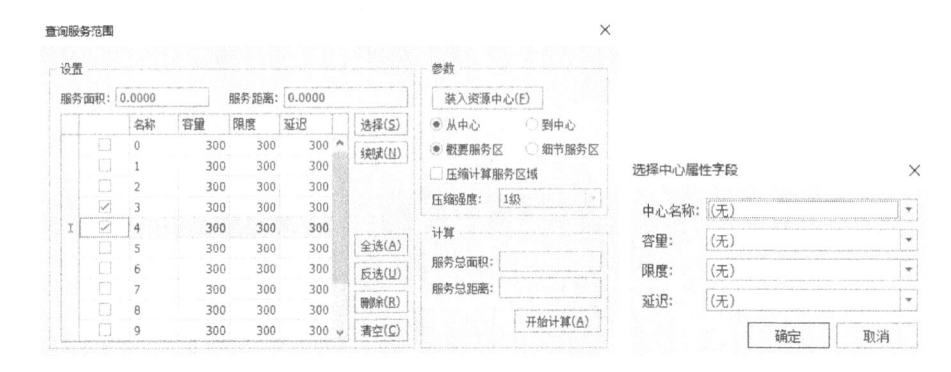

图 7-56 添加加油站数据并设置属性字段

（4）根据分析需要，设置每个参与分析的资源中心的"中心名称""容量""限度""延迟"值，单击"开始计算"按钮即可生成每个资源中心的服务范围区，如图 7-57 所示。

图 7-57 查询服务范围的分析结果

7.3.3.4 查找最佳路径

本节以送货为例,查找到各"送货点"的最佳线路,操作方法如下:
(1)将网络类道路交通图添加到当前地图中,并设置为"当前编辑"状态。
(2)在"网络分析"的下拉菜单中选择"分析应用"→"查找最佳服务路线",可弹出如图 7-58 所示的"最佳路径"对话框。

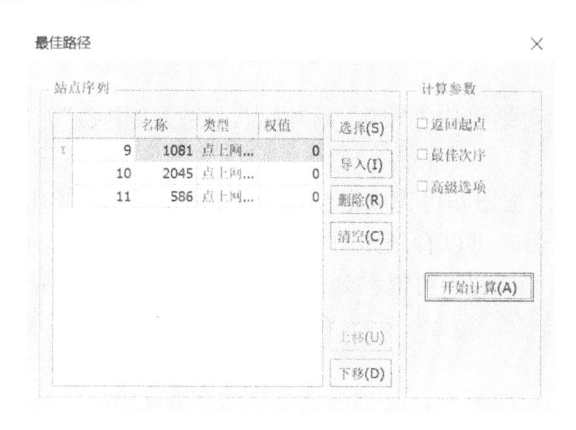

图 7-58 "最佳路径"对话框

(3)单击"导入"按钮可将已有的点数据或者手动在网络中选择的节点添加到"站点序列"栏中,这里添加示例数据为送货点。
(4)单击"开始计算"按钮即可计算最佳路径,分析结果如图 7-59 所示。

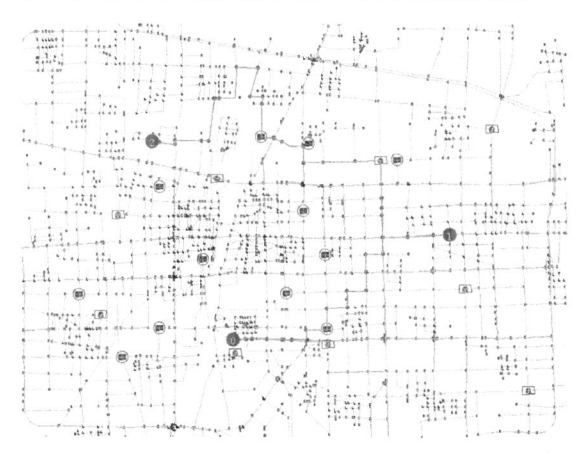

图 7-59 查找最佳路径的分析结果

7.3.3.5 定位分配

定位分配是指在对最佳位置定位的基础上实施的资源分配,例如,某区域已存在 100 个居民聚集区,已知有 5 个邮局分布在该区域中,求解在一定的服务范围内是否还需要增加邮局。操作方法如下:
(1)将网络类道路交通图添加到当前地图中,并设置为"当前编辑"状态。
(2)在"网络分析"的下拉菜单中选择"分析应用"→"定位分配",可弹出如图 7-60 所示的"定位分配"对话框。

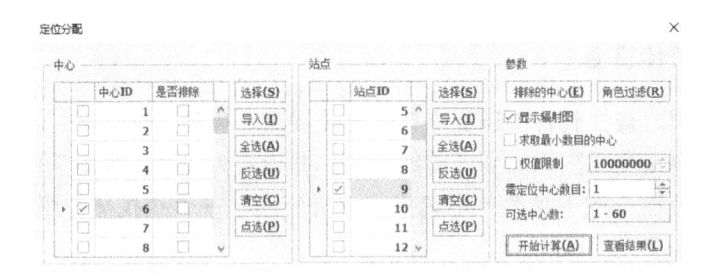

图 7-60 "定位分配"对话框

（3）在"定位分配"对话框中加载中心和站点。通过"中心""站点"右侧的按钮可以实现中心和站点的加载。

（4）单击"开始计算"按钮即可完成定位分配的分析，如果已勾选了"显示辐射图"选项，则在定位分配分析完成之后，可以看到如图 7-61 所示的定位分配分析结果。

（5）单击"查看结果"按钮，可以看到详细的信息，如图 7-62 所示。

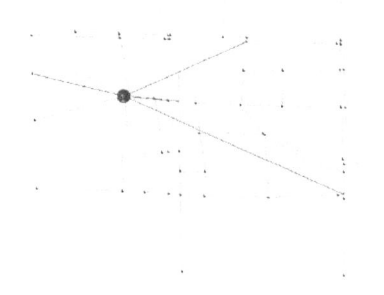

图 7-61　定位分配分析结果

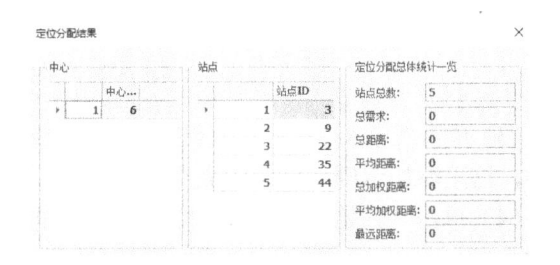

图 7-62　定位分配的详细信息

7.3.3.6　多车送货

多车送货为诸如 N 辆送货车分别从各自的位置同时出发，到 M 个送货点，每辆送货车都需要按照最优次序对各自的送货点送货之类的问题提供了一个解决方案，操作方法如下：

（1）将网络类道路交通图添加到当前地图中，并设置为"当前编辑"状态。

（2）在"网络分析"的下拉菜单中选择"分析应用"→"多车送货"，可弹出如图 7-63 所示的"多车送货"对话框。

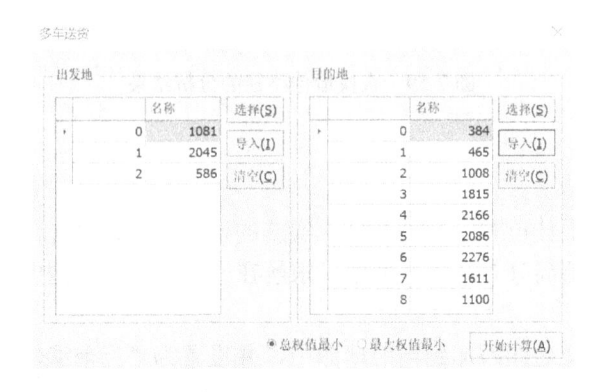

图 7-63　"多车送货"对话框

(3)在"多车送货"对话框中导入出发地(送货车起始位置)和目的地(送货点)数据。

"总权值最小"指所有的路径分析结果的权值之和最小。例如,4 辆送货车送货,要保证 4 辆送货车的送货时间之和最小,以节约资源。

"最大权值最小"指所有的路径分析结果的最大权值最小。例如,4 辆送货车同时送货,保证送货的最长时间最短,以节约时间。

(4)单击"开始计算"按钮即可进行多车送货分析,并在地图上凸显分析结果,如图 7-64 所示。

图 7-64 多车送货的分析结果

(5)在"网络分析"的下拉菜单中选择"分析报告",可在弹出的"分析报告"对话框中查看多车送货的分析报告,如图 7-65 所示。

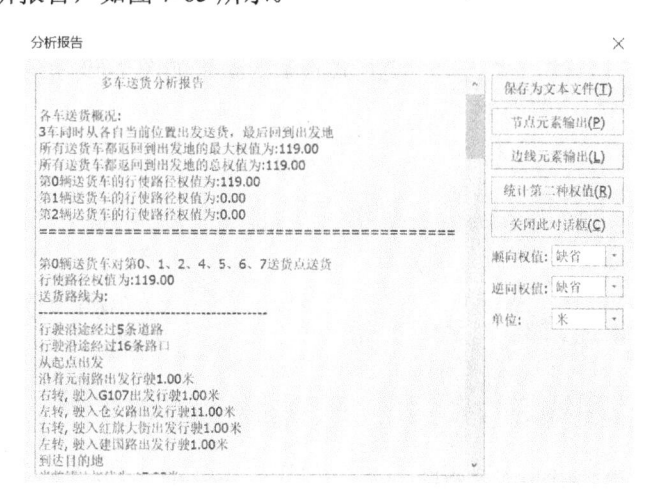

图 7-65 多车送货的分析报告

7.4 空间查询

空间查询是指通过一定的空间约束条件和属性 SQL 查询条件将符合条件的图元提取到新的图层中。

7.4.1 交互式查询

交互式查询是指基于实时绘制的矩形或者多边形，以及一定的筛选条件，将符合条件的图元提取到新图层中。

（1）在当前地图有可见图层的情况下，选择菜单"通用编辑"→"空间查询"→"交互式查询"，如图7-66所示，可弹出如图7-67所示的"交互式空间查询"对话框。

图 7-66　选择菜单"通用编辑"→"空间查询"→"交互式查询"

（2）在"查询图层设置"栏中勾选被查询的图层，设置结果图层的名称"目的类名"和"结果保存目录"。

（3）单击"开始交互"按钮，在数据视图中绘制矩形（见图7-68）或者多边形，绘制结束后系统会将符合筛选条件的图元提取到新图层中并添加到当前地图。

其中交互方式包含矩形查询和多边形查询，系统将在被查询图层中找出与绘制图形符合"查询选项"关系的图元。查询选项提供包含、相交、相离和外包矩形相交四种关系，外包矩形相交即绘制的图形与图元的外包矩形相交。

交互式查询的结果如图7-69所示。

图 7-67　"交互式空间查询"对话框

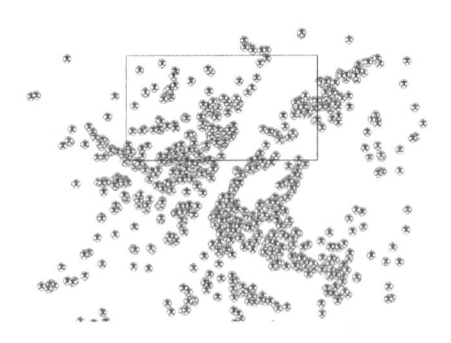

图 7-68　在数据视图中绘制矩形　　图 7-69　交互式查询的结果

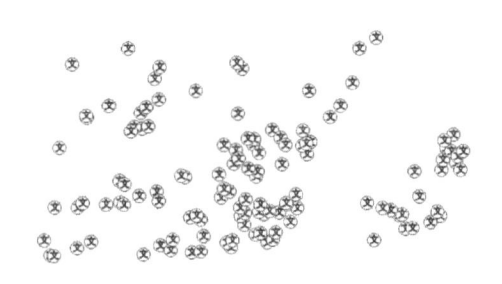

7.4.2 按条件查询

按条件查询的查询范围是当前地图的某一区图层而非用户输入范围，可以只对待查询的图层按照属性条件进行筛选。

通过区图层空间查询、SQL属性查询或者指定距离查询的方式，可将待查询图层中符合条件的图元提取到新文件中。例如，现有武汉光谷中心城区的图斑，欲将该范围内所有大学提取至新图层中，具体操作说明为：在当前地图有可见图层的情况下，选择菜单"通用编辑"→"空间查询"→"按条件查询",可弹出如图 7-70 所示的"空间查询"对话框;在该对话框中设置相关参数后,单击"确定"按钮即可进行按条件查询,将符合筛选条件的图元提取到新图层并添加到当前地图。

查询选项:MapGIS 10 for Desktop 提供了三种查询方式,用户可根据实际需要进行选择。

采用查询图层 A:该查询选项必须保证当前地图下存在区图层,可在下拉框中选择一个区图层作为图层 A,系统将根据设置的查询条件在图层 B(被查询图层)中找出与图层 A 符合查询条件(如相交)的所有图元。

查询距离地图中选择的图元:采用该查询选项时必须保证选中当前地图中某图元,若输入距离,则系统将对所选图元以该距离为半径制作缓冲区;然后根据设置的查询条件在图层 B(被查询图层)中找出与缓冲区关系符合查询条件的所有图元。

只查询 B 中符合给定 SQL 查询条件的图元:采用该查询选项后,需要在"被查询图层 B 设置"的参数列表最后一列输入 SQL 表达式,则找出 B 中所有符合该 SQL 表达式的图元。

图 7-70 "空间查询"对话框

当选择"采用查询图层 A"时,查询条件有四种:"包含""相交""相离""外包矩形相交",可配合查询选项使用。

在"被查询图层 B 设置"中勾选被查询的图层 B(当前地图下所有状态的图层都可被勾选),如图 7-70 中的"武汉市教育网点",若查询选项选择第三种方式,则需在此设置 SQL 表达式。

下面给出了三种空间查询选项设置的查询结果:

(1)空间约束:查询光谷地区范围内所有学校,添加的查询数据(空间约束)如图 7-71 所示,查询选择设置(空间约束)如图 7-72 所示,查询结果(空间约束)如图 7-73 所示。

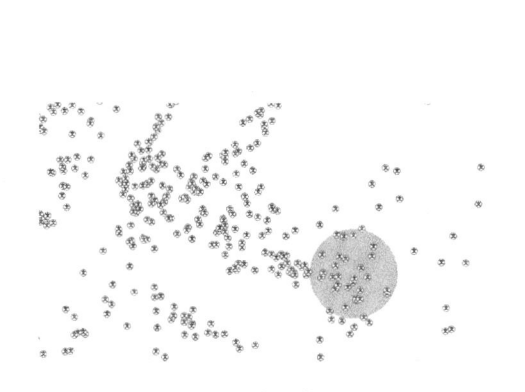

图 7-71 添加的查询数据(空间约束) 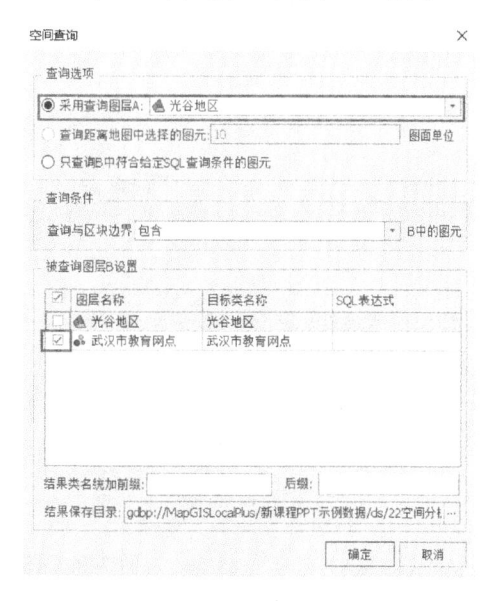　　图 7-72 查询选择设置(空间约束)

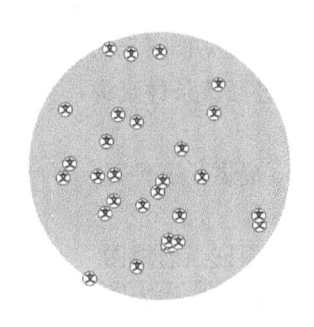

图 7-73 查询结果（空间约束）

（2）属性约束：查询武汉市教育网点中的所有小学，添加的查询数据（属性约束）如图 7-74 所示，查询选择设置（属性约束）如图 7-75 所示，查询结果（属性约束）如图 7-76 所示。

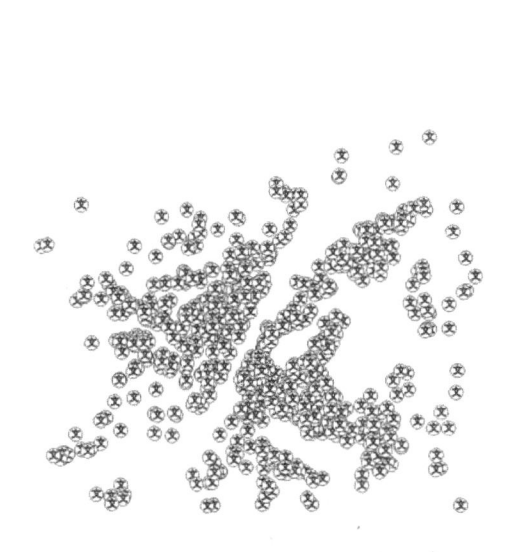

图 7-74 添加的查询数据（属性约束） 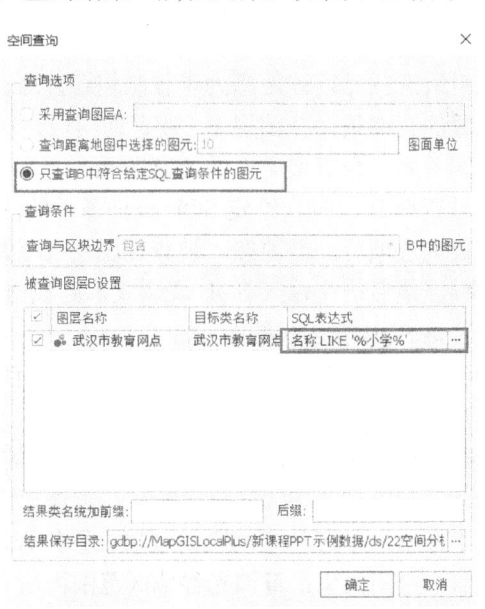　　　　图 7-75 查询选择设置（属性约束）

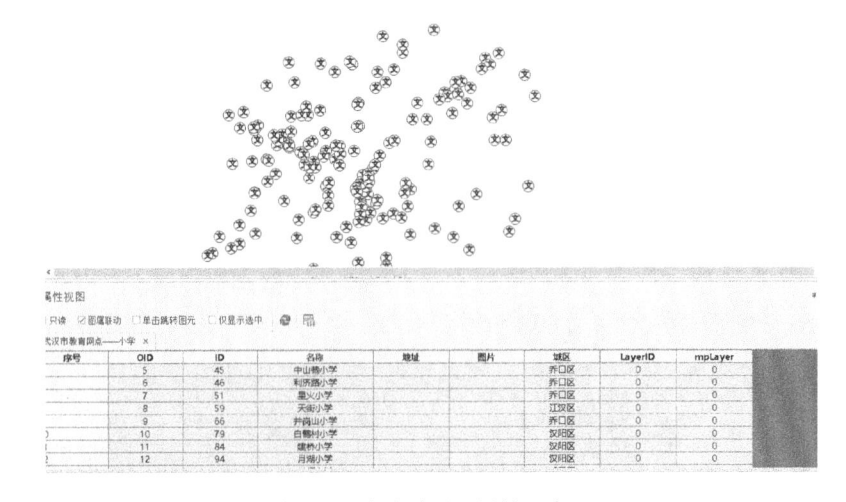

图 7-76 查询结果（属性约束）

（3）双重约束：空间约束+属性约束，查询光谷地区的所有中小学，添加的查询数据（双重约束）如图 7-77 所示，查询选择设置（双重约束）如图 7-78 所示，查询结果（双重约束）如图 7-79 所示。

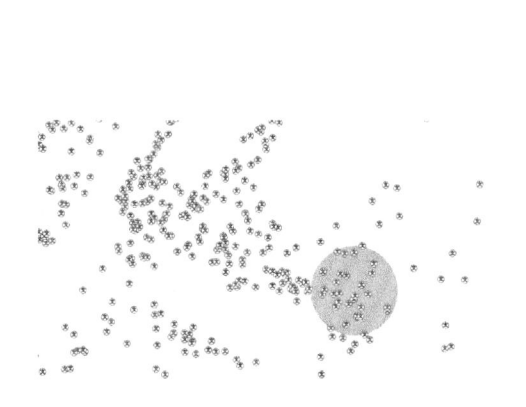

图 7-77　添加的查询数据（双重约束） 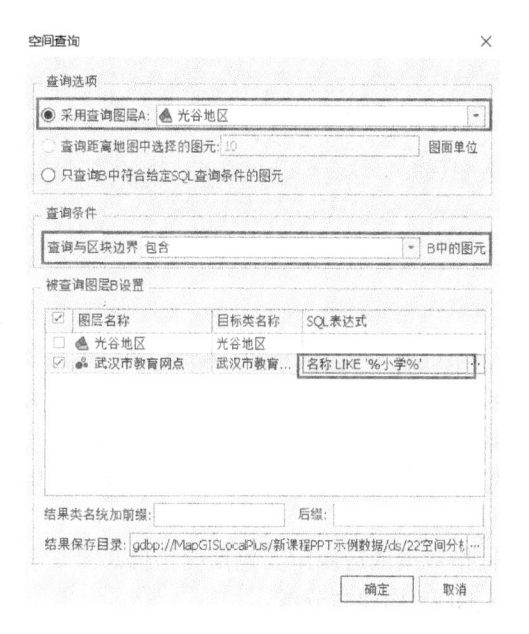　　　　　图 7-78　查询选择设置（双重约束）

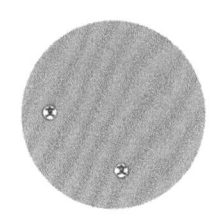

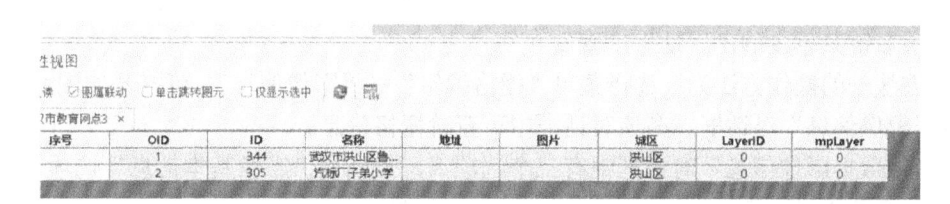

图 7-79　查询结果（双重约束）

第 8 章 栅格数据应用

栅格数据是一种数据形式，通过对一个平面空间的行和列进行规则的划分，可形成有规律的栅格，即像元矩阵，其中的每个像元都被赋予相应的属性值，用来表示地理实体或现实世界的某种现象。

栅格数据的应用主要包括栅格信息查看与色彩调节、栅格地图编辑、栅格数据处理、影像分析、DEM 构建与分析。

8.1 栅格信息查看与色彩调节

8.1.1 栅格信息的查看与统计

8.1.1.1 栅格信息查看

栅格信息的查看方法有两种：方法一是通过"影像数据影像信息"对话框来查看；方法二是通过图层右键菜单中的"属性"来查看。

（1）方法一的操作方法为：选择菜单"栅格编辑"→"影像信息"，可打开如图 8-1 所示的"影像数据影像信息"对话框，在该对话框中可查看栅格信息。

"影像数据影像信息"对话框中有三个选项卡，分别是"影像基本信息"选项卡、"统计信息"选项卡和"投影信息"选项卡。相关的栅格信息如下：

在"影像基本信息"选项卡中，基本信息包括影像类型、波段数、影像行数、影像列数、金字塔成熟和像元类型；图形信息包括影像的坐标范围及分辨率；AOI 信息包括影像的 AOI 总数、裁剪 AOI 数和分类 AOI 数。

"统计信息"选项卡中不仅包括影像各个波段的像元值信息，如统计的最值、均值、标准差，还能对熵值、协方差、特征值进行统计。

"投影信息"选项卡中包括影像的参考系信息，如显示椭球、投影及投影参数，用户可以单击其中的"编辑"按钮对参考系进行修改。

（2）方法二的操作方法如下：

① 右键单击数据图层（如"影像数据"），在弹出的右键菜单中选择"属性"，如图 8-2 所示，可弹出数据图层的属性页对话框。

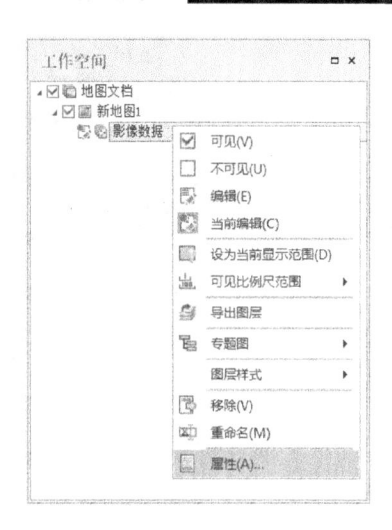

图 8-1 "影像数据影像信息"对话框　　　　图 8-2 在弹出的右键菜单中选择"属性"

② 在数据图层的属性页对话框中可查看影像的"数据源""通用属性""显示设置""影像数据集信息"等，如图 8-3 所示。

图 8-3 在数据图层的属性页对话框中查看栅格信息

数据源：包括影像的路径及类型信息。
通用属性：包括影像的参考系、显示比率、图层名称及拉伸显示状态。
显示设置：包括影像直方图显示设置、颜色模式及 RGB 合成设置、亮度对比度设置。
影像数据集信息：包括影像的行/列数、分辨率、像元值类型、数据范围、金字塔信息，以及各个波段的像元值统计信息。

8.1.1.2　像元值的查看

选择菜单"栅格编辑"→"显示像元值"，在栅格数据上直接单击需要查询像元值的像元后，可弹出如图 8-4 所示的"显示像元值"对话框。

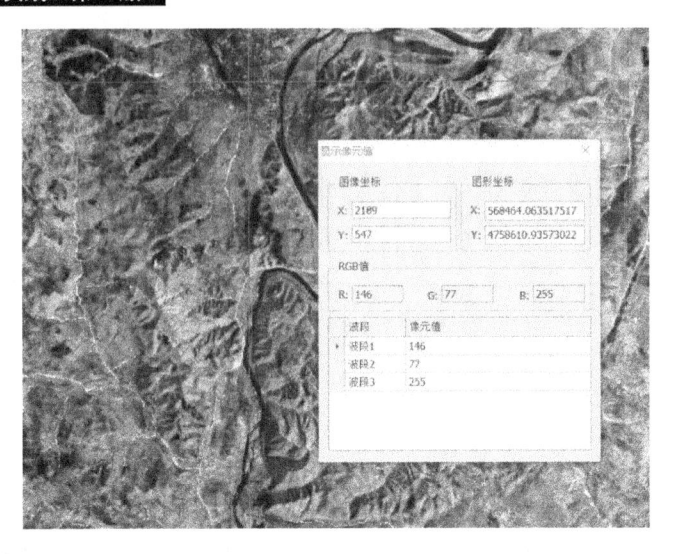

图 8-4 "显示像元值"对话框

图像坐标：包括当前定位在影像中的行/列号。

图形坐标：包括当前定位在地图中的坐标，以影像左上角为定位原点。

RGB 值：包括当前定位的像元在进行 RGB 颜色合成时，RGB 波段分别对应的像元值。

各个波段像元值：当前定位的像元在各个波段中对应的像元值。

8.1.1.3　直方图统计

选择菜单"栅格编辑"→"直方图"→"直方图统计"，可弹出如图 8-5 所示的"影像直方图统计"对话框。

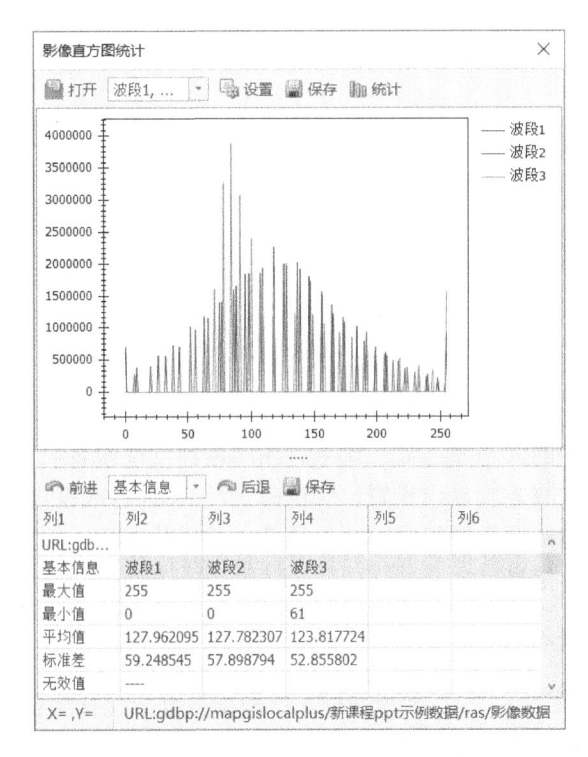

图 8-5 "影像直方图统计"对话框

在"影像直方图统计"对话框中,选取需要统计的波段并设置好坐标轴显示信息后,即可得到统计图。统计图的横坐标表示像元值,纵坐标表示对应像元值所包含的像元数目,通过条形图表示出来,可以直观地看到各个波段像元值的分布情况。通过选择对应的信息,可以显示需要统计的内容,其中基本信息包含所有波段的统计信息及像元值信息。

8.1.2 栅格显示与调节

8.1.2.1 栅格显示设置

栅格显示设置是指对栅格数据打开后的初始化设置,在"遥感配置设置"对话框中,可对栅格数据的显示、金字塔层、栅格缓存、色表拉伸、动态投影参数、上载压缩的初始化参数进行设置。选择菜单"栅格编辑"→"显示设置",可弹出"遥感配置设置"对话框。

(1) RGB 波段组合设置中的参数说明:

默认 RGB 波段组合方式:用于设置影像在导入时默认的组合方式,不需要进行后期设置。

自定义 RGB 波段合成方式:用户可自行设置"3 波段数据""4 个或以上波段数据"。"3 波段数据"是针对 3 个波段的数据进行设置的,"4 个或以上波段数据"针对的数据一般为多波段遥感影像,用于对多波段遥感影像进行设置。

(2)"栅格数据集"选项卡如图 8-6 所示,该选项卡用于设置金字塔的重采样及压缩方式,其中的参数说明如下:

金字塔采样方式:用于设置生成金字塔的算法,有三个可选项,分别是最邻近重采样、双向性重采样、双三次重采样,其中最邻近重采样占用的资源最少,是默认的选项,双三次重采样的精度最高。

构建金字塔对话框设置:用于设置弹出提示构建金字塔的时机。

构建 ovr 格式金字塔压缩参数设置:用于设置金字塔的压缩方法,其中 NONE 表示不压缩,LZW 及 DEFLATE 是默认的压缩率,JPEG 表示用户可以自行设置压缩质量。

提示选择子集对话框:如果勾选该选项,则会在添加包含多个子集的数据时弹出"子集选择"对话框,供用户选择子集。

(3)"栅格目录"选项卡如图 8-7 所示,该选项卡用于设置栅格目录数据的显示方式,其中的参数说明如下:

是否图框显示:勾选该选项后,以图框代替影像显示栅格目录。

最小栅格数据集数:在当前视窗内栅格目录的影像数小于设置的数值时,不显示图框,直接显示影像;大于或等于设置的数值时才启用图框显示功能。用户可以浏览较多影像,通过该参数可以提高显示效率,在放大查看详情时不会影响栅格数据的显示。

(4)"栅格图层"选项卡如图 8-8 所示,该选项卡用于设置影像的显示设置及无效值,其中的参数说明如下:

显示增强:选取影像的直方图拉伸算法对影像进行直方图拉伸显示。

显示重采样:由于影像在缩放时并不是一直与显示器的分辨率完全对应的,需要进行重采样。在进行重采样时的算法是通过该参数设置的,其中最邻近方式的效率是最高的。

透明度、亮度、对比度:用于设置影像在显示时的透明度、亮度、对比度及 Gamma 值。

无效值显示设置:用于设置无效值是否用透明色显示,以及是否所有波段都进行无效值的设置。

(5)"系统参数"选项卡如图 8-9 所示,该选项卡用于设置分析处理进度条的显示,可设置为显示进度条和不显示进度条。

图 8-6 "栅格数据集"选项卡

图 8-7 "栅格目录"选项卡

图 8-8 "栅格图层"选项卡

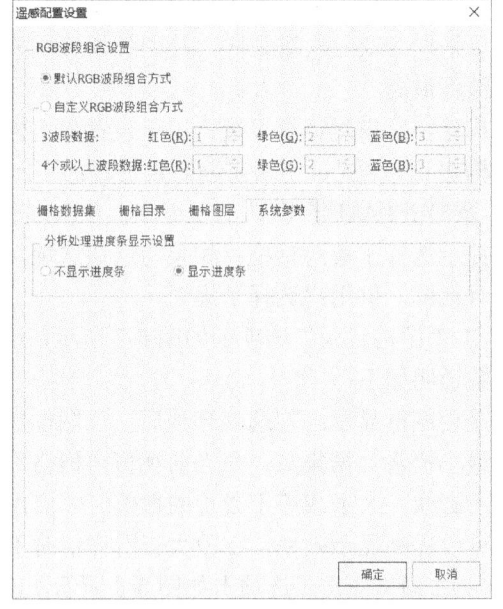

图 8-9 "系统参数"选项卡

8.1.2.2 金字塔管理

金字塔管理用于查看影像金字塔信息，可重新生成金字塔。选择菜单"栅格编辑"→"金字塔管理"，可打开如图 8-10 所示的"金字塔管理"对话框。

"金字塔管理"对话框中的参数说明如下：

金字塔信息：用于显示当前金字塔的层号，以及每层金字塔的行/列数信息，通过右侧的"增加""删除""插入"等按钮可以对金字塔进行操作，修改金字塔的层数。

金字塔自动重建：可选择按顶层行列数重建和按金字塔层数重建，设置重采样方式。其中，按顶层行列数重建用于设置最顶层的行/列数后，选取重采样方式后单击"计算"按钮即可根据最高层号的行/列数自动生成合适的金字塔；按金字塔层数重建用于设置金字塔层数，选取重采样方式后单击"计算"按钮即可生成对应层数的金字塔；重采样方式用于设置重采样的方式，可选择最邻近重采样、双线性重采样和双三次重采样。

8.1.2.3 对比显示

对比显示用于控制图层叠加时的显示效果。在将至少两个图层添加至工作空间后，选择菜单"栅格编辑"→"对比显示"，可弹出如图 8-11 所示的"对比显示"对话框。

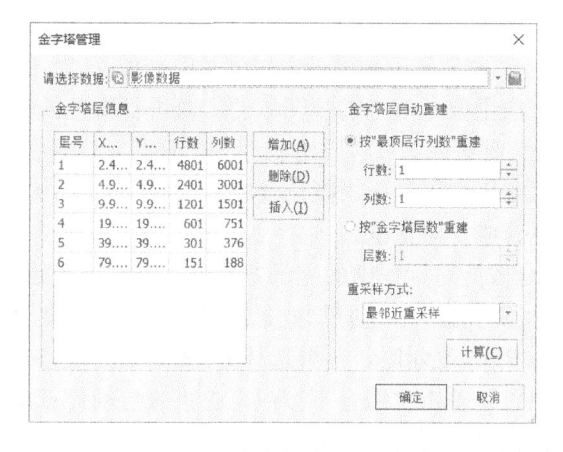

图 8-10 "金字塔管理"对话框　　　　　图 8-11 "对比显示"对话框

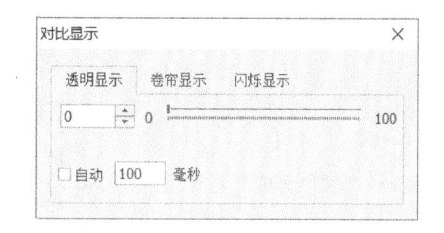

"对比显示"对话框包括"透明显示"选项卡、"卷帘显示"选项卡和"闪烁显示"选项卡。"透明显示"选项卡中的参数通过控制两层图像的显示透明度，从而混合显示上下两层图像。"卷帘显示"选项卡中的参数通过一条位于视窗中可实时控制和移动的过渡线，将视窗中的上层数据文件分为不透明和透明两个部分，移动过渡线就可以同时显示上下两层数据文件，并查看其相互关系。"闪烁显示"选项卡中的参数通过一定频率闪烁显示，用于自动比较上下两层图像的属性差异及其关系。单独显示的效果如图 8-12 和图 8-13 所示，透明显示的效果如图 8-14 所示，卷帘显示的效果如图 8-15 所示。

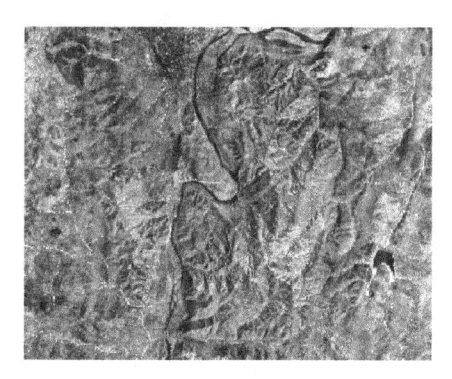

图 8-12 单独显示的效果（一）　　　　　图 8-13 单独显示的效果（二）

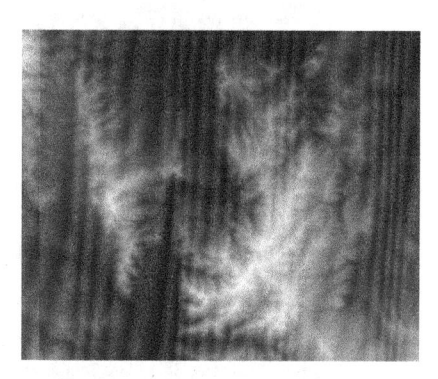

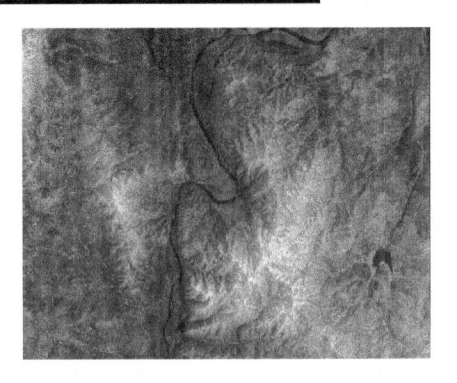

图 8-14　透明显示的效果　　　　　　　　图 8-15　卷帘显示的效果

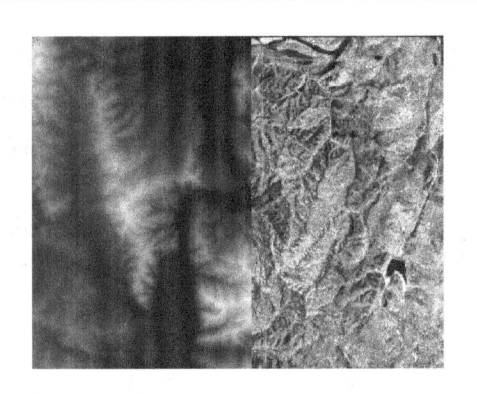

8.1.2.4　颜色合成

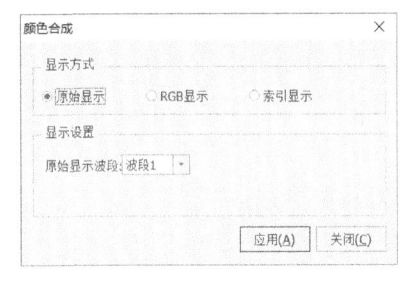

图 8-16　"颜色合成"对话框

颜色合成主要是对当前视图里的影像进行颜色的设色显示，提供了三种设色方式：原始显示、RGB 显示、索引显示。选择菜单"栅格编辑"→"颜色合成"，可弹出如图 8-16 所示的"颜色合成"对话框。

"颜色合成"对话框中的显示方式可以设置为原始显示、RGB 显示和索引显示。选择原始显示时，要选择需要显示的波段。选择 RGB 显示时，需要选择 R、G、B 波段各自对应的波段，也可以单击"组合"按钮，由系统自动计算出最佳的波段。选择索引显示时，需要选择显示的波段及其对应的色表。

原始显示的效果及参数设置如图 8-17 所示，RGB 显示的效果及参数设置如图 8-18 所示，索引显示的效果及参数设置如图 8-19 所示。

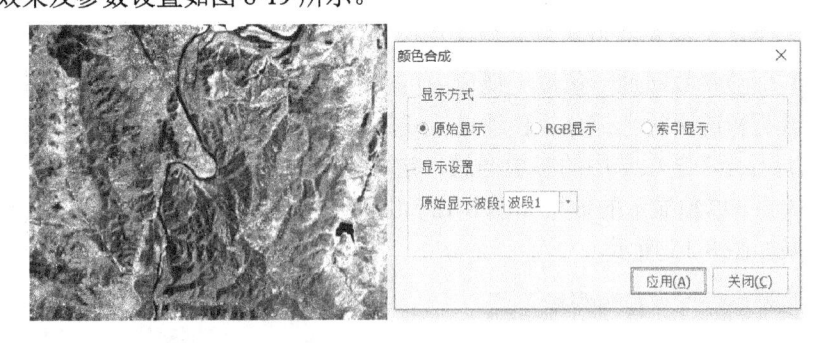

图 8-17　原始显示的效果及参数设置

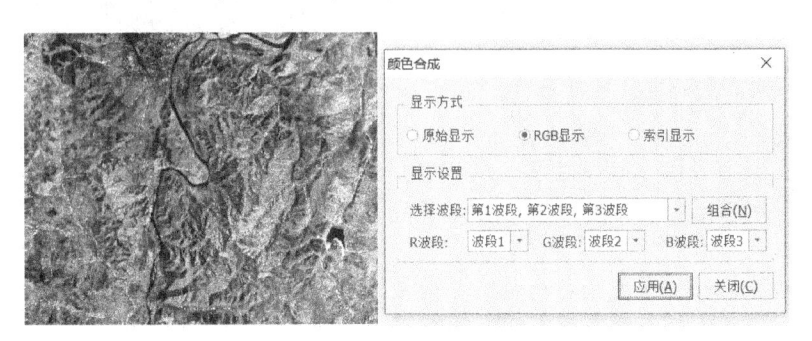

图 8-18　RGB 显示的效果及参数设置

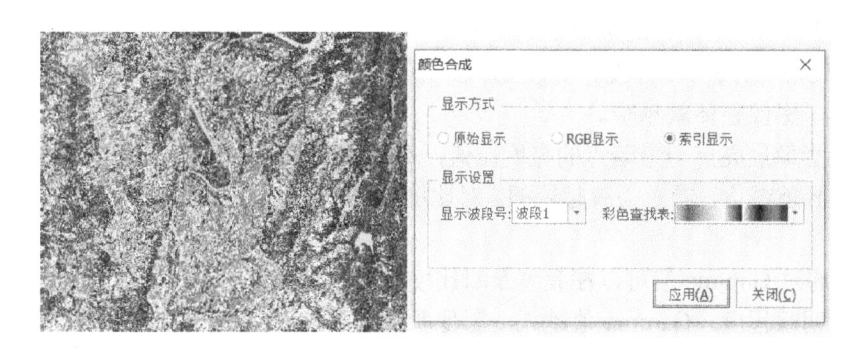

图 8-19 索引显示的效果及参数设置

8.1.2.5 色表编辑

色表编辑针对当前视图中被激活为"当前编辑"状态的栅格图层,编辑其不同的像元值所对应的色表,从而改变其显示效果。选择菜单"栅格编辑"→"色表编辑",可弹出如图 8-20 所示的"色表样本编辑"对话框。在该对话框中,既可以设置显示方式、选择要编辑的波段及其对应的色表,不同波段不同色表对应的显示效果不同;还可以手动设置各个区间的左右值和颜色。设置完成后单击"刷新"按钮即可显示色表编辑后的显示效果。

色表编辑前后的显示效果如图 8-21 所示。

8.1.2.6 对比度调节

对比度调节主要用于改变影像的亮度显示效果,通过对比度调节,可以调整栅格的显示亮度、色彩对比度以及 Gamma。选择菜单"栅格编辑"→"对比度调节",可弹出如图 8-22 所示的"对比度调节"对话框。

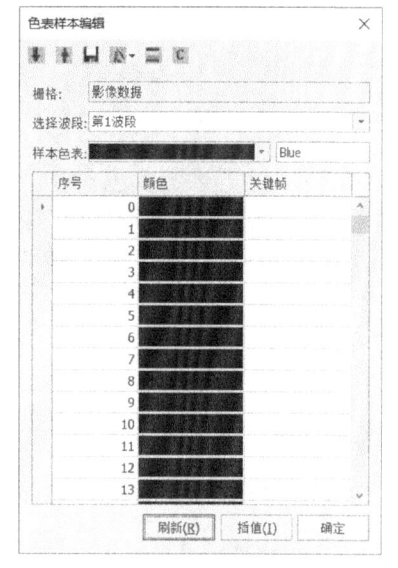

图 8-20 "色表样本编辑"对话框

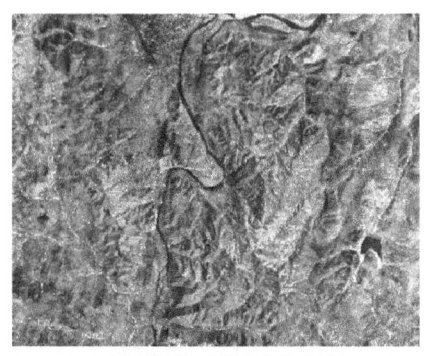

(a) 色表编辑前的显示效果　　　　(b) 色表编辑后的显示效果

图 8-21 色表编辑前后的显示效果

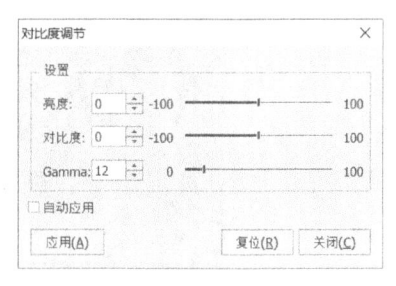

"对比度调节"对话框中的参数说明如下：

亮度：表示影像的明暗程度，亮度越大，影像整体就越亮；亮度越小，影像整体就越暗。

对比度：影像最亮点与最暗点的亮度比值，对比度越大，影像的颜色差异就越大，看上去就越艳丽；对比度越低，看上去就越暗淡。

Gamma：通过 Gamma 值可以在亮度及对比度一定的情况下调节影像的明暗程度，Gamma 值越大，影像颜色越深，明暗程度就越暗。

图 8-22 "对比度调节"对话框

对比度调节前后的显示效果如图 8-23 所示。

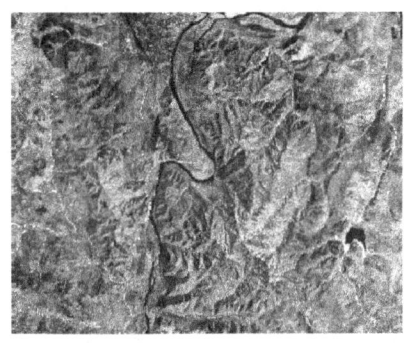

（a）对比度调节前的显示效果 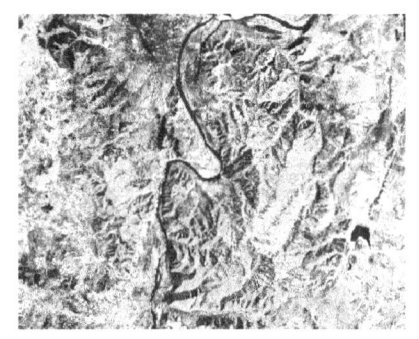　　　　　（b）对比度调节后的显示效果

图 8-23　对比度调节前后的显示效果

8.1.2.7　无效值设置

无效值设置是为了更好地显示和分析栅格数据，可以将栅格中无用或有干扰的像元值设置为无效值，避免其对栅格的显示或分析带来影响。选择菜单"栅格编辑"→"无效值设置"，可弹出如图 8-24 所示的"无效值及无效值颜色设置"对话框。

"无效值及无效值颜色设置"对话框中的参数说明如下：

无效值设置：用于设置是否有无效值，以及无效值对应的像元值。单击"默认值"按钮可以自动读取默认的像元值。

无效值颜色设置：用于设置无效值对应的颜色，系统可以自动读取地图的背景颜色，也可以将无效值对应的颜色修改或设置为透明，设置为透明时去除影像的黑边，但这里仅仅是显示效果，并不能达到去除黑边的目的。

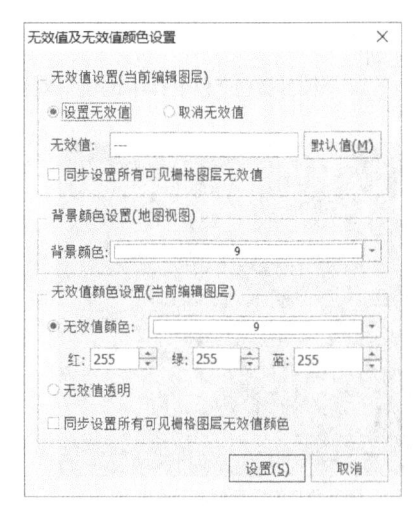

图 8-24　"无效值及无效值颜色设置"对话框

无效值设置前后的显示效果如图 8-25 所示。

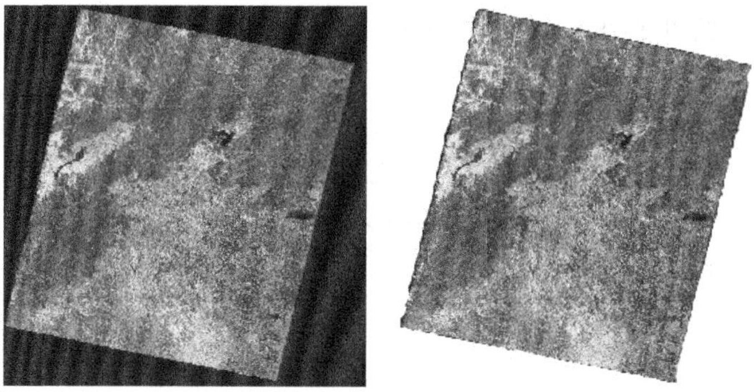

(a) 无效值设置前的显示效果　　(b) 无效值设置后的显示效果

图 8-25　无效值设置前后的显示效果

8.2　栅格地图编辑

8.2.1　查询编辑

8.2.1.1　像元值查询编辑

像元值查询编辑用于查询当前地图视图栅格数据的像元值信息（或高程值），并且可修改所选点的像元值。选择菜单"栅格编辑"→"查询编辑"→"像元值查询编辑"，在栅格数据上单击当前栅格数据层地理范围内的任意一点（见图 8-26），系统会计算该点的像元值信息，并在"像元值查询编辑"对话框（见图 8-27）中显示对应点的像元值相关信息。

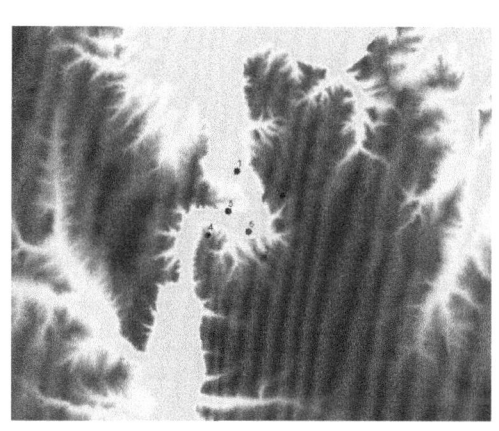

图 8-26　单击当前栅格数据层地理范围内的任意一点 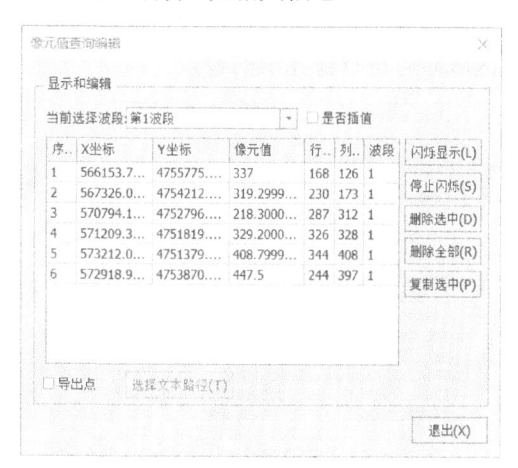　　图 8-27　"像元值查询编辑"对话框

8.2.1.2　像元值批量查询

像元值批量查询通过坐标文件查询栅格数据对应位置的像元值，并输出结果。例如，有一个地形数据和若干控制点，可查询各控制点处的高程值。选择菜单"栅格编辑"→"查询编辑"→"像元值批量查询"，可弹出"像元值批量查询"对话框。在该对话框中通过"查询坐标"文

本框导入坐标文件（见图 8-28），系统会根据坐标值查询栅格数据上对应位置的信息并输出结果，如图 8-29 所示。

图 8-28　导入的坐标文件

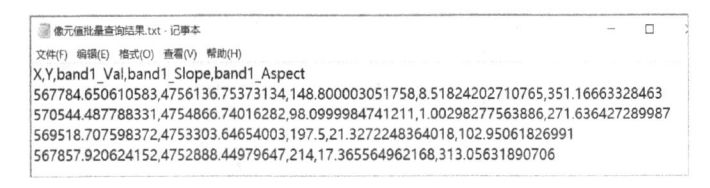

图 8-29　像元值批量查询的结果

8.2.1.3　像元值坐标查询

像元值坐标查询可以根据高程文件所记录的高程信息，查询当前数据中高程值对应的坐标信息。选择菜单"栅格编辑"→"查询编辑"→"像元值坐标查询"，可弹出"像元值坐标查询"对话框。在该对话框中通过"高程文件"文本框导入进行像元值坐标查询的原始像元值文件（高程文件，该文件为要查询 3 个高程值所在的高程点的坐标值信息，这 3 个高程值分别为 342、292、489，见图 8-30），系统会根据高程文件查询栅格数据上对应位置的信息并输出结果，如图 8-31 所示。

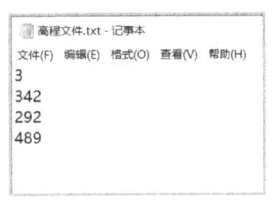

图 8-30　导入的高程文件

8.2.1.4　交互替换像元值

为了对有效的或用户感兴趣的栅格数据区域进行显示或分析，有时需要适当地替换掉一些无用或对分析结果有影响的栅格像元。交互替换像元值可在当前数据层指定区域内进行像元值的替换。选择菜单"栅格编辑"→"查询编辑"→"交互替换像元值"，可弹出如图 8-32 所示的"交互替换像元值"对话框，在该对话框中设置参数后单击"开始交互"按钮，用鼠标选择交互区域即可进行像元值的替换。

图 8-31　像元值坐标查询的结果

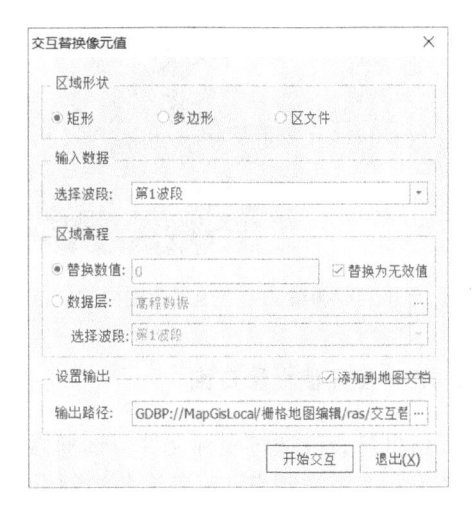

图 8-32　"交互替换像元值"对话框

"交互替换像元值"对话框中的参数说明如下：

替换数值：用于将指定区域中的像元值统一替换为某一指定数值。

替换为无效值：可将指定区域中的高程统一替换为无效值。

数据层：可将指定区域中的像元值统一替换为另一数据层中所对应的像元值，替换数据层必须与原始数据层具备相同的地理范围及网格分辨率（即行/列数）。

交互替换像元值前后的显示效果如图 8-33 所示。

（a）交互替换像元值前的显示效果　　　　　　（b）交互替换像元值后的显示效果

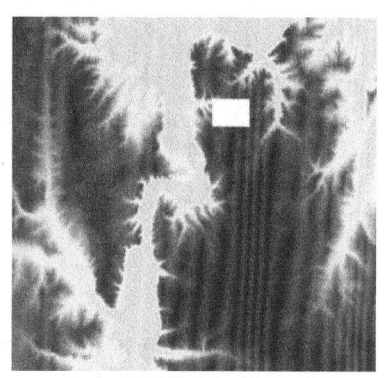

图 8-33　交互替换像元值前后的显示效果

8.2.1.5　批量替换像元值

批量替换像元值用于批量替换区域高程值，选择区要素后可对区要素内的高程值进行批量替换。选择菜单"栅格编辑"→"查询编辑"→"批量替换像元值"，可弹出如图 8-34 所示的"批量替换像元值"对话框。在该对话框中，设置输入数据（包括待处理的栅格数据）、波段数及交互替换的矢量区，指定在区要素范围内、外进行批量替换像元值的方式后，单击"确定"按钮即可。

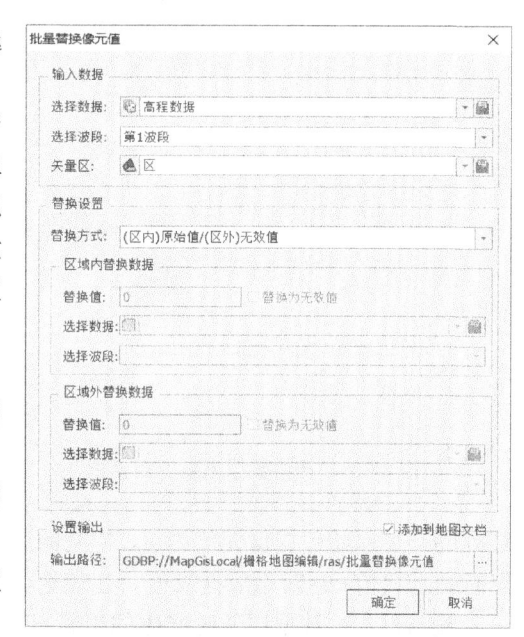

"批量替换像元值"对话框中的参数说明如下：

（区内）原始值/（区外）无效值：区域内保留为原始值，区域外替换为无效值。

（区内）无效值/（区外）原始值：区域内保留为无效值，区域外保留为原始值。

（区内）数值/（区外）数值：区域内/外的数值均替换为所设置的对应内/外像元值。

（区内）数值/（区外）数据层：区域内的数值替换为区域内所设定的像元值，区域外的数值替换为所指定的数据层对应的像元值。

图 8-34　"批量替换像元值"对话框

（区内）数据层/（区外）数值：区域内的数值替换为所指定数据层对应的像元值，区域外的数值替换为所指定的像元值。

（区内）数据层/（区外）数据层：区域内/外的数值统一替换为所指定数据层对应的像元值。

批量替换像元值前后的显示效果如图 8-35 所示。

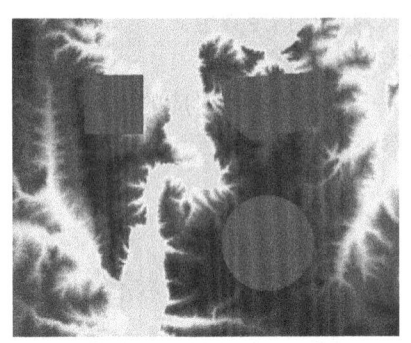

(a) 批量替换像元值前的显示效果　　　　　(b) 批量替换像元值后的显示效果

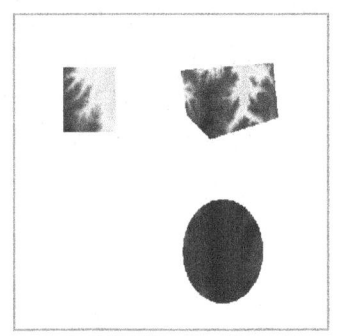

图 8-35　批量替换像元值前后的显示效果

8.2.2　数据更新

数据更新是指利用新数据对当前栅格数据进行像元值的更新操作。例如，遥感影像数据是具有时效性的，即随着时间的推移，地物会发生一定的变化，这些变化会反映在遥感影像中。为了保证使用的地理数据符合实际的地理现状，就需要对旧的影像数据进行更新。若新的影像变化主要发生在局部区域（或用户感兴趣的部分区域），考虑到成本，可以截取新的影像数据的变化部分，对旧的影像数据进行局部更新，这样既能保证当前使用的影像数据的正确性，也能节约成本。选择菜单"栅格编辑"→"数据更新"，可弹出如图 8-36 所示的"栅格数据更新"对话框。在该对话框中设置相关设置参数后，单击"确定"按钮即可完成更新。

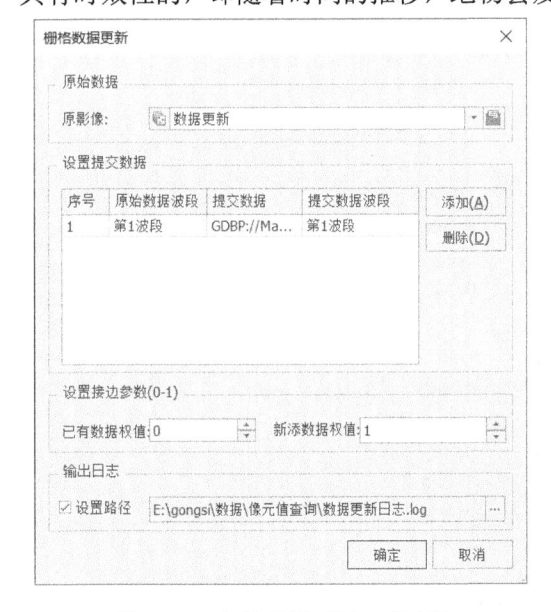

"栅格数据更新"对话框中的参数说明如下：

原始数据：输入原始的栅格数据。

设置提交数据：添加更新的参考数据。

设置接边参数：接边参数是赋予已有数据的权值和新添数据的权值，结果数据的值就是通过计算权值获得的。例如，原数据和新添数据在接边处的一个原始数据像元值为 A，提交的新数据像元值为 B，更新后的像元值为 C，那么 $C=A\times$ 已有数据权值$+B\times$新添数据权值。在理论上要求，已有数据权值+新添数据权值=1。

图 8-36　"栅格数据更新"对话框

输出日志：数据更新时产生的更新日志的路径。

数据更新前后的显示效果如图 8-37 所示。

注意：

（1）数据更新是直接对原始影像进行的更新，更新后的原始数据会被修改，不能恢复，建议在更新前对原始数据进行备份。

（2）在使用栅格数据更新功能时，必须保证原影像和提交数据有重合的区域，否则更新操作不会成功。

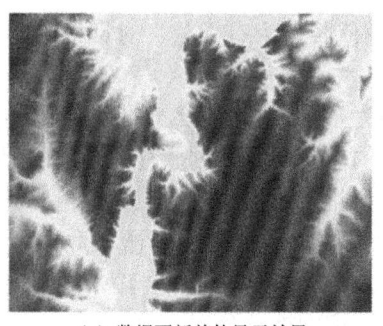

(a)数据更新前的显示效果　　　　　　　(b)数据更新后的显示效果

图 8-37　数据更新前后的显示效果

8.2.3　范围修改

通过修改栅格数据范围，可以对栅格数据进行坐标平移并修改图像的分辨率。通过修改图像左上角的坐标位置，可以将图像平移到正确位置上。若在 X 方向和 Y 方向上按比例修改分辨率，则可以对原始图像进行缩放；若不按比例修改分辨率，则可以在某方向上拉伸原始图像。选择菜单"栅格编辑"→"范围修改"，可弹出如图 8-38 所示的"栅格范围修改"对话框。在该对话框中设置相关参数后，单击"确定"按钮即可修改栅格数据范围。

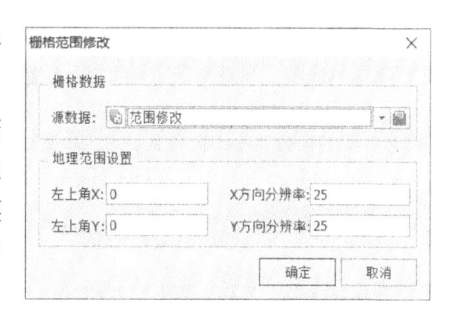

图 8-38　"栅格范围修改"对话框

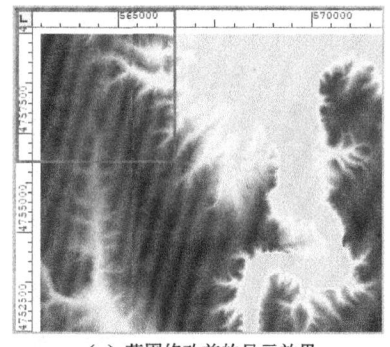

范围修改前后的显示效果如图 8-39 所示。

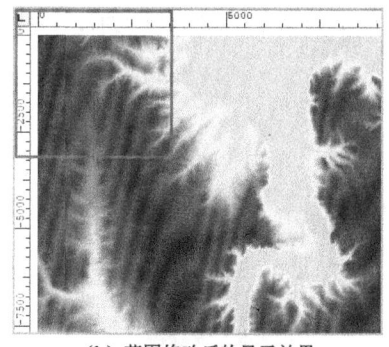

(a)范围修改前的显示效果　　　　　　　(b)范围修改后的显示效果

图 8-39　范围修改前后的显示效果

注意：范围修改是直接对原始数据的范围和分辨率进行的修改，修改后将无法撤销，请慎用。

8.2.4　无效值转换

无效值转换包含无效值转有效值、有效值转无效值。有效值转无效值与栅格无效值设置类似，可以将对数据显示或分析产生影响的有效像元设置为无效值。与栅格无效值设置不同的是，有效值转无效值可以批量、有额外条件控制地进行，并生成新的栅格图层。无效值转有效值是将栅格数据中包含的无效值转化为指定的有效值，是有效值转无效值的逆过程。选择菜单"栅格编辑"→"无效值转换"→"无效值转化为有效值"，可弹出如图 8-40 所示的"无效值转化为有效值"对话框。在该对话框中设置相关参数后，单击"确定"按钮即可完成转换。

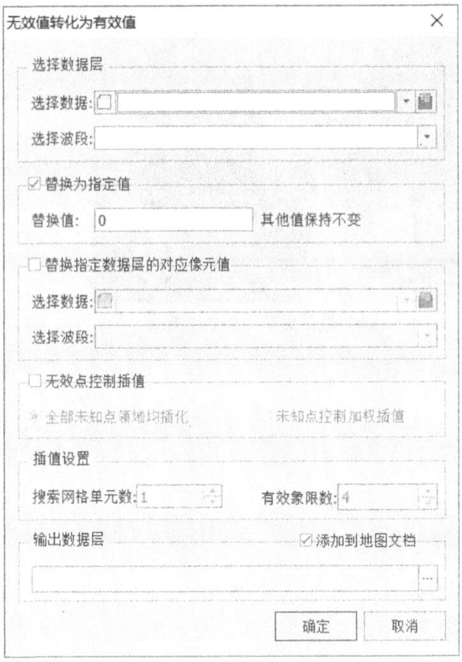

图 8-40 "无效值转化为有效值"对话框

"无效值转化为有效值"对话框中的参数说明如下：

替换为指定值：将输入栅格数据中的无效值替换为指定的值，栅格数据原有的有效值保持不变。

替换为指定数据层的对应像元值：将输入栅格数据中的无效值替换为另一栅格数据中与之对应的像元值，要求替换数据层与输入数据层具有相同的地理范围和网格分辨率。

无效点控制插值：利用插值算法，根据相邻点的像元值，计算无效值的最终结果。系统提供"全部未知点领域均插化""未知点控制加权插值"两种方式。

无效值转有效值前后的显示效果如图 8-41 所示。

选择菜单"栅格编辑"→"无效值转换"→"有效值转化为无效值"，可弹出如图 8-42 所示的"有效值转化为无效值"对话框。

"有效值转化为无效值"对话框中的参数说明如下：

转换条件：例如 A<1000。

保持原始数据：不满足转换条件的像元值保持原始数据不变。

替换为指定值：将不满足转换条件的像元值直接替换为指定值。

替换为指定数据层的对应像元值：将不满足转换条件的像元替换为另一数据层中与之对应的像元值。

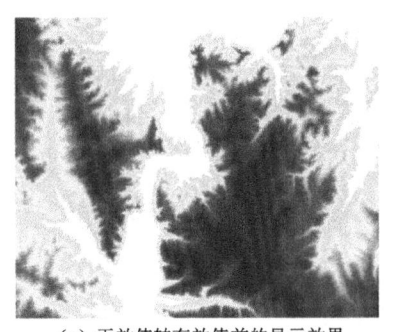

（a）无效值转有效值前的显示效果　　　　（b）无效值转有效值后的显示效果

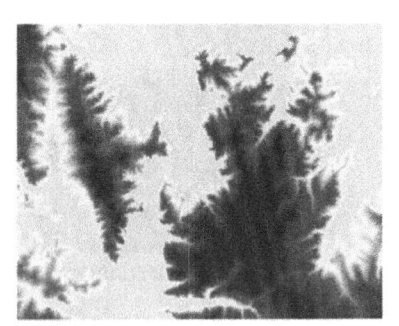

图 8-41　无效值转有效值前后的显示效果

8.3　栅格数据处理

8.3.1　边界追踪

边界追踪可帮助用户查看感兴趣的栅格区域，并自动将追踪结果生成裁剪 AOI 区，用户可以查看 AOI 区中的内容，裁剪 AOI 区外的内容将透明显示。选择菜单"栅格编辑"→"边界追踪"，可弹出如图 8-43 所示的"栅格边界追踪"对话框。在该对话框中设置相关参数后，单击"确定"按钮即可进行边界追踪。

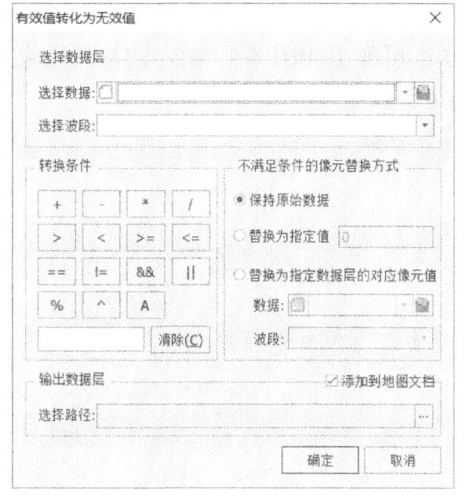

图 8-42 "有效值转化为无效值"对话框

图 8-43 "栅格边界追踪"对话框

"栅格边界追踪"对话框中的参数说明如下：

无效值域：这里的无效值可以理解为在查看栅格数据范围时用户不关心的区域，在追踪结果中会透明显示。需要注意的是，边界追踪只会影响显示效果，设置为无效值区域的像元值并不会被改变。

角点：追踪边界的角点，生成边界范围区。该参数主要用于追踪有规则边界的栅格图像，如矩形范围的栅格图像。

边界：选择边界追踪模式，系统可以沿着图像的非无效值区边界进行追踪。该参数可以追踪不规则的栅格边界。

追单区：追踪单个区域，在原数据中只有单个区域时适用。

追多区：追踪多个区域，当原始数据比较复杂、有多个区域，或由于设置的无效值截断某些区而形成多个区时，可以采用这种追踪方式。

边界追踪前后的显示效果如图 8-44 所示。

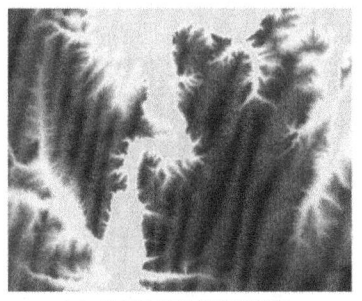

（a）边界追踪前的显示效果　　　　　　　　（b）边界追踪后的显示效果

图 8-44　边界追踪前后的显示效果

8.3.2 栅格镶嵌

栅格镶嵌即栅格数据的拼接处理，可将具有相同地理参照系的若干相邻图像合并成一幅图像或一组图像。栅格镶嵌的应用范围较为广泛，针对不同的镶嵌数据，需要进行的镶嵌设置也有所不同；待镶嵌数据越复杂，需要设置的镶嵌参数也越多。栅格镶嵌的操作方法如下：

（1）选择菜单"栅格编辑"→"镶嵌"，可弹出如图 8-45 所示的"栅格镶嵌"对话框。在该对话框中，单击右下侧"增加"按钮可添加镶嵌文件。

（2）单击"拼接参数"按钮，如图 8-46 所示，可弹出如图 8-47 所示的"拼接设置"对话框。在该对话框中设置相关的参数后，单击"确定"按钮。

图 8-45　"栅格镶嵌"对话框

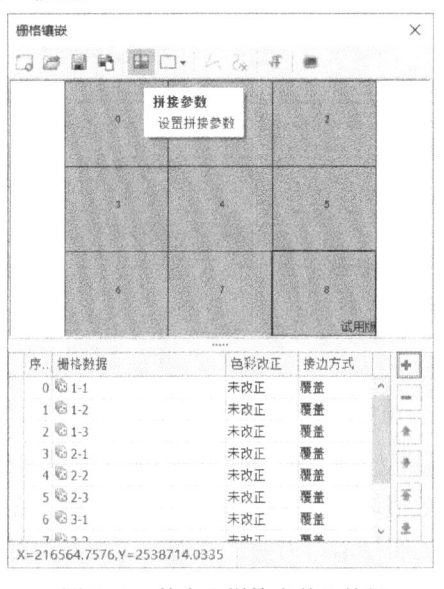

图 8-46　单击"拼接参数"按钮

"拼接设置"对话框中的参数说明如下：

色彩改正：由于传感器在获取影像的过程中，会受到各种因素的影响，从而导致不同影像在色调上的显示不一定一致。通过色彩改正，可将一幅影像作为参考影像，修改其余影像的色彩，使镶嵌后所获得的结果影像在色彩上能趋于一致。系统默认将导入的第一幅影像作为色彩改正的参考影像，用户可在"参考数据"中修改参考影像。系统提供两种色彩改正的匹配方法：参照重叠区域匹配和参照整幅影像匹配。

接边设置：在该对话框里选择镶嵌方式，系统提供两种镶嵌方式：无接缝线和有接缝线。

（3）单击"镶嵌"按钮（见图 8-48）即可进行栅格镶嵌，并输出结果。

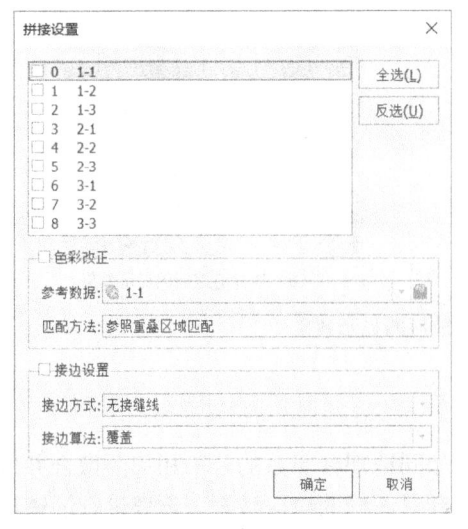

图 8-47　"拼接设置"对话框

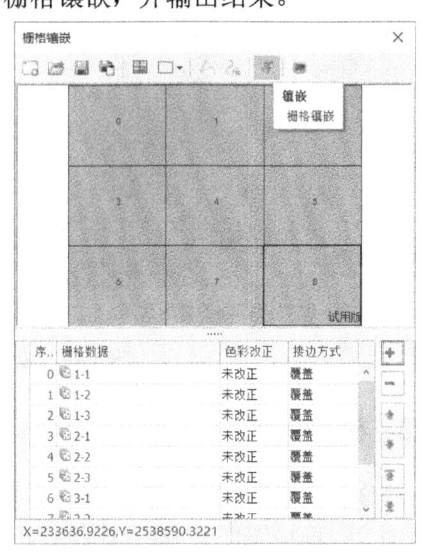

图 8-48　单击"镶嵌"按钮

(4) 栅格镶嵌前后的显示效果如图 8-49 所示。

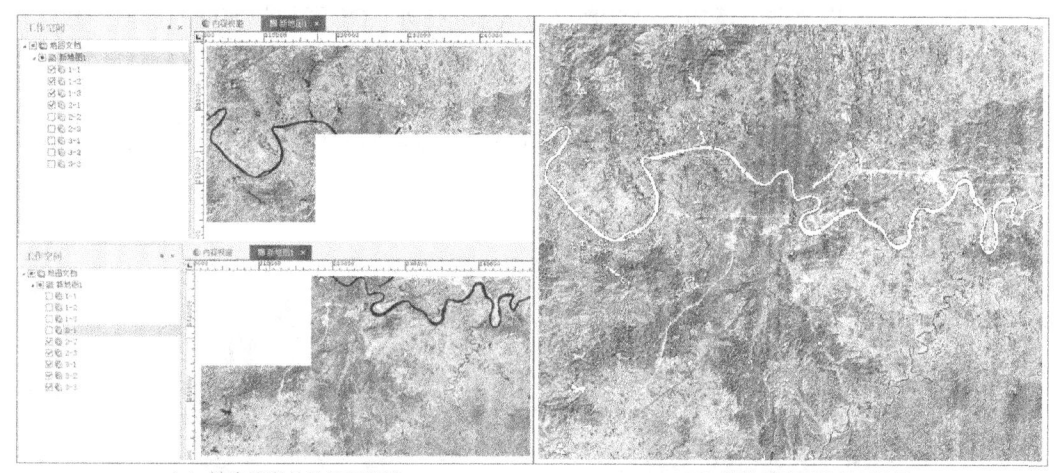

(a) 栅格镶嵌前的显示效果　　　　　　　　(b) 栅格镶嵌后的显示效果

图 8-49　栅格镶嵌前后的显示效果

8.3.3　栅格裁剪

栅格裁剪是指根据用户的需求，按照一定的方法，在原始栅格数据中提取所需的部分栅格数据，新生成的裁剪结果文件包含了与原栅格相交部分的所有像素。选择菜单"栅格编辑"→"裁剪"，可弹出如图 8-50 所示的"栅格裁剪"对话框。在该对话框中设置相关参数后，单击"确定"按钮即可进行栅格裁剪。

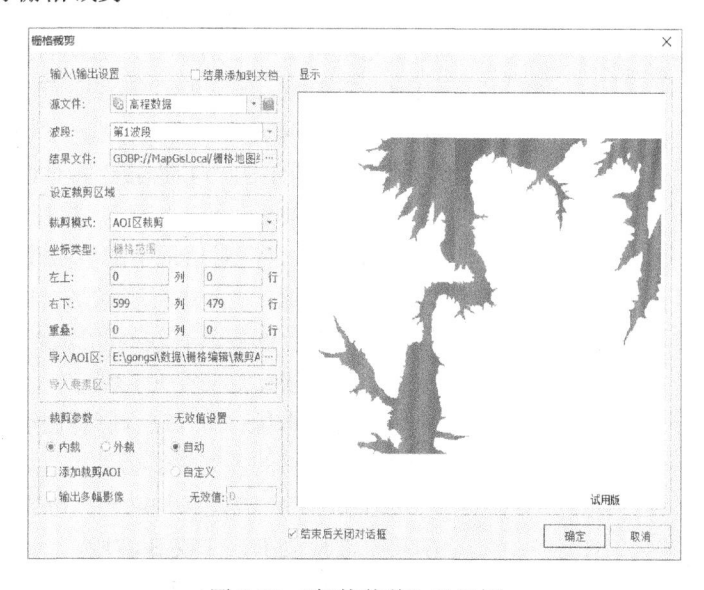

图 8-50　"栅格裁剪"对话框

"栅格裁剪"对话框中的参数说明如下：

输入\输出设置：输入待裁剪的栅格，选择要裁剪的栅格数据和波段，设置结果文件路径。

裁剪模式：系统提供了用户输入范围、按分块数目、按分块大小、AOI 区裁剪、矢量区裁剪五种裁剪模式。

裁剪参数：内裁是保留裁剪框里面的图形；外裁是保留裁剪框外面的图形；添加裁剪 AOI 是指在生成的结果栅格数据中添加一个裁剪 AOI 区，裁剪 AOI 区与裁剪框的形态一致；输出多幅影像是指当裁剪模式为 AOI 区裁剪或矢量区裁剪时，勾选该选项，系统会对每个 AOI 区或矢量区输出一个结果文件，否则只输出一个结果文件。

无效值设置：自动是指结果栅格数据无效值与原始栅格数据保持一致；自定义是指用户可为结果栅格数据指定一个像元值为无效值。

栅格裁剪前后的显示效果如图 8-51 所示。

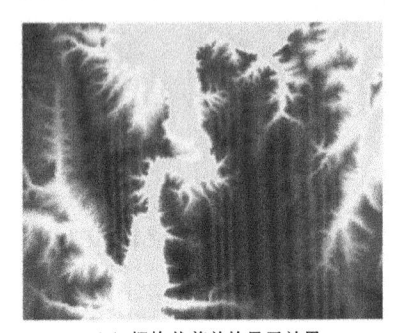

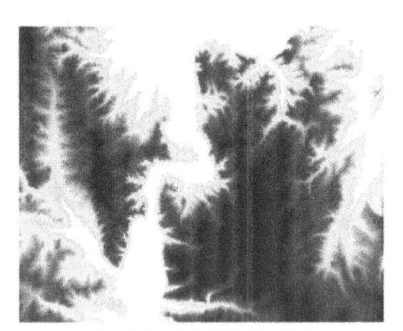

（a）栅格裁剪前的显示效果　　　　　　　　（b）栅格裁剪后的显示效果

图 8-51　栅格裁剪前后的显示效果

8.3.4　影像融合

影像融合是一种将不同类型传感器获取的同一地区影像数据进行空间配准，并采用一定算法将各影像的优点有机结合，从而产生新影像的技术。与融合前的单一影像相比，融合后的影像在光谱特征和分辨率等方面均有所增强，影像融合在土地动态监测、影像判读等方面有着广泛的应用。选择菜单"栅格编辑"→"融合"→"影像融合"，可弹出如图 8-52 所示的"影像融合"对话框。在该对话框中设置相关参数后，单击"确定"按钮即可进行影像融合。

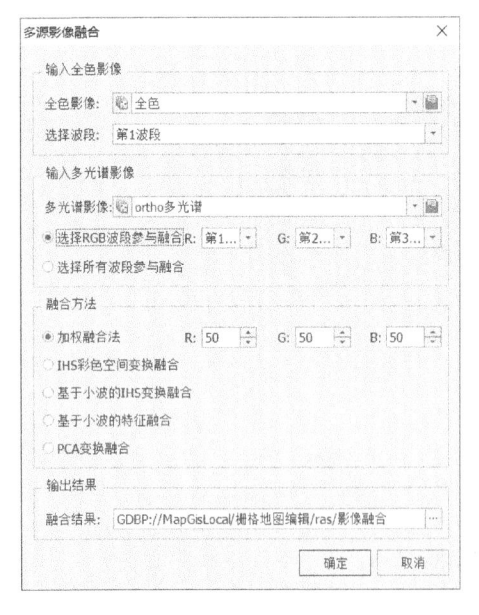

"影像融合"对话框中的参数说明如下：

全色影像：输入进行影像融合的全色影像，进行影像融合的全色影像具有较高的影像分辨率。

选择波段：选择全色影像的一个波段。

多光谱影像：输入进行影像融合的多光谱影像，要求输入多波段的多光谱影像。

选择 RGB 波段参与融合：分别设置多光谱影像中的某一波段为 R、G 或 B 波段。

选取所有波段参与融合：多光谱影像中的所有波段都参与融合。

融合方法：系统提供了五种融合方法，常用的是加权融合法。

图 8-52　"影像融合"对话框

多光谱影像和全色影像如图 8-53 所示，影像融合后的显示效果如图 8-54 所示。

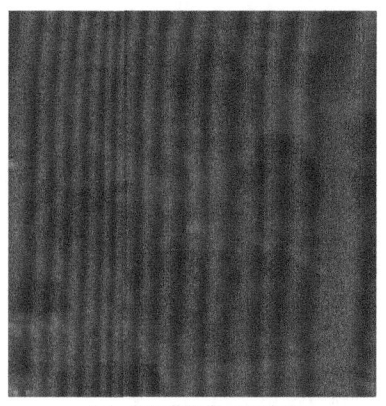

(a) 多光谱影像（多波段） 　　　　　　(b) 全色影像（高分辨率）

图 8-53　多光谱影像和全色影像

图 8-54　影像融合后的显示效果

8.3.5　栅格计算

栅格计算是进行栅格数据处理和分析的最常用方法，通过算术、关系、逻辑、组合、布尔、位运算和具有特定功能的运算，或由它们构成的地图代数表达式，可以完成数学运算、查询数据、选择数据、图像处理等功能。选择菜单"栅格编辑"→"栅格计算器"，可弹出如图 8-55 所示的"栅格运算"对话框。在该对话框中设置相关参数后，单击"确定"按钮即可进行栅格计算。

"栅格运算"对话框中的参数说明如下：

输入数据：输入的数据，可以更改其波段。在"公式设置"中，变量名代表对应的栅格数据。

公式设置：显示当前的计算表达式，既可以单击右侧的"编辑器"按钮进行公式的编辑，也可以通过"导入公式"按钮和"导出公式"按钮来导入和导出已有的公式（*.txt 格式）。

公式编辑器：包含常用的操作符和图像处理函数。

输出设置：结果波段数要与对应变量波段数一致；X/Y 分辨率表示输出栅格的分辨率，既可以被自定义设置，也可以采用图层变量列表中的某个输入栅格的分辨率。

这里以 NDWI 为例，NDWI=（Green−NIR）/（Green+NIR），其中 Green 为绿色波段，NIR 为近红外波段。根据计算公式，找到影像对应的波段，进行公式输入。该影像的计算公式为 (I1−I2)/(I1+I2)。

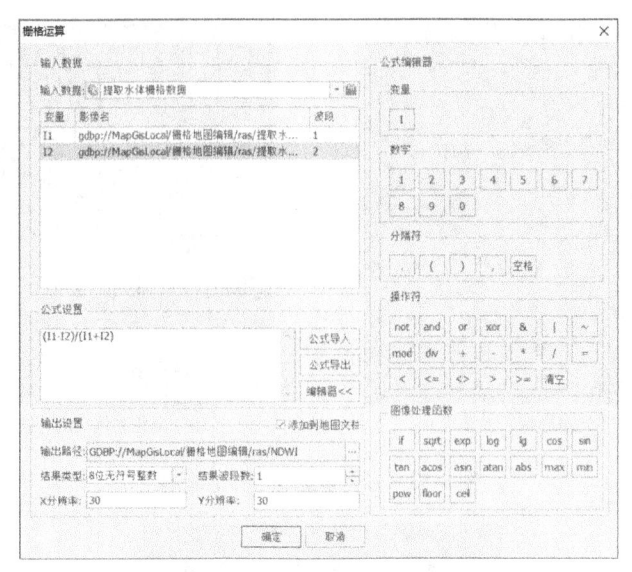

图 8-55 "栅格运算"对话框

栅格计算前后的显示效果如图 8-56 所示。

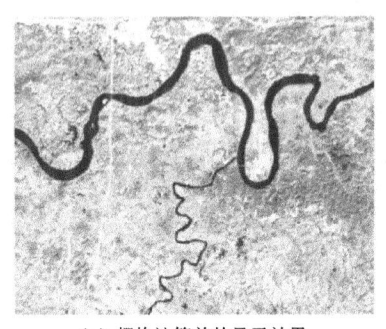

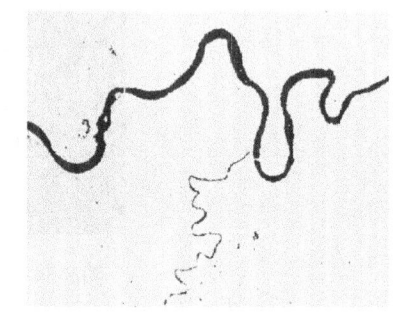

（a）栅格计算前的显示效果　　　　　　　　　（b）栅格计算后的显示效果

图 8-56　栅格计算前后的显示效果

8.3.6　栅格重采样

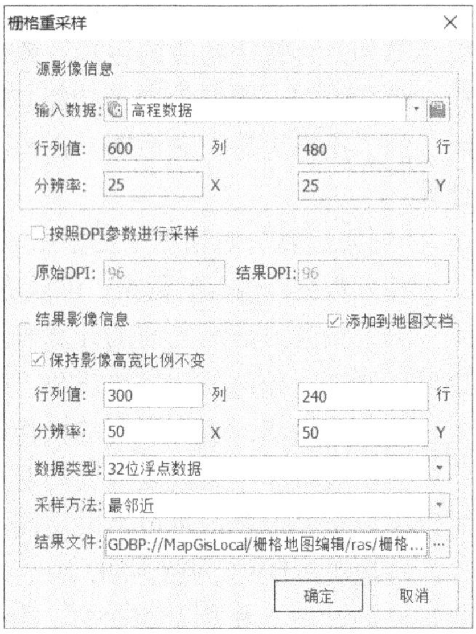

不同的应用实例对栅格分辨率的要求有所差异，用户可通过栅格重采样，利用高分辨的栅格直接获取低分辨的栅格，而不用再次外业采集。MapGIS 10 for Desktop 提供了四种采样方法：最邻近、双线性、三次立方和双三次样条。选择菜单"栅格编辑"→"栅格重采样"，可弹出如图 8-57 所示的"栅格重采样"对话框。在该对话框中设置相关参数后，单击"确定"按钮即可进行栅格重采样。

"栅格重采样"对话框中的参数说明如下：

源影像信息：输入要采样的栅格影像，系统会显示原始影像的行列值和分辨率。

结果影像信息：用户可以自定义输入采样后的行列值，若勾选"保持影像高宽比例不变"，则只需要输入行列值中的任意一个，另一个会按比例计算得出，输入行列

图 8-57　"栅格重采样"对话框

值后，分辨率会被自动计算出来；分辨率表示像元的刻度距离，值越大，分辨率越低，用户也可以自定义输入采样后的分辨率，若勾选"保持影像高宽比例不变"，则只需要输入分辨率中的任意一个，另一个会按比例计算得出，输入分辨率后，行列值会自动生成；采样方法可选择最邻近、双线性、三次立方、双三次样条。

按照 DPI 参数进行采样：针对用户已知原始 DPI 和结果 DPI 的情况下进行的重采样方法，用户输入原始 DPI 和结果 DPI 后，系统会根据这两个值自动进行重采样。一般的栅格数据不建议选用该方法。

栅格重采样前后的显示效果如图 8-58 所示。

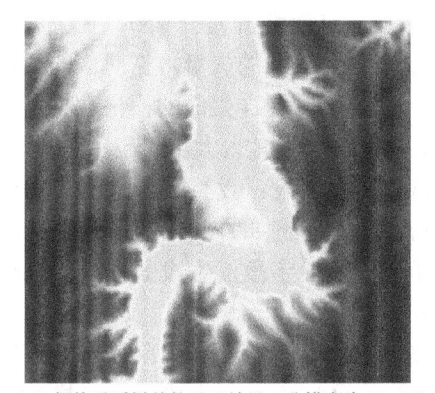

(a) 栅格重采样前的显示效果（分辨率为 25×25） 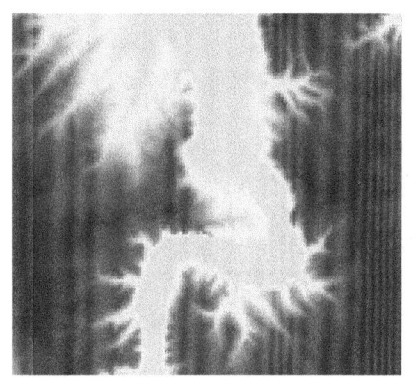　　(b) 栅格重采样后的显示效果（分辨率为 100×100）

图 8-58　栅格重采样前后的显示效果

注意：

（1）参数设置中的分辨率指的是 X、Y 的分辨率，数值越小，行/列数越大。

（2）重采样一般用于降低分辨率，若用户输出的分辨率值小于原始栅格数据，则结果栅格数据只是增加了行/列值，并没有提高分辨率，结果栅格数据没有意义。

8.3.7　矢栅互转

矢栅互转包括矢量转栅格和栅格转矢量，矢量转栅格用于将矢量数据转换为栅格数据，栅格转矢量用于将栅格数据转化为矢量数据。

对于点实体，每个实体仅由一个坐标对表示，其矢量结构和栅格结构的互转只涉及坐标精度转换的问题。

线实体的矢量结构由一系列坐标对表示，在进行矢量转栅格时，会将矢量结构中的坐标对转化为栅格结构中的坐标，并根据精度要求和插值算法在坐标对之间插满一系列栅格点；在进行栅格转矢量时，操作与多边形边界表示的矢量结构相似。

对于面实体，在进行矢量转栅格时，会在矢量数据表示的多边形内部所有的栅格点上赋予多边形的编码；在进行栅格转矢量时，会提取栅格数据中由相同编号集合表示的多边形区域边界和边界的拓扑关系，并表示成多个小直线段，由多个小直线段组成矢量格式边界线。

（1）矢量转栅格的操作方法为：选择菜单"栅格编辑"→"矢栅互转"→"矢量转栅格"，可弹出如图 8-59 所示的"矢量转栅格"对话框；在该对话框中设置相关参数后，单击"确定"按钮即可完成矢量转栅格的操作。

"矢量转栅格"对话框中的参数说明如下：

栅格化后的背景值：设置生成的栅格数据背景像元值。矢量可以是不规则的，但栅格数据必须是规则的矩形，因此在没有矢量数据的部分需设置一个背景值，此值会作为无效值处理。

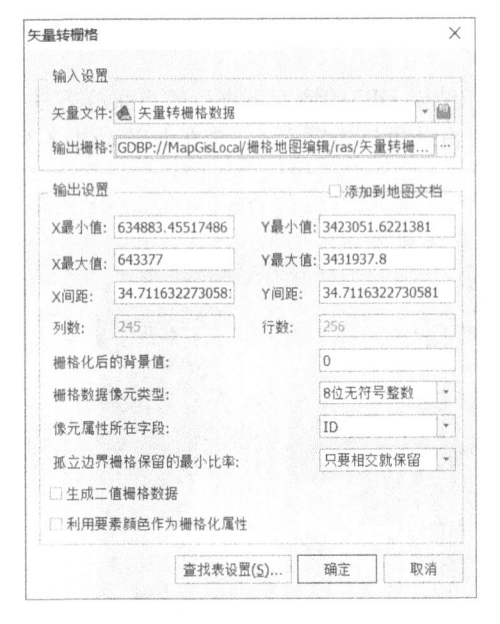

栅格数据像元类型：设置生成的栅格数据像元类型。需要根据所选择的"像元属性所在字段"的数据类型来选择对应的栅格像元值类型。若栅格数据像元类型与"像元属性所在字段"类型不匹配，则可能会发生截断。例如，栅格数据像元类型选择"8位无符号整数"，但"像元属性所在字段"是"16为无符号整数"，且属性值大于255，在生成栅格数据时，属性值大于255的矢量数据对应的栅格像元值全部被修改为255。这样生成的栅格数据是无法与矢量数据相匹配的，没有太大实际应用意义。

像元属性所在字段：设置矢量数据中对应于栅格数据的属性字段。例如，利用等值线生成栅格数据，可选择高程属性字段，生成的栅格数据像元值与高程值相对应。

孤立边界栅格保留的最小比率：该参数用于在栅格化中当矢量区域不足以占满一个栅格时的保留方案。

图 8-59 "矢量转栅格"对话框

生成二值栅格数据：生成像元值只有0和1的栅格数据，结果栅格数据为二值数据。生成二值数据时，在存在矢量数据的位置结果栅格数据中的像元值为1，其他位置结果栅格数据中的像元值全部为0。

利用要素颜色作为栅格化属性：将矢量要素上各种不同的颜色作为栅格数据的属性值，结果栅格数据属性值与矢量数据的颜色序号保持一致。

矢量转栅格前后的显示效果如图 8-60 所示。

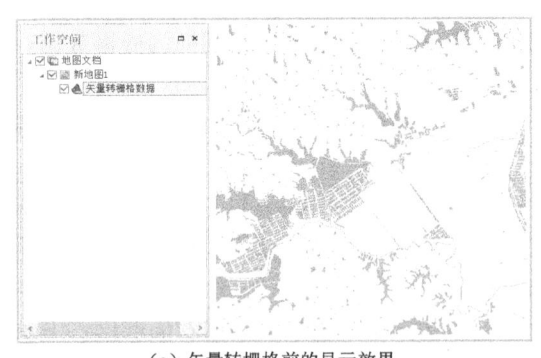

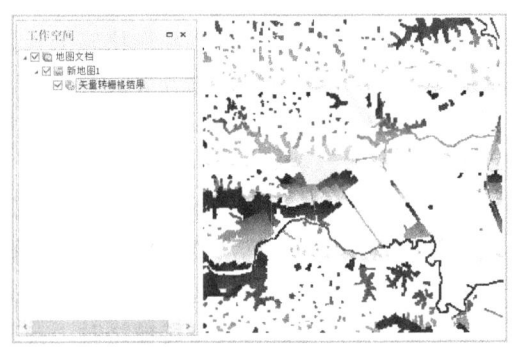

（a）矢量转栅格前的显示效果　　　　　（b）矢量转栅格后的显示效果

图 8-60　矢量转栅格前后的显示效果

（2）栅格转矢量的操作方法为：选择菜单"栅格编辑"→"矢栅互转"→"栅格转矢量"，可弹出如图 8-61 所示的"栅格转矢量"对话框；在该对话框中设置相关参数后，单击"确定"按钮即可完成栅格转矢量的操作。

"栅格转矢量"对话框中的参数说明如下：

分类影像：进行分类后的影像数据，在"分类影像"栏中选择参与转换的栅格数据和对应转换的波段。

小区合并：可以选择是否对分类后的影像进行小区合并处理。在"像元数<="中输入要合并最大像元数，系统经过计算后会把分布较零散、像元数目小于所设置像元数的像元与邻近像元合并在一起。勾选"保存"后，可将小区合并后的栅格图像保存到指定位置。

结果区简单要素类：将影像转换为区简单要素的类型，需要设置平差半径和栅格转换生成的简单要素类的路径。

栅格转矢量前后的显示效果如图8-62所示。

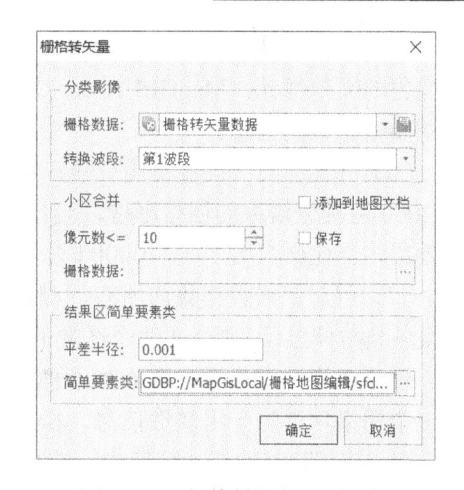

图8-61 "栅格转矢量"对话框

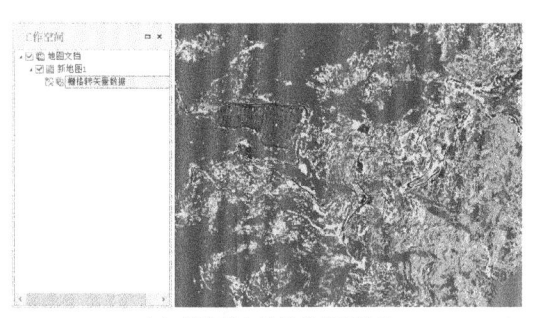

（a）栅格转矢量前的显示效果　　（b）栅格转矢量后的显示效果

图8-62 栅格转矢量前后的显示效果

8.3.8 镶嵌数据集

栅格影像在采集后，是以分幅的模式进行存储的，这样有利于数据的采集精度和迁移存储。在某个行政区范围内采集的栅格影像，可高达成千上万幅，数据量可达 TB 级。如何高效地对这些分幅栅格影像进行管理，是目前 GIS 在栅格影像应用中的首要任务。

对于分幅栅格影像的管理，传统的 GIS 软件一般采用两种模式：一种是直接以分幅数据的模式添加到 GIS 中显示，这样会导致内存压力增大，对计算机的要求较高，且显示效率非常受限；另一种是将分幅栅格影像的数据拼接为一整幅栅格影像的数据，将 TB 级的数据拼接为一幅栅格影像的数据，这是非常耗时的，并且当部分栅格影像发生变化时，不便于更新。镶嵌数据集管理模式应运而生。

MapGIS 10 for Desktop 中的镶嵌数据集通过"数据库+文件"的方式，采用地理数据库中镶嵌数据集模型，管理本地及网络共享路径下的分幅栅格影像。镶嵌数据集是用于管理一组以目录形式存储并以镶嵌影像方式查看的栅格数据集合，主要实现的功能和意义如下：

（1）可管理成千上万幅的栅格影像，数据量可高达 TB 级。

（2）支持本地及网络共享路径下栅格影像的管理，不要求将栅格影像上传到数据库。

（3）可利用镶嵌数据集裁剪瓦片并发布瓦片服务，直接通过 Mapx 发布镶嵌数据集服务。

（4）可管理不同空间参照系的栅格影像，对于不同空间参照系的栅格影像，可统一动态投影到同一个空间参照系下显示。

（5）可为影像进行去黑边处理。分幅采集栅格影像后，每一个分幅栅格影像四周都可能存在黑色的无效像元，MapGIS 10 for Desktop 中的镶嵌数据集可通过轮廓线去除黑边，且不会修改源栅格影像的信息。

（6）可管理同一位置不同分辨率栅格影像。例如，某行政区的镶嵌数据集包含 1∶10000 和 1∶2000 两种分辨率的栅格影像，当比例尺小于 1∶10000 时，看到的是 1∶10000 的栅格影像拼接效果，当比例尺大于 1∶10000 时，看到的是 1∶2000 的栅格影像拼接效果。

（7）可对镶嵌数据集内所有的栅格影像进行统一显示设置。尤其是对于多幅 DEM 数据，如果各自拉伸显示，则会在两个图幅的接边位置产生明显的界线，采用统一拉伸可有效消除界线。

创建镶嵌数据集后，在添加源栅格或构建概视图时，都会为镶嵌数据集添加一个栅格项，每一个栅格项都有一组属性信息。操作说明如下：

（1）在 GDBCatalog 窗口中，选择某个数据库，右键单击该数据库中的"镶嵌数据集"，在弹出的右键菜单中选择"创建"，可弹出如图 8-63 所示的"镶嵌数据集创建向导"对话框，该对话框默认显示的是"基本信息"界面。

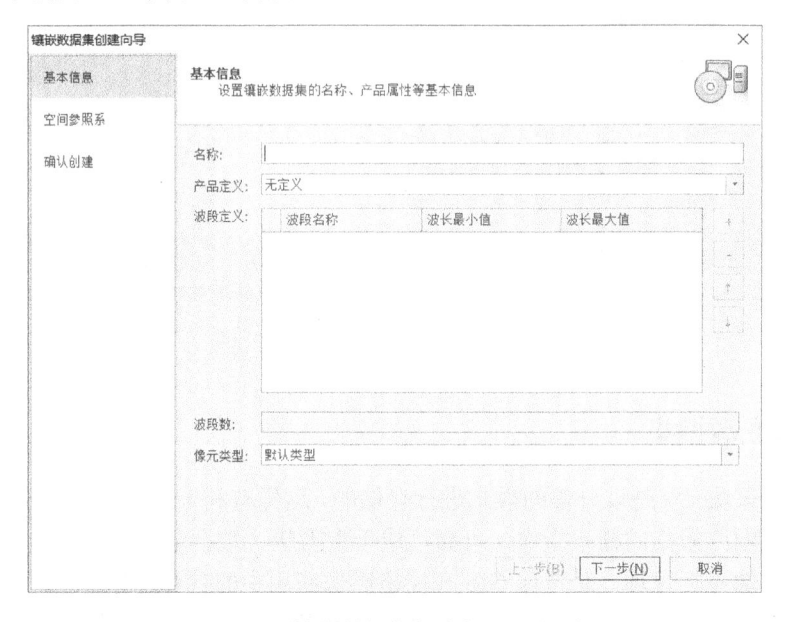

图 8-63 "镶嵌数据集创建向导"对话框

"基本信息"界面中的参数说明如下：

名称：设置镶嵌数据集的名称，不能与该数据库中已有镶嵌数据集重名。

产品定义：定义镶嵌数据集的波段信息。

像元类型：定义镶嵌数据集的像元值类型。系统支持 8 位无符号整数、8 位有符号整数、16 位无符号整数、16 位有符号整数、32 位无符号整数、32 位有符号整数、32 位浮点数和 64 位浮点数，共 8 种类型。当像元类型为默认类型时，镶嵌数据集的像元值类型与第一个添加的栅格数据一致。

（2）设置空间参照系。在"基本信息"界面设置相关参数后，单击"下一步"按钮，可进入"空间参照系"界面（见图 8-64）。在"空间参照系"界面中设置镶嵌数据集的空间参照系，该界面中的"名称"表示空间参照系，为必选项，镶嵌数据集以选中的空间参照系作为基准坐标。当镶嵌数据集中栅格数据的空间参照系与此处的设置不一致时，均会动态投影到此处设置的空间参照系中。

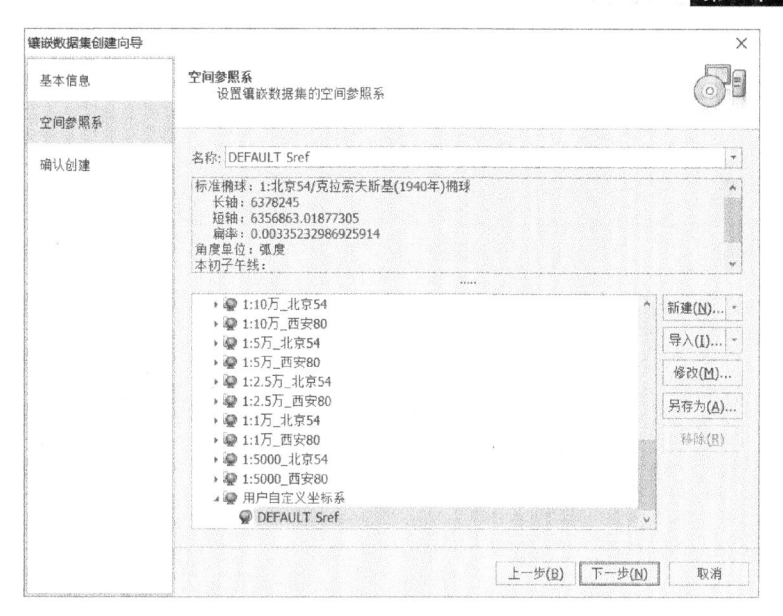

图 8-64 "空间参照系"界面

（3）单击"空间参照系"界面中的"下一步"按钮，可进入"确认创建"界面（见图 8-65），此时单击"完成"按钮即可创建一个空的镶嵌数据集。

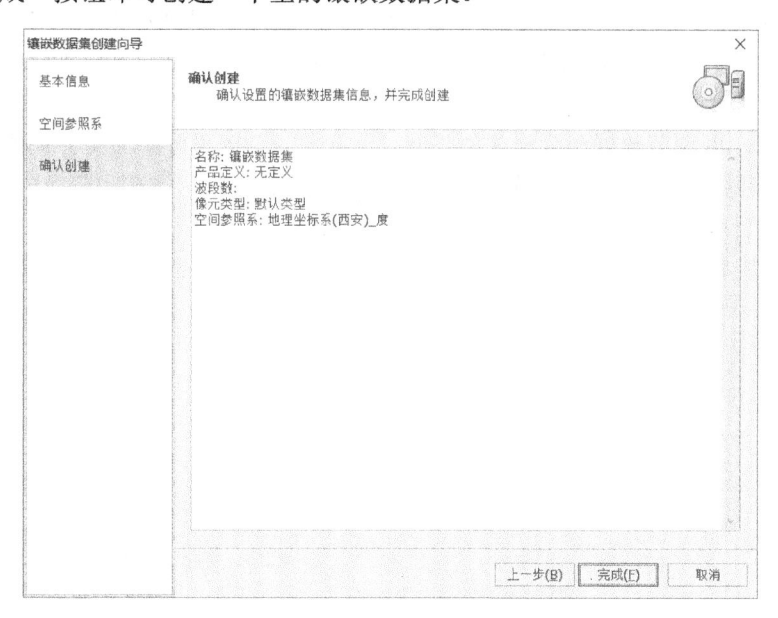

图 8-65 "确认创建"界面

注意：目前，MapGIS 10 for Desktop 仅支持在 MapGISLocalPlus、Oracle、SQLServer、PostgreSQL 四种数据库中创建镶嵌数据集。

（4）右键单击创建的镶嵌数据集，在弹出的右键菜单中选择"添加栅格数据"，可弹出如图 8-66 所示的"添加栅格至镶嵌数据集"对话框。该对话框默认显示的是"基本信息"界面。

"基本信息"界面中的数据参数说明如下：

栅格类型：目前只支持栅格数据类型。

输入数据支持文件夹和栅格文件两种类型。

图 8-66 "添加栅格至镶嵌数据集"对话框

文件夹：可将文件夹添加到数据源列表中，系统会将文件夹中所有符合要求的栅格数据都添加到镶嵌数据集中，目前系统只支持*.msi、*.tif、*.img、*.bil 四种格式的栅格数据。

栅格文件：可将栅格文件添加到数据源列表中，系统会将栅格文件添加到镶嵌数据集中。目前系统只支持*.msi、*.tif、*.img、*.bil 四种格式的栅格数据。

数据源列表：可调节数据源列表中的信息。单击"+"按钮可添加文件夹或栅格文件；单击"-"按钮可删除数据源列表中的文件夹或栅格文件；单击"↓"按钮或"↑"按钮可调节数据源列表中的项目叠加顺序。

（5）单击"基本信息"界面中的"下一步"按钮，可进入如图 8-67 所示的"高级选项"界面。

图 8-67 "高级选项"界面

"高级选项"界面中的参数说明如下：

更新像元大小范围：勾选该选项后，系统会计算所有待添加栅格像元值的大小范围，结果会写入属性表的 MinPS 和 MaxPS；若不勾选该选项，则不会进行计算，MinPS 和 MaxPS 的值为空。

更新边界：勾选该选项后，系统会根据所有待添加栅格的轮廓线生成镶嵌数据集的边界面；若不勾选该选项，则不会生成镶嵌数据集的边界面。

金字塔设置：用于设置在镶嵌数据集中使用的最大金字塔等级数，最大金字塔级数会选择"最大级别""最大像元大小""最小行数或列数"三者中的最小金字塔等级数。"最大级别"用于定义在镶嵌数据集中使用的最大金字塔等级数。"最大像元大小"用于定义在镶嵌数据集中使用的金字塔的最大像元大小。"最小行数或列数"用于定义在镶嵌数据集中使用的金字塔的最小行/列数。

输入的空间坐标系：用于设置待添加栅格的备用空间参照系。当该参数为空时，如果待添加的栅格数据中包含空间参照系信息则可成功添加，如果待添加的栅格数据中的空间参照系为空则会添加失败；当该参数设置了空间坐标系且未勾选"强制对输入数据使用该参照系"时，如果待添加的栅格数据中不包含空间参照系则会使用设置的空间参照系，如果待添加栅格数据中包含空间参照系则此处设置的空间坐标系无效；当该参数设置了空间坐标系且勾选了"强制对输入数据使用该参照系"时，不论待添加的栅格数据中是否包含空间参照系，均采用此处设置的空间参照系。

输入数据过滤器：通过设置过滤条件，可对源栅格数据进行过滤，只添加符合条件的源栅格数据。

包括子文件夹：在通过文件夹类型添加栅格数据时，如果勾选该选项，则会遍历该文件夹及子文件夹中所有符合要求的栅格数据；如果不勾选该选项，则只遍历该文件夹下所有符合要求的栅格数据。

操作描述：对操作进行一定的描述。

（6）单击"高级选项"界面中的"下一步"按钮，可进入如图 8-68 所示的"确认设置"界面。在该界面中单击"确认"按钮即可将栅格数据添加到镶嵌数据集中。

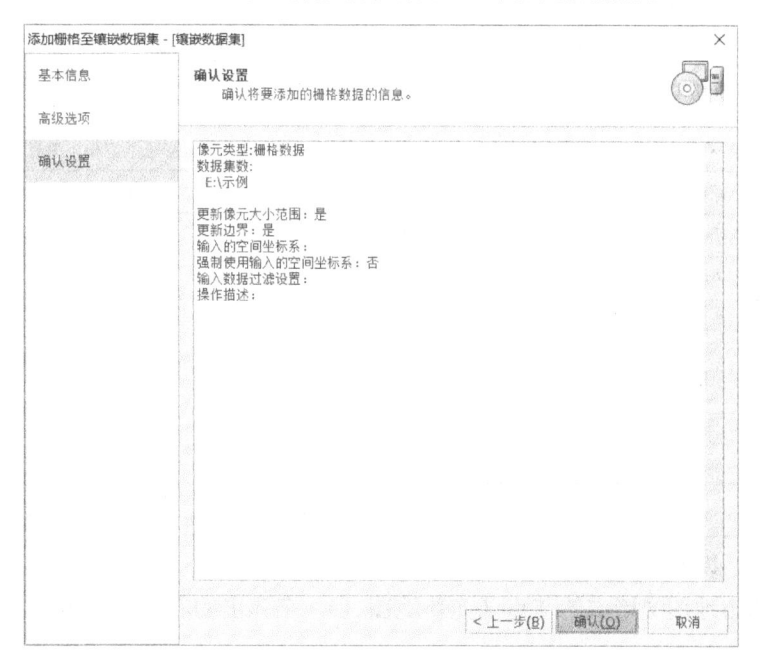

图 8-68 "确认设置"界面

8.4 影像分析

8.4.1 影像分析的基本概念

影像分析是指从地物或现象的物理、化学、几何等特征和成像机制出发，运用地学、生物学和环境科学规律对影像进行分析，以识别地物或现象及其相互关系的过程。

影像分类是指通过计算机对遥感影像中各类地物的光谱信息和空间信息进行分析，选择特征，将遥感影像中的各个像元按照某种规则或算法划分不同的类别，获得遥感影像中与实际地物的对应信息，从而实现影像的分类。常见的影像分类方法有监督分类法和非监督分类法，如表 8-1 所示。

表 8-1 常见的影像分类方法

分类类型	概念	分类过程	适用场景
监督分类	使用被确认类别的样本像元去识别其他未知类别像元	建立模板（训练样本）、评价模板、确定初步分类图、检验分类结果、分类后处理、分类特征统计	常用于对分类区不了解的场景
非监督分类	事先对分类过程不施加任何先验知识，仅凭数据（如遥感影像地物的光谱特征的分布规律），即自然聚类的特性，进行"盲目"的分类	初始分类、专题判别、分类合并、色彩确定、分类后处理、色彩重定义、分类特征统计	常用于对研究区域比较了解的场景

8.4.2 波段合成

波段合成是指将行/列值、范围相等的多个栅格数据合成为一个多波段的栅格数据。以 Landsat TM 波段为例的波段合成如表 8-2 所示。

表 8-2 以 Landsat TM 波段为例的波段合成

RGB	类型	特点
321	真彩色图像	用于各种地类的识别，图像平淡、色调灰暗、彩色不饱和、信息量相对减少
432	标准假彩色图像	地物图像丰富、鲜明、层次好，用于植被分类、水体的识别，植被显示为红色
743	模拟真彩色图像	用于居民地、水体的识别
754	非标准假彩色图像	画面偏蓝色，用于特殊的地质构造调查
541	非标准假彩色图像	植物类型较丰富，用于研究植物的分类
453	非标准假彩色图像	利用了一个共波段、两个红外波段，与水有关的地物在图像中比较清楚；强调显示水体，特别是水体边界很清晰，有利于区分河渠与道路
345	非标准接近于真色的假彩色图像	对水系、居民点及其市容街道和公园水体、林地的图像判读是比较有利的

真彩色图像的波段合成需要选择波段 3、波段 2 和波段 1 进行合成，这里以真彩色图像为例介绍波段合成。操作方法如下：

（1）右键单击地图文档中的节点（如新地图 1），在弹出的右键菜单中选择"添加图层"，如图 8-69 所示。

第 8 章 栅格数据应用

图 8-69 在右键菜单中选择"添加图层"

（2）选择菜单"分析"→"影像增强"→"波段合成"，如图 8-70 所示，可弹出如图 8-71 所示的"波段合成"对话框。

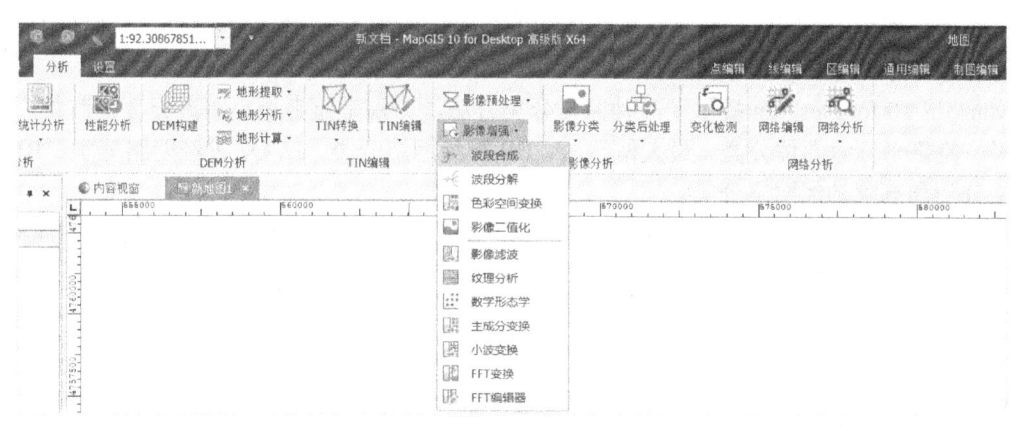

图 8-70 选择菜单"分析"→"影像增强"→"波段合成"

（3）在"波段合成"对话框中对待合成波段进行参数设置，单击"确定"按钮即可生成波段合成的结果，如图 8-72 所示。

图 8-71 "波段合成"对话框

图 8-72 波段合成的结果

"波段合成"对话框中的参数和按钮说明如下：

输入影像：输入待合成的影像。

波段选择：选择输入影像的波段。

"添加"按钮：单击该按钮可将波段添加到列表中。

"删除"按钮：单击该按钮可删除列表中选中的波段。

"清除"按钮：单击该按钮可删除列表中所有波段。

"置顶""上移""下移""置底"按钮：这些按钮用于设置列表中的波段顺序，波段的顺序会影响输入波段在结果栅格数据中的波段序号。

结果影像：用于设置波段合成结果的保存路径及名称。

说明：在进行波段合成时，波段合成结果中的波段顺序要与列表中的波段顺序一致，需要确保加载数据顺序的正确性。

8.4.3 监督分类

监督分类是先根据已知类别的样本观测值确定分类准则，然后依据该分类准则，通过选择特征参数（如像元亮度值、方差等），建立判别函数，据此对影像进行分类。在进行监督分类前，需要先进行分类学习，即定义分类训练的 AOI 区。在进行监督分类时需要将已定义好的分类训练 AOI 区作为样本来确定分类准则。

MapGIS 10 for Desktop 提供了 8 种监督分类方法，分别是监督最小距离分类、监督广义距离分类、监督平行六面体分类、最大似然法、BP 神经网络分类、LVQ2 神经网络分类、RBF 神经网络分类和高阶神经网络分类。

最大似然法是常用的监督分类方法之一，该方法通过求出每个像元对于各类别的归属概率，把该像元分到归属概率最大的类别中。最大似然法假定分类训练 AOI 的地物光谱特征和自然界大部分随机现象一样，近似服从正态分布，利用训练分类 AOI 可求出均值、方差以及协方差等特征参数，从而可求出总体的先验概率密度函数。当总体分布不符合正态分布时，其分类可靠性下降，在这种情况下则不宜采用最大似然法。本节以监督最小距离分类介绍监督分类的操作方法。

（1）右键单击地图文档中的节点（如新地图 1），在弹出的右键菜单中选择"添加图层"，如图 8-73 所示。

（2）对添加的图层进行预览，如图 8-74 所示。

图 8-73　在右键菜单中选择"添加图层"　　　　图 8-74　预览添加的图层

(3) 在进行监督分类前，需要选取合适的 AOI 区，如图 8-75 所示。

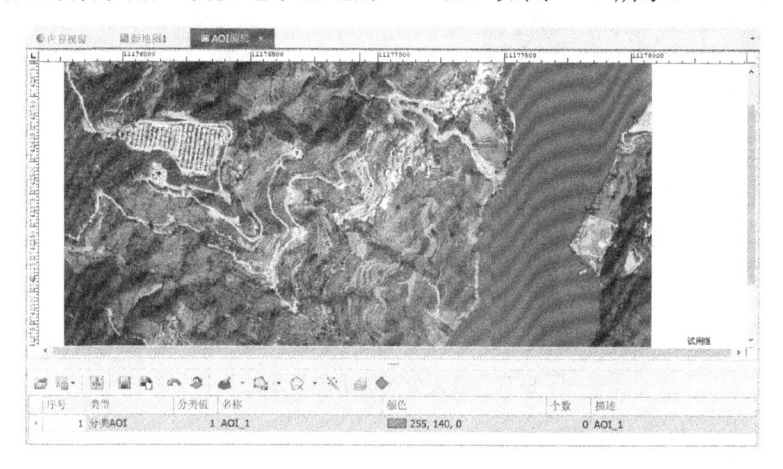

图 8-75 选取核实的 AOI 区

(4) 选择菜单"分析"→"影像分类"→"监督分类"，可弹出如图 8-76 所示的"影像分类"对话框。

图 8-76 "影像分类"对话框

"影像分类"对话框中的参数说明如下：

输入设置：输入进行监督最小距离分类的文件，默认为当前活动窗口中的影像文件，然后在"选择波段"中选择进行监督分类的波段。

输出设置：设置监督分类后的结果影像文件保存路径和名称。勾选"添加到地图文档"，分类结果会自动添加到当前地图视图中，反之不添加。

处理范围：通过输入行/列值或者单击"选择"按钮在弹出的对话框中确定处理范围。

监督分类：选择监督分类的方法，共 8 种分类方法，这里选择监督最小距离分类。

监督分类前后的显示效果如图 8-77 所示。

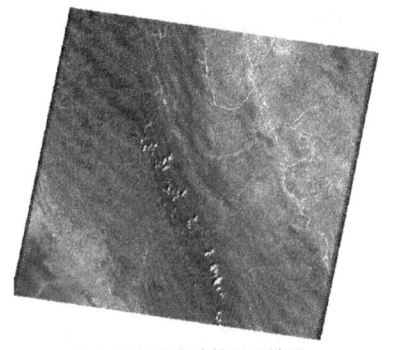

(a) 监督分类前的显示效果   (b) 监督分类后的显示效果

图 8-77 监督分类前后的显示效果

8.4.4 非监督分类

非监督分类的前提是假定遥感影像上同类物体在相同条件下具有相同的光谱信息特征。非监督分类方法不必对影像地物获取先验知识，仅依靠影像上的不同类地物光谱信息（或纹理信息）进行特征提取，再统计特征的差别来达到分类的目的，最后对各个类的实际属性进行确认。MapGIS 10 for Desktop 提供了 7 种非监督分类方法，分别是 ISODATA 分类、最小距离分类、广义距离分类、平行六面体分类、ART 神经网络分类、FuzzyART 神经网络分类、KonHonen 神经网络分类。

本节以 ISODATA 分类为例来介绍非监督分类的操作方法。最小距离分类是按最小距离公式及分类参数对所选择的栅格影像进行非监督分类的。

（1）选择菜单"分析"→"影像分类"→"非监督分类"，可弹出如图 8-78 所示的"影像分类"对话框。

图 8-78 "影像分类"对话框

"影像分类"对话框中的参数说明如下：

输入设置：输入进行监督最小距离分类的文件，默认为当前活动窗口中的影像文件，然后在"选择波段"中选择进行非监督分类的波段。

输出设置：设置分类后的结果影像的保存路径和名称。

处理范围：通过输入行/列值或者单击"选择"按钮在弹出的对话框中确定处理范围。

非监督分类：选择一个非监督分类的方法，这里选择 ISODATA 分类。

期望类数：在进行非监督分类时希望进行分类个数。

采样间隔：对图像运算时的采样间隔。

迭代次数：在对图像运算时，运算所进行的迭代次数。

类中心位移：分类是中心点的偏移。

最小像元数（%）：每类中像元数至少占图像像元数的百分比数。

最大标准差：各类的最大标准差。

最大合并类数：合并类时的最大合并类数。

最小类中心距离：每两类的中心的最小距离。

（2）在"影像分类"对话框中设置相关参数后，单击"确定"按钮尽快进行非监督分类。非监督分类前后的显示效果如图 8-79 所示。

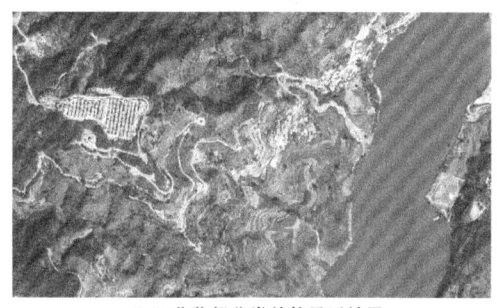

（a）非监督分类前的显示效果 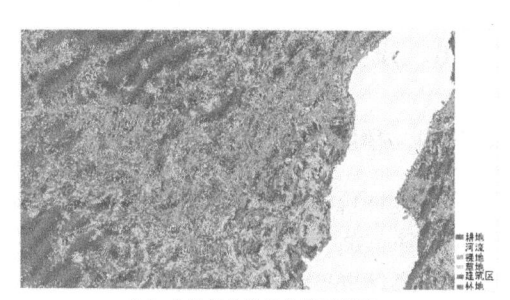　　　　（b）非监督分类后的显示效果

图 8-79　非监督分类前后的显示效果

8.4.5　变化检测

变化检测是根据同一位置不同时间段的影像来检测地类变化的，MapGIS 10 for Desktop 提供了差分法变化检测、比值法变化检测、变化向量分析和分类后比较法四种方法。本节以差分法变化检测为例介绍变化检测的操作方法。

（1）选择菜单"分析"→"变化检测"，可弹出如图 8-80 所示的"变化检测"对话框。该对话框有 4 个选项卡，分别对应着系统提供的 4 种变化检测方法，默认显示的是"差分法变化检测"选项卡。

"差分法变化检测"选项卡中的参数说明如下：

变化值设置：用于确定变化像元，有百分比和值两种方式。选择百分比后，当两幅影像的某一点像元值变化超出设定的百分比范围时，认为此点为变化像元点；选择值后，当两幅影像的某一点像元值变化超出设定的值范围时，认为此点为变化像元。

颜色设置：用于设置变化检测后的结果影像颜色。

变化检测影像：用于设置差分法变化检测的结果影像。

差分影像：勾选该选项后，可根据需要输入差分影像的文件名及结果文件的保存路径。

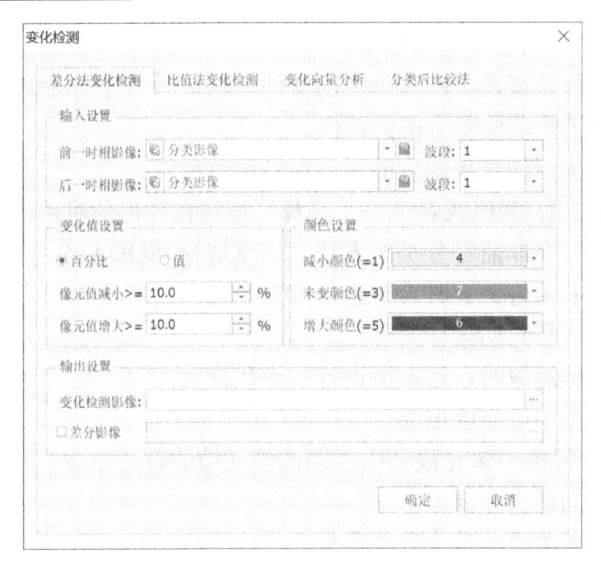

图 8-80 "变化检测"对话框

（2）在"差分法变化检测"选项卡中设置相关参数后，单击"确定"按钮即可进行变化检测。变化检测后的显示效果如图 8-81 所示。

8.4.6 分类后处理

8.4.6.1 精度评价

分类精度评价报告用来对分类进行精度评价，输出精度评价报告。操作方法如下：

（1）选择菜单"分析"→"分类后处理"→"精度评价"，如图 8-82 所示，可弹出如图 8-83 所示的"分类精度评价"对话框。

图 8-81 变化检测后的显示效果　　　　图 8-82 选择"精度评价"

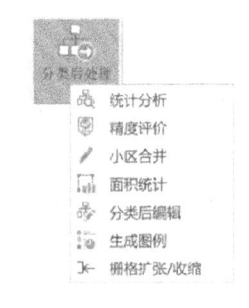

（2）在"分类精度评价"对话框中设置相关的参数后，单击"确定"按钮，即可精度评价报告，如图 8-84 所示。

"分类精度评价"对话框中的参数说明如下：

评价方法：系统提供了抽样点法和 AOI 区法两类精度评价方法。

评价内容：选择感兴趣的评价内容，如误差矩阵、各类精度、总精度和 Kappa 系数。

分类影像：输入待评价的分类影像，此处只支持 MapGIS 分类工具生成的分类影像。

原影像：原始的遥感影像。

输出路径：设置结果文件的保存路径及名称，默认格式为*.txt。

图 8-83 "分类精度评价"对话框

图 8-84 精度评价报告

8.4.6.2 小区合并

分类小区合并用于把图像中小于小区像元数的区域合并到最近的较大区域中。操作方法如下：

（1）选择菜单"分析"→"分类后处理"→"小区合并"，如图 8-85 所示，可弹出如图 8-86 所示的"Nibble 小区合并"对话框。

（2）在"Nibble 小区合并"对话框中设置相关参数后，单击"确定"按钮即可进行小区合并。

图 8-85 选择"小区合并"

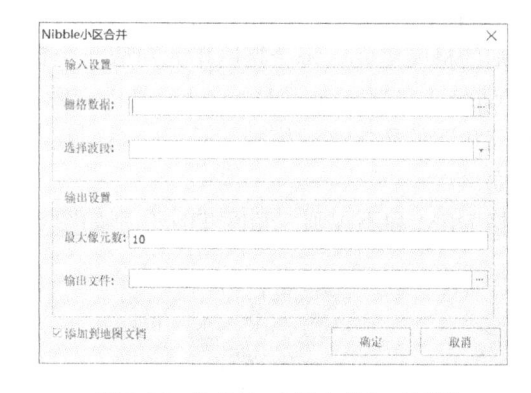

图 8-86 "Nibble 小区合并"对话框

8.4.6.3 面积统计

在对影像分类后，系统会自动根据分类的信息统计每类的像元数和分类面积。面积统计的操作方法如下：

（1）选择菜单"分析"→"分类后处理"→"面积统计"，可弹出如图 8-87 所示的"面积统计"对话框。

（2）在"面积统计"对话框中，首先在"输入设置"栏中选择需要分类的影像，然后在"输出设置"栏中输入地类面积统计文件（*.txt）的文件名，最后单击"确定"按钮即可生成地类面积统计报告（见图 8-88），并弹出"成功导出报告文件"提示框。

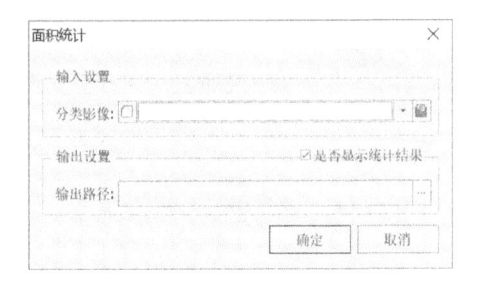

图 8-87 "面积统计"对话框

图 8-88 地类面积统计报告

8.5 DEM 的构建与分析

8.5.1 DEM 的基本概念

数字高程模型（Digital Elevation Model，DEM）是针对地形地貌的一种数字模型，可以把地面的起伏用数字模型表示出来，是一种用一组有序数值阵列表示地面高程的实体地面模型。

基于规则网格的 DEM 和基于 TIN 的 DEM 是目前数字高程模型的两种主要结构。由于规则网格在生成、计算、分析、显示等多方面具有优势，因此获得了广泛的应用，以至于一提到 DEM，人们往往认为就是 Grid DEM。从目前的发展趋势上看，DEM 已经成为规则网格 DEM 的代称，而事实上二者并不一致。同时人们也将基于 TIN 的 DEM 简记为 TIN。

规则网格通常是正方形的网格，也可以是矩形、三角形等的规则网格。规则网格将区域空间切分为规则的格网单元，每个格网单元对应一个数值。

TIN（Triangulated Irregular Network）是由空间离散分布的不均匀点组成的三角网络模型。基于不规则三角网的数字高程模型就是用一系列互不交叉、互不重叠的连接在一起的三角形来表示地形表面。

规则网格 DEM 和不规则三角网 TIN 分别如图 8-89 和图 8-90 所示。

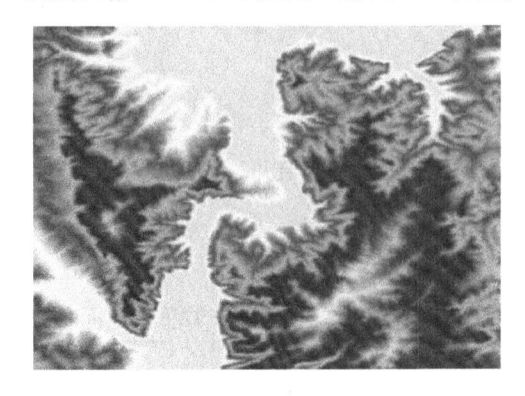

图 8-89 规则网格 DEM

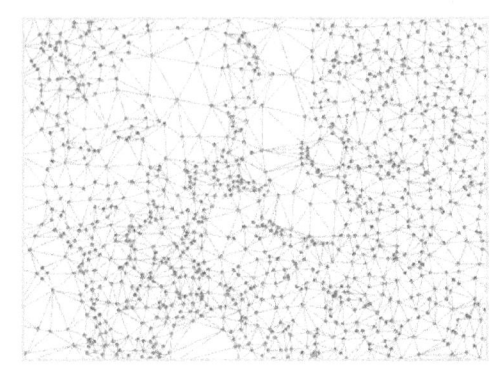

图 8-90 不规则三角网 TIN

规则网格 DEM 和不规则三角网 TIN 各有优点，如表 8-3 所示。在实际中采用何种模型，一般需要考虑数据的可获取性，地形曲面特点以及是否考虑特征点、线，目的和应用，原始数据的比例尺和分辨率等因素。

表 8-3　规则网格 DEM 与不规则三角网 TIN 的对比

DEM	优　点	缺　点
规则网格 DEM	简单的数据存储结构 与遥感影像数据的相容性 良好的表面分析功能	计算效率较低 数据冗余 格网结构规则
不规则三角网 TIN	较少的点可获取较高的精度 可变分辨率 良好的拓扑结果	表面分析能力较差 构建比较费时 算法设计比较复杂

8.5.2　DEM 的构建

8.5.2.1　构建高程数据

通过等高线数据、地形特征点和线数据可以快速生成高程数据，支持规则网格 DEM 和不规则三角网 TIN 两种格式。操作方法如下：

（1）选择菜单"分析"→"DEM 构建"→"构建高程数据"，可弹出如图 8-91 所示的"构建高程数据"对话框。

（2）单击"构建高程数据"对话框中的"📂"（打开）按钮可弹出如图 8-92 所示的"构建 Tin/栅格"对话框。在该对话框中可添加待处理数据，设置相关参数，启动交互操作。

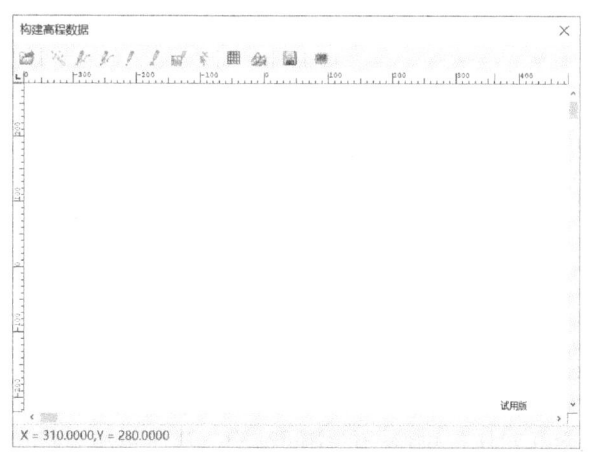

图 8-91　"构建高程数据"对话框　　　　图 8-92　"构建 Tin/栅格"对话框

"构建 Tin/栅格"对话框中的参数说明如下：

高程点数据：勾选该选项后，可加载高程点要素。加载高程点要素后，系统会列出特征数据的属性域，可在"属性字段"下拉框中选择要提取的属性域。

高程线数据：勾选该选项后，可加载高程线要素。加载高程线要素后，系统会列出特征数据的属性域，可在"属性字段"下拉框中选择要提取的属性域。

特征数据：加载数据后，可选择是否勾选该选项，该选项用于设置特征文件，包括直接导入或者创建特征数据。

导入简单要素类：勾选该选项后，可以导入已有的高程点线要素或高程点要素作为特征数据。

导入 6x 特征线：勾选该选项后，可以导入 6x 所支持的特征线，格式为*.Ctl。

提示：特征文件是交互构建高程数据的辅助线文件，分为特征线、特征点和空洞点。在一般情况下，特征文件会参与构建高程数据。特征线可作为边界，限制构建高程数据的范围；空洞点可与边界特征线配合使用，使某部分区域不参与构建高程数据。

（3）加载数据后，"构建高程数据"对话框工具条中的按钮功能被激活，用户可开始进行有关特征线、空洞点的操作。这里以生成规则网格 DEM 为例进行说明，如图 8-93 所示。

（4）单击"▦"按钮，可弹出如图 8-94 所示的"栅格化"对话框，在该对话框中可设置相关的栅格参数。

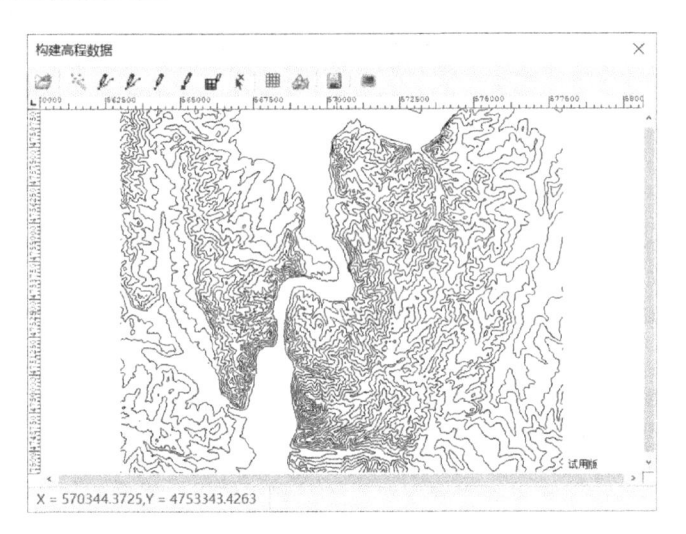

图 8-93　选择生成规则网格 DEM　　　　图 8-94　"栅格化"对话框

（5）单击"执行"按钮，可预览规则网格 DEM 的结果，如图 8-95 所示。

8.5.2.2　离散数据网格化

数据网格化（Data Gridding）是将空间上不均匀分布的数据，按一定方法（如滑动平均法、克里格法或其他适当的数值推算方法）归算成规则网格中的代表值（趋势值）的过程。规则网格的大小和形状是由研究目的和工作比例尺决定的。数据网格化的基本功能是遵循所研究变量的空间变化趋势，将空间上分散的数值转换成规则分布的网格数值，可抑制局部噪声，弥补空白网格的数值；同时，还可为不同变量的综合和对比提供统一的空间结构，从而更加完整和充分地反映不同变量的空间模式。数据网格化是通过许多成图技术和模式识别技术来处理数据的，也是 GIS 技术构建数据层的一种基本手段。数据网格化的操作方法如下：

（1）选择菜单"分析"→"DEM 构建"→"离散数据网格化"，可弹出如图 8-96 所示的"离散数据网格化"对话框。该对话框默认显示的是"输入设置"界面。

（2）在"输入设置"界面中设置相关参数后，单击"下一步"按钮，可进入如图 8-97 所示的"网格参数设置"界面。

（3）在"网格参数设置"界面设置网格参数后，单击"确定"按钮，可预览离散数据网格化的结果，如图 8-98 所示。

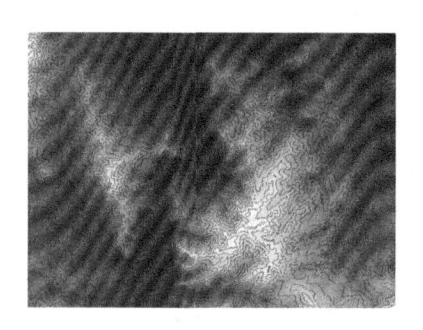

图 8-95 预览规则网格 DEM 的结果 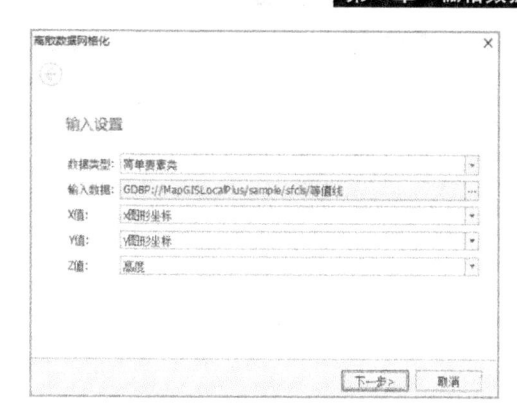　　　　图 8-96 "离散数据网格化"对话框

图 8-97 "网格参数设置"界面 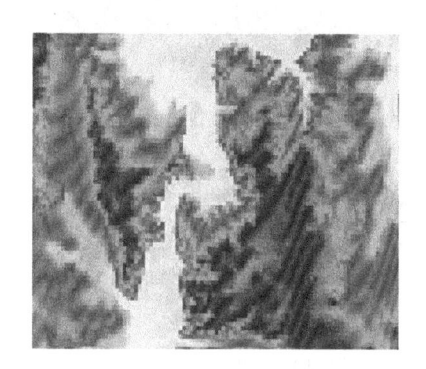　　　　图 8-98 离散数据网格化的结果预览

8.5.3 DEM 分析

8.5.3.1 地形分析

MapGIS 10 for Desktop 的地形分析模块提供了路径分析、剖面分析、连线可视性分析、全局视场分析、视线范围分析、洪水淹没分析等功能。本节以路径分析和剖面分析的业务场景为例介绍地形分析的操作方法。

(1) 路径分析的操作方法如下：

① 选择菜单"分析"→"地形分析"→"路径分析"，如图 8-99 所示，可弹出如图 8-100 所示的"路径分析"对话框。注意，在地形分析前，需要将地形图层设置为"当前编辑"状态。

② 在"路径分析"对话框中选择分析类型和波段，分析类型可选最短路径或最佳路径。通过鼠标左键在地形图层上进行选点，单击鼠标右键进行确认后即可进行路径分析，结果如图 8-101 所示。

(2) 剖面分析的操作方法如下：

① 选择菜单"分析"→"地形分析"→"剖面分析"，如图 8-102 所示，可弹出如图 8-103 所示的"剖面分析"对话框。注意，在地形分析前，需要将地形图层设置为"当前编辑"状态。

图 8-99 选择"路径分析"

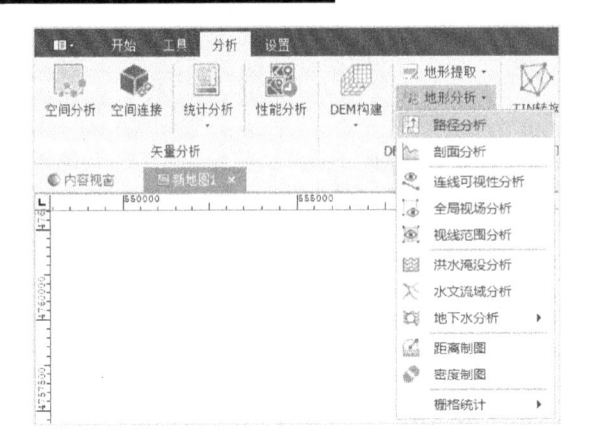

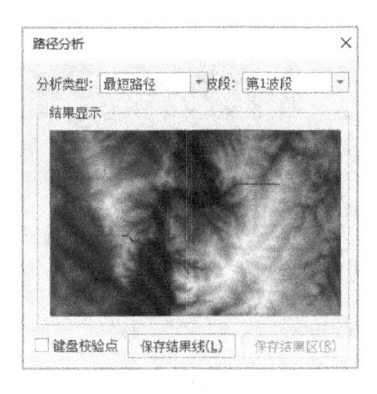

图 8-100 "路径分析"对话框

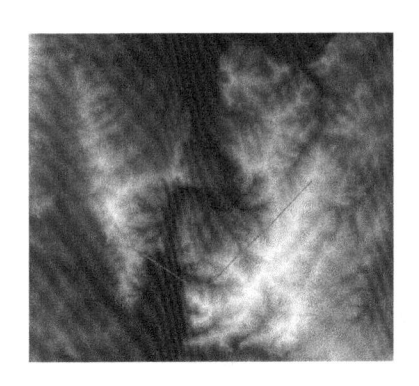

图 8-101 路径分析结果

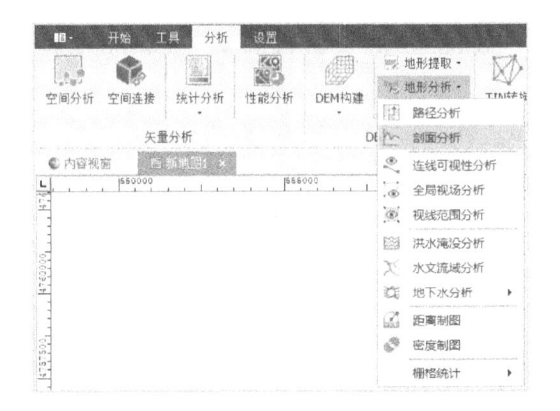

图 8-102 选择"剖面分析"

② 在"剖面分析"对话框中选择交互方式和波段,分析类型可选最短路径或最佳路径。通过鼠标左键在地形图层上进行选点,单击鼠标右键进行确认后即可进行剖面分析,在该对话框中可以预览剖面分析的结果。

8.5.3.2 地形提取

MapGIS 10 for Desktop 的地形提取模块提供了等值线绘制、地形因子分析、山脊线与重要点提取、日照晕渲图输出等功能。本节以等值线绘制、地形因子分析的业务场景为例介绍地形提取的操作方法。

(1) 等值线绘制。等值线是将表面上相邻的具有相同值的点连接起来的线,如地形图层上的等高线、气温图层上的等压线,研究等值线可以获得表面值变化的基本趋势。等值线绘制的操作方法如下:

① 选择菜单"分析"→"地形提取"→"等值线绘制",可弹出如图 8-104 所示的"平面等值线绘制"对话框。

② 单击"平面等值线绘制"对话框工具条中的" "按钮,可弹出如图 8-105 所示的"添加数据"对话框。在该对话框中选择地形数据和波段后,单击"确定"按钮即可添加待处理的高程数据。

③ 单击"平面等值线绘制"对话框工具条中的" "按钮,可弹出如图 8-106 所示的"等值线追踪设置"对话框。

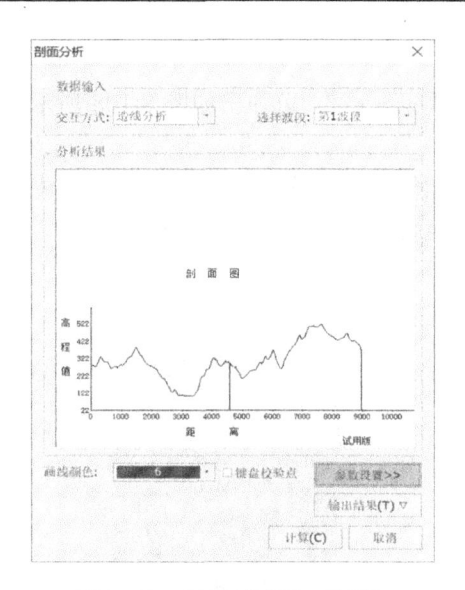

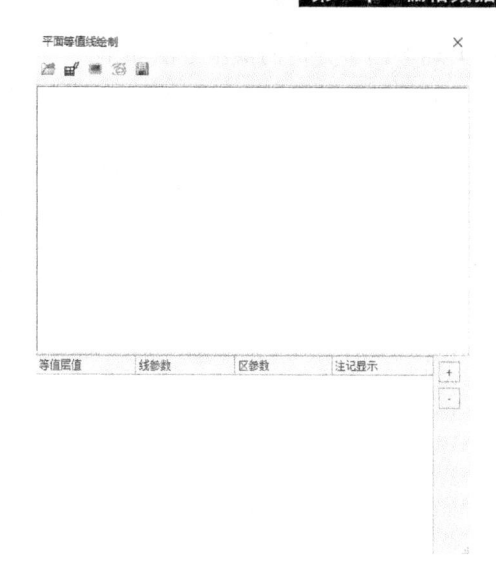

图 8-103 "剖面分析"对话框　　　　图 8-104 "平面等值线绘制"对话框

图 8-105 "添加数据"对话框　　　　图 8-106 "等值线追踪设置"对话框

等值线追踪设置"对话框中的参数说明如下：

保留边界线：边界线即外框，勾选该选项后可保留边界线。

光滑处理：勾选该选项后，可对所追踪的等值线进行平滑处理。

等值线套区：勾选该选项后，可在生成等值线图时同步生成等值区。

绘制色阶：勾选该选项后，可在数据右下方生成等值区色阶变化图例。

示坡线：勾选该选项后，可在数据中生成示坡线。

制图注记：勾选该选项后，可生成相关的注记。

剪断线：勾选该选项后，生成等值线可在有注记处自动断开，不会出现注记盖压等值线的现象。

轴向标尺：勾选该选项后，结果数据会生成一个外包矩形（数据边界线），同时 X 轴和 Y 轴会生成注记标注。

注记取对：用于设置等值数据是否取对数。选择"未取"时直接根据原值进行标注。

④ 单击"平面等值线绘制"对话框工具条中的" "按钮，可预览等值线绘制结果，如图 8-107 所示。

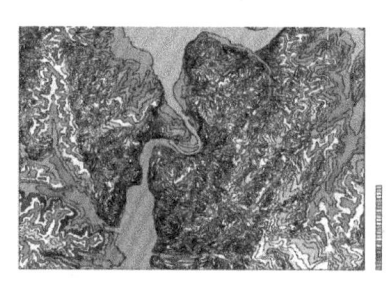

图 8-107 等值线绘制结果预览

（2）地形因子分析的操作方法如下：

① 选择菜单"分析"→"地形提取"→"地形因子分析"，可弹出如图 8-108 所示的"地形因子分析"对话框。

② 在"地形因子分析"对话框中设置"栅格数据"，在"计算方式"中可选择需生成的相关结果（本例选择"坡度"），单击"确定"按钮即可获得坡度图，如图 8-109 所示。

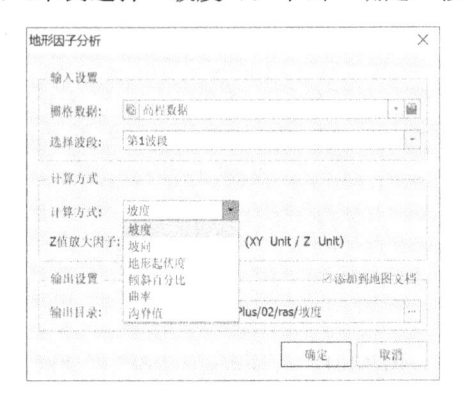

图 8-108　"地形因子分析"对话框

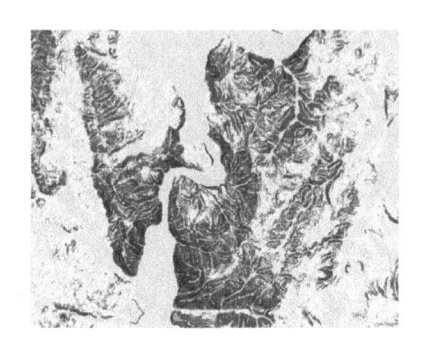

图 8-109　坡度图

8.5.3.3　地形计算

MapGIS 10 for Desktop 的地形计算模块提供了表面长度计算、交互计算填挖方、批量计算填挖方等功能。本节以交互计算填挖方为例介绍地形计算的操作方法。

选择菜单"分析"→"地形计算"→"交互计算填挖方"，可弹出如图 8-110 所示的"交互计算填挖方"对话框。通过鼠标左键在地图图层中交互选区，单击鼠标右键可自动进行地形计算。预览填挖方区域，可得到表面积、体积、土方量等相关数值。

图 8-110　"交互计算填挖方"对话框

第 9 章 三维景观建模与可视化

现实世界中的实体可以用三维模型来表示,三维模型通常是用计算机或者其他视频设备进行显示的,不仅可以显示物理世界的实体,也可以是虚构的物体。三维建模与分析是 MapGIS 重要的功能之一,建模方法包括根据矢量要素生成三维模型和导入外部模型,三维分析包括洪水淹没分析、坡度分析、坡向分析、填挖方计算、可视域分析、天际线分析、路径漫游等。

9.1 三维景观建模

三维数字模型在可视化方面有着巨大的优势,虽然三维数字模型的动态交互可视化功能对计算机图形技术和计算机硬件提出了特殊的要求,但随着一些先进的图形卡、工作站,以及带触摸功能的投影设备的陆续问世,不仅可以完全满足三维 GIS 对可视化的要求,而且还增添了意想不到的视觉和体验效果。MapGIS 三维平台能够建立地上、地表、地下一体的三维模型,包括各种地质体模型、地下管线模型、地上景观模型等。MapGIS 不仅可以通过带高程数据的矢量要素来建立三维模型,也可以根据导入的外部模型来建立三维模型,同时还可以对三维模型进行特效设置。

9.1.1 常见三维模型数据

MapGIS 10 for Desktop 支持多源异构数据的融合管理,包括 BIM 数据、倾斜摄影数据、点云数据、*.3ds、*.obj、*.dae、*.osgb、*.fbx 和*.xml 等导入数据库中,实现海量数据的加载预览。

9.1.1.1 3d Max 模型数据

3D Studio Max 常简称为 3d Max,是 Discreet 公司开发的(后被 Autodesk 公司收购)、基于 PC 系统的三维动画渲染和制作软件。在应用范围方面,3d Max 广泛应用于工业设计、建筑设计、工程可视化、三维动画、多媒体制作、游戏、辅助教学、广告和影视等领域。

9.1.1.2 倾斜摄影数据

倾斜摄影是近年来航测领域逐渐发展起来的新技术,相对于传统航测采集的垂直摄影数据，通过增加多个不同角度的镜头，可获取具有一定倾斜角度的倾斜摄影数据。应用倾斜摄影技术，可同时获得同一位置多个不同角度、具有高分辨率的影像，采集丰富的地物侧面纹理及位置信息。

倾斜摄影数据能够以大范围、高精度、高清晰的方式全面感知复杂的场景，通过高效的数据采集设备及专业的数据处理流程生成的数据成果可以直观反映地物的外观、位置、高度等属性，为真实效果和测绘级精度提供了保障。

9.1.1.3 点云数据

激光雷达（LiDAR）获取的点云数据适用于资源勘探、城市规划、农业开发、水利工程、环境监测、矿山测量、隧道测量、公路道路测量、电缆监测、海洋深水测量等各个方面。

9.1.1.4 BIM 数据

对于三维 GIS 来说，BIM 数据是三维 GIS 的一个重要数据来源。BIM 数据可以让三维 GIS 从宏观走向微观，实现精细化管理。与 BIM 数据的融合，可以使三维 GIS 从室外走向室内，实现室内外一体化的管理。

建筑信息模型（Building Information Modeling，BIM）以三维数字技术为基础，集成了建筑工程项目各种相关信息的工程数据。BIM 提供了全新的建筑设计过程概念，参数化变更技术可以帮助建筑师更有效地缩短设计时间，提高设计质量，提高对客户和合作者的响应能力，并可以在任何时刻、任何位置进行任何想要的修改，设计和图纸始终保持协调、一致和完整。

9.1.2 三维模型的转换

9.1.2.1 外部模型数据的导入

（1）单个模型的导入。选择菜单"三维建模"→"导入模型"，可弹出如图 9-1 所示的"导入模型"对话框。单击该对话框中的"✚"（导入）按钮，即可将外部数据自动转换为 MapGIS 的简单要素类，并将转换结果保存到设置的数据库目录下。MapGIS 10 支持 3ds、obj、dae、osgb、fbx、xml 等格式的模型导入。

图 9-1 "导入模型"对话框

"导入模型"对话框中的参数说明如下:

覆盖同名纹理文件:勾选该选项后,当导入模型使用的纹理与三维符号库中已有的纹理名称相同时,会使用新的纹理替换三维符号库中的纹理。不勾选则不替换。

球面模式:模型数据通常是在平面上显示的,若需要在球面上显示,则需要勾选该选项。

模型文件作为整体导入:当导入的模型数据是由多个面/体数据构成时,勾选该选项后,导入后的模型将只由一个面/体数据构成。

将结果添加到场景中:如果希望将当前导入的模型合并到数据库中的模型数据中,以一个数据来显示,则需要勾选该选项,并在"目的要素类"中选择待合并的模型数据。

导入到一个要素类:当导入多个模型数据时,勾选该选项后,导入后的多个模型将合并为一个模型,并在一个要素类中显示。

模型导入后的效果如图 9-2 所示。

图 9-2 模型导入后的效果

(2)批量模型的导入。MapGIS 10 提供了批量模型导入功能,通过定位点信息配置设置偏移、旋转、缩放等参数,最终可生成 xml 文件。操作方法如下:

① 选择菜单"三维建模"→"定位点配置",可弹出"定位点信息配置"对话框。

② 单击"添加"按钮可弹出"数据选择"对话框,MapGIS 10 支持点简单要素类,可选择多个点数据。

③ 数据描述字段即模型名字,选择对应的记录字段,在模型目录中设置模型文件路径,并分别设置偏移、旋转、缩放等参数,各参数设置信息可从属性字段中获取。

④ 单击"配置"按钮可完成定位点信息的批量配置。在模型存放路径中将生成 xml 文件,如图 9-3 所示。

⑤ 选择菜单"批量导入"功能,可弹出"选择 xml 文件"对话框,在该对话框中选择生成的 xml 文件,单击"确定"按钮即可开始批量模型的导入。

注意:定位点数据都是定制的数据,尤其是其属性记录了偏移信息、旋转信息和缩放信息,所以在设置各项参数时,都需要从属性字段中获取。

点数据记录的模型路径示例如下:模型文件保存在 D 盘,共有 5 个模型,如图 9-4 所示,对应点的属性名字记录在 name 字段中。定位点属性表的内容如图 9-5 所示。

图 9-3　生成的 xml 文件　　　　图 9-4　模型路径中的 5 个模型

图 9-5　定位点属性表的内容

注意：xml 文件的存储路径和模型文件路径必须在同一个路径下，这样才能进行批量模型的导入。

9.1.2.2　倾斜摄影数据的转换

（1）生成配置文件。通过倾斜摄影数据的转换可以将基于倾斜测量技术获取的单个或者多个影像数据，转换为 MapGIS 10 for Desktop 支持的索引文件（*.mcx）。操作方法如下：

① 选择菜单"三维建模"→"倾斜摄影"→"生成配置文件"，可弹出如图 9-6 所示的"倾斜摄影测量数据转换"对话框。

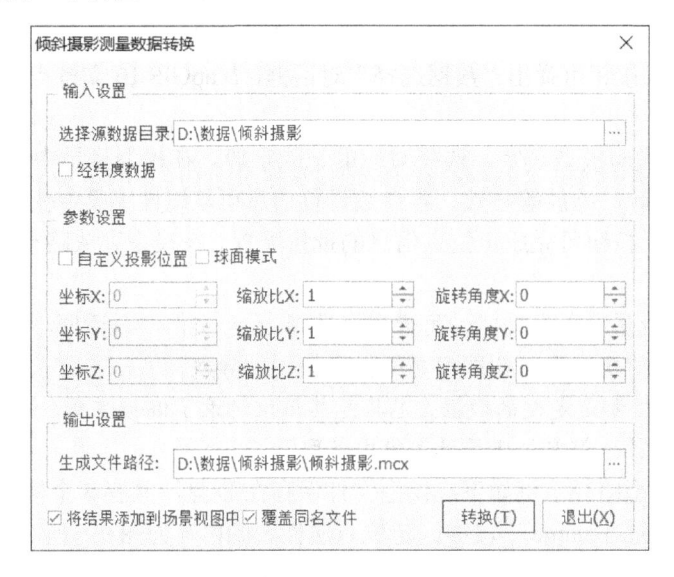

图 9-6　"倾斜摄影测量数据转换"对话框

"倾斜摄影测量数据转换"对话框中的参数说明如下:

经纬度数据:当源数据为经纬度坐标数据时,必须勾选该选项,否则默认读取到的数据是投影坐标数据。

自定义投影位置:勾选该选项后,可自定义影像数据导入后中心点的坐标 X、坐标 Y 和坐标 Z,默认读取到的是源数据的真实坐标位置。

缩放比 X、缩放比 Y 和缩放比 Z:设置影像数据导入后的缩放比 X、缩放比 Y 和缩放比 Z,默认为 1,即不进行缩放。

旋转角度 X、旋转角度 Y 和旋转角度 Z:设置影像数据导入后的旋转角度 X、旋转角度 Y 和旋转角度 Z。

② 单击"转换"按钮即可进行自动转换工作,单击"退出"按钮可取消操作。

(2)打开倾斜摄影文件。再次浏览该倾斜摄影数据时,直接选择转换后的索引文件(*.mcx),即可在场景中显示倾斜测量影像数据。

选择菜单"三维建模"→"倾斜摄影"→"打开文件",在弹出的对话框中选择索引文件(*.mcx)即可打开倾斜摄影配置文件。倾斜摄影文件的显示效果如图 9-7 所示。

图 9-7 倾斜摄影文件的显示效果

9.1.2.3 点云数据的转换

(1)导入点云数据。MapGIS 10 for Desktop 可直接将 las 格式的点云数据导入为点简单要素类,方便对点云数据的编辑处理操作。

选择菜单"三维建模"→"点云"→"导入点云",可弹出如图 9-8 所示的"导入模型"对话框。在该对话框中添加 las 格式的点云数据后,设置目的数据目录,其他参数的设置和导入普通数据的参数类似,单击"导入"按钮即可完成点云数据的导入。目前,MapGIS 10 for Desktop 可将点云数据导入到数据库 MapGISLocalPlus 中。其他的参数设置同普通模型导入。

(2)点云建模。点云建模是指将离散的点构建成实体模型。在 MapGIS 10 for Desktop 中,点云建模的基本过程如图 9-9 所示。

点云数据一般是通过扫描仪获取的。

点云数据滤波是点云数据处理的关键步骤,在获取点云数据时,由于设备精度、操作者的经验、环境因素、电磁波的衍射特性、被测物体表面性质的变化、数据拼接配准操作过程等的影响，点云数据中不可避免地会出现噪声。只有在滤波预处理中对噪声点、离群点、孔洞等进行处理，才能更好地进行配准、特征提取、曲面重建、可视化等后续处理。MapGIS 10 for Desktop 中的点云数据滤波模块提供了很多灵活实用的滤波处理算法，如双边滤波、低通滤波等。

图 9-8 "导入模型"对话框

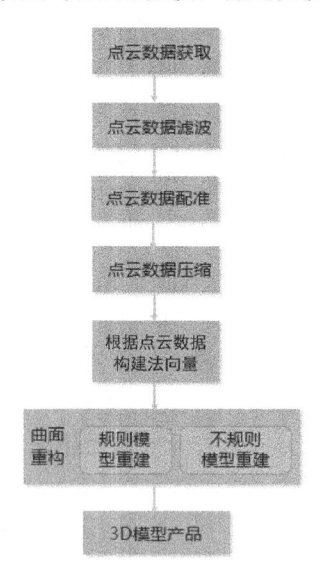

图 9-9 点云建模的基本过程

点云数据压缩是指根据实际应用的需求，在不影响建模效果的前提下，对点云数据的冗余部分进行抽稀处理。在进行建模时，使用压缩后的点云数据可相对提高建模效率。

点云数据配准是指计算两个点云数据之间的旋转平移矩阵，将源点云（Source Cloud）数据变换到与目标点云（Target Cloud）数据相同的坐标系下。

曲面重构是指对已完成法向量构建的、具有顶点坐标的点云数据进行三角网网格创建。完成曲面重构后，即可输出完美的点云模型。

点云建模的操作方法如下：

（1）选择菜单"三维建模"→"点云"→"点云建模"，可弹出如图 9-10 所示的"点云建模"对话框。

（2）在"点云数据"中选择 las 图层数据的存储路径；在"目的数据"中选择目录树下的数据库位置；在"参数设置"栏中调整点云生成过程的精细程度。单击"确定"按钮即可得到点云建模的结果，如图 9-11 所示。

图 9-10 "点云建模"对话框

图 9-11 点云建模的结果

9.1.2.4 BIM 数据转换

MapGIS 10 for Desktop 目前支持 Revit 生成的模型，BIM 数据的转换是通过 BIM 插件实现的。

（1）BIM 插件配置。目前，MapGIS 10 for Desktop 提供的插件支持 Autodesk Revit 2018 和 2019 版本，这里以 Autodesk Revit 2019 版本为例介绍 BIM 插件的配置。该插件是基于 Autodesk Revit 2019 SDK 集成开发，需要安装 Autodesk Revit 2019，可在 Autodesk 官网下载对应版本安装包。

① 在中地数码的官方网站下载 BIM 插件（BIM Revit 数据转换工具集），下载界面如图 9-12 所示，单击下载界面中的"下载"按钮即可开始下载，下载的 BIM 插件内容如图 9-13 所示。

图 9-12　BIM 插件的下载界面

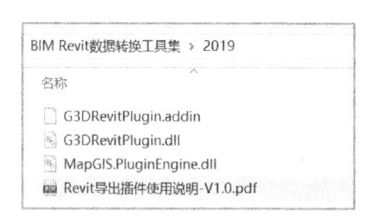

图 9-13　下载的 BIM 插件内容

② 将 G3DRevitPlugin.dll 复制到 MapGIS 安装目录的"Program"中，如图 9-14 所示。

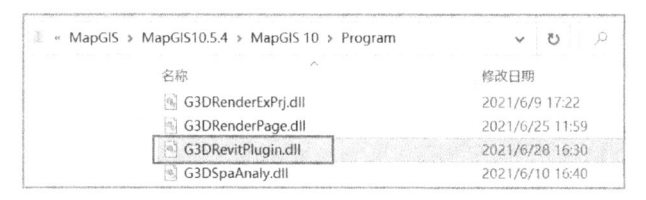

图 9-14　将 G3DRevitPlugin.dll 复制到 MapGIS 安装目录的"Program"中

③ 将 G3DRevitPlugin.addin 复制到目录"C:\ProgramData\Autodesk\Revit\Addins\2019"中，如图 9-15 所示。

图 9-15　将 G3DRevitPlugin.addin 复制到目录"C:\ProgramData\Autodesk\Revit\Addins\2019"中

④ 以文本形式打开 G3DRevitPlugin.addin，其中，<Assembly>标签中的目录即插件的 DLL 路径。在更新插件时，注意替换 G3DRevitPlugin.addin 的目录位置，将 Program 下 G3DRevitPlugin.dll 的路径存放在<Assembly>标签中，如图 9-16 所示。

```xml
<?xml version="1.0" encoding="utf-8"?>
<RevitAddIns>
  <AddIn Type="Application">
    <Name>Batch Print Application</Name>
    <Assembly>D:\MapGIS10\DevENV(VS2015)\DevENV\DLL\x64\Program\G3DRevitPlugin.dll</Assembly>
    <ClientId>637D8E40-6FB5-48C7-8018-EDD6AAFC9362</ClientId>
    <FullClassName>BIMImport.ImportButton</FullClassName>
    <VendorId>ADSK</VendorId>
    <VendorDescription>Autodesk, subscription.autodesk.com</VendorDescription>
  </AddIn>
</RevitAddIns>
```

图 9-16　将 Program 下 G3DRevitPlugin.dll 的路径存放在<Assembly>标签中

⑤ 打开 Autodesk Revit 2019，在菜单"附加模块"中可看到"Import MapGIS"按钮，表示 BIM 插件配置成功，如图 9-17 所示。

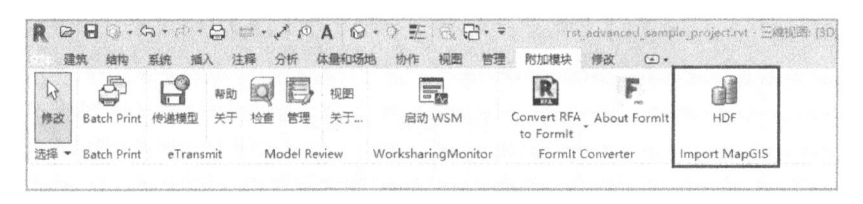

图 9-17　菜单"附加模块"中的"Import MapGIS"按钮

（2）导出数据。在 Autodesk Revit 2019 中配置好插件后，即可将 Revit 中的 BIM 数据导出到 MapGIS 的数据库中。操作方法如下：

① 打开 Autodesk Revit 2019，单击"附件模块"→"Import MapGIS"按钮，如图 9-18 所示，可弹出如图 9-19 所示的"BIM 数据导出参数设置"对话框。

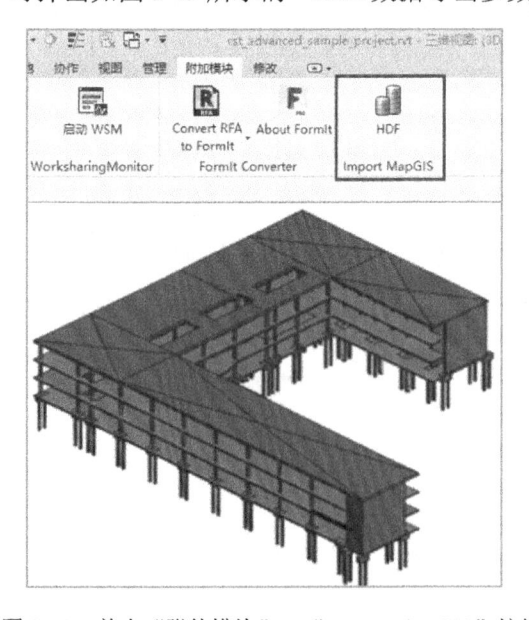

图 9-18　单击"附件模块"→"Import MapGIS"按钮　　图 9-19　"BIM 数据导出参数设置"对话框

"BIM 数据导出参数设置"对话框中的参数说明如下：

平面模式：可设置BIM模型导入时在X、Y、Z轴上的偏移值。

选择数据库：可选择需要导入的hdf数据库。

选择模型数据集：用于设置模型存储的要素数据集名称。

材质参数：可选择"着色模式"或"真实模式"，用于设置Revit在着色模式或真实模式下进行渲染时所用的材质。

模型精细度：支持模型轻量化导出，该值设置得越大，导出的模型就越精细，所需要的时间就越长；反之模型就越粗糙，耗时就越短。

② BIM数据转换完毕后，即可在MapGIS的新场景中添加转换完毕后的模型，如图9-20所示。

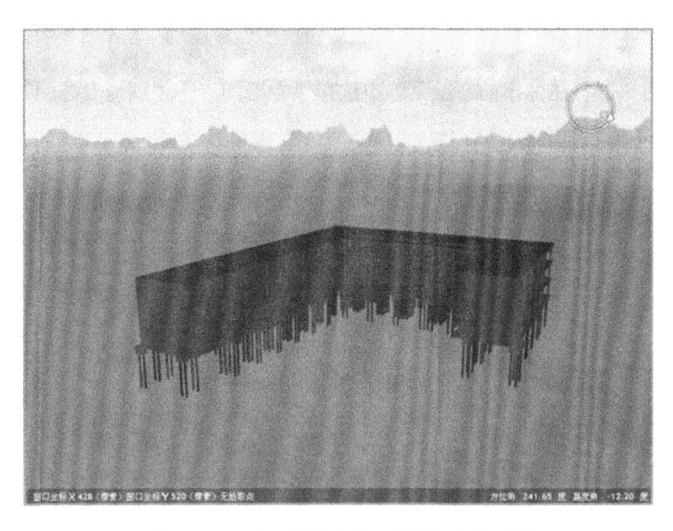

图9-20 添加转换完毕后的模型的效果

BIM插件的使用注意事项：
- 在三维模型表面添加图片时，不要使用贴花方式插入，要使用材质贴图方式插入。
- 目前模型数据中的材质不支持多重纹理，仅支持一个纹理。
- 目前不支持点、线、区格式数据的导入。
- 如果纹理图片没有透明贴图，则转为jpg格式；如果有透明贴图则转为png格式。
- 贴图大小最好为2的 n 次幂，如512×128、64×128、32×32。
- 重采样一般用于降低分辨率，若用户输出的分辨率小于原始栅格数据的分辨率，则结果栅格数据只是增加行/列值，并不会提高分辨率，结果栅格数据没有意义。

9.1.3 三维景观建模的方法

9.1.3.1 点建模

点数据的景观建模是通过专题图的方式来实现的。操作方法如下：

（1）右键单击点图层上，在弹出的右键菜单中选择"专题图"→"创建专题图"，如图9-21所示，可弹出"创建专题图"对话框。在该对话框中选择"单值专题图"后单击"下一步"按钮，可进入如图9-22所示的"生成专题图"界面。

（2）在"生成专题图"界面中，设置"选择字段"栏中的参数后，单击"完成"按钮，即可完成专题图的创建。

图 9-21 在弹出的右键菜单中选择"专题图"→"创建专题图"

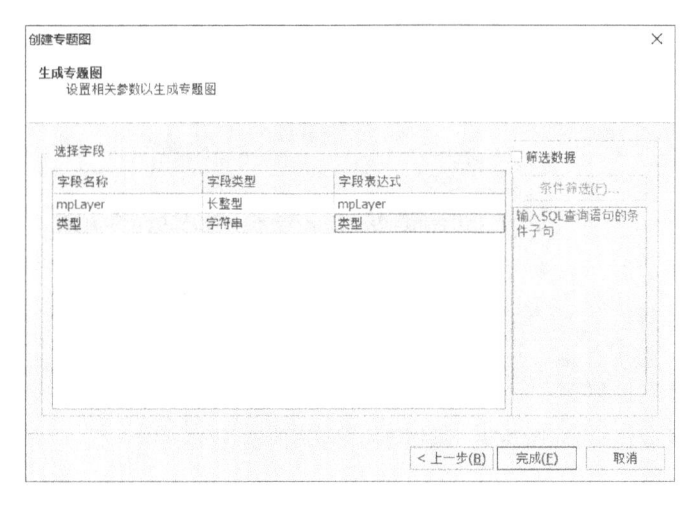

图 9-22 "生成专题图"界面

（3）在"专题图属性"对话框（见图 9-23）中，可设置每一个类型的图案，单击某个类型的图案，可进入"符号库"对话框（见图 9-24），选择相应的三维点符号。

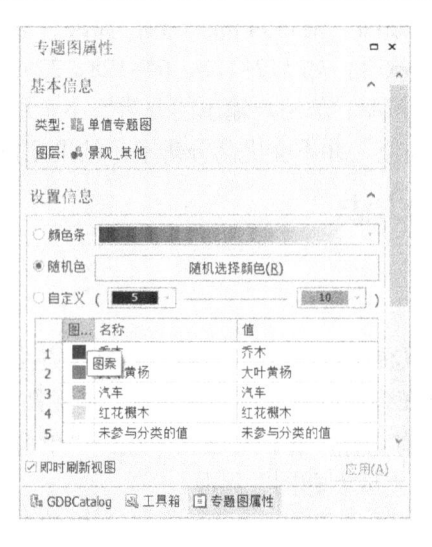

图 9-23 "专题图属性"对话框

图 9-24 "符号库"对话框

(4) 如果地图中点模型没有正常显示,则可查看图层属性,需要将常规选项中的"点云模式"项设置为否(见图 9-25),三维点模型才能正常显示。

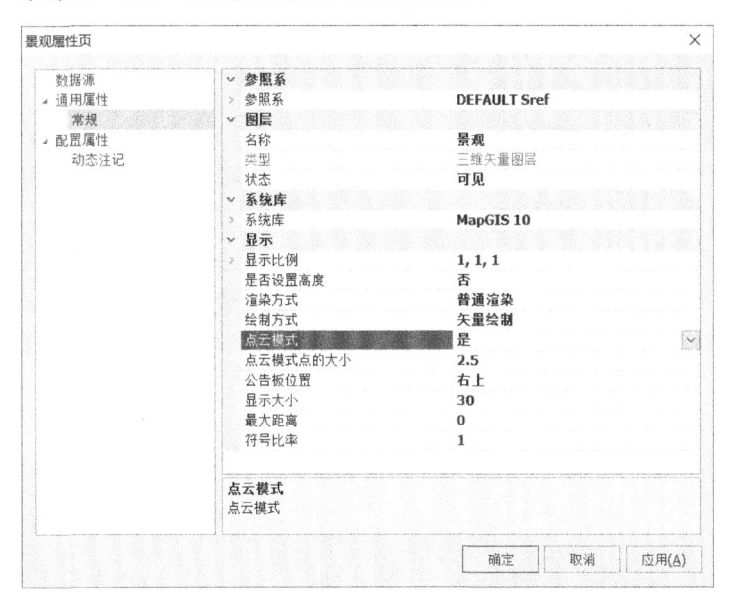

图 9-25 将"点云模式"项设置为否

(5) 单击工作空间中专题图节点下的某一类型符号,可弹出如图 9-26 所示的"专题图属性"对话框,在该对话框中可以设置符号的填充色、旋转角度和缩放比等参数。

点建模(如树木建模)的效果如图 9-27 所示。

9.1.3.2 线建模

MapGIS 10 for Desktop 既可以利用矢量线数据生成三维数据,也支持以交互的方式选中矢量线图层中的某个图元,从而生成三维数据。线建模支持生成以下 5 种类型的三维数据:

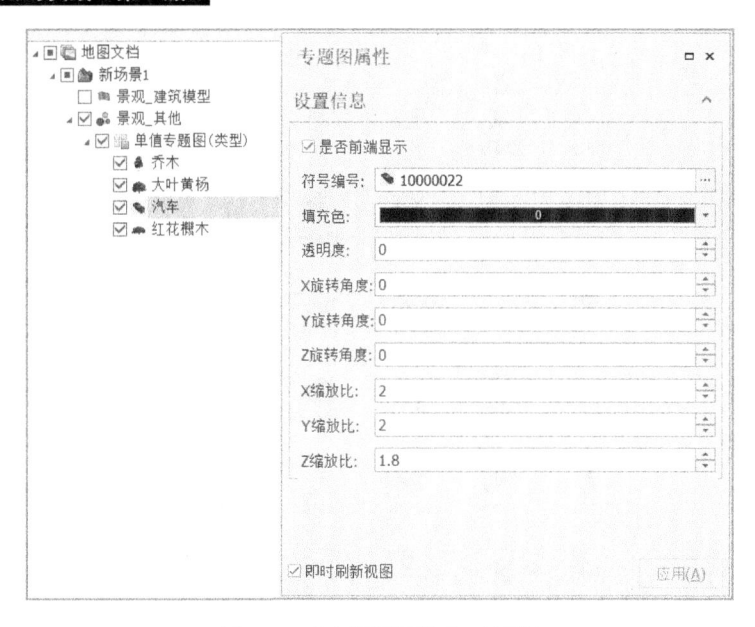

图 9-26 "专题图属性"对话框

- 竖面：将线生成竖面，这里的竖面是指将线图元在 Z 方向延伸一定高度后形成的面。
- 倾斜面：将线生成倾斜面，这里的倾斜面是指将线图元在 Z 方向延伸一定高度后形成竖面，然后再设置倾斜夹角，让模型可以显示倾斜角度。
- 水平面：将线图元在水平方向延伸一定宽度后可以形成水平面。
- 管状面：将线图元生成管状面。
- 管状体：将线图元生成管状体。

本节以线生成管状面、拾取线生成倾斜面为例进行讲解，其他情况操作类似。

（1）矢量线建模（线生成管状面），操作方法如下：

① 在工作空间中添加一个线类型的矢量图层，并确保该矢量图层下存在线数据。

② 选择菜单"三维建模"→"矢量线建模"→"线生成管状面"，可弹出如图 9-28 所示的"线生成管状面"对话框。在该对话框中设置相关参数后，单击"确定"按钮即可自动生成管状面。

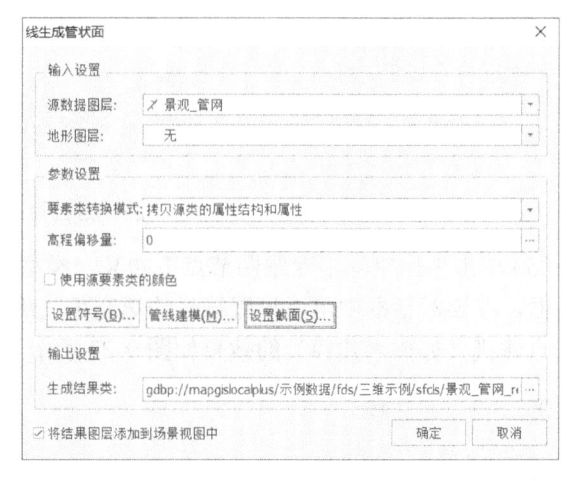

图 9-27 树木建模效果　　　　图 9-28 "线生成管状面"对话框

③ 单击"管线建模"按钮，可弹出如图 9-29 所示的"管线建模参数设置"对话框，在该对话框中可以更改管线建模的相关参数。

④ 单击"设置截面"按钮，可弹出如图 9-30 所示的"设置管道截面"对话框，在该对话框中可以修改生成管道的截面显示样式。

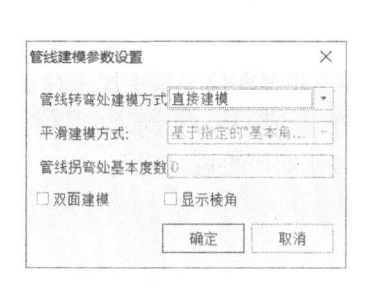

图 9-29　"管线建模参数设置"对话框 　　　图 9-30　"设置管道截面"对话框

⑤ 单击"设置符号"按钮，可弹出如图 9-31 所示的"设置三维图形参数"对话框，在该对话框中可以设置符号编号、填充色、透明度、缩放比、偏移量等参数，可参考修改图元参数/属性等内容。

生成的管状面效果如图 9-32 所示。

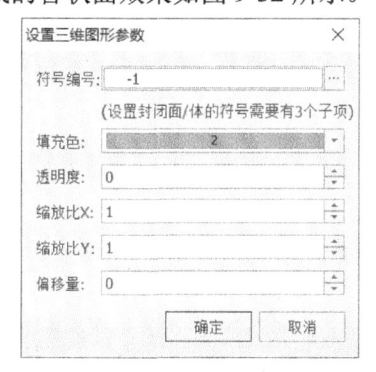

图 9-31　"设置三维图形参数"对话框 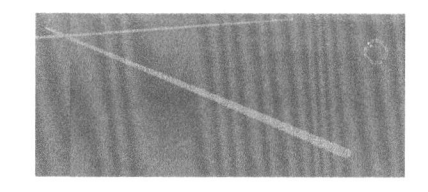　　　图 9-32　生成的管状面效果

（2）拾取线建模（拾取线生成倾斜面）。操作方法如下：

① 在工作空间中添加一个线类型的矢量图层，确保该矢量图层下存在线数据，激活该线图层。

② 选择菜单"三维建模"→"矢量线建模"→"拾取线生成倾斜面"，可弹出如图 9-33 所示的"拾取线生成倾斜面"对话框，在该对话框中设置完倾斜角度等相关参数后，单击"确定"按钮即可自动生成倾斜面。

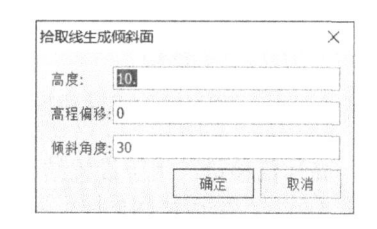

图 9-33　"拾取线生成倾斜面"对话框

9.1.3.3　区建模

MapGIS 10 for Desktop 既可以利用矢量区数据生成三维数据，也支持以交互的方式选中矢量区图层中的某个图元生成三维数据。

区建模支持生成以下 4 种类型的三维数据：

- 封闭面：利用矢量区数据生成封闭面数据，封闭面是包含四周方向和上下方向的空心面模型。

- 水平面：将矢量区数据生成水平面数据，水平面由 1 个横向面组成。
- 竖面：利用矢量区边界向 Z 方向延伸可生成封闭竖面，这里的竖面由 1 个竖直方向面组成的环形面。
- 体：利用矢量区数据生成封闭体。

本节以区生成封闭面、拾取区生成体为例进行讲解，其他情况操作类似。

（1）矢量区建模（区生成封闭面）。操作方法如下：

① 在工作空间的场景下添加一个区类型的矢量图层，并确保该矢量图层下存在区数据；

② 选择菜单"三维建模"→"区生成封闭面"，可弹出如图 9-34 所示的"区生成封闭面"对话框。在该对话框中设置相关参数后，单击"确定"按钮即可生成封闭面。

"区生成封闭面"对话框中的参数如下：

源数据图层：选择需要生成封闭面的区图层。

地形图层：如果需要依附地形图层生成模型，则需要在"地形图层"的下拉框中选择相应的地形图层。此功能需要保证当前场景下有可见的地形模型。当源数据中有区图元在该地形图层上时，生成的面数据便如图 9-35 中②所示那样随地形起伏（即在设置的"高程表达式"基础上增加地形的高程），而由于图 9-35 中①所示的区不在地形图层内，因此生成的面不受地形数据的影响。

图 9-34 "区生成封闭面"对话框

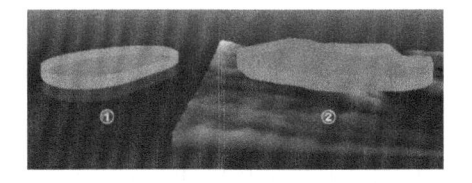

图 9-35 依附地形图层生成模型

高程偏移量：用于设置结果面图层在 Z 方向上的移动量。矢量区没有 3D 信息，其高程偏移量为 0。在生成封闭面时，可在 Z 方向上统一偏移一定数量。

高程表达式：可通过表达式计算生成的封闭面在 Z 方向上的高度值。若用户输入一个数值，则所有矢量区生成的封闭面高度值相同；用户可通过矢量区的属性值在"编辑表达式"对话框（见图 9-36）来确定封闭面的高度。

使用源要素类的颜色：勾选该选项后，结果面图层的填充色将和源数据区图元的颜色保持一致；否则将统一采用默认的参数信息。

设置符号：该按钮用于设置结果面图层的参数。单击该按钮可弹出如图 9-37 所示的"设置三维图形参数"对话框，在该对话框中可设置符号编号、填充色、透明度、缩放比等参数，可参考修改图元参数/属性的相关内容。

图 9-36 "编辑表达式"对话框 　　图 9-37 "设置三维图形参数"对话框

生成球面数据：一般模型的数据是在平面上显示，若需要在球面上显示数据，则需要勾选该选项。

（2）拾取区建模（拾取区生成体）。操作方法如下：

① 在工作空间中的场景添加一个区类型的矢量图层以及一个体图层，并确保该矢量图层中存在区数据。

② 选择菜单"三维建模"→"拾取区建模"→"拾取区生成体"，可弹出如图 9-38 所示的"拾取区生成体"对话框。在该对话框中设置相关参数后，单击"确定"按钮即可生成体，如图 9-39 所示。

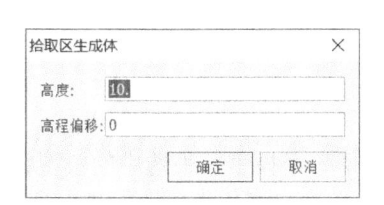

图 9-38 "拾取区生成体"对话框 　　图 9-39 拾取区生成体的结果

9.1.4 三维模型编辑

三维模型编辑功能同二维数据编辑功能类似，MapGIS 10 for Desktop 支持删除、移动、旋转、缩放、复制、修改参数、修改属性等三维编辑功能。本节以移动、复制、修改参数三个功能为例介绍三维模型编辑的操作方法。

（1）移动。操作方法如下：

① 在工作空间的场景中添加模型，并将添加的场景设置为"当前编辑"状态。

② 选择菜单"三维编辑"→"模型编辑"→"移动"，可弹出如图 9-40 所示的"模型选取方式设置"对话框。在该对话框中设置模型的选取方式后单击"确定"按钮，选择需要移动的模型，被选中的模型将高亮显示。在场景中按下鼠标左键拖动图元，图元可跟随鼠标的移动方向进行移动，如图 9-41 所示。

注意：按下键盘上的 Q 键，可弹出如图 9-42 所示的"移动模型"对话框。在该对话框中设置移动距离即可进行精确移动。

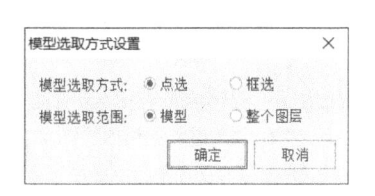

图 9-40 "模型选取方式设置"对话框　　　　图 9-41 移动模型的效果

（2）复制。操作方法如下：

① 在工作空间的场景中添加模型，并将添加的场景设置为"当前编辑"状态。

② 选择菜单"三维编辑"→"模型编辑"→"移动"，选择一个模型，被选中的模型会被高亮显示，在场景中按下鼠标左键，移动鼠标到目的位置，再次单击鼠标左键即可完成复制，模型复制的效果如图 9-43 所示。多次重复该步骤可将模型复制到多个不同的位置上，直到按下鼠标右键为止。

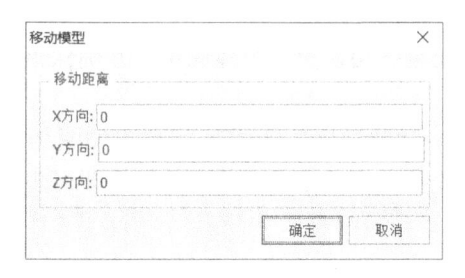

图 9-42 "移动模型"对话框　　　　图 9-43 复制模型

（3）修改参数。操作方法如下：

① 在工作空间的场景中添加模型，并将添加的场景设置为"当前编辑"状态。

② 选择菜单"三维编辑"→"修改图元参数"，选择一个模型，被选中的模型会被高亮显示，并弹出如图 9-44 所示的"修改图元参数"对话框，在该对话框中可修改模型的图元参数。

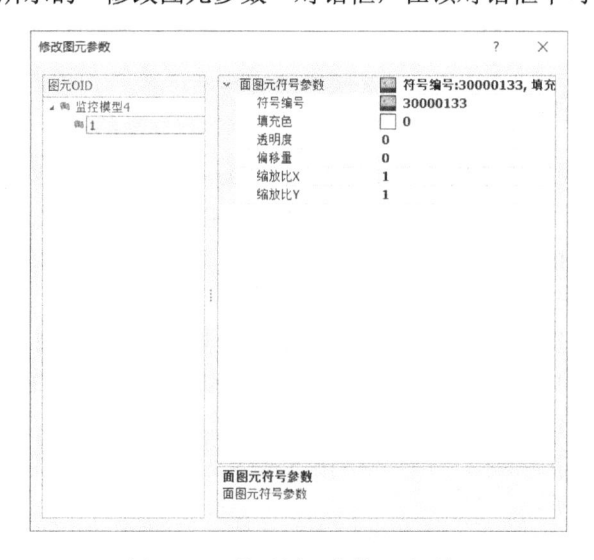

图 9-44 "修改图元参数"对话框

9.2 三维场景显示与分析

9.2.1 场景视窗选项设置

MapGIS 10 for Desktop 中的场景视窗选项功能包含了三维场景视图显示的常规设置参数。在显示场景视图时，选择菜单"设置"→"场景视窗选项"，可弹出如图 9-45 所示的"场景选项"对话框。在该对话框中可对三维场景视图的显示参数进行设置。

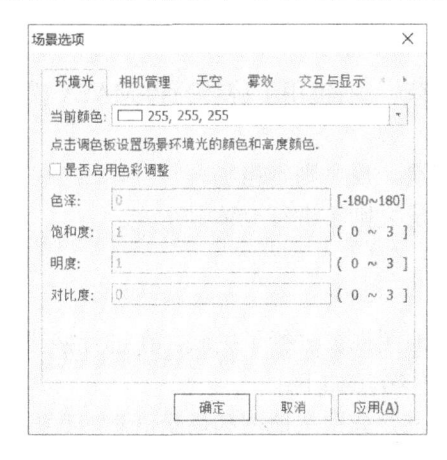

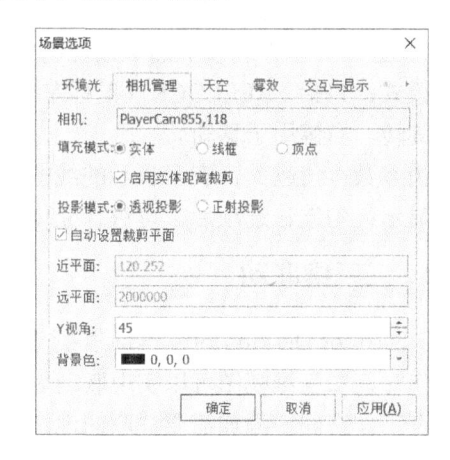

图 9-45 "场景选项"对话框

（1）"环境光"选项卡：在显示真实地物时，不同颜色的光照，其显示效果会有不同。"环境光"选项卡中的参数用于模拟现实环境的光照，通过设置不同颜色环境光，可模拟不同的显示效果。

（2）"相机管理"选项卡中的参数说明如下：

填充模式：可选择实体、线框和顶点。实体使用连续的面来填充显示场景中的各个要素；线框使用要素的顶点和连线来显示场景中的各个要素；顶点使用要素的顶点来显示场景中的各个要素。

背景色：用于设置三维场景的背景颜色。在某些特定的场景中，用户可通过调节背景颜色来突显 3D 效果。在平面模式中，只有在不启动天空盒时才可以看到背景颜色的效果。

（3）"天空"选项卡：在平面模式中，为了让 3D 显示效果更接近真实的效果，可启用天空盒作为 3D 显示的背景。该选项卡的参数说明如下：

启用天空盒：勾选该选项，可启用天空盒的效果。

天空盒材质：MapGIS 10 for Desktop 默认提供了 5 种天空盒材质。

旋转：用户可根据 3D 数据的显示角度，对天空盒的效果进行旋转，以保持 3D 数据与天空盒角度的一致性。在一般情况下，3D 数据显示角度与真实世界角度一致，可采用默认的参数。

（4）"雾效"选项卡：在显示真实地物时，不同的天气环境，显示效果会有所不同。该选项卡用于模拟现实的雨雾环境，不同浓度的雾效，模型的显示效果有所不同。该选项卡中的参数说明如下：

模式：MapGIS 10 for Desktop 提供了 4 种不同的雾效，即无雾、指数雾、平方指数雾和线性雾。不同模式的雾效，参数控制有所不同。指数雾、平方指数雾是通过浓度来控制场景中雾的显示效果的；线性雾则是通过时间来控制场景中雾的显示效果的。

颜色：可自定义雾效色表，选择有雾效的模式，在设置颜色后，即可在场景中根据色表显示雾效。

浓度：用于设置雾效在场景中的显示浓度，浓度的取值在 0~1 之间，值越大雾效越浓，值越小则越雾效越淡。

开始：自定义雾效在场景中的开始显示时间。

结束：自定义雾效在场景中的结束显示时间。

雾效的显示效果如图 9-46 所示。

（5）"交互与显示"选项卡的参数说明如下：

交互模式：包括 FREELOCK（鼠标左键用于移动，右键用于旋转）和 MAYA 模式（鼠标左键用于旋转，右键用于移动）。

抗锯齿参数：值越大，表示显示的线图层越光滑，反之则越粗糙。

立体显示：勾选该选项后，可进行立体显示，反之则不进行立体显示。

9.2.2 二三维联动

MapGIS 10 for Desktop 对三维场景视窗与二维地图视窗进行了关联，在进行移动、放大、缩小等操作时，二三维视图可以实现联动显示。操作方法如下：

（1）在工作空间中添加需要关联的地图及场景，并分别在地图和场景下添加数据，需要注意的是添加的地图范围与场景范围必须相同。

（2）选择菜单"三维编辑"→"二三维联动"→"场景关联"，可弹出如图 9-47 所示的"场景关联"对话框。在该对话框的"地图视图"的下拉框中选择需要和新场景 1 关联的地图，以及"排列方式"后，单击"确定"按钮。

图 9-46 雾效的显示效果　　　　图 9-47 "场景关联"对话框

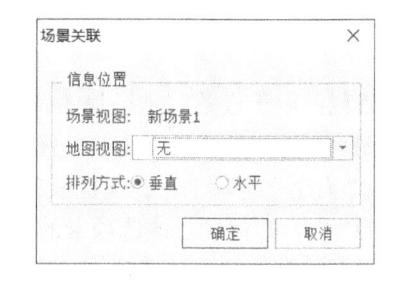

（3）地图视窗和场景视窗将调整成如图 9-48 所示的样式（该图为垂直排列方式）。在二维地图中进行放大、缩小、移动等操作时，三维场景将联动变化；同样，在三维场景中进行操作时，二维地图也联动变化。在进行二三维联动时，三维场景视图默认以 45°的俯视角进行漫游，手动改变三维视角后能够以当前视角进行漫游。

（4）如果要取消关联，选择菜单"三维编辑"→"二三维联动"→"关闭关联"即可。

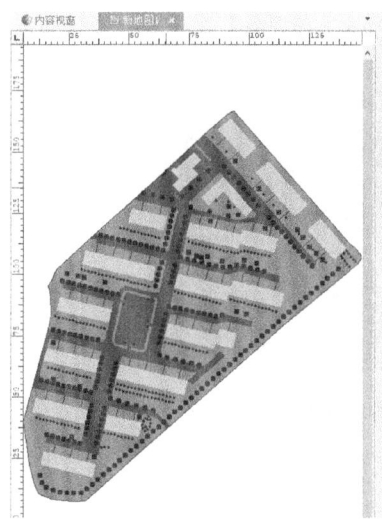

图 9-48　二三维联动下的视窗样式

9.2.3　三维标注

MapGIS 10 for Desktop 中的三维标注功能提供了文字标注、图片标注、图文标注、气泡标注。在三维场景中添加、显示与编辑标注，可方便对目标位置的标记和查找。操作方法如下：

（1）激活当前场景，选择菜单"三维编辑"→"三维标注"，可弹出如图 9-49 所示的"三维标注"对话框。

（2）单击" "（添加标注）按钮，可弹出如图 9-50 所示的四种标注选项，这里以文字标注为例进行介绍，选择"文字标注"后，鼠标光标会变成气泡框，在场景中单击要添加标注的位置，可弹出如图 9-51 所示的"文字标注"对话框。在该对话框中设置"坐标""文本""A 样式+"后，单击"确定"按钮即可。

（3）在三维标注视窗列表中会新增一条标注，双击该标注可以跳转居中显示。通过是否勾选该标注记录，可在场景中控制该标注的显示与否。

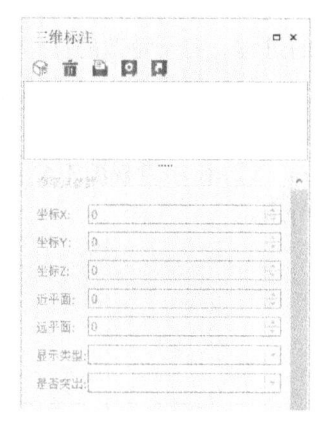

图 9-49　"三维标注"对话框

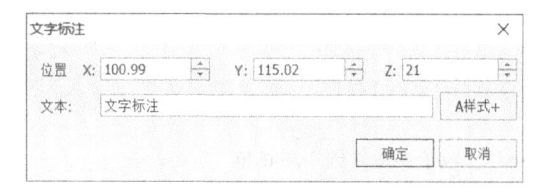

图 9-50　四种标注选项　　　　图 9-51　"文字标注"对话框

（4）通过点参数可以重新调整标注的具体位置，以及标注的文本内容和参数。

（5）单击保存/另存为按钮，可将添加的标注保存到本地文件。通过打开按钮可直接加载保存的标注。通过删除按钮，可删除勾选的标注，在场景中将不再显示被删除的标注。

三维标注的效果如图 9-52 所示。

图 9-52 三维标注的效果

9.2.4 粒子特效

在真实世界中，存在一些动态的显示效果，如烟花、降雨、降雪、喷泉等。通过粒子系统管理功能可添加这些动态显示效果，同时用户还可以自定义动态显示效果。

MapGIS 10 for Desktop 将所有的动态显示效果模拟为若干个粒子的规律运动，如烟花可模拟为若干个烟火粒子从中心向四周的扩散过程，降雨可模拟为若干个雨滴粒子从平面向下运动的过程。粒子特效的操作方法如下：

（1）选择菜单"三维建模"→"粒子管理"，可弹出如图 9-53 所示的"粒子系统管理"对话框。在该对话框中，单击" "（添加粒子）按钮可选择粒子特效的类型。

（2）在场景视图中交互选择粒子模型位置，即可成功添加粒子特效。粒子特效示例如图 9-54 所示。

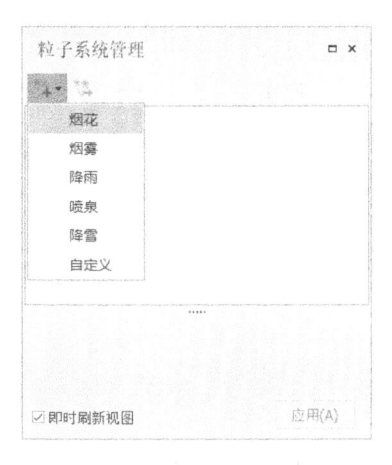

图 9-53 "粒子系统管理"对话框

图 9-54 粒子特效示例

9.2.5 生成缓存

MapGIS 10 for Desktop 支持生成模型数据缓存和地形数据缓存，通过图层的右键菜单功能可以直接生成模型数据缓存和地形数据缓存。再次加载模型或地形时可以直接读取本地的数据缓存，有效地提高了客户端对数据的处理性能，降低了数据加载的时间和服务器的负载，从而大幅提高了程序的整体性能。

本节以生成 M3D 缓存为例进行讲解。M3D 是 MapGIS 三维空间数据规范，是针对海量三维数据网络应用的数据交换格式。通过对海量三维数据进行网格划分与分层组织，采用流式传输模式，可实现多端一体的高效解析和渲染。

MapGIS 10 for Desktop 支持生成 M3D 缓存，包括模型图层生成 M3D 缓存和 OSGB 图层生成 M3D 缓存。

9.2.5.1 模型图层生成 M3D 缓存

（1）右键单击工作空间的"地图文档"，通过弹出的右键菜单添加新场景。右键单击添加的新场景，在弹出的右键菜单中选择"添加图层"→"添加模型层"，可在弹出的对话框中选择需要添加的模型数据。

（2）右键单击添加的模型数据图层，在弹出的右键菜单中选择"属性"，可弹出如图 9-55 所示的模型属性页对话框（这里以"景观_建筑物模型"为例）。在该对话框中，选择"通用属性"中的"常规"，将"渲染方式"设置为"分块渲染"，单击"确定"按钮。

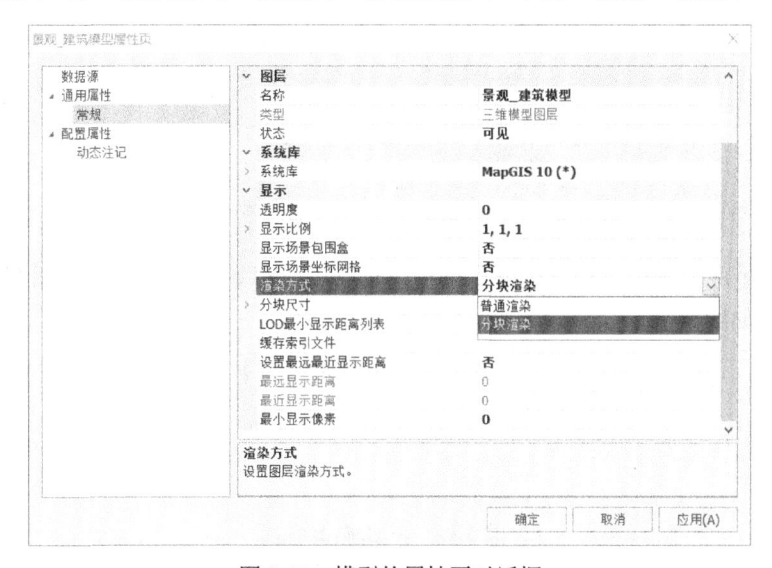

图 9-55　模型的属性页对话框

（3）右键单击新场景，在弹出的右键菜单中选择"生成缓存"→"模型图层生成 M3D 缓存"，如图 9-56 所示，可弹出如图 9-57 所示的"模型图层生成 M3D 缓存"对话框。在该对话框中，选择缓存目录，设置 LOD 级数以及每一级别对应的最小距离。

图 9-56　在弹出的右键菜单中选择"生成缓存"→"模型图层生成 M3D 缓存"

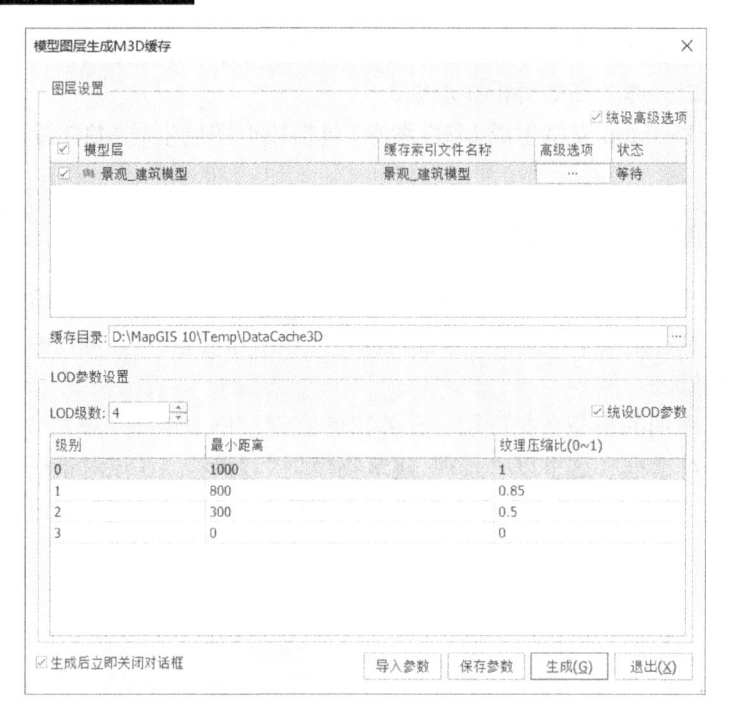

图 9-57 "模型图层生成 M3D 缓存"对话框

（4）单击"生成"按钮，指定的目录即会生成缓存文件，模型缓存结果如图 9-58 所示。模型缓存加载效果如图 9-59 所示。

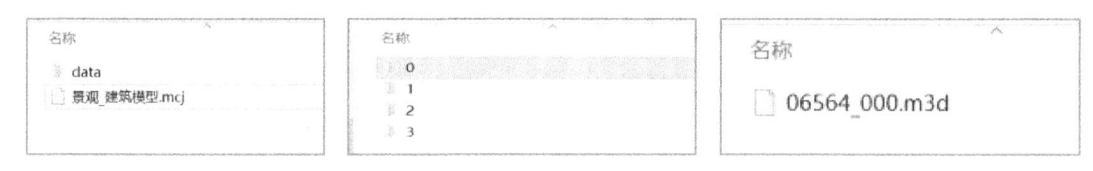

图 9-58　模型缓存结果

图 9-59　模型缓存加载效果

9.2.5.2　OSGB 图层生成 M3D 缓存

MapGIS 10 for Desktop 也可通过 OSGB 图层生成 M3D 缓存，在进行该操作前需要先在场景中添加倾斜摄影数据（添加倾斜摄影数据方法见 9.1.2 节）。OSGB 图层生成 M3D 缓存的参数设置和具体操作与模型图层生成 M3D 缓存类似，生成的 M3D 缓存文件主要用于 WEB 端的发布浏览。

9.2.6 动态剖切

在演示三维模型时，往往需要动态剖切模型来查看模型的截面情况。在动态剖切模型的过程中，可实时查看模型的动态剖切过程，预览模型的截面，方便快捷地获取模型截面信息。动态剖切的操作方法如下：

（1）选择菜单"三维分析"→"动态剖切"，可弹出如图 9-60 所示的"动态剖切"对话框。

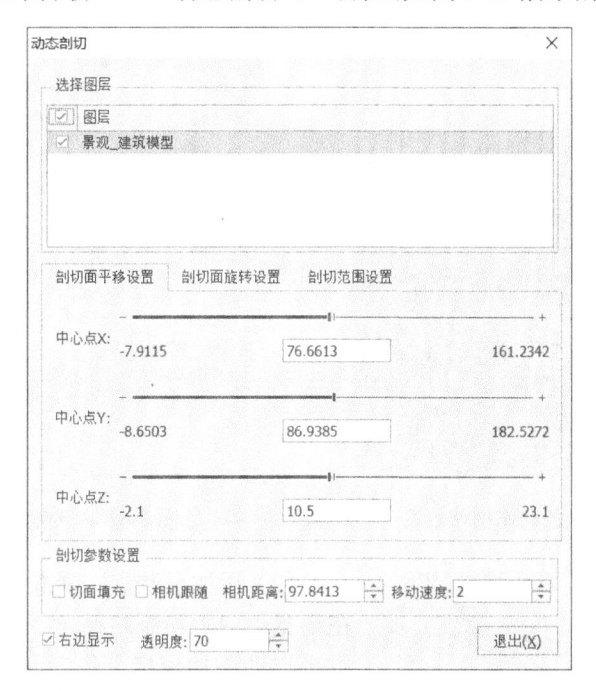

图 9-60 "动态剖切"对话框

（2）在"剖切面平移设置"选项卡中，可设置中心点 X、中心点 Y、中心点 Z，用户可通过选择其中一个方向面作为剖切面。

（3）在"剖切面旋转设置"选项卡中，可设置水平、垂直方向上的剖切面角度，实现倾斜面的剖切；"β 法向量"用于设置剖切面在垂直方向上的旋转角度，拖动该滑动条时剖切面将沿着垂直方向旋转；"α 法向量"用于设置剖切面在水平方向上的旋转角度，拖动该滑动条时剖切面将沿着水平方向旋转。

（4）单击"退出"按钮即可退出动态剖切的操作。

模型的动态剖切效果如图 9-61 所示。

9.2.7 场景漫游

9.2.7.1 路径漫游

MapGIS 10 for Desktop 可以实现三维场景的漫游。漫游是指在地形图层（也可以在模型）上添加漫游点，通过设置漫游速度等参数，使系统自动沿着各漫游点展示地形数据。路径漫游的操作方法如下：

（1）选择菜单"三维编辑"→"路径漫游"，可弹出如图 9-62 所示的"飞行管理"对话框，用户可在该对话框中完成路径编辑。

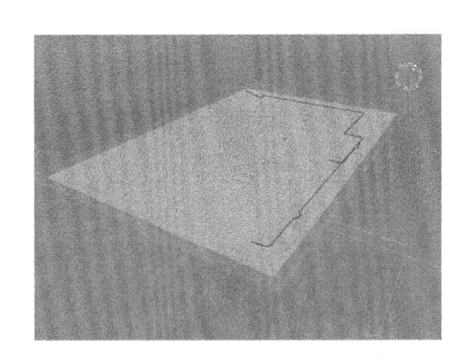

图 9-61　模型的动态剖切效果

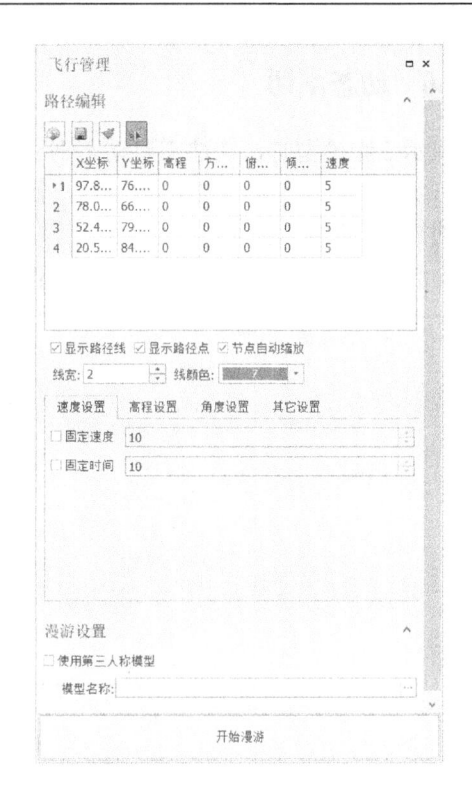

图 9-62　"飞行管理"对话框

图 9-63　漫游工具条

（2）添加漫游点：单击"　"（交互选点）按钮，在场景中双击绘制路径，"飞行管理"对话框的列表中会自动添加坐标点作为漫游点，用户可单击列表中的各文本输入框来修改对应漫游点的信息。

（3）添加完漫游点后，在"飞行管理"对话框中设置速度、高程等其他参数，单击"开始漫游"按钮即可根据用户的设置开始漫游。

（4）启动场景漫游后，在场景视图中可发现如图 9-63 所示的漫游工具条，用户可使用工具条上的暂停/开始、停止漫游等操作进行漫游控制。

9.2.7.2　轨迹漫游

轨迹漫游可按照用户设置的路径，实现动画轨迹漫游、轨迹追踪和轨迹展示等效果。操作方法如下：

（1）选择菜单"三维编辑"→"轨迹漫游"按钮，可弹出如图 9-64 所示的"轨迹动画"对话框。

（2）添加轨迹动画：在"轨迹动画"对话框中，单击"　"（添加）按钮，系统将默认地创建动画。

（3）通过交互选点的方式编辑轨迹路线，轨迹动画将沿该路线进行展示。

（4）在"轨迹动画"对话框中设置移动参数和模型参数后，单击"播放设置"中的播放按钮即可开始按照设置的路线进行轨迹漫游。

轨迹漫游的效果如图 9-65 所示。

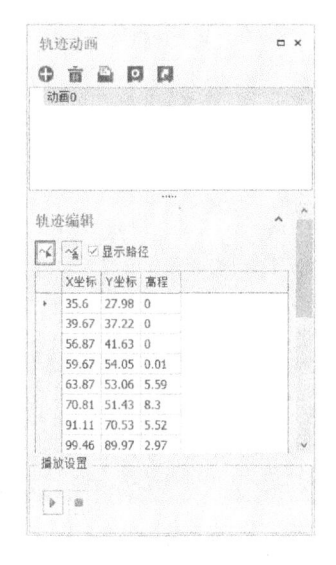

图 9-64 "轨迹动画"对话框　　　　　图 9-65 轨迹漫游的效果

9.2.8 三维分析

9.2.8.1 可视域分析

在城市安保、监控、航海导航、航空等应用领域中，往往需要模拟指定观察点的可视范围。通过 MapGIS 10 for Desktop 可视域分析功能，可以设置观察点坐标、观察范围等信息，自动分析该观察点的可视范围。

（1）可视域分析。该功能可判断场景中以某一视点为起点、向某任意方向的一定空间范围内的可视与不可视情况。在可视域范围内，可视域的数据将以绿色显示。操作方法如下：

① 选择菜单"三维分析"→"可视域分析"，可弹出如图 9-66 所示的"可视域分析"对话框。

② 调整场景视角：单击" "（添加）按钮，系统会根据当前视角自动在场景中添加可视域分析区域，如"可视域 1"。系统将以不同的颜色表示观察点在场景中的可视情况与不可视情况，绿色区域为可视域，红色区域为不可视域。单击" "（交互添加）按钮，在场景中单击鼠标左键确定观察点位置，在确定的观察区域单击鼠标右键结束绘制，即可在场景中显示可视域分析结果，如图 9-67 所示。

在"可视域分析"对话框中，用户可自定义设置观察者的位置和视距参数，快速调整可视域。该对话框中的参数说明如下：

视距：目标点与中心点之前的距离。

方位角：中心点到目标点的方向沿着 X 方向旋转的角度。

俯仰角：中心点到目标点的方向沿着 Y 方向旋转的角度。

水平夹角：中心点到目标点的方向沿着 X 方向和 Y 方向平移的角度，该角度决定了可视域在水平方向上的距离。

竖直夹角：中心点到目标点的方向沿着 Z 方向平移的角度，该角度决定了可视域的竖直方向上的距离。

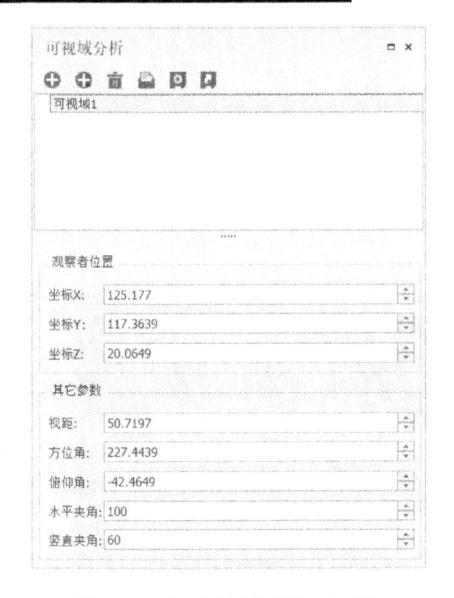

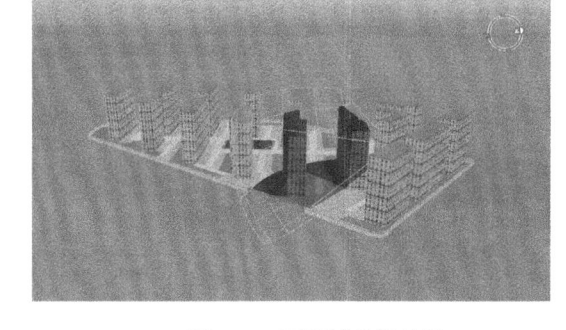

图 9-66 "可视域分析"对话框　　　　图 9-67　可视域分析结果

可视域分析参数示意图如图 9-68 所示，图中目标点是可视域范围的终点，中心点是可视域范围的起点，可在"可视域分析"对话框中设置。

提示：目标点、中心点、方位角和俯仰角用以调整可视域的位置；水平夹角和竖直夹角用以调整可视域的范围大小。

（2）动态可视域分析。动态可视域分析是指在三维场景中，根据指定的路线，基于一定的水平视角、垂直视角和指定范围半径，分析沿路线行驶过程中的指定范围内的通视情况，MapGIS 10 for Desktop 能够以动画的形式演示从分析路线起点到终点的可视域分析结果，分析结果以不同的颜色来区分。

① 选择菜单"三维分析"→"动态可视域分析"，可弹出如图 9-69 所示的"动态可视域分析"对话框。

② 调整场景视角：单击"➕"（交互添加）按钮，可以通过鼠标绘制添加参与分析的路线，通过单击鼠标右键可结束绘制。

③ 确定好相关参数后，可进行动态可视域分析，并在当前场景中显示可视域分析效果。

"动态可视域分析"对话框中的参数说明如下：

可视距离：用于在进行可视域分析时设置长度范围，单位为米。输入可视距离后，可调整可视域分析的范围。

水平视角：用于设置可视域分析的水平方向范围，默认为 90 度。

垂直视角：用于设置可视域分析的垂直方向范围，默认为 60 度。

总距离：用于设置路线起点到终点的总长度，单位为米。

总时间：用于设置动态可视域分析结果的播放时间，单位为秒。

速度：用来设置从当前选中路线起点到终点的播放速度，单位为米/秒，默认速度为 1.7 米/秒。

循环播放：勾选该选项后，在播放分析结果时，将重复执行分析路线的播放操作，直到用户停止播放为止；若未勾选该选项，则只能播放一次分析结果。

第一人称视角：勾选该选项后，将以第一人称视角播放分析结果，此时场景视角不可调整；若未勾选该选项，则在播放分析结果时可任意调整场景视角。

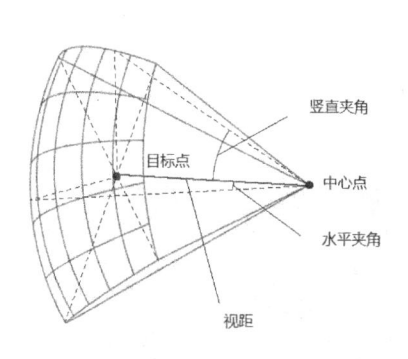

图 9-68　可视域分析参数示意图 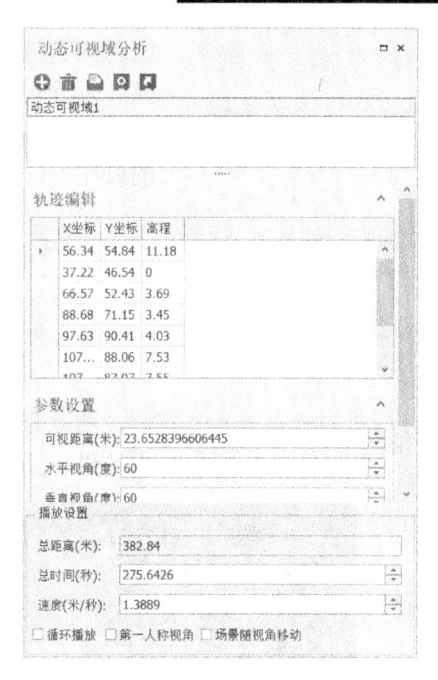　　图 9-69　"动态可视域分析"对话框

9.2.8.2　天际线分析

天际线是指从某一个角度观察到的由各种地形地貌和标志性地物等构成的以天空为背景的轮廓线，可作为城市规划的一个重要参考指标。用户可自定义观察角度，MapGIS 10 for Desktop 会自动根据三维模型的轮廓生成天际线。天际线分析的操作方法如下：

（1）在场景中添加三维模型，调整好视角。

（2）选择菜单"三维分析"→菜单中的"天际线分析"，可弹出如图 9-70 所示的"天际线分析"对话框。在该对话框中设置观察模式和天际线颜色后，单击"▶"（开始）按钮即可自动生成分析结果，如图 9-71 所示。

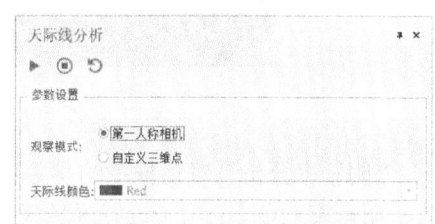

图 9-70　"天际线分析"对话框

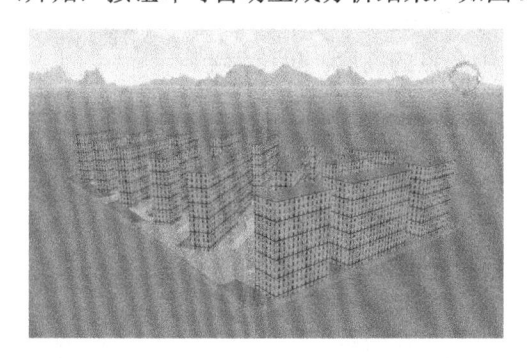

图 9-71　天际线分析示例

9.2.8.3　阴影率分析

阴影率分析是指根据指定区域所在的地理范围，计算该区域在某段时间内可被太阳照射到

的时间长度；同时可根据指定的最大高度、最小高度、采样距离、采样频率，得到指定区域内的采光信息，采光值表示该处日照时间占开始时间到结束时间中时间的百分比。阴影率分析的操作方法如下：

（1）选择菜单"三维分析"→"阴影率分析"，可弹出如图9-72所示的"阴影率分析"对话框。

（2）单击"➕"（添加）按钮，将鼠标移至场景中，可在三维场景的地形图中选择进行阴影率分析的范围。

（3）在"阴影率分析"对话框设置相关参数，单击"点击后，图上查询阴影率信息"按钮后，可在地图上显示阴影率分析结果，如图9-73所示。

图9-72 "阴影率分析"对话框

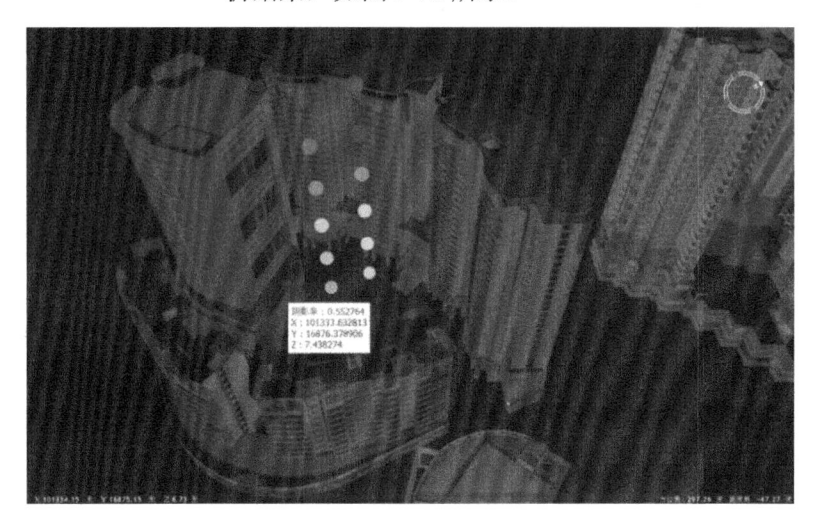

图9-73 阴影率分析结果

"阴影率分析"对话框中的参数说明如下：

阴影率颜色表：用于设置区域采光率的显示颜色，不同的采光率通过不同的颜色进行区分。

最大高度：用于设置区域顶部高程与绘制面中心点的相对高度，单位为米，默认为20米。若设置为10米，则表示区域的顶部高程为绘制面中心点的高程加10米。

最小高度：用于设置区域底部高程相对于绘制面中心点的高度，单位为米。

采样距离：用于在指定的平面和高度范围内，设置输出采样点的频率，单位为米，默认的采样距离为15米，即在指定的平面和高度范围内，每15米就输出一个采光率的采样点。

开始时间：用于设置日照分析的开始时间，可依照给定时间格式分别输入年、月、日、时、分、秒，或通过鼠标单击下拉框自定义开始时间。

结束时间：用于设置日照分析的结束时间，可依照给定时间格式分别输入年、月、日、时、分、秒，或通过鼠标单击下拉框自定义结束时间。

采样频率：是指在指定的开始时间和结束时间范围内，按照采样频率采集各个采样点的日照数据，单位为min，默认的采样频率为45 min，即在指定的分析时间范围内，每45 min统计一次各个采样点是否有太阳日照，计算各采样点的采光率。

当前系统时间：用于设置当前系统时间，可依照给定时间格式分别输入年、月、日、时、分、秒，或通过鼠标单击下拉框自定义当前系统时间。

9.2.8.4 日照模拟

日照模拟用于模拟太阳的照射效果，可以设定太阳的经度、纬度等参数，在三维地形模型上模拟太阳照射的光影效果。日照模拟的操作方法如下：

（1）选择菜单"三维分析"→"日照模拟"，可弹出如图 9-74 所示的"日照分析"对话框。

（2）在"日照分析"对话框中设置相关参数后，在三维视图的"日照分析"UI 界面调整时间和速度，MapGIS 10 for Desktop 会按照设置参数在三维地形模型上模拟太阳照射的光影效果，如图 9-75 所示。

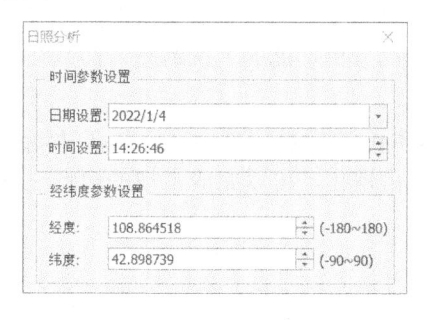

图 9-74 "日照分析"对话框　　　　　　图 9-75 日照模拟示例

9.2.8.5 场景投放

通过场景投放功能，可将视频投放到三维场景中，实现场景模型与视频影像的结合。场景投放的操作方法如下：

（1）在场景中添加模型层或地形层数据，选择菜单"三维分析"→"场景投放"，可弹出如图 9-76 所示的"场景投放管理"对话框。

（2）在"场景投放管理"对话框中，选择投放文件，设置投放参数和观察点参数后，单击"▶"（播放）按钮即可实现场景投放的效果，如图 9-77 所示。

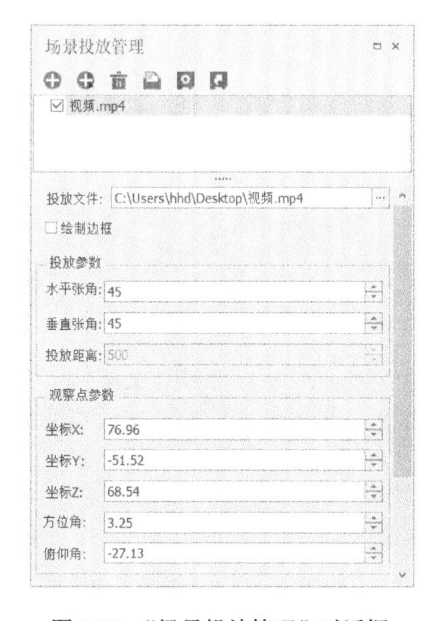

图 9-76 "场景投放管理"对话框　　　　　　图 9-77 场景投放的效果

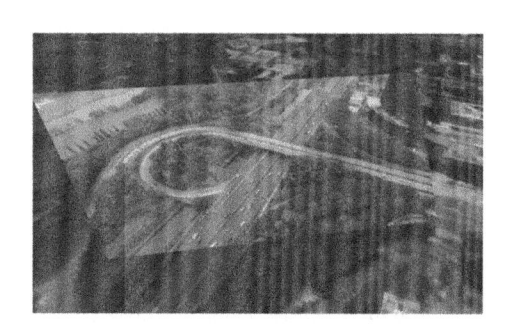

注意：为了减轻 GPU 的压力，在距离视频投放位置较远以及视频投放点不在当前视野的情况下，会将视频暂停或不显示。

9.3 三维地形分析

空间信息的分析过程往往是复杂、动态和抽象的，在数量繁多、关系复杂的空间信息中，二维数字模型的空间分析功能通常有一定的局限性，对于诸如洪水淹没分析、坡度坡向分析、填挖方计算、轨迹点展示等高级空间分析功能，二维数字模型是无法实现的。三维数字模型具有强大的多维度空间分析功能，不仅是数字模型空间分析功能的一次跨越，而且在更大的程度上充分体现了数字模型的特点和优越性。

强大的空间分析能力是 MapGIS 10 for Desktop 的特点和核心之一，在 MapGIS 10 for Desktop 的三维编辑插件中，基于地形数据的三维可视化，可以完成常规的地形三维空间分析功能。

9.3.1 洪水淹没分析

洪水淹没分析可用于对某一区域发生洪水时的淹没程度进行分析。操作方法说明：

（1）选择菜单"三维分析"→"洪水淹没分析"，可弹出如图 9-78 所示的"洪水淹没分析"对话框。

（2）在"分析区设置"中选择"交互选取分析区"；单击"选取淹没点"按钮，在地形图上选择一个点单击鼠标左键，该点将出现一个小红旗，该点将决定淹没高度。

（3）单击"选取分析区"按钮，在地形图上单击鼠标左键拖出一块区域，该区域即待分析的区域，同时该区域的海拔范围将显示到"区域海拔范围"中。

（4）在"淹没高度"中输入当前的洪水高度值，将自行计算洪水水位为该高度时，所选区域被洪水淹没的范围。

洪水淹没分析的效果如图 9-79 所示。

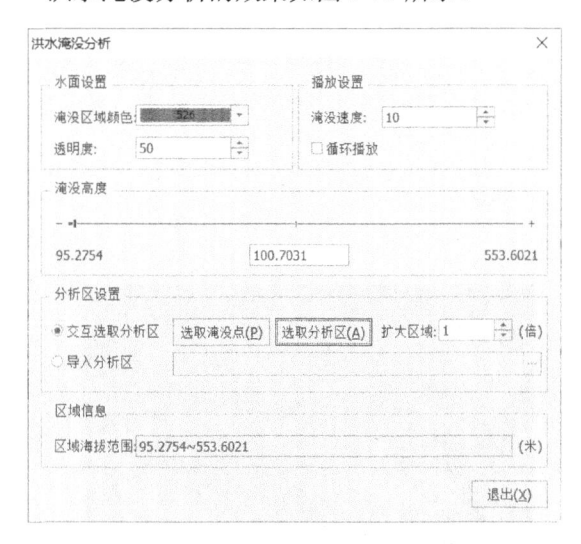

图 9-78 "洪水淹没分析"对话框   图 9-79 洪水淹没分析的效果

注意："扩大区域"的值将决定分析区域洪水外延的面积。当指定淹没高度发生变化时，模型上的洪水水位也会实时变化。

9.3.2 坡度分析

坡度是坡面的垂直高度和水平宽度之比，通过坡度分析，可以在三维地形上，计算出查询区域的坡度值。操作方法如下：

（1）选择菜单"三维分析"→"坡度分析"，可弹出"坡度分析"对话框。

（2）在三维场景中的地形模型上按下鼠标左键，画出一块区域，该区域即进行坡度分析的区域。

（3）MapGIS 10 for Desktop 将自动计算该区域的坡度值，并显示相应的坡度色表图。

坡度分析的结果如图 9-80 所示。

图 9-80　坡度分析的结果

9.3.3 坡向分析

坡向是指地形坡面的法线在水平面上的投影与正北方向的夹角值。坡向分析的操作方法如下：

（1）选择菜单"三维分析"→"坡向分析"，可弹出"坡向分析"对话框。

（2）在三维场景中的地形模型上按下鼠标左键，画出一块区域，该区域即进行坡向分析的区域。

（3）MapGIS 10 for Desktop 将自动计算该区域的坡向值，并显示相应的坡向色表图。

坡向分析的结果如图 9-81 所示。

图 9-81　坡向分析的结果

9.3.4 填挖方计算

填挖方计算可在某一区域内根据指定平整面高度计算填挖的范围与体积。填挖方计算的操作方法如下：

（1）选择菜单"三维分析"→"填挖方计算"，可弹出如图 9-82 所示的"填挖方计算"对话框。

（2）单击"填挖方计算"对话框中的"选取分析区"按钮，在三维场景中的地形模型上按下鼠标左键画出一块区域，该区域即进行填挖方计算的区域，此时"区域海拔范围"中将显示该区域的海拔范围。

（3）在"平整高程"中填入欲平整的高度值（默认值是该区域的最低海拔值），MapGIS 10 for Desktop 将自动计算需要开挖和填充的区域。

填挖方计算的结果如图 9-83 所示。

"填挖方计算"对话框中的参数说明如下：

填区域颜色：用于在三维场景中设置填区域的颜色。

挖区域颜色：用于在三维场景中设置挖区域的颜色。

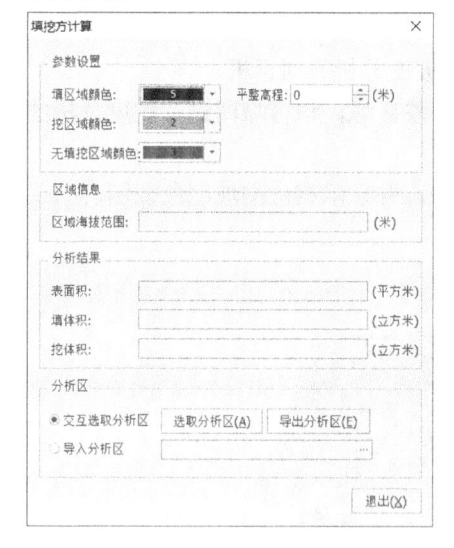

图 9-82 "填挖方计算"对话框

无填挖区域颜色：用于在三维场景中设置不需要进行填挖区域的颜色。

平整高程：用于设置平整高度，MapGIS 10 for Desktop 将根据设置的高度对所选区域进行填挖，默认值为所选区域的最低海拔值。

区域海拔范围：所选区域的海拔范围。

表面积：所选区域的表面积。

填体积：基于平整高程所填的体积。

挖体积：基于平整高程所挖的体积。

9.3.5 轨迹点展示

轨迹点展示的操作方法为：选择菜单"三维分析"→"轨迹点展示"，可弹出如图 9-84 所示的"轨迹点展示"对话框；在该对话框中选择轨迹点数据和地形数据，单击"▶"（播放）按钮即可开始模拟运动轨迹。轨迹点展示的结果如图 9-85 所示。

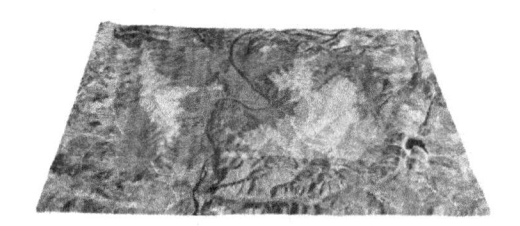

图 9-83 填挖方计算的结果

图 9-84 "轨迹点展示"对话框

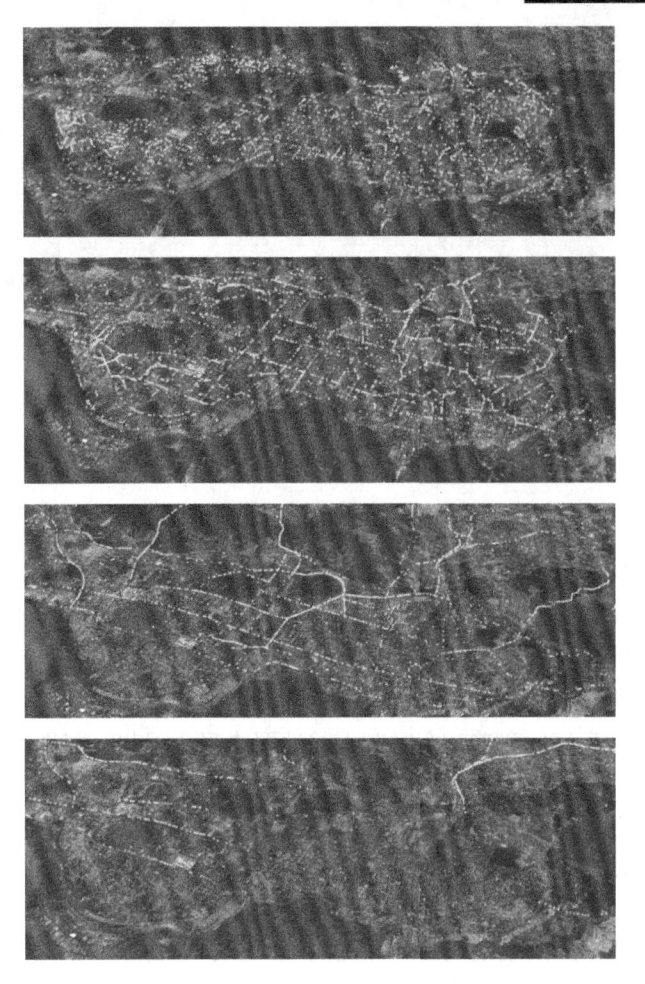

图 9-85 轨迹点展示的结果

第10章
地图瓦片

随着互联网技术的发展，互联网地图已成为人们生活中的基础导航工具。为了实现快速的浏览查询，地图瓦片（简称瓦片）技术应运而生。瓦片利用的金字塔模型是一种多分辨率层次模型，从瓦片金字塔的底层到顶层，分辨率越来越低，但表示的地理范围不变。在网络带宽受限的环境下，瓦片是使地图服务更快运行的一种非常有效的方法。

从某种意义上讲，瓦片代表着某个时刻点的地图快照。因此，制作瓦片的地图数据最好是不经常变化的。例如，街道图、影像图和地形图就比较适合制作瓦片。如果地图数据经常变化，则可以使用瓦片更新工具快速处理变化的内容，但其性价比需要用户仔细斟酌。

瓦片地图通常是在若干不同比例级别上绘制的整个地图，所以在制作瓦片前，需要设计好各比例尺下地图显示内容的详尽程度，以获得更好的视觉效果。

在制作瓦片时，把缩放级别最低、地图比例尺最小的地图图片作为金字塔的底层，即第 1 层，并对其进行分块，从左至右、从上到下进行切割，分割成相同大小（如 256×256 像素）的正方形瓦片，形成第 1 层瓦片矩阵；在第 1 层地图图片的基础上，按每 2×2 像素合成为 1 个像素的方法生成第 2 层地图图片，并对其进行分块，分割成与下一层相同大小的正方形瓦片，形成第 2 层瓦片矩阵；采用同样的方法生成第 3 层瓦片矩阵……如此下去，直到第 $N-1$ 层，从而构成整个瓦片金字塔，如图 10-1 所示。

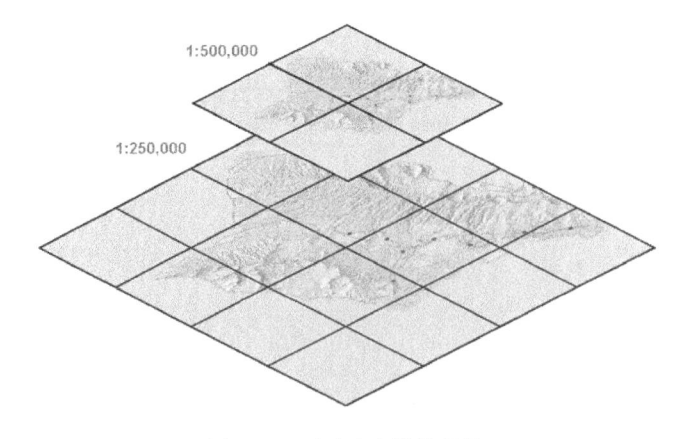

图 10-1 瓦片金字塔的结构

MapGIS 10 for Desktop 的瓦片工具模块提供了瓦片裁剪、瓦片浏览、瓦片更新、瓦片合并、瓦片升级、矢量瓦片裁剪和矢量瓦片更新等功能。本节以瓦片生成业务场景为例,重点讲解瓦片裁剪和矢量瓦片裁剪等功能的操作方法。

本章默认用户已经设计好地图数据,重点介绍如何生成瓦片,以及最基础的瓦片处理功能,现以电子地图示例数据(见图 10-2)为例裁剪瓦片数据。

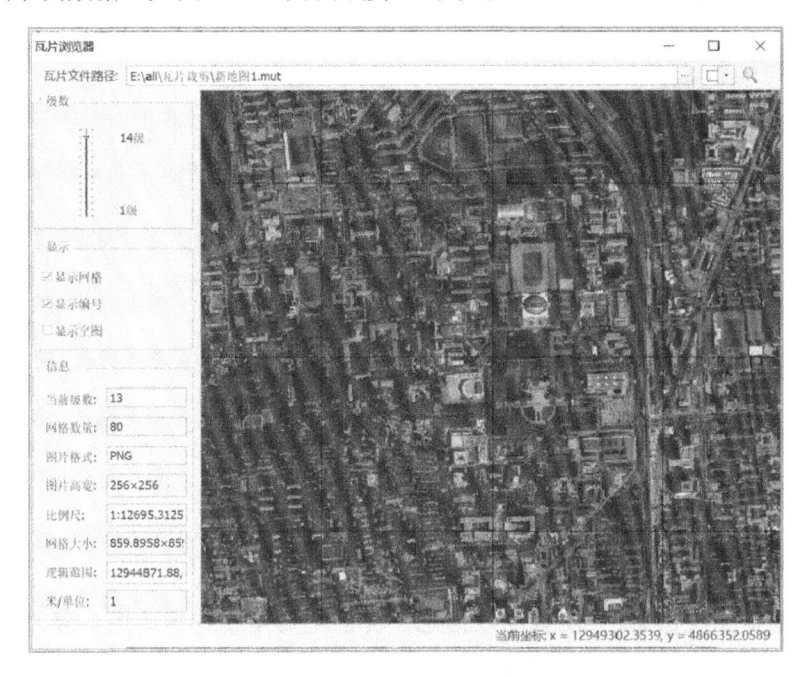

图 10-2　电子地图示例数据

10.1　栅格瓦片

10.1.1　瓦片裁剪

瓦片的制作主要是通过设置瓦片裁剪级数所对应的比例尺信息、裁剪对象的级数范围等参数而实现的。瓦片是通过裁剪后的地图图片,以 GIF、JPG、PNG 等格式存储。通过瓦片裁剪,能更快地显示瓦片。

选择菜单"工具"→"瓦片裁剪",如图 10-3 所示,可弹出"瓦片裁剪"对话框。在该对话框中通过以下步骤可实现对瓦片的裁剪。

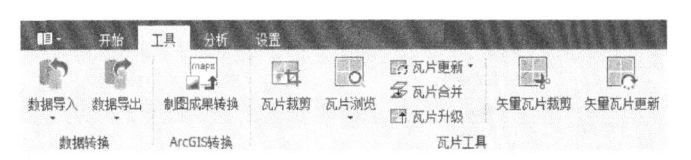

图 10-3　选择菜单"工具"→"瓦片裁剪"

10.1.1.1　配置裁剪信息

第一步是配置裁剪信息。在"配置裁剪信息"界面中可设置裁图策略、瓦片级数及其对应的比例尺、原点坐标，以及图片参数的基本信息，如图 10-4 所示。

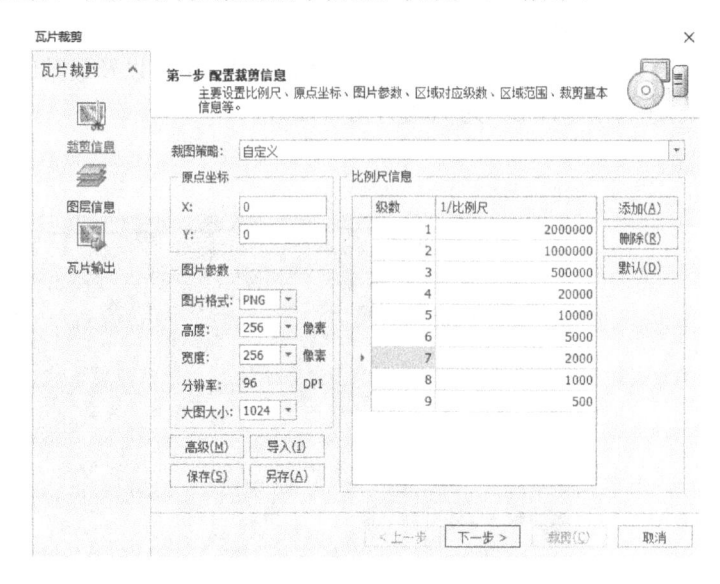

图 10-4 "配置裁剪信息"界面

10.1.1.2 配置图层信息

第二步是配置图层信息。"配置图层信息"界面主要用于选择地图，以及设置图层，如图 10-5 所示，该界面中的参数说明如下：

选择地图：用于选择待进行瓦片裁剪的地图文档，地图文档中所包含的图层将在"图层设置"的列表中列出。

预览：通过指定级别来确定选择需要预览的级数，单击"预览"按钮可弹出"瓦片浏览器"对话框。

图层设置：用于设置地图文档中每个图层的裁剪起始级数和终止级数，在瓦片裁剪中，MapGIS 10 for Desktop 会在每个图层的对应的限制级数中进行裁剪。

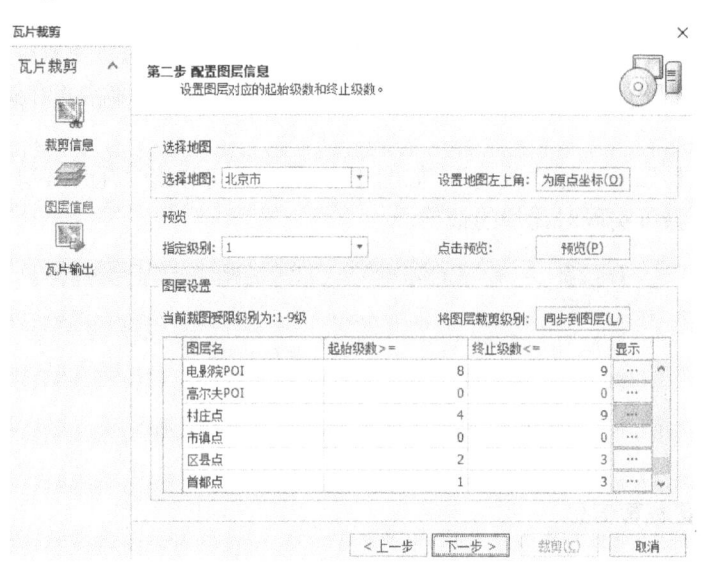

图 10-5 "配置图层信息"界面

10.1.1.3 配置瓦片输出

第三步是配置瓦片输出。"配置瓦片输出"界面主要用于设置瓦片的存储路径、裁剪范围、裁剪方式等信息,如图10-6所示,该界面中的参数说明如下:

瓦片裁剪范围:可选择"地图范围"(该范围为实际的地图范围,用户不可以进行修改)和"自填范围"(用户可以通过输入两个角点的坐标值,修改地图裁剪的范围)。

瓦片裁剪方式:可选择"按级数的起始范围全部裁""指定级数的起始行裁"。前者主要适用于级数低、数据量较小的瓦片裁剪;后者主要适用于级数高、数据量大的瓦片裁剪。本示例选择"按级数的起始范围全部裁","起始级数"为1,"终止级数"为8。

设置完成后,单击"预览"按钮可跳转到"瓦片浏览器"对话框中查看不同级数下的地图。单击"裁剪"按钮即可进行瓦片裁剪,并弹出如图10-7所示的"页面裁剪进度信息"对话框。由于瓦片裁剪是按照级数分块切割裁剪的,所以裁剪的级数越大,所需的时间就越长。

图10-6 "配置瓦片输出"界面

10.1.2 瓦片浏览

选择菜单"工具"→"瓦片浏览"→"瓦片浏览",如图10-8所示,可弹出如图10-9所示的"瓦片浏览器"对话框。在该对话框中选择已有瓦片的存放路径,在该对话框的左侧会显示瓦片的信息(如当前级数),右侧是瓦片浏览框,通过选择不同的级数可以看到不同比例尺大小的图幅。选择菜单"工具"→"瓦片浏览"→"多瓦片浏览"可对多个瓦片进行浏览。

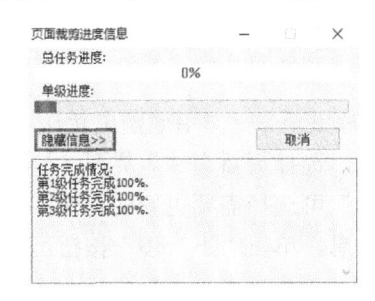

图10-7 "页面裁剪进度信息"对话框 　　图10-8 选择菜单"工具"→"瓦片浏览"

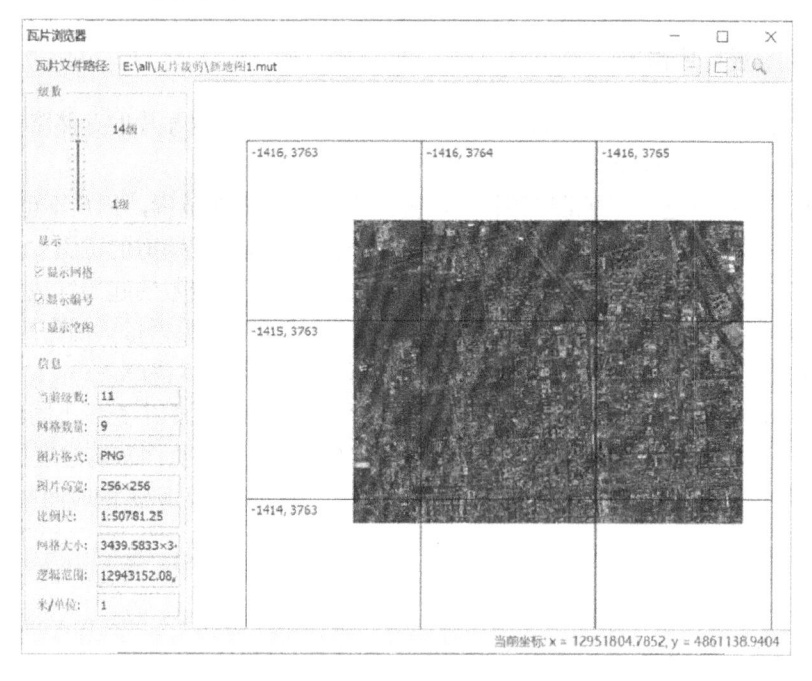

图 10-9 "瓦片浏览器"对话框

10.1.3 瓦片更新

完成瓦片裁剪后，如果对应的矢量地图上有变动（更新），则可以通过瓦片更新将矢量地图上的变动更新到瓦片上，这样就可以省去再次全图裁剪所消耗的时间，从而提高工作效率。

MapGIS 10 for Desktop 提供了两种更新方式，即用地图更新瓦片和用瓦片更新瓦片，如图 10-10 所示。

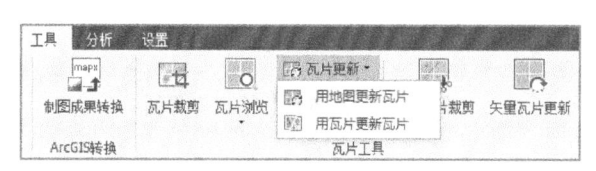

图 10-10 MapGIS 10 for Desktop 的瓦片更新方式

10.1.3.1 用地图更新瓦片

用地图更新瓦片是指从矢量地图上直接对瓦片进行更新，是比较简单直接的更新方式。MapGIS 10 for Desktop 支持局部范围和部分瓦片级别的更新，可支持多样化的范围选择方式，精确定位裁剪更新范围，提高瓦片更新效率。用地图更新瓦片的方式一般适用于更新范围较小、级数较低的瓦片，操作方法如下：

（1）选择更新文件。选择菜单"工具"→"瓦片更新"→"用地图更新瓦片"，可弹出"瓦片更新"对话框，单击左侧的"选择瓦片"可进入"选择更新文件"界面，如图 10-11 所示。

在"选择更新文件"界面中，通过"选择瓦片"可选择需要更新的瓦片；选中需要更新的瓦片后，可查看比例尺、原点坐标、图片参数等信息。单击"下一步"按钮可进入"配置图层信息"界面。

（2）配置图层信息。在如图 10-12 所示的"配置图层信息"界面中，首先需要在待更新瓦片中选择要更新的具体地图,地图中对应的图层会显示在"图层设置"栏的图层列表中;然后在图层列表中,修改裁剪时每个图层的受限级别,如设置图层"大兴机场"的限制级数为3~8(起始级数为3,终止级数为8),在瓦片更新时,只更新"大兴机场"中限制级数为3~8的瓦片。单击"下一步"按钮可进入"配置更新范围"界面。

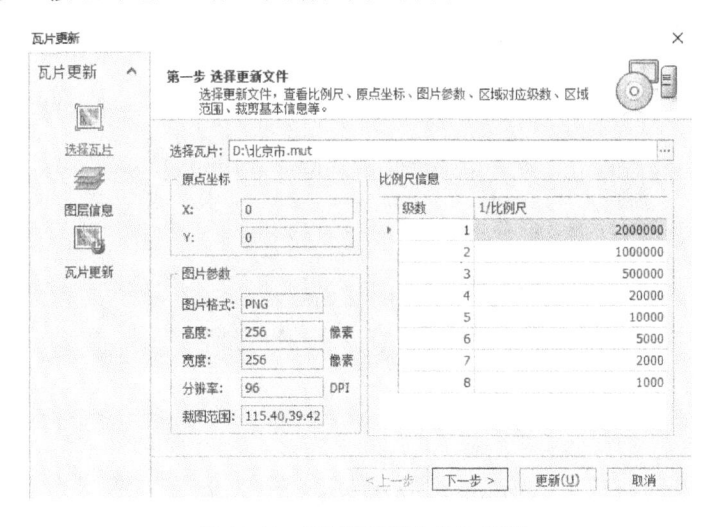

图 10-11 "选择更新文件"界面

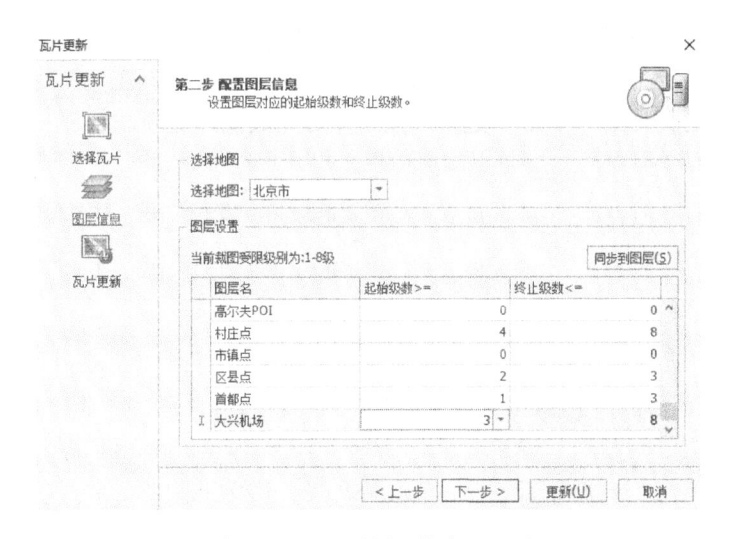

图 10-12 "配置图层信息"界面

(3)配置更新范围。在如图 10-13 所示的"配置更新范围"界面中,可以设置更新范围和更新级数。

(4)更新。完成上述设置后,单击"更新"按钮可弹出如图 10-14 所示的提示框,建议勾选"更新前备份"。瓦片更新会改变原始瓦片,并且更新过程是不可逆的,先对待更新的瓦片进行备份,可用于在更新出错时进行补救。备份的瓦片会在原瓦片名称后加后缀"-备份",并自动保存在原瓦片所保存的位置下。

10.1.3.2 用瓦片更新瓦片

MapGIS 10 for Desktop 支持用瓦片到更新瓦片的方式,只需要保证裁剪参数的一致,即可在不同用途的瓦片之间进行相互更新替换。例如，在实际应用中，瓦片更新会涉及不同级别的瓦片数据，当某一级别的瓦片结果有更新时，可直接利用该级别的瓦片结果更新上一级别的瓦片，有利于提高瓦片更新的效率。

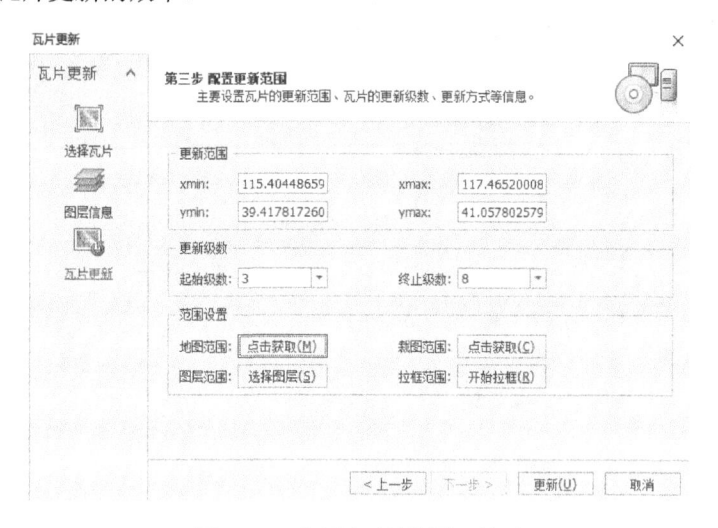

图 10-13 "配置更新范围"界面

采用该方法进行瓦片更新时，要求源瓦片和目标瓦片的坐标原点、文件类型、每级别瓦片的比例尺和网格逻辑大小保持一致。用瓦片更新瓦片操作方法为：选择菜单"工具"→"瓦片更新"→"用瓦片更新瓦片"，可弹出如图 10-15 所示的"瓦片更新工具"对话框；在该对话框中设置源瓦片和目的瓦片后，单击"更新"按钮即可完成瓦片更新。

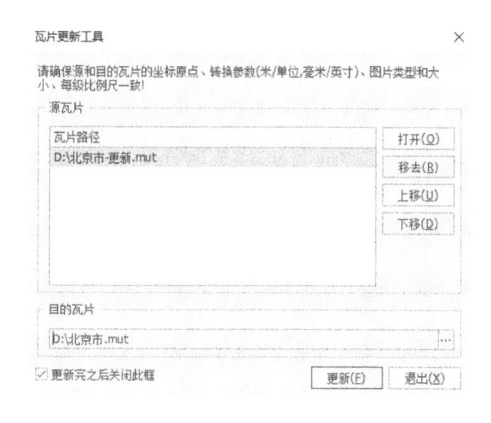

图 10-14 瓦片更新提示框　　　图 10-15 "瓦片更新工具"对话框

10.1.4　瓦片升级与合并

10.1.4.1　瓦片升级

通过瓦片升级，可以将早期版本的裁剪结果升级为新版本的裁剪结果，实现所有裁剪结果的统一管理。将早期版本的裁剪结果升级后，可直接进行更新、发布等操作，实现了应用中不同版本裁剪结果的融合利用。瓦片升级的操作方法如下：

（1）选择菜单"工具"→"瓦片升级"，可弹出如图 10-16 所示的"瓦片升级工具"对话框。

（2）在"瓦片升级工具"对话框中，设置旧瓦片打开路径、新瓦片保存路径，以及旧瓦片参照系路径。

（3）设置完成后，单击"确定"按钮即可进行瓦片升级。

注意：若勾选"升级结束后关闭此对话框"，则在完成升级操作后，将自动关闭"瓦片升级工具"对话框。

10.1.4.2 瓦片合并

为了满足用户实际应用的需求，可根据地理坐标位置，将若干裁剪结果合并为一个新数据。例如，将若干个县级的裁剪结果合并为一个市级的地图数据，可大大提升裁剪结果的综合利用程度。应该注意的是，在进行瓦片合并前需要确保待合并瓦片的坐标原点保持一致，并且确保瓦片每一级的比例尺大小和网格逻辑大小都相同。选择菜单"工具"→"瓦片合并"，可弹出如图 10-17 所示的"瓦片合并工具"对话框，在该对话框中设置相关参数后，单击"合并"按钮即可实现瓦片合并。

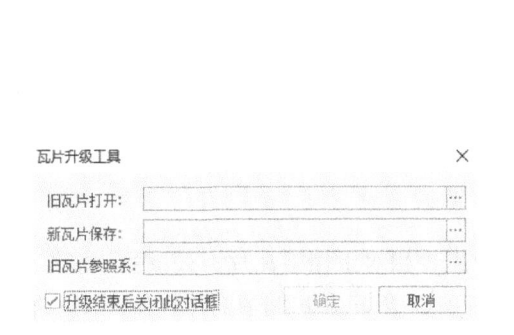

图 10-16 "瓦片升级工具"对话框 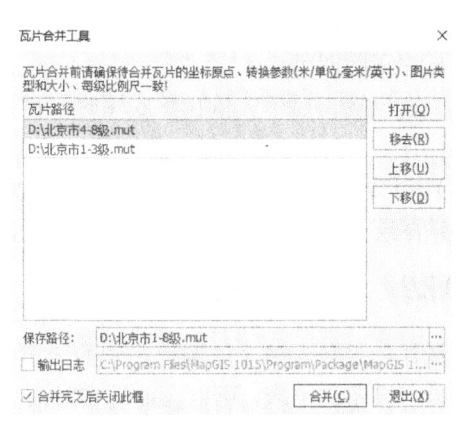　　图 10-17 "瓦片合并工具"对话框

10.2 矢量瓦片

10.2.1 矢量瓦片简介

随着大数据技术的发展，人们对电子地图的快速共享需求变得越来越强烈。在共享传统的电子地图时，通常是通过瓦片裁剪工具获取栅格瓦片的。相对于其他技术，栅格瓦片有其优越性，如有效减少了传输的数据量、可进行多级缩放等。但栅格瓦片缺乏灵活性、实时性，其数据完整性受损是比较突出的问题。

10.2.1.1 栅格瓦片的缺点

（1）缺乏灵活性：将栅格瓦片经保存为图片格式后，样式不可修改，在需要多种栅格底图时，需要裁剪多份栅格瓦片底图。

（2）缺乏实时性：由于栅格瓦片已保存为图片格式，当现实世界的地物发生变化时，不能实时更新栅格瓦片，只能重新裁剪栅格瓦片。

（3）丢失属性信息：栅格瓦片没有属性信息，若要查询图片的多边形属性，则需要通过服务器重新获取属性信息。

10.2.1.2 矢量瓦片的优点

针对矢量电子地图，矢量瓦片按照一定的标准和技术，将矢量电子地图保存为多种比例尺的矢量分块数据，在前端显示矢量电子地图时，可直接调用矢量分块进行绘制。矢量瓦片的优点如下：

（1）可保留属性信息，在客户端进行查询时，无须再次请求服务器。

（2）采用分块编码模式，客户端在获取矢量瓦片时，只返回请求区域和相应级别的矢量瓦片底图，并且采用实时绘制矢量模式，绘制效率更高。

（3）矢量瓦片的分辨率高达 4096×4096，是栅格瓦片的 16 倍，可保证在矢量电子地图的缩放过程中还原细节，并满足高分辨率的绘制需求。

（4）矢量瓦片的样式可以改变和定制，既可以在客户端渲染矢量瓦片，也可以按照用户赋予的样式渲染矢量瓦片。例如，导航地图有白天模式和黑夜模式，只需要采用两套样式渲染一份矢量瓦片底图即可。

（5）客户端在显示矢量瓦片底图时，可以通过属性过滤条件来过滤筛选图元，实现个性化的定制。

（6）客户端在显示矢量瓦片底图时，可以编辑矢量瓦片底图中每一个矢量图层的可视状态，调整矢量图层的叠加压盖顺序，修改矢量图层的颜色、大小等显示样式。

10.2.2 矢量瓦片裁剪

矢量瓦片是包含多个比例尺级别的矢量切片数据。相对于栅格瓦片，矢量瓦片能够适应高分辨率显示设备的需求，可以在前端实时改变显示样式。矢量瓦片的裁剪流程如图 10-18 所示。

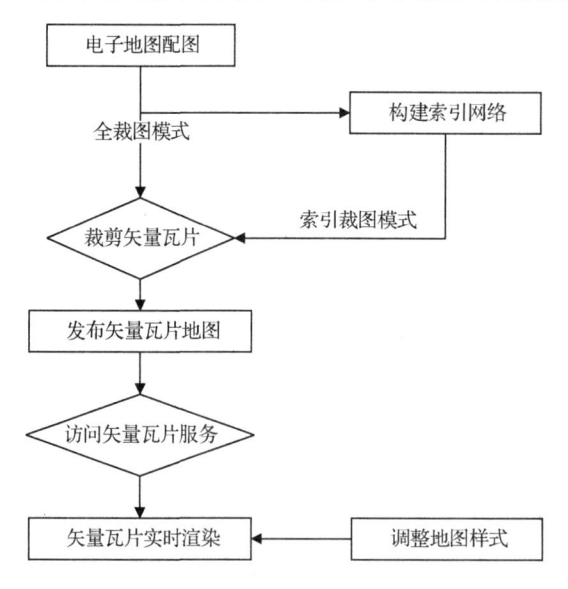

图 10-18 矢量瓦片裁剪流程

矢量瓦片裁剪的操作方法如下：

10.2.2.1 生产矢量瓦片索引

选择菜单"工具"→"矢量瓦片裁剪",可弹出"创建矢量瓦片"对话框。

在如图 10-19 所示的"生产矢量瓦片索引"界面中,选择地图,设置输出瓦片索引区要素类的路径、裁图模式、切片策略、最大顶点数量、最小可见级别和最大可见级别等参数后,单击"下一步"按钮可进入"生成矢量瓦片文件"界面。

10.2.2.2 生产矢量瓦片文件

在图 10-20 所示的"生成矢量瓦片文件"界面设置输出文件、输出配图文件和索引区要素类的路径,设置最小切片级别、最大切片级别后,单击"下一步"按钮可进入"附加裁剪项设置"界面。

输出配图文件:设置地图配图样式 json 文件的存储路径及名称。

最小切片级别/最大切片级别:设置矢量瓦片裁剪级数范围。

索引区要素类:选择生成的索引区要素类。若在上一步生成索引区,此处会自动填写。

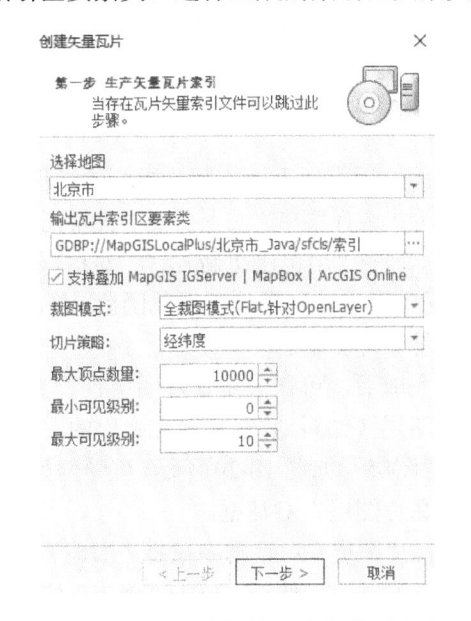

图 10-19 "生产矢量瓦片索引"界面 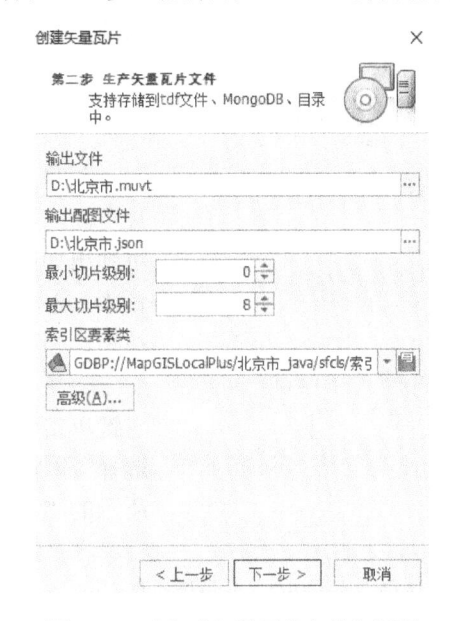　　图 10-20 "生成矢量瓦片文件"界面

10.2.2.3 附加裁剪项设置

在如图 10-21 所示的"附加裁剪项设置"界面中,设置瓦片裁剪范围及其他参数。

10.2.2.4 运行

单击"运行"按钮后,即可完成矢量瓦片的裁剪。裁剪完成后,可弹出如图 10-22 所示的裁剪成功提示框。

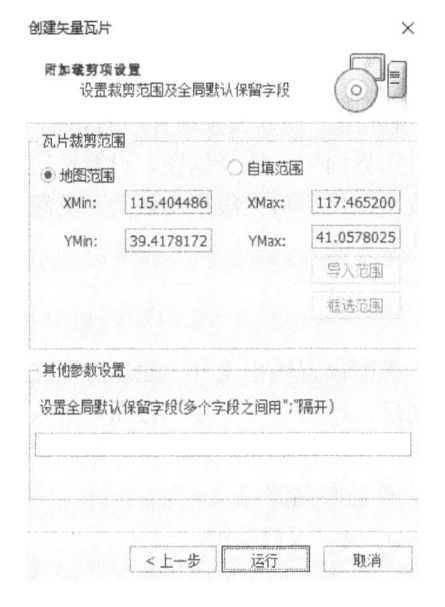

图 10-21 "附加裁剪项设置"界面 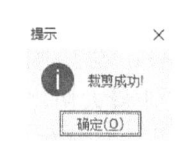　　　图 10-22 裁剪成功提示框

10.2.3 矢量瓦片更新

　　矢量瓦片更新的过程类似于栅格瓦片更新的过程。矢量瓦片更新的操作方法为：选择菜单"工具"→"矢量瓦片更新"，可弹出如图 10-23 所示的"用范围更新瓦片"对话框。在该对话中，选择地图、元数据文件和瓦片更新范围后，单击"确定"按钮，即可完成矢量瓦片更新。

　　矢量瓦片更新完成后，可在矢量瓦片图层查看更新效果。右键单击矢量瓦片图层（如新地图 1），在弹出的右键菜单中选择"添加矢量瓦片图层"，如图 10-24 所示，可弹出如图 10-25 所示的"添加矢量瓦片图层"对话框。

　　在"添加矢量瓦片图层"对话框中选择"本地"并添加待更新的矢量瓦片，设置样式文件后，单击"确定"按钮即可看到矢量瓦片更新的结果。

图 10-23 "用范围更新瓦片"对话框

图 10-24 在弹出的右键菜单中选择"添加矢量瓦片图层" 　　　图 10-25 "添加矢量瓦片图层"对话框